水葫芦修复富营养化水体的机制与工程化技术

严少华 高 岩 郭俊尧 等 著

科学出版社

北 京

内 容 简 介

本书在研阅国内外大量关于水葫芦研究成果的基础上,介绍了水葫芦净化污染水体的功能和巨大潜力,分析归纳水葫芦用于污水治理的关键难题和建设水葫芦治理污水工程面临的挑战。同时结合研究团队利用水葫芦净化水体研究工作十多年的成果,通过实例和丰富的技术参数介绍水葫芦治污的工程的水体净化效果和水葫芦控制、收获、处置、利用等关键技术、装备,为有效解决水葫芦净化水质和修复富营养化水体技术工程化面临的问题和挑战提供了良好的思路和实用技术方案。

本书可以为应用水葫芦净化水质的项目工程规划设计提供科学依据、科技支撑和决策参考。本书适用于从事环境保护、水生态修复、农业等领域的行政管理、工程技术人员和从事污水净化、富营养化湖泊治理的研究机构、环保企业,也可作为高等院校环境专业教师教学、学生阅读的参考书。

图书在版编目(CIP)数据

水葫芦修复富营养化水体的机制与工程化技术/严少华等著. —北京:科学出版社,2018.8

ISBN 978-7-03-058353-6

Ⅰ.①水… Ⅱ.①严… Ⅲ.①凤眼莲-侵入种-富营养化-污染防治-研究-中国 Ⅳ.①X52②S555

中国版本图书馆 CIP 数据核字(2018)第 165816 号

责任编辑:周 丹 梅靓雅 沈 旭/责任校对:彭 涛
责任印制:张 伟/封面设计:许 瑞

科 学 出 版 社 出版
北京东黄城根北街 16 号
邮政编码:100717
http://www.sciencep.com

北京教图印刷有限公司 印刷
科学出版社发行 各地新华书店经销

*

2018 年 8 月第 一 版 开本:787×1092 1/16
2018 年 8 月第一次印刷 印张:18
字数:427 000

定价:99.00 元
(如有印装质量问题,我社负责调换)

编辑委员会

前　言

　　水葫芦（*Eichhornia crassipes*）是一种热带大型维管束漂浮植物，对环境的适应能力强，生长、繁殖旺盛，生物学产量高，已在全球几十个国家水域泛滥。水葫芦在其入侵的水体快速生长导致严重的生态灾害。河道、湖泊被水葫芦覆盖会影响阳光进入水层，降低水体溶氧和水温，影响藻类、沉水植物生存，从而破坏水生动物的食物链，影响水生生态。水葫芦泛滥严重影响社会经济发展，阻碍运输、渔业和水上娱乐，堵塞管道、渠道，影响工业生产用水和农田灌溉。正是由于它的这些特性，水葫芦被认为是世界上十大恶性杂草之一。

　　相反，同样因为水葫芦的上述特性，水葫芦吸收水中营养物质和污染物的能力特别强，也比较容易种植和收获，所以它又是治理污水、修复富营养化水体的优势植物，是污水治理生态工程的优选植物材料。

　　用水葫芦治污是极具争议和挑战的项目。水葫芦净化水体的能力在全世界学术界是不争的事实，但为什么至今仍只见试验研究报道而不见水葫芦治污生态工程实例？本书作者研阅了国内外大量的水葫芦研究资料，分析归纳水葫芦未能实用于污水治理的关键难题和建设水葫芦治理污水工程要面临的三大挑战：

　　一是存在生态风险。引种或利用自然水域已经存在的水葫芦修复富营养化水体，如其水面覆盖度过大或围栏控制失败造成逃逸泛滥，会影响流域水生生态，甚至影响当地的社会经济发展。要破解的难题是能否对水葫芦种群进行安全有效的控制与管理。

　　二是在富营养化水域，水葫芦鲜草产量高达每公顷 900t，植株含水量高达 93%～95%，收获、运输、处置成本高，难度大。如不及时收获，水葫芦在水中死亡腐烂，会导致水质进一步恶化；若打捞上岸不能及时处置利用，不但需要大面积堆场，还会给堆放地及周边环境带来新的污染。要解决的关键问题是必须在水葫芦收获、脱水技术和专用装备研发上取得突破。

　　三是水葫芦资源化利用技术难度大，产品价值低，通过产品销售收入难以维持水葫芦治污工程的市场化和可持续运行。从技术层面上要研发高附加值水葫芦产品，提高项目的经济效益；从政策支撑层面上要根据项目的环境治理功能，建立生态补偿机制。

　　解决上述问题，有挑战，也有希望。不能因为水环境污染治理的迫切性就盲目引进外来入侵生物，也不能对水葫芦超强的净化污水能力视而不见。科学的态度应该是实事求是地研究用水葫芦治污可能存在的生态风险，找出解决问题的办法，正确发挥水葫芦净化水体的功能。作者坚信，随着科学技术的快速发展和生态文明建设的巨大需求，水葫芦净化水质和修复富营养化水体技术工程化面临的问题和挑战肯定能得到有效解决。水葫芦这一被认为是"环境杀手"的植物将转变成"环境卫士"，在污水治理和富营养化水体生态修复工程中发挥重要作用，同时有效防范生态风险。

　　作者所在研究团队经过 2007～2016 年十年的深入研究和 2009～2011 年三年的集中

攻关，在国家科技支撑计划项目"水葫芦安全种养和机械化采收技术集成研究与示范"（2009BAC63B00）、江苏省太湖专项"基于水体修复的水葫芦控制性种植及资源化技术研究与示范"（BS2007117）、云南省滇池治理专项"水葫芦治污试验性工程"和7项国家自然科学基金的支持下，开展了水葫芦治污效果及机制和生态风险防范研究、水葫芦收获处置、资源化利用技术攻关和水葫芦修复富营养化湖泊工程示范。从保证生态安全和解决水葫芦资源化利用关键技术难题入手，解决了水葫芦安全控制种养管理、机械化收获、固液分离处置、资源化利用等关键技术；开展对"水葫芦控制性种植—收获转运—加工处置—资源化利用"关键环节专用设备的研发、优化与集成，实现了专用设备的衔接配套，提高了设备的作业效率，降低了生产成本，同时建立了资源化利用技术体系。在江苏太湖和云南滇池建设了水葫芦治污技术的试验示范工程。截至本书编写时，已发表水葫芦修复富营养化水体相关的研究论文135篇，获相关专利授权33项。2011～2014年，在太湖、滇池水污染治理过程中，示范种植水葫芦面积累计83.53km²，打捞处置水葫芦530万t，利用水葫芦生产有机肥11万t，水葫芦修复富营养化湖泊研究与工程示范取得初步成果。

本书在研阅国内外大量关于水葫芦研究成果的基础上，结合研究团队用水葫芦净化水体的研究成果，通过实例和丰富的技术参数介绍水葫芦治污的试验性工程，试图为应用水葫芦净化水质的项目工程规划设计提供科学依据、科技支撑和决策参考。

本书分为三个部分，共13章。第一部分，从第一章至第六章，主要介绍水葫芦的生物学特征和净化水质的效果与机制。第二部分，从第七章至第十一章，介绍国家科技支撑计划项目，太湖、滇池治理示范项目相关水葫芦治污工程及水葫芦的处置利用研究进展和技术成果。第三部分，第十二、十三章，介绍水葫芦治污生态工程的技术经济评价和相关技术成果工程化应用展望及进一步研究工作的建议。

本书由严少华、高岩、郭俊尧主编。各章节编写者是：第一章（张振华、郭俊尧），第二章（高岩、易能、严少华），第三章（张迎颖、严少华），第四章（卢信），第五章（高岩、秦红杰、张维国、易能），第六章（王智、严少华），第七章（张志勇、严少华），第八章（王智、严少华），第九章（叶小梅、杜静、徐蓉），第十章（白云峰、郭俊尧），第十一章（刘海琴、严少华），第十二章（亢志华、刘海琴），第十三章（严少华、郭俊尧）。

参加本书编写的主要完成人和共同作者都参加了国家科学技术部和江苏省太湖、云南省滇池治理的重大科技项目。编委会要求作者围绕水葫芦治污工程实际，结合自己科研工作，参考国内外关于水葫芦的研究进展，分工合作完成编写。写作中参阅、引用了国内外从1946年以来发表的关于水葫芦的主要研究论文、报告（专著）2000多篇（部）。本书适用于环境、生态、农业学科领域的广大科研工作者，也可为从事污水净化、富营养化湖泊治理的企业和科研机构提供参考。

严少华　高岩　郭俊尧

2017 年 8 月

目　　录

第二部分　水葫芦治污工程及水葫芦的处置利用

第三部分 水葫芦治污生态工程的技术经济评价和对应用的展望

及进一步研究工作的建议

第一部分 水葫芦生物学特征和水葫芦净化水质的效果与机制

第一章　水葫芦快速繁殖、吸收养分的生物学基础

第一节　概　　述

水葫芦快速繁殖的入侵特性以及快速吸污纳垢的治污特性均来源于其生物学特性。与此相关的主要生物学特点包括形态适应性、生长繁殖特性、组织化学成分、含水量及对养分需求特性。这些基本特性与水域环境条件的相互作用，包括温度、光、pH、溶解氧和营养盐浓度等，决定了水葫芦的繁殖速度、生物量累积速度及对养分的吸收存储能力等（Penfound and Earle，1948）。全面把握水葫芦的生物学特性和生态行为，不仅能帮助我们更深入地了解这个大型水生植物，还可以帮助我们更好地应对环境挑战，进行水葫芦的管理和控制及其生物量的利用。

第二节　形态适应性

一、水葫芦形态学特征

水葫芦形态的变化被定义为对环境的广泛形态适应，体现了它在特定的栖息地成功地竞争和具有极强的侵入生态系统的能力的生物学特异性能。成熟的水葫芦在富营养的水体和相对稀疏的群落中生长时，它的外形如图 1-1 所示。当有宽敞的空间时，植物在水面上水平扩展以产生更多的新一代，以最大限度地利用光和可用的营养盐。当种群密度很大时，水葫芦往往垂直生长成细长的浮游物和大叶片，以积累营养和能量进一步发育有性繁殖。同时，在高密度种群中生长时，球型浮子变成细长的浮子，如图 1-1 和图 1-2 所示。

水葫芦的根是纤维状的，直径约为 1mm（Hadad et al.，2009）；每个纤维根具有许多侧面的根毛，长约 2~3mm，并具有功能活跃的根尖。水葫芦的纤维状根在水中悬浮，可以有效地捕获悬浮碎屑，并促进微生物群落的发育（Yi et al.，2014）和形成活性生物膜。根据营养条件，水葫芦根长度可能从 200mm 到 2000mm 不等（李霞等，2011b；Rodríguez et al.，2012）；单棵水葫芦的根表面积可以从 30 m^2 到 60m^2 不等（周庆等，2012）。水葫芦可以在低的营养盐浓度（NH_4^+ 0.12mg • L^{-1}，NO_3^- 0.16mg • L^{-1}，PO_4^{3-} 0.09mg • L^{-1}）（张志勇等，2011；马涛等，2013）中生长和在高的氮浓度 160mg • L^{-1}（李晨光，2012）及高磷酸盐浓度 40mg • L^{-1}（Haller and Sutton，1973）的水中快速生长。虽然，水葫芦耐受铵的毒性浓度的上限不清楚，但当水中的铵浓度达到 370mg • L^{-1} 时，水葫芦开始死亡（秦红杰等，2015）。

这种根形态变化解释了为什么水葫芦可以在竞争中超过其他水生植物对营养物质的需求，可以在低营养浓度的水域生长良好。这一点很重要，因为人们期望再生水的质量

能满足特定的地表水标准，即使水质标准因国家而异（表 1-1）。

图 1-1　生长在富营养水体中的水葫芦形态（尚林摄，2015）

l: 假叶；sf: 浮柄；s: 匍匐茎；ps: 叶；i: 叶柄；f: 叶柄浮球；rh: 根茎；r: 根；st: 海绵状组织

表 1-1　适用于保护地和再生水源的饮用地表水水质标准（EPA，2007；MEP-PRC，2002；Rodríguez 等，2012）

项目	北美标准 / (mg·L⁻¹)	中国标准 / (mg·L⁻¹)	水葫芦处理回收水水质 / (mg·L⁻¹)
总氮（N）	≤0.90	≤1.0	1.0
铵（N）	不需要	≤1.0	0.3
硝态氮（N）	不需要	≤10	0.1
总磷（P）	≤0.076	≤0.2	0.1
溶解氧	不需要	≥5	6
化学需氧量	不需要	≤20	12
叶绿素 a	≤0.004	不需要	没测定

注：仅列出营养盐和溶解氧。

　　表 1-1 中的比较显示，水葫芦处理所回收的水的质量（Rodríguez et al.，2012）与美国国家环境保护局（EPA，2007）和中华人民共和国环境保护部（MEP-PRC，2002）的

标准相似。

图 1-2　成熟水葫芦在富营养水体和高密度种群中生长时的形态变化（尚林摄，2015）

球型浮子变成细长的浮子

在适当条件下，正是水葫芦这种根系的形态和快速生长的特点，使得一公顷完全覆盖的水葫芦每天可以吸收 800 个人在一天内所排放的氮和磷的量（Wooten and Dodd，1976）。水葫芦根也可以去除可能存在于污水中的重金属，如镉、铅、汞、铊、银、钴和锶，以及有机污染物，包括抗生素（Patel，2012）。

二、茎叶-根比例

茎叶-根的比例（长度/长度）（表 1-2 中的范围为 7.1～0.4）随水体营养盐浓度的变化而变化，尤其是氮和磷的浓度及氮/磷的比例（Reddy and Tucker，1983；李霞等，2011a）。在平均氮浓度为 2.1mg·L^{-1} 和磷浓度为 1.1mg·L^{-1}（Dellarossa et al.，2001）的条件下，茎叶-根的比例平均为 2.1～3.2。随着可用氮的连续供应大于 2mg·L^{-1}，可用磷大于 0.3mg·L^{-1}，温度在 25～30℃之间和种群密度大于 40kg·m^{-2} 时，可以获得高的茎叶-根比例。茎叶-根比例是在进行管理决策、设计收获机器以及生物质利用中的重要因素，因为增加茎叶-根的比例与粗蛋白质或碳水化合物含量相关。而根的比例过高，意味着纤维素含量会过高。这种状况使得难以用机器收获，但可以得到更良好的水质。

表 1-2　生长在不同营养盐浓度下的水葫芦茎叶-根的比例（李霞等，2011a）

地点	株高/cm	单株干重/g	茎叶高/cm	根长/cm	茎叶-根的比例（长度/长度）
太湖	$60.4 \pm 5.2Bb$	$53.2 \pm 5.3Aa$	$40.2 \pm 2.3Aa$	$20.2 \pm 0.5Bb$	$2.0 \pm 0.2Bb$
南京	$45.1 \pm 3.3Cc$	$42.1 \pm 2.9Bb$	$36.3 \pm 1.5Aa$	$5.1 \pm 0.2Cc$	$7.1 \pm 0.3Aa$
滇池	$78.4 \pm 6.1Aa$	$37.5 \pm 4.3Cc$	$22.1 \pm 1.1Bb$	$57.3 \pm 1.2Aa$	$0.4 \pm 0.1Cc$

注：不同的大小写英文字母代表统计学差异 $p < 0.05$ 或 $p < 0.01$。

三、海绵状组织

水葫芦生物学有趣的特点是它的匍匐茎、根茎、茎和叶柄具有海绵组织根。海绵组织产生浮力并降低收获效率，因为收割机不仅收获水葫芦的生物质而且收获海绵组织中的空气及水分。水葫芦生物质的漂浮能力可以表示为不同植物器官的密度。植物器官的密度越低，漂浮能力越高，并且收获效率越低。例如，收获 $1m^3$ 容积的全棵水葫芦植物仅收集了 8.4kg 的干生物质，而收获机械的容积是有一定限制的，容积越大，造价和运行费用越贵（表 1-3）。

表 1-3　不同水葫芦组织的密度和收获效率

水葫芦组织	密度/($kg \cdot m^{-3}$)	收获的干物质/($kg \cdot m^{-3}$)	文献
根	782	39.1	1
根茎	805	40.3	1
匍匐茎	818	40.9	1
叶柄浮球	136	6.8	1
叶	741	37.1	1
整株植物	167	8.4	2

注：文献 1 为（Penfound and Earle，1948）；文献 2 为（Bagnall，1982）。

第三节　水葫芦的繁殖特性

水葫芦的入侵性很大程度上依赖于其强大的无性繁殖能力，通过从叶腋生产匍匐茎，在匍匐茎的顶端生长新植株。在合适条件下，植株数量可以在 7~15 天内翻倍。例如，干重为 $0.06kg \cdot m^{-2}$ 的初始放养量在 7 天后增加到 $0.14kg \cdot m^{-2}$，在 42 天后增加到 $1.22kg \cdot m^{-2}$（郑建初等，2011）。每个植株产生几个匍匐茎，每个匍匐茎产生新植株。在环境允许时，一个水葫芦植株可以在一年内产生 4.7×10^7 个新植株，鲜重量达 9000t，可以覆盖 $47hm^2$ 的水面（Njoka，2004）。水葫芦无性繁殖主要受到温度、可用的生长空间和水中营养盐浓度等的影响。在一定的环境条件下，尤其是在逆境环境下，水葫芦也会进行有性繁殖，保证其能够繁衍下去。

一、水葫芦的无性繁殖

水温、气温是影响水葫芦繁殖、发育和生长的最主要的影响因素。水葫芦是一种多年生植物，可在热带和亚热带气候带全年生长和发育。在温带气候区，取决于温度和营养浓度状况及特定的小气候位置，它可以在春季、夏季和秋季生长良好。水葫芦在气温10℃时开始生长（Gettys et al.，2009），并且耐受高达43℃的气温（Howard and Harley，1998）。与水体的开放区域相比，水葫芦种群下的水温变化较小（Penfound and Earle，1948）。这意味着水葫芦种群下的水温通常根据特定栖息地的季节性模式而变化。一般情况下，水温变化可能滞后于空气温度变化，即水温在春季逐渐升高，而秋季水温的降低滞后于空气温度的降低。

在自然栖息地的春天，快速上升的空气温度可以在植株高度和叶片宽度方面促进水葫芦的生长。在种群覆盖形成之后，植株密度快速增加，这可以导致改变个体植株的生长模式，并以垂直向上生长为主，因为相互缠绕的匍匐茎防止单个植株在种群内的自由移动，并且种群边缘可以朝向开放水面快速膨胀。在夏季，植株高度可能达到最大值，然后生长速度在随后秋季气温降低而降低，直到整株水葫芦在温带气候区死亡。水葫芦在热带和温带气候区生长的主要区别发生在冬季。在温带气候区，如果冬季有较低的温度，尽管漂浮植株茎和叶片可能枯萎变黄，但根茎，匍匐茎和根有可能仍然存活，这取决于冬季的水温和冷冻期的持续时间。在暴露于空气温度-7.2℃12h或暴露于空气温度-5.0℃（Penfound and Earle，1948）48h后，植物才可能完全死亡（不再生长）。

水葫芦无性繁殖的模式类似于生物量生长的模式，但这时水葫芦生物量的增长更依赖于新植株的数量增加。无性繁殖不仅仅依赖于温度，还遵循有效的累积温度（表1-4）（王子臣等，2011）。

表1-4　水葫芦在气温28℃每增加一片新叶需要的天数和有效积温（王子臣等，2011）

叶顺序	增加一片新叶的天数	增加一片新叶的平均天数	增加一片新叶的有效积温/℃	增加一片新叶的平均有效积温/℃
第3叶	2.0～3.0	2.5	29.0～45.6	37.7
第4叶	2.0～3.5	2.4	29.0～54.3	37.3
第5叶	2.0～4.5	3.5	31.3～57.1	48.2
第6叶	3.0～4.0	3.8	42.2～54.2	50.3
第7叶	2.0～4.0	2.8	34.4～60.4	44.7
第8叶	2.0～4.0	3.5	34.2～68.6	60.0
第9叶	3.0～4.0	3.3	50.8～68.5	56.3
第10叶	2.0～4.0	3.1	31.6～66.0	51.0
第11叶	3.0～4.5	3.7	55.9～80.3	66.5
第12叶	2.5～3.5	2.8	40.9～70.0	54.4
第13叶	2.5～5.0	3.6	44.6～96.5	65.9
平均	3.0～3.3	3.2	48.2～53.6	52.0

注：叶片顺序从植株基部到顶部按出叶先后计算。

　　在生长早期，水葫芦每生长一叶在平均温度为28℃时至少需要约2天或平均需要约37℃的有效累积温度。随着叶龄的增加，水葫芦从第3叶至第13叶，每生长一个新叶所需的天数有从2天增加到3.2天的趋势。

　　与无性繁殖有关的另一个重要特征是单个叶的生命周期，这与收获日期的决策和随后的生物质利用密切相关，因为如果计划的利用是饲料，则生物量应在植株较嫩时收获。在约28℃的温度下，单个叶片的最大生命周期约为34天；当累积有效温度达到544℃时叶片会死亡（王子臣等，2011）。然而，在自然条件下，由于生物和非生物因素的损伤，大多数叶片会在达到该累积温度之前死亡并逐渐脱落。当这种情况发生时，使用水葫芦来降低水体化学需氧量的水体修复就变得无效，因为死亡叶子腐烂会大量增加水中的化学需氧量。

　　叶片成熟和死亡的过程可以通过叶绿素含量来评估，最简单的方法是使用单光子雪崩二极管（SPAD）叶绿素分析仪（Pasquardini et al.，2015）来测定叶片的叶绿素含量。尽管从 SPAD 仪表读数（0～100 的指数值）收集的数据不直接表示与实验室方法（$\mu g \cdot L^{-1}$）相同的叶绿素含量，但它与传统方法的结果直接相关。因此，许多报告直接使用 SPAD 值来表示叶绿素含量（Martínez et al.，2015）。图 1-3 表达了水葫芦的第 4 叶片在整个生命周期中的 SPAD 值变化，SPAD 值从叶片生长初期逐步增加，然后随着有效累积温度的上升而降低。当有效积温度达到 544℃时，叶片变老，自然死亡，叶片的 SPAD 值降至最低。

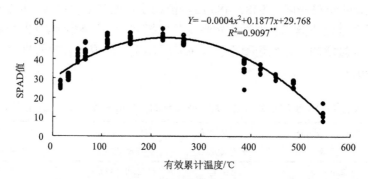

图 1-3　水葫芦第 4 叶片生命周期中 SPAD 值的变化

** 表示回归方程的统计显著性检验（$p < 0.01$）

　　无性繁殖在不同的物理、化学和生物学条件下，例如温度，可用的生长空间和水中营养盐浓度等遵循不同的模式。在一定的生长空间中，单个植物的营养繁殖主要由温度影响（图 1-4 和图 1-5）。图 1-4 显示，当空间允许时，来自单个母植株的新植株的数量遵循指数模式，在温度～28℃的 30 天生长期间，新植株的数量达到 215。图 1-5 显示，来自单个母株的 215 个新植株需要约 474℃的有效累积温度。虽然图 1-4 和图 1-5 的概念类似，但在实际应用时却完全不同。图 1-4 仅可用作在某些温度和空间下大量新植株的近似估计，图 1-5 可用于有自动化环境监测设备和在较宽敞空间时，在较宽的温度范围下估计水葫芦群体。

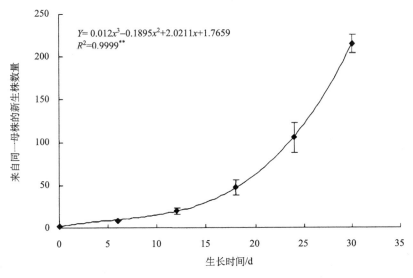

图 1-4　水葫芦无性繁殖时同一母株产生的新生株和生长时间

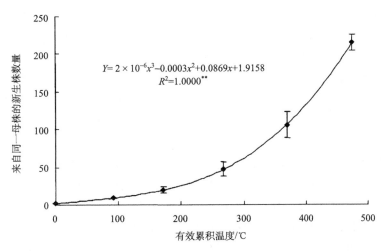

图 1-5　水葫芦无性繁殖时同一母株产生的新生株和所需的有效积温

新生枝的生长与母本叶发育阶段之间的关系是 n 减 3 的叶发育模式和新生枝生长与母株叶期之间的同步关系（表 1-5）。

表 1-5　新生枝生长叶期（d）和母株第 8 叶发育之间的同步关系

编号	叶序	新生代	新生株叶期（d）和在母株上的叶位（叶序）							
			1	2	3	4	5	6	7	8
1	8.0	第 1 代	4.2	4.6	4.3	3.4	0.2	0	0	0
		第 2 代	0	0	1.1, 1.0	0.9	0	0	0	0
2	8.0	第 1 代	0	3.9	4.0	3.1	1.2	0.7	0	0
		第 2 代	0	1.0	1.2, 1.0	1.0	0	0	0	0

编号	叶序	新生代	新生株叶期（d）和在母株上的叶位（叶序）							
			1	2	3	4	5	6	7	8
3	8.2	第 1 代	0	5.0	4.9	4.2	2.3	0	0	0
		第 2 代	0	3.2, 1.2, 0.3	2.5, 2.7	2.2	0	0	0	0
		第 3 代	0	1.0	0	0	0	0	0	0
4	7.9	第 1 代	5.0	5.0	4.7	3.6	2.0	0	0	0
		第 2 代	0	4.0, 1.5	2.3, 1.0	0.6	0	0	0	0
5	8.1	第 1 代	4.0	5.0	4.7	4.0	1.7	0	0	0
		第 2 代	0	3.0, 1.7	2.0, 1.5	1.4, 0.2	0	0	0	0
6	8.1	第 1 代	5.9	5.3	4.7	3.9	1.0	0.2	0	0
		第 2 代	3.7, 3.0	3.3, 2.0	2.2, 1.1	1.0	0	0	0	0
		第 3 代	1.0, 0.2	1.0	0	0	0	0	0	0

注：0 代表在母株的这个叶位没有新生代。

当单个母株有 4 个叶片时，理论上将在第 1 个叶位出现一个新的分枝（4 减 3）；并且在母株的第 8 叶龄阶段，新的分枝应该出现在母株的第 5、第 4、第 3、第 2 和第 1 叶的叶位上。例如，表 1-5 显示了 6 个母株发育了约 8 片叶（7.9～8.2 叶龄），理论上每个母株应该有第 5、第 4、第 3、第 2 和第 1 叶的第 1 代分株。表 1-5 除了缺失第 2 号和第 3 号母株在第 1 个叶位的第 1 代分株，可能是由特定叶片的微环境效应或营养条件引起外，所有观察到的植株具有第 2 代新株（在第 1 代新株上产生的新株），并且在第 3 号和第 6 号母株上观察到有第 3 代新株（在第 2 代新株上产生的新株）。

新生株发育模式和新生枝生长与母株叶期之间的同步关系可以由第 3 号和第 6 号母株的观察数据进一步说明。当第 3 号母株具有 8.2 个叶片时，其第 5 叶位有一个叶龄为 2.3 天的第 1 代新分株。对于第 6 号母株来说，第 1 代（叶龄为 5.9d）在产生了两个第 2 代分株（叶龄 3.7d 和 3.0d）；第 2 代分株又产生了两个第 3 代的新分枝（叶龄 1.0d 和 0.2d）。观察数据一般表明，在小群体中，无性繁殖在早期种群密度低的时候遵循指数生长模式（图 1-6A）。

无性繁殖率表明，没有空间限制，单一植物在 15d 时间内在 24.3℃的平均空气温度下产生 19 个新的分株。然而，在有限的生长空间或随着水葫芦种群密度的增加，无性繁殖模式将完全不同，植株无性繁殖可能逐渐减缓，直到没有新分株出现。例如，随着种群密度的增加（空间限制增强），繁殖速率逐渐减慢。平均而言，在相同环境条件下，高密度生长的单株在同一时期产生 3 株新的分株（图 1-6B）。

二、水葫芦的有性繁殖

水葫芦从幼苗发育到开花需要一个基本的营养生长期。在自然条件下，当营养生长不足 13 个叶片时，水葫芦不会发育出花序。当植株完成第 13 个叶片后，如果日平均气温超过 31℃并连续 5d，水葫芦可能产生花序（郑建初等，2011）。花序由花轴组成，上面有两个对着的花簇的苞片。在两个花序发育的过程中，植株需要另一个营养生长过程，

一棵母株(a)在1m²空间15d后产生了
6个第2代植株(b)
12个第3代植株(c)
1个第4代植株(d)

20棵母株(a)在1m²空间里15d后，每个母株产生了3个第2代新植株(b)

变得细长的浮球(f)

图 1-6　无性繁殖（尚林摄，2015）

A：宽敞空间（每平方米 1 母株）15d 后；B：有限空间（每平方米 20 母株）15d 后。A 和 B 生长的环境温度为 24.3℃

以累积另外 13 个叶片，并且在 31℃环境温度下连续生长 5d。由于对光合产物的竞争，性生殖减慢了水葫芦的营养生长。例如，在营养生长期 341.0℃的有效累积温度可以支持平均 7.04 个叶片的生长，但在花序发生后，相同的有效累积温度将仅支持 6.09 个叶片的生长。在有效累积温度达到 532℃时，植株在营养生长期生长了 10.3 个叶片，但在开花后只有 8.3 个叶片（图 1-7）（王子臣等，2011）。

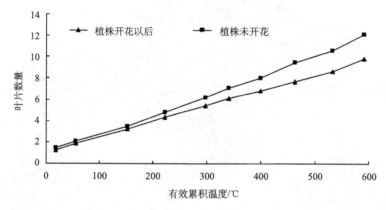

图 1-7　开花对水葫芦叶片生长的影响

在花序发育的开始，苞片首先出现，然后是裸轴（花序下端的轴），而花轴的远端部分才是真正实际开花的轴（图 1-8）。花轴在种群中通常可以承载 8～15 个花（Lindsey and Hirt，2000c），但在不同种群中，它可以是 5～23 个花。水葫芦的花是双性的，并且具有由花柱和雄蕊长度区分的花卉三倍体（Barrett，1977）。花被是有管状基部和有六个彩色瓣的片状体；上片大于其余的片，并在中心带有黄色的紫色斑点（Barrett，1980a）。

图 1-8　水葫芦花序（尚林摄，2015）

　　花序完全发育成熟需要约 14d，包括苞片、裸轴、芽和花的发育。水葫芦的动力学循环由开花期和弯曲期组成，并且通常根据夜间和日间温度在 23～40h 内完成（Penfound and Earle，1948；Kohji et al.，1995）（图 1-9～图 1-11）。当栖息地是湿地时，水葫芦的浮球可能消失，花形变小，但能够发育成正常的和活的种子，以准备下一个生命周期。授粉是在开花期（弯曲前）由昆虫完成的。例如，由蜜蜂（Apis mellifera L.）（Téllez et al.，2008）或通过自花授粉（Barrett，1977，1980a）来完成。在一些特定的栖息地和自然条件下，中国重庆地区由昆虫完成的授粉率可达到约 4.0%（任明迅等，2004），在中国滇池地区约为 5%（张迎颖等，2012）。

　　水葫芦的子房是由三个腔组成的多细胞组织，在每个腔中有许多胚珠；果实是由薄层花被包围的胶囊状开裂蒴果（Singh，1962）。水葫芦花成功授粉后，每个胶囊平均生产 44 粒种子（Barrett，1980b），但最多的时候，每个胶囊可含有高达 450 粒种子（Lindsey and Hirt，2000c）。水葫芦有高达 46%的花可以产生种子。在花序梗向下弯曲到最终位置后，花序发育持续 16～23d 才达到种子成熟（Penfound and Earle，1948）。在成熟的胶囊中，薄壁果皮开裂，将种子释放到水中。种子迅速下沉到水底部，并可以保持活力达 28 年（Sullivan and Wood，2012）。水葫芦种子的寿命极长是由于其独特的外部和内部结构（图 1-12～图 1-17）（张迎颖等，2012）所决定的。

图 1-9　花轴弯曲前正在开放中的水葫芦花序（尚林摄，2015）

晚间温度 24℃，白天温度 32℃

图 1-10　水葫芦花梗由于重力作用弯向水面（尚林摄，2015）

晚间温度 24℃，白天温度 32℃

图 1-11　水葫芦花梗沉入水面下（尚林摄，2015）

晚间温度 24℃，白天温度 32℃

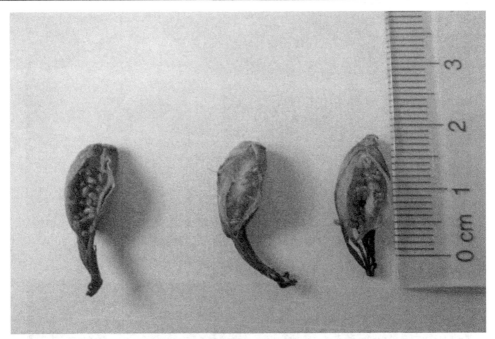

图 1-12　由薄壁果皮包裹的水葫芦种子胶囊（张迎颖摄，2010）

椭圆，咖啡色，长 13mm，宽 4mm，内含 63～153 粒种子

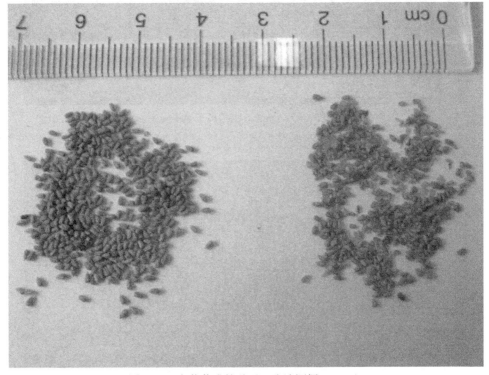

图 1-13　水葫芦成熟种子（张迎颖摄，2010）

长 1.4～1.9mm，宽 0.7～0.9mm，深咖啡色（左边），未成熟种子为黄绿色（右边），种子千粒重 0.37～0.43g

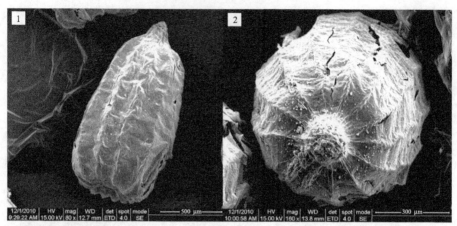

图 1-14　水葫芦种子外观（FEI Quanta 200 扫描电子显微镜图）（张迎颖摄，2010）

1. 椭圆形带有圆端和尖端；2. 尖端、种脐、种阜和种孔

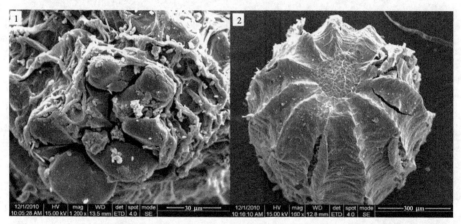

图 1-15　水葫芦种子外观（FEI Quanta 200 扫描电子显微镜图）（张迎颖摄，2010）

1. 放大的尖端、种脐、种阜和种孔；2. 放大的圆端显示凹槽和 11 个均匀分布的脊；损伤可能在样品准备过程中造成

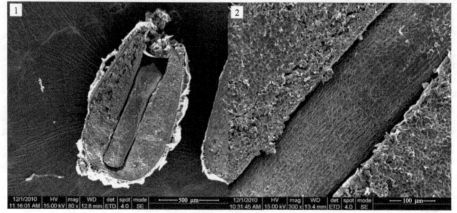

图 1-16　水葫芦种子内部结构（FEI Quanta 200 扫描电子显微镜图）（张迎颖摄，2010）

1. 纵切面：在胚乳包围中的种胚；2. 种胚的表面结构

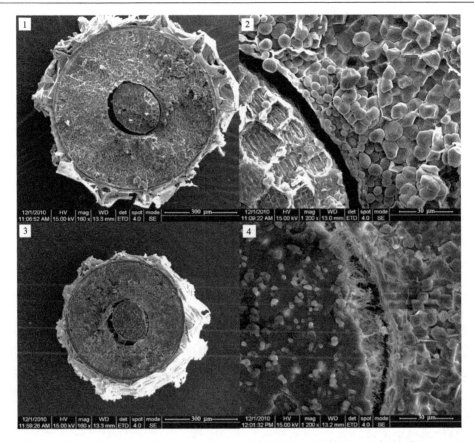

图 1-17　水葫芦种子内部结构（FEI Quanta 200 扫描电子显微镜图）（张迎颖摄，2010）

1. 成熟种子横切面：在胚乳包围中的种胚，胚乳外层是种皮；2. 放大的成熟种子横切面：在胚乳（右上）包围中的种胚（左下）；3. 未成熟种子横切面：在胚乳包围中的种胚组织结构模糊；4. 未成熟种子横切面：在胚乳（右上）包围中的种胚（左下）与胚乳有粘连

　　水葫芦有性繁殖涉及许多发育阶段，从在母本上的花序初始化到种子发芽再到幼苗独立发育生长和水面上成功漂浮。在水葫芦的生物学中，萌发被认为是从种胚成熟初始化（休眠）开始的，然后成功地挤破种皮，将初生根和子叶暴露于外部环境（图 1-18）。

　　水葫芦种子在自然条件下发芽需要复杂的环境条件，通常水温需要在 28～36℃，光照在 41.4～44.1$\mu mol \cdot m^{-2} \cdot s^{-1}$（唐佩华等，1987），浅水和充足的水体溶氧（Barrett，1980b；Sullivan and Wood，2012）。当这些条件满足时，成熟的水葫芦种子可以在 4～5d 内成功发芽（Pérez et al.，2011）。另外，水葫芦种子暴露在 1000mg·L^{-1} 赤霉酸溶液中时，种子可以在黑暗中发芽，并且在 14 天内的萌发率为 85%（唐佩华等，1987）。

　　考虑到自然水生生态系统中的环境，可以预见水体的岸边浅水区将容易提供合适的水葫芦种子发芽条件。在自然界的观察结果也是如此，即具有变化的水位、变化的湿润和干燥条件的河岸和湖岸线使得水葫芦发芽容易（Barrett，1980b；Sullivan and Wood，2012）。文献还提到水体中磷和硼的浓度的增加可以促进水葫芦种子的发芽率（Pérez et al.，2011）。其他实验也表明，水体营养盐浓度的增加可能有助于发芽秧苗的存活，但不会增加发芽率（Sullivan and Wood，2012），因为水葫芦幼苗需要 40～60d 的初始生长期，

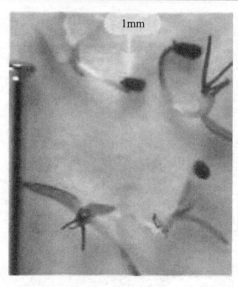

图 1-18　水葫芦种子发芽（Rod Brayne 摄，版权为 G Sainty at Sainty Associates Pty Ltd 所有）

以发育漂浮组织并最终漂浮在水面上（Penfound and Earle，1948）。与水葫芦种子及其萌发有关的另一个特征是，种子在高于 57℃ 的环境温度下不能存活（例如在生物质堆肥期间）（Montoya et al.，2013）。这一点对于水葫芦的管理、控制和制定政策方面也非常重要。因为它可以确保水葫芦种子生物质处理过程中的限制，特别是在将水葫芦生物质用于堆肥的有机肥料中。如果堆肥的有机肥料中的水葫芦种子还保持有活力，这对于肥料使用的环境将带来灾难。

　　为了在水葫芦种子库中鉴定有活力的种子，可以用 2,3,5-三苯基-2*H*-四唑氯化物浸泡种胚的染色试验（Duncan and Widholm，2004；李淑娴等，2012）。四唑氯化物盐（TTC）是水溶性的和无色的，并且可以溶解在 0.1mol·L^{-1} 磷酸盐缓冲液（pH 7.0）中以获得 2.5~10g·L^{-1} 之间的浓度。溶液在使用前应保存在黑暗中。测定步骤包括浸泡和染色种子。可以在室温下或在 18~40℃ 的培养箱中在暗处（光影响显色）浸泡种子 35~90min。在浸泡结束时，活的种子的胚胎产生稳定和鲜艳的红色；通常，光学显微镜足以进行可靠的观察。张迎颖等（2012）报道了在滇池自然条件下收集的种子在实验室测试的活率百分比（表 1-6），并建议浸泡和染色温度至关重要；使用浸泡和染色温度为 40℃，可以得到最高百分比的彩色胚胎。

表 1-6　四唑氯化物盐种胚浸泡检验滇池水葫芦种子活力试验（张迎颖等，2012）

浸泡温度/℃	染色温度/℃	种胚染色	种胚染色比例/%
18	18	胚顶部显淡红色	88
18	40	胚顶部显鲜红色	87
40	18	胚顶部显鲜红色	92
40	40	整个种胚显鲜红色	95

注：每次处理 100 粒种子，重复 3 次。

第四节　水葫芦组织的化学成分、含水量及对养分需求特性

一、水葫芦组织的化学成分、含水量

　　水葫芦的化学成分和含水量是与杂草管理相关的重要生物学特征，特别是与收获和脱水过程的成本息息相关。水葫芦的新鲜生物质中平均含有95%的水。根据生长阶段和环境条件，水葫芦生物质的含水量范围从90%（Lindsey and Hirt，2000a）到95%（Hronich et al.，2008）。一般来说，成熟和更老的植物比新的和更年轻的组织具有更低的水含量。由于生长缓慢和组织中碳水化合物的高积累，在营养条件不佳的水体中生长的水葫芦生物质的含水量比较低。

　　水葫芦另一个有趣的生物学特征是，它可以在不同的植枝组织中过度地积累营养物，导致其化学成分有较大变化（表1-7和表1-8）。在正常营养生理条件下，干生物质中的粗蛋白质含量为213g·kg^{-1}，但在水体中氮素浓度较低的情况下，干叶片中的粗蛋白质含量仅为151g·kg^{-1}，干根系中的粗蛋白质含量仅为74g·kg^{-1}（张志勇等，2010）。这与另一个单独的研究（Rodríguez et al.，2012）相似。水葫芦组织中的化学成分变化极大地关系到生物质的生物能源、饲料和有机肥料的应用，同时也引发了研究人员的极大兴趣。

表1-7　水葫芦干生物质的化学组成　　　　　　　（单位：g·kg^{-1}）

组织	粗蛋白	纤维	脂肪	灰分	凯氏氮	磷	文献
整株	97～234	171～282	15.9～36.0	111～204	15.6～37.4	3.1～8.9	1
根	33.3～115	—	—	—	—	—	2
茎叶	55.7～213	—	—	—	—	—	2

注：—为没数据；文献 1 为 Boyd，1974；Wolverton and McDonald，1978；Lindsey and Hirt，2000a；Aboud et al.，2005；Tham and Udén，2015；文献 2 为 Mishra and Tripathi，2009；张志勇等，2010。

表1-8　美国科学院医学研究所对维生素和矿物质的日推荐量（USRDA）和干水葫芦叶中（DWHL）含量的比较（Wolverton and McDonald，1978）

维生素	USRDA/d	DWHL/kg^{-1}	矿物质	USRDA/（mg·d^{-1}）	DWHL/（mg·kg^{-1}）
硫胺素	1.5mg	5.91mg	钙	1000	7560
核黄素	1.7mg	30.7mg	铁	18	143
烟酸	20mg	79.4mg	磷	1000	9270
维生素 E	30 I.U.	206 I.U.	镁	400	8490
泛酸	10mg	55.6mg	锌	15	23
维生素 B6	2mg	15.2mg	铜	2	8
维生素 B12	6 μg	12.6 μg	钠	200～4400	18300
			钾	3300	36000
			硫	850	4500

　　文献报道，脱水过程中水葫芦汁的干物质中蛋白质含量高达350 g·kg^{-1}（杜静等，

2012），这意味着在脱水过程中，相当大比例的蛋白质可能从组织移动到汁液中，尽管螺杆压榨机压出的汁液可能只有每公斤新鲜汁液14.7～21.2g干物质（杜静等，2010）。

二、水葫芦对养分（氮和磷）的需求特性

适宜水葫芦生长的氮浓度为25～100 mg/L，最佳值为40 ppm；适宜水葫芦生长的磷浓度为0.1～40 ppm，最佳值为20 ppm。一般来说，水葫芦对污水中氮、磷等营养物的净化效率与污水中氮、磷营养的浓度负荷有很大的相关性。随着氮、磷营养负荷的增加，水葫芦对氮、磷的去除也增加，但若氮、磷负荷太高，超过水葫芦的吸收速度，则净化效率反而下降。水葫芦所能耐受的氨、磷最大负荷分别为1760kg·hm^{-2}和230kg·hm^{-2}，这时，水葫芦的净化效率很低，分别为23.8%和15.5%。水葫芦能有效去除污水中的氮、磷等营养物，主要是通过其对氮、磷的大量吸收。利用水葫芦处理一些工业污水时，必须添加适量的氮、磷等营养或与一定量的生活污水混合，以满足水葫芦旺盛生长的需要。同时，还必须保持营养成分含量的平衡（严国安等，1994）。

Kobayashi 等（2008）发现，在巴西 Paraná 河上游，水葫芦并没有大面积扩散，甚至有些水域还出现了水葫芦死亡的情况，通过对当地水质情况的调查，研究者认为，磷元素缺乏可能是造成这种现象的主要原因。通过模拟实验，研究者对假设进行了验证，如图1-19所示，在+P和+NP情况下，水葫芦的生物量和分枝数都要比其他处理高，说明磷元素是影响水葫芦在 Paraná 河上游生长和无性繁殖的主要因子。

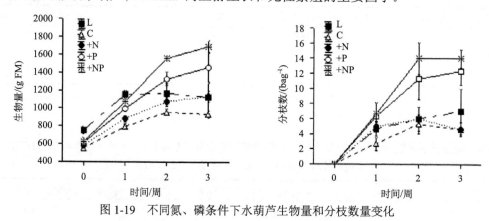

图1-19　不同氮、磷条件下水葫芦生物量和分枝数量变化

第五节　生态位、光照和温度环境因子对水葫芦生长的影响

光是生态环境中最重要的环境因子，对水葫芦生长、生理和生化活动产生着显著影响。随着光照强度的增加，水葫芦生长速率明显加快，氮素代谢关键酶硝酸还原酶活性上升。根部吸收的硝酸根离子大部分运输到叶片中还原，氮素同化效率高。氨基酸含量和可溶性蛋白质含量呈现明显变化，叶片可溶性蛋白质含量与根冠生物量分配显著相关（李卫国和王建波，2007）。水葫芦成熟的光合功能叶片，其最大光合速率（P_{max}）、光补偿点（LCP）和表观量子效率（AQE）分别为（34.50± 0.72）μmol·m^{-2}·s^{-1}、

（20.25±3.6）μmol·m^{-2}·s^{-1} 和 0.0532±0.0014，均显著高于水稻和玉米；水葫芦光饱和点为（2458±69）μmol·m^{-2}·s^{-1}，也明显高于水稻，与玉米接近（李霞等，2010）。水葫芦可耐低温 5℃，若水温下降到冰点，则几小时内即死亡，如水温保持在 7℃以上可安全过冬，当气温大于 10℃时开始生长，当气温在 25℃以上时生长较快，当气温在 27～35℃时生长最旺盛，40℃为高温极限。但当水温在 35℃以上持续 5～6h，水葫芦叶片就焦萎发黄。其温度与生长速率的关系如表 1-9 所示（严国安等，1994）。研究表明，当日平均气温在 24℃以上时，水葫芦生长特别旺盛，因气温变化造成净化效率的差异不明显；而当日平均气温在 24℃以下时，水葫芦塘的平均去除率 R=87.7·$\ln T$200.15。另有研究表明，与去除氮相比，水葫芦对磷的去除效果受温度的影响更敏感。正是由于温度对水葫芦的影响比对微生物的影响更大，阻碍了其在污水处理工程的进一步大范围应用，特别是在气候寒冷的地区（严国安等，1994）。

从伟等（2011）以中国江苏南京地区人工种植的水葫芦为试验材料，在水葫芦生长的旺盛时期（6～8 月），系统研究了不同叶位光合作用的日变化及其影响生态因子。从光强（图 1-20A）和温度（图 1-20B）的变化可知，两者都呈单峰的变化趋势，其中光强的最高峰 6 月在 13:00 时，7 月和 8 月是 11:00 时；而气温 3 个月都是在 15:00 时。但是水葫芦不同叶位叶片的光合日变化（图 1-20C 和图 1-20E）在不同的月份之间呈现出不同的变化趋势：6 月份呈现出单峰变化的趋势，07:00～11:00，随光强和温度的增强，净光合速率（Pn）呈上升趋势，其中最高峰出现在 11:00 时，均超前于一天中光强和气温最高值出现的时间；而 7 月和 8 月却呈现出典型的双峰曲线，峰值分别出现在 11:00 时和 15:00 时，且中午呈现出明显的光合作用"午睡"现象，第一峰值与一天中光强最高峰出现时间一致，只是随气温的继续上升，Pn 呈下降趋势，与 6 月测定时的气温相比，7 月和 8 月 12:00 时的气温已超过 40℃，大于水葫芦光合作用的最适温度范围（30～35℃），此时外界温度则成为限制其最大光合能力发挥的环境因子，因此 Pn 下降，即该地区自然条件下水葫芦叶片光合表现并不是直接与光强或气温单一因子相关的，而可能是光温互作的结果。值得注意的是，不同叶位的光合日变化也不同，虽然倒 1 叶和倒 3 叶的光合日变化趋势相类似，但是倒 1 叶在 07:00～11:00 时，其 Pn 均比倒 3 叶的低；而 13:00～17:00 时则与倒 3 叶的接近，其中 07:00 时只有倒 3 叶的 85.08%，倒 6 叶的 Pn 日变化趋势与倒 1 叶和倒 3 叶的变化不相同，不仅上午没有显著的诱导高峰，而且下午 Pn 也比其他两个部位的叶片要低，其中在 11:00 时，倒 6 叶的 Pn 只有倒 3 叶的 42.26%，这可能与其叶片衰老导致其生理功能衰退有关。从水葫芦不同叶位一天中的光合表现看，其光合日变化节律不仅与外界的光温互作有关，而且与叶片的发育阶段有关。

不同植物一天中碳的日变化会有所不同（Pierrick et al.，2009），这种碳的日变化是由植物呼吸作用速率和光合作用速率的变化造成的。从图 1-21A 可以看出，夏季水葫芦不同月份气孔导度（Gs）的变化趋势明显不同。6 月水葫芦的倒 1 叶和倒 3 叶的 Gs 日变化呈明显的单峰趋势，倒 6 叶在 07:00～13:00 时的变化与倒 1 叶和倒 3 叶的类似，而在 15:00 时之后还有一个上升，其峰值出现在 09:00 时和 13:00 时。7 月、8 月倒 1 叶和倒 3 叶的 Gs 从 07:00～13:00 呈现出下降趋势，在 13:00 时会出现一个峰值；倒 6 叶的变化趋势与前者类似，但是峰值却出现在 13:00 时。不同月份水葫芦 Gs 的变化趋势

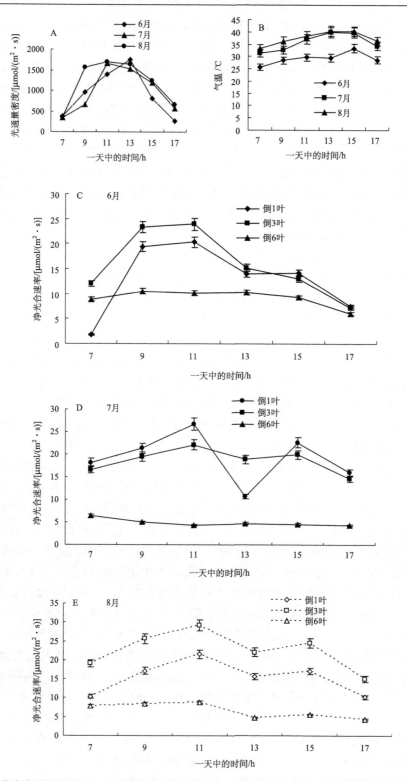

图 1-20　江苏南京地区夏季人工种养的水葫芦不同叶片 Pn 的日变化以及当天光强与气温的变化（2010年 6～8 月）（丛伟等，2011）

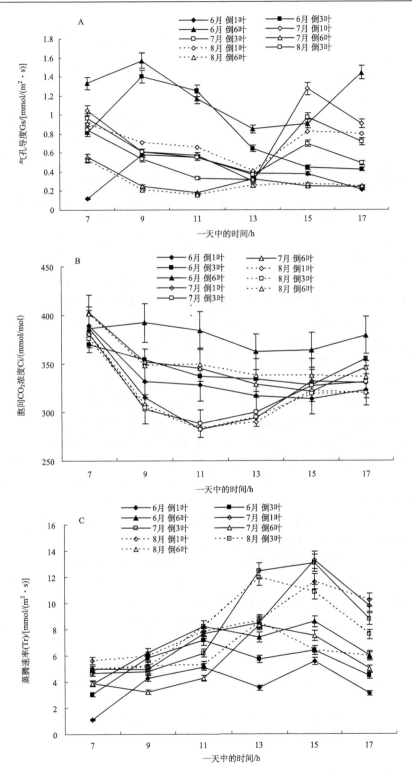

图 1-21 江苏南京地区夏季人工种养的水葫芦不同叶片 Gs、Ci 和 Tr 的日变化（2010 年 6～8 月）（丛伟等，2011）

总体上和 Pn 的变化趋势十分相似,只是高峰出现的时间不同,6月 Gs 高峰出现在 09:00 时,比 Pn 的早了 2 h,7月、8月份 Gs 的最高值出现在 07:00 时,之后随光强和气温的增强,气孔逐渐关闭,但从图 1-21B 可以看出,整个夏季胞间 CO_2 浓度(Ci)的日变化进程表现为两边高中间低的趋势,相对而言,7月和8月的 Pn 并没有随气孔导度的下降而下降,而是随光强的增强而增高,可见,Pn 的变化显然与气孔密切相关。

蒸腾速率(Tr)的日变化趋势(图 1-21C)6月呈典型的双峰曲线,表现出"午睡"的现象。与 Pn 不同的是,15:00 时还有另一个明显的高峰,并且与气温的最高峰重叠;7月呈现单峰曲线,峰值出现在 15:00 时,与气温的最高值重叠;8月的变化趋势和7月相似,只是峰值比7月早出现 2 h,表明蒸腾能力的高低与温度的关系更大。蒸腾作用虽然可通过扩散的水分降低叶片温度,从而减轻高温环境对叶片造成的灼伤,但也是以损失另一个光合作用底物为代价的。因此,叶片蒸腾作用强的 Pn 并不高,不同叶位的 Gs、Ci 和 Tr 的变化不同,其中倒 1 叶和倒 3 叶的表现类似,而倒 6 叶随光强和温度变化的日节奏响应不明显,可能与其叶片衰老有关。

大多数环境下,气孔导度对 CO_2 的限制会影响到碳同化(Christopher et al.,2010)。从图 1-22A 可以看出,水葫芦叶片的气孔限制值 Ls 呈单峰的变化趋势,6月最高峰在 15:00 时,与最高气温的时间一致;7月、8月份的最高峰出现在 11:00 时,与最大光强出现的时间一致。6月外界最高温度影响气孔的关闭而导致 Pn 下降,而7月、8月整体外界气温高于6月,因此在外界光强达到最大时,它会诱发气孔关闭,从而减少水分的过分蒸发;但同时也限制了光合作用的底物 CO_2 的进入,从而限制了光合能力。从图 1-22B 可看出,水葫芦叶片的水分利用率(WUE)3 个月相类似,均在 09:00 时达到最高值,下午随气温的增加下降幅度更大。羧化效率是表示 CO_2 固定过程中,1,2-二磷酸核酮糖羧化加氧酶(Rubisco)羧化 1,2-二磷酸核酮糖(RuBP)的能力,可用 Pn 与 Ci 的比值表示。有学者提出,表观羧化效率的差别是植物之间光合效率差异的主要原因,也是植物在不同时间段光效率差异的主要原因(Feng et al.,2009)。水葫芦的羧化效率的日变化趋势(图 1-22C)和 Pn 日变化曲线类似,6月呈单峰曲线,7月、8月呈现出双峰曲线,且8月倒 3 叶的最高。这表明,水葫芦光合能力的日变化与其光合酶 Rubisco 羧化能力的强弱直接相关,只是不同月份之间有差异。

将不同月份测定当天的光合参数与相应的气温(T)和光强(PFD)进行相关分析,结果表明:与气温比较,6月外界光强对水葫芦光合能力的影响更大;7月外界光强的高低与水葫芦叶片的 Pn、Ls 以及羧化效率呈正相关,与 Gs、Ci 和 WUE 呈负相关,其中与 Ls 和羧化效率呈显著正相关;气温与 Pn、Ls 以及羧化效率也呈正相关,与 Gs、Ci 和 WUE 呈负相关,但是温度与 WUE 呈显著负相关。8月外界光强和水葫芦叶片的 Pn、Ls、WUE 以及羧化效率呈正相关,与 Gs、Ci 呈负相关,其中与 Pn 和羧化效率呈显著正相关,与 Ci 呈显著负相关;温度与 Pn、Ls 和羧化效率呈正相关,与 Gs、Ci 和 WUE 呈负相关。

表 1-9　水温对水葫芦生长影响(严国安等,1994)

项目	参数值			
日平均气温/℃	20~25	25~30	27~30	27~28
日最高气温/℃	26~30	30~35	32~35	35
水葫芦增长率/($kg \cdot m^{-2} \cdot d^{-1}$)	0.15~0.23	0.38~0.45	0.53~0.83	0.45~0.68

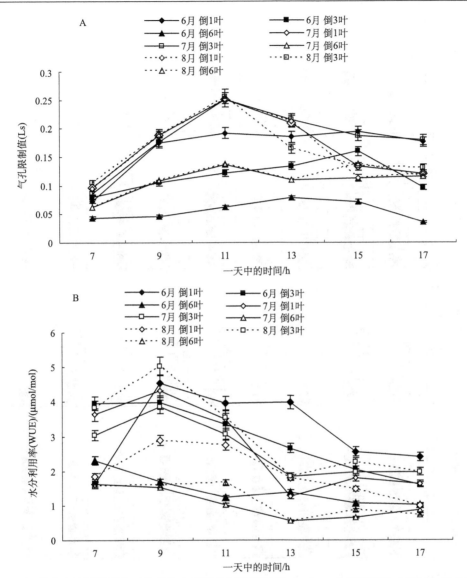

图 1-22 江苏南京地区夏季人工种养的水葫芦的气孔限制值（Ls）、水分利用率（WUE）以及羧化效率的日变化（2010 年 6～8 月）（丛伟等，2011）

当叶片在相对湿度 55%～90%的环境中时，太湖地区水葫芦的光合速率最高，这可能是由于环境因素导致低热量蒸散，气孔限制和适宜叶表面温度而使太湖地区水葫芦的净光合速率[25μmol·m^{-2}·s^{-1} (CO$_2$)]最高（图 1-23）。导致高净光合速率的另一个因素是入射阳光。在相似的叶片相对湿度（55%～60%，图 1-23），滇池的平均入射日光（902μmol·m^{-2}·s^{-1}）高于南京的平均入射日光（824μmol·m^{-2}·s^{-1}），这可能导致滇池区[15～25μmol·m^{-2}·s^{-1} (CO$_2$)]的净光合速率高于南京[4～15μmol·m^{-2}·s^{-1} (CO$_2$)]（李霞等，2011b）。

水葫芦的入侵和生长与环境中的营养盐浓度及各种养分间的比例有关。文献的分析

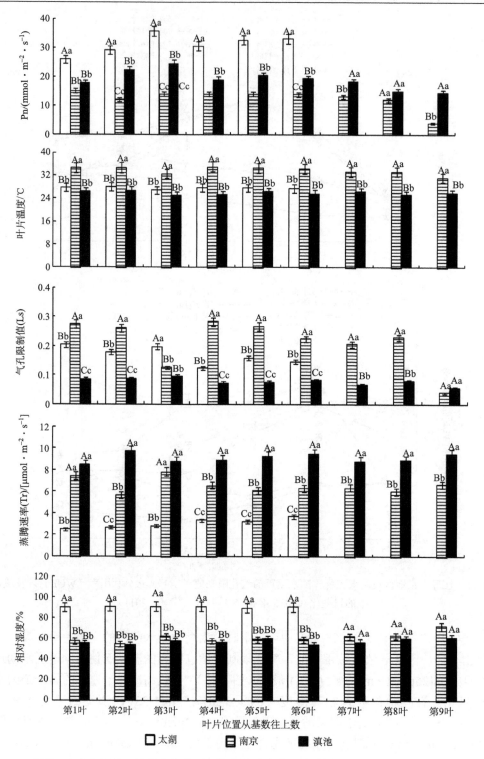

图 1-23　太湖、南京和滇池三地的水葫芦不同位置的叶片在温度和相对湿度下的净光合速率（Pn）、
气孔限制值（Ls）、蒸腾速率（Tr）（李霞等，2011）

图中大写字母表示差异达极显著性水平，小写字母表示差异达显著性水平

表明，自然淡水中的营养盐浓度通常在低范围内，特别是对于磷。水葫芦生长的最佳磷浓度为 > 1mg・L^{-1}（磷）（Wilson et al.，2005），氮磷比率在 5~7 之间（Reddy and Tucker，1983；Wilson et al.，2005）。此外，在上述测试中的相对于光合有效辐射（PAR）强度的光子通量范围为 1400~2100μmol・m^{-2}・s^{-1}。水葫芦被分类为需要高光合有效辐射（PAR）强度的植物。使其生长最快的光辐射为 4138μmol・m^{-2}・s^{-1}（Téllez et al.，2008）或光合有效辐射为 3310μmol・m^{-2}・s^{-1}（Barnes et al.，1993），最低的光合有效辐射要求为 331μmol・m^{-2}・s^{-1}；显然，它可以在很宽的光辐射范围内生长。这意味着来自李霞等（2011a）报道的水葫芦的光合速率可能不是最佳的或最高的速率，并且更可能接近下限。

上述实验表明，水葫芦的生长速率极快，其光合作用的生物学特性是：最大光合速率（Pn）CO$_2$ 38μmol・m^{-2}・s^{-1}、光饱和点（LSP）2503μmol・m^{-2}・s^{-1}、光补偿点（LCP）16μmol・m^{-2}・s^{-1}；在中国太湖地区温带气候区的表观量子效率（AQE）为 0.053（李霞等，2011b）。另外，还应该考虑水葫芦对较宽范围的其他环境条件，如温度、湿度、营养物浓度及其比例和入射光子通量具有极好的适应性（李霞等，2011b）。

与水葫芦栖息地有关的其他重要环境因素是溶解氧（DO）、化学需氧量（COD）、水文和风。这些栖息地因素对控制水葫芦生物量和对资源的潜在利用价值以及对该物种在植物修复中的使用效果是很重要的。一般来说，水葫芦的存在可以将种群下面水体的溶解氧浓度降低到 0.1~1.0mg・L^{-1}（Penfound and Earle，1948）。水体极低的溶解氧是导致大多数鱼类和大型无脊椎动物消失的主要原因。但是在小面积（定义为小于覆盖的总水面的 25%）或非连续水葫芦种群表面覆盖（定义为具有宽敞间隙的不连续种群），使得水葫芦种群能与藻类相互作用而改善水质，如减少水中悬浮固体、浊度和化学需氧量（Masifwa et al.，2001；Toft et al.，2003；王智等，2012；王智等，2013；张振华等，2014）。

参 考 文 献

丛伟，李霞，盛婧，等. 2011. 南京夏季不同叶位凤眼莲叶片光合作用的日变化及其生态因子分析. 江西农业大学学报，33(3): 445-451.

杜静，常志州，叶小梅，等. 2010. 压榨脱水中水葫芦氮磷钾养分损失研究. 福建农业学报，25(1): 104-107.

杜静，常志州，叶小梅，等. 2012. 水葫芦粉碎程度对脱水效果影响的中试. 农业工程学报，28(5): 207-212.

李晨光. 2012. 凤眼莲净化治理滇池蓝藻污染的可行性研究. 环境科学导刊，31(3): 64-68.

李淑娴，冒燕，姜荧荧. 2012. 白蜡种子发芽能力检测方法. 东北林业大学学报，40 (3): 1-4.

李卫国，王建波. 2007. 光照和氮素对外来植物凤眼莲生长和生理特性的影响. 武汉大学学报（理学版），53(4): 457-462.

李霞，丛伟，任承钢，等. 2011a. 太湖人工种养凤眼莲的光合生产力及其碳汇潜力分析. 江苏农业学报，27 (3): 500-504.

李霞，任承刚，王满，等. 2010. 江苏地区凤眼莲叶片光合作用对光照度和温度的响应. 江苏农业学报，26(5): 943-947.

李霞，任承钢，王满，等. 2011b. 不同地区凤眼莲的光合生态功能型及其生态影响因子. 中国生态农业学报，19(4): 823-830.

马涛, 张振华, 易能, 等. 2013. 凤眼莲及底泥对富营养化水体反硝化脱氮特征的影响研究. 农业环境科学学报, 32(12): 2451-2459.

秦红杰, 张志勇, 刘海琴, 等. 2015. 滇池外海规模化控养水葫芦局部死亡原因分析. 长江流域资源与环境, 24(4): 594-602.

任明迅, 张全国, 张大勇. 2004. 入侵植物凤眼蓝繁育系统在中国境内的地理变异. 植物生态学报, 28(6): 753-760.

唐佩华, 孙金洲, 刘一鸣. 1987. 凤眼莲有性繁殖的研究. 作物学报, 13 (1): 53-58.

王智, 张志勇, 韩亚平, 等. 2012. 滇池湖湾大水域种养水葫芦对水质的影响分析. 环境工程学报, 6(11): 3827-3832.

王智, 张志勇, 张君倩, 等. 2013. 两种水生植物对滇池草海富营养化水体水质的影响, 中国环境科学, 33(2): 328-335.

王子臣, 朱普平, 盛婧, 等. 2011. 水葫芦的生物学特征. 江苏农业学报, 27(3): 531-536.

严国安, 任南, 李益健. 1994. 环境因素对凤眼莲生长及净化作用的影响. 环境科学与技术, 64(1): 25-27.

郑建初, 盛婧, 张志勇. 2011. 凤眼莲的生态功能及其利用. 江苏农业学报, 27(2): 426-429.

张迎颖, 吴富勤, 张志勇, 等. 2012. 凤眼莲有性繁殖与种子结构及其活力的初步研究. 南京农业大学学报, 35(1): 135-138.

张振华, 高岩, 郭俊尧, 等. 2014. 富营养化水体治理的实践与思考——以滇池水生植物生态修复实践为例. 生态与农村环境学报, 30(1): 129-135.

张志勇, 郑建初, 刘海琴, 等. 2010. 凤眼莲对不同程度富营养化水体氮磷的去除贡献研究. 中国生态农业学报, 18(1): 152-157.

张志勇, 郑建初, 刘海琴, 等. 2011. 不同水力负荷下凤眼莲对富营养化水体氮磷去除的表观贡献. 江苏农业学报, 27(2): 288-294.

周庆, 韩士群, 严少华, 等. 2012. 富营养化湖泊规模化种养的水葫芦与浮游藻类的相互影响. 水生生物学报, 36(4): 783-791.

Aboud A A O, Kidunda R S, Osarya J. 2005. Potential of water hyacinth (*Eicchornia crassipes*) in ruminant nutrition in Tanzania. Livestock Research for Rural Development, 17 (8): 96.

Bagnall L O. 1982. Bulk mechanical properties of waterhyacinth. Journal of Aquatic Plant Management , 20: 49-53.

Barnes C , Tibbitts T, Sager J, et al. 1993. Accuracy of quantum sensors measuring yield photon flux and photosynthetic photon flux. HortScience, 28 (12): 1197-1200.

Barrett S C H. 1977. Tristyly in *Eichhornia crassipes* (Mart.) Solms (water hyacinth). Biotropica, 9 (4): 230-238.

Barrett S C H. 1980a. Sexual reproduction in *Eichhornia crassipes* (water hyacinth). Ⅰ. Fertility of clones from diverse regions. Journal of Applied Ecology, 17 (1): 101-112.

Barrett S C H. 1980b. Sexual reproduction in *Eichhornia crassipes* (water hyacinth). Ⅱ. Seed production in natural populations. Journal of Applied Ecology, 17 (1): 113-124.

Boyd C E. 1974. Chapter 7 Utilization of aquatic plants//Aquatic Vegetation and its Use and Control, ed. D. S. Mitchell, Paris, France: UNESCO. 104-112.

Christopher P B, David T H, Nate G M. 2010. Influence of diurnal variation in mesophyll conductance on modelled ^{13}C discrimination: results from a field study. Journal of Experimental Botany, 61: 3223-3233.

Dellarossa V, Céspedes J, Zaror C. 2001. *Eichhornia crassipes*-based tertiary treatment of Kraft pulp mill effluents in Chilean Central Region. Hydrobiologia , 443(1-3): 187-191.

Duncan D R, Widholm J M. 2004. Osmotic induced stimulation of the reduction of the viability dye 2, 3,

5-triphenyltetrazolium chloride by maize roots and callus cultures. Journal of Plant Physiology, 161 (4): 397-403.

Ebel M, Evangelou M W H, Schaeffer A. 2007. Cyanide phytoremediation by water hyacinths (*Eichhornia crassipes*). Chemosphere , 66 (5): 816-823.

EPA. 2007. Summary table for the nutrient criteria documents. Environmental Protecion Agency. Washington D C, US: Office of Science and Technology.

Farquhar G D, Sharkey T D. 1982. Stomatal conductance and photosynthesis. Annual Review of Plant Physiology, 33 (1): 317-345.

Feng Y L, Lei Y B, Wang R F. 2009. Evolutionary tradeoffs for nitrogen allocation to photosynthesis versus cell walls in an invasive plant. Proceedings of the National Academy of Sciences, 106: 1853-1856.

Gettys L A, Haller W T, Bellaud M. 2009. Biology and control of aquatic plants: a best management practices handbook. 2nd ed. Marietta GA, USA: Aquatic Ecosystem Restoration Foundation.

Hadad H R, Maine M A, Pinciroli M, et al. 2009. Nickel and phosphorous sorption efficiencies, tissue accumulation kinetics and morphological effects on *Eichhornia crassipes*. Ecotoxicology, 18 (5): 504-513.

Haller W T, Sutton D L. 1973. Effect of pH and high phosphorus concentrations on growth of waterhyacinth. Hyacinth Control Journal, 11: 59-61.

Haller W T, Sutton D L, Barlowe W C. 1974. Effects of salinity on growth of several aquatic macrophytes. Ecology , 55 (4): 891-894.

Howard G W, Harley K L S. 1998. How do floating aquatic weeds affect wetland conservation and development? How can these effects be minimised? Wetlands Ecology and Management , 5 (3): 215-225.

Hronich J E, Martin L, Plawsky J, et al. 2008. Potential of *Eichhornia crassipes* for biomass refining. Journal of Industrial Microbiology and Biotechnology , 35 (5): 393-402.

Kobayashi O T, Thomaz S M, Pelicice F M. 2008. Phosphorus as a limiting factor for *Eichhornia crassipes* growth in the upper Paraná River floodplain. Wetlands, 28(4): 905-913.

Kohji J, Yamamoto R, Masuda Y. 1995. Gravitropic response in *Eichhornia crassipes* (water hyacinth) Ⅰ. process of gravitropic bending in the peduncle. Journal of Plant Research , 108 (3): 387-393.

Lindsey K, Hirt H M. 2000a. Chapter 1: Introduction// Use Water Hyacinth! -A Practical Handbook of Uses for Water Hyacinth from Across the World, 1-4. Winnenden, Germany: Anamed International.

Lindsey K, Hirt H M. 2000b. Chapter 5 Utilisation: general principle// Use Water Hyacinth! - A Practical Handbook of Uses for Water Hyacinth from Across the World, 31-38. Winnenden, Germany: Anamed International.

Lindsey K, Hirt H M. 2000c. Chapter 2 The water hyacinth// Use Water Hyacinth! - A Practical Handbook of Uses for Water Hyacinth from Across the World, ed. K. Lindsey and H. -M. Hirt, 5-8. Winnenden, Germany: Anamed International.

Martínez F, Palencia P, Weiland C M, et al . 2015. Influence of nitrification inhibitor DMPP on yield, fruit quality and SPAD values of strawberry plants. Scientia Horticulturae, 185: 233-239.

Masifwa W F, Twongo T, Denny P. 2001. The impact of water hyacinth, *Eichhornia crassipes* (Mart) Solms on the abundance and diversity of aquatic macroinvertebrates along the shores of northern Lake Victoria , Uganda. Hydrobiologia , 452: 79-88.

MEP-PRC. 2002. Environmental quality standards for surface water (GB 3838-2002). Beijing, China: Ministry of Environmental Protection of The Peoples's Republic of China.

Mishra V K, Tripathi B D. 2009. Accumulation of chromium and zinc from aqueous solutions using water hyacinth (*Eichhornia crassipes*). Journal of Hazardous Materials, 164 (2-3): 1059-1063.

Montoya J E, Waliczek T M, Abbott M L. 2013. Large scale composting as a means of managing water hyacinth (*Eichhornia crassipes*). Invasive Plant Science and Management, 6 (2): 243-249.

Njoka S W. 2004. The biology and impact of Neochetina weevils on water hyacinth, *Eichhornia crassipes* in Lake Victoria Basin, Kenya. Ph. D. Thesis, Department of Environmental Studies (Biological Sciences). School of Graduate Studies at Moi University.

Pasquardini L, Pancheri L, Potrich C, et al. 2015. SPAD aptasensor for the detection of circulating protein biomarkers. Biosensors and Bioelectronics, 68: 500-507.

Patel S. 2012. Threats, management and envisaged utilizations of aquatic weed *Eichhornia crassipes*: an overview. Reviews in Environmental Science and Bio/Technology, 11 (3): 249-259.

Penfound W T, Earle T T. 1948. The biology of the water hyacinth. Ecological Monographs. New York City and Ann Arbor, Michigan, USA: Ecological Society of America.

Pérez E A, Coetzee J A, Téllez T R, et al. 2011. A first report of water hyacinth (*Eichhornia crassipes*) soil seed banks in South Africa. South African Journal of Botany, 77 (3): 795-800.

Pérez E A, Téllez T R, Guzmán J M S. 2011. Influence of physico-chemical parameters of the aquatic medium on germination of Eichhornia crassipes seeds. Plant Biology, 13 (4): 643-648.

Pierrick P, Frederik W, Christiane W. 2009. Pronounced differences in diurnal variation of carbon isotope composition of leaf respired CO_2 among functional groups. New Phytologist, 181: 400-412.

Reddy K R, Tucker J C. 1983. Productivity and nutrient uptake of water hyacinth, *Eichhornia crassipes* I. effect of nitrogen source. Economic Botany, 37 (2): 237-247.

Rodríguez M, Brisson J, Rueda G, et al. 2012. Water quality improvement of a reservoir invaded by an exotic macrophyte. Invasive Plant Science and Management, 5 (2): 290-299.

Singh V, 1962. Vascular anatomy of the flower of some species of the pontederiaceae. Proceedings of the Indian Academy of Sciences - Section B, 56 (6): 339-353.

Sullivan P, Wood R. 2012. Water hyacinth [*Eichhornia crassipes* (Mart.) Solms] seed longevity and the implications for management// Eighteenth Australasian Weeds Conference, ed. Eldershaw V, 37-40. Melbourne, Australia: Weed Society of Victoria Inc.

Téllez T R, López E, Granado G, et al. 2008. The water hyacinth, *Eichhornia crassipes*: an invasive plant in the Guadiana River Basin (Spain). Aquatic Invasions, 3 (1): 42-53.

Tham H T, Udén P. 2015. Effect of water hyacinth (*Eichhornia crassipes*) on intake and digestibility in cattle fed rice straw andmolasses-urea cake. Nova Journal of Engineering and Applied Sciences, 4 (1): 1-8.

Toft J D, Simenstad C A, Cordell J R, et al. 2003. The effects of introduced water hyacinth on habitat structure, invertebrate assemblages, and fish diets. Estuaries, 26 (3): 746-758.

Wilson J R, Holst N, Rees M. 2005. Determinants and patterns of population growth in water hyacinth. Aquatic Botany, 81 (1): 51-67.

Wolverton B C, McDonald R C. 1978. Nutritional composition of water hyacinths grown on domestic sewage. Economic Botany, 32 (4): 363-370.

Wooten J W, Dodd J D. 1976. Growth of water hyacinths in treated sewage effluent. Economic Botany, 30 (1): 29-37.

Yi N, Gao Y, Long X, et al. 2014. *Eichhornia crassipes* cleans wetlands by enhancing the nitrogen removal and modulating denitrifying bacteria community. CLEAN - Soil, Air, Water, 42 (5): 664-673.

第二章 水葫芦净化水体氮的规律及机制

第一节 概　　述

一、氮与水体富营养化

氮元素（N）的地球化学循环过程是维持地球生物圈所有生命活动的基础。20 世纪起农业生产中氮肥的大量使用显著提高了粮食产量。然而，氮肥料的过量施用同时也带来了一系列的不良效应，大幅增加了氮素的流失，污染地下水和地表水。此外，随着工业化、城镇化的发展和世界人口的快速增长，工业废水和城市污水的排放也对环境保护带来重大挑战，氮元素是其中的主要污染物之一。

在 19 世纪 70 年代，"磷是水体生态系统主要限制因子"这一观点盛行，"削减磷负荷"成为北美和欧洲进行水体生态系统管理的主要策略，并取得了一定成效，提升了水质。但此项策略的实施也出现了大量失败的例子，如仅控制磷的策略在美国的 Apopka 湖、George 湖和 Okeechobee 湖，中国东湖及日本的霞浦湖似乎都未获得成功（Conley et al.，2002）。因此，另一生源要素氮引起了科学家的重视。研究表明，在许多水体生态系统中，伴随无机氮的消耗而来的是固氮蓝藻"水华"的发生（Levine and Schindler，1999；Temponeras et al.，2000）。另外，在中国富营养化湖泊太湖梅梁湾开展的营养盐富集原位实验显示，在蓝藻水华多发的夏季和秋季，氮和磷是蓝藻水华生长的共同限制因子，并且氮是第一限制因子；春季磷是浮游植物生长的限制因子，而氮素是相对充足的（吴雅丽等，2014；Xu et al.，2010）。

水体富营养化的根本原因是营养物质的增加超过水体的自净能力，引起藻类大量繁殖，破坏了原有的生态平衡。氮浓度是评价水体富营养化程度的重要指标之一。国际上通常将总氮浓度超过 $0.3\text{mg} \cdot \text{L}^{-1}$、总磷浓度超过 $0.02\text{mg} \cdot \text{L}^{-1}$ 作为富营养化水质的标准（齐文启等，2005）；中国在 1984 年开始实施的地面水环境质量标准规定，将总氮浓度超过 $1.0\text{mg} \cdot \text{L}^{-1}$、总磷浓度超过 $0.3\text{mg} \cdot \text{L}^{-1}$ 作为富营养化水质的标准。富营养化水体中氮素来源较多，可概括为外源（点源、面源）和内源。外源输入主要是农田、生活和工业等含氮废水排入水体生态系统中，直接引起水体中氮营养盐的升高；输入水体的营养性污染物一部分会经过物理、化学和生物过程累积在沉积物中成为氮素内负荷的源。在外源性污染得到有效控制情况下，沉积物的内源释放也是造成水体富营养化的一个重要原因（秦伯强和范成新，2002）。

氮元素是引发水体富营养化的关键因子之一，但也是水生生态系统中所有生命活动过程的一个必需营养元素。虽然前期也报道了通过控制磷素供应成功控制了蓝藻暴发的案例，但同时也增加了氮的污染（Finlay et al.，2013）。道理很简单：由于藻类对氮的需求量是磷的 10～40 倍，而水体中磷的供应与氮相比较为短缺，单纯控制磷的供应浓度可能会造成过量氮滞留在湖泊水体中，同时由于磷短缺造成的藻类生长下降会抑制反硝化过程（Bernhardt，2013）。因此，充分理解氮的污染特性与水体富营养化之间的关系是成功控制藻华形成的重要环节。

　　氮污染的来源可分为外源（点源和非点源）和内源污染。外源输入主要来自农业生产用地（地表径流和淋溶）及生活和工业废水排放。进入水体后部分的氮元素会经过物理、化学和生物过程发生变化，并在沉积物里储存，成为内源污染物。在外源氮污染被有效控制的前提下，内源氮的释放会成为引发水体富营养化的主要来源（秦伯强和范成新，2002）。水体中氮的赋存形态多样，循环、转化过程非常复杂。在水体生态系统中，氮主要以分子氮、氨氮（NH_4^+）、硝酸盐（NO_3^-）、亚硝酸盐（NO_2^-）、有机氮化物（Org-N）及生物氮（藻类、微生物在体内富集的氮）形式存在。其转化过程主要在微生物的驱动下进行，主要包括各种自养和异氧微生物介导的生物固氮、有机氮矿化、硝化、反硝化、厌氧氨氧化、硝酸还原成氨等过程（侯杰，2013）。在水体生态系统中氮素的输出方式主要有三种：①藻类、高等水生植物、底栖动物等将氮素转化为自身生物量，经人工收获后离开水体生态系统；②水体、沉积物中的氮素经矿化、硝化、反硝化等生物转化过程以气体（如 N_2O、N_2 等）形式退出水体生态系统；③氮素通过沉积作用进入沉积物并固定。

二、水葫芦修复富营养化水体

　　水生植物在水体氮循环过程中起着重要的作用，它们能够将氮素同化吸收至体内，也能够改变根区微环境调节氮的生物转化过程。不同类型水生植物对氮素的利用方式和效率差异较大。挺水植物、沉水植物、浮叶植物主要从底泥中吸收氮素，由于一般底泥孔隙水中氮浓度远高于上覆水体，因而很少直接利用上覆水中氮素。它们通常在浅水水域或滨岸水域生长，无法扩展到湖体中心水域。其中，沉水植物对其生存的水体环境条件非常敏感，如果水体氮、磷浓度太高导致藻类密度过高，水深等影响光照的因素都会影响光合作用，从而影响沉水植物生长。这些因素在某种程度上限制了其挺水植物、沉水植物、浮叶植物在富营养化水体生态修复中的应用。

　　水葫芦、水浮莲等大型漂浮植物，是富营养化水体生态修复工程中常用的植物类型，具有自己独特的优势：①具有漂浮生长的特性，无须生物浮床固定，便于收获；②能够直接从水体中吸收氮、磷，快速降低水体中的营养盐浓度；③增长速度极快、生物量大，吸收利用水体营养元素氮、磷的能力强，效率很高。早在 19 世纪 70～80 年代，国际上就掀起了研究水葫芦的热潮。起初，很多研究主要考虑如何控制、收获和资源化利用这种生长繁殖速度极快、生物量巨大的水生植物（Wolverton and McDonald，1978a）。1971～1977 年，部分学者提出了利用水葫芦作为一种生物资源处理污水处理厂尾水和牲畜养殖场的污水（Cornwell et al.，1977；Rogers and Davis，1972；Wolverton and McDonald，1978b），认为水葫芦具有强大的繁殖能力，其根系能够从水体中直接、大量地吸收所需氮养分，非常适合净化污水。水葫芦生长繁殖非常迅速，适宜条件下，1 株水葫芦可在 50 天内长成3000 株，1 年内覆盖 600 m^2（Gutiérrez et al.，1996；Madsen，1993）。鉴于水葫芦的迅速繁殖需要从水体中吸收大量的氮用以合成其结构物质，因此氮是公认的影响水葫芦日均增长速率、葫芦茎部生长和分蘖能力的关键元素（Fitzsimons and Vallejos，1986；Moorhead and

Reddy，1988；Sato and Kondo，1981；Spencer，1981；Wolverton and McDonald，1978a），也是决定水葫芦生物量与干物质积累的主控因素（Reddy et al.，1989；徐汝梅，2003）。

　　水葫芦耐污能力强，可以用于净化氮、磷及其他污染物浓度较高的各类污水；同时，水葫芦对氮浓度的适应范围广，在环境介质氮浓度较低时仍可以吸收充足的氮来满足生长需要（Reddy et al.，1989），适用于净化不同富营养化程度的湖泊、河流、水库等。水葫芦的叶片（光合作用部分）在水面上而根系分散在水中，通过覆盖水面、竞争光照而抑制藻类生长，同时营造一个较为稳定的物理、化学和生物学环境。水葫芦具有极其发达且可塑性非常强的根系系统，其比表面积大，为微生物提供良好的附着、繁殖介质，能够通过调节水体中微生物驱动的硝化、反硝化反应过程促进水体的生物脱氮过程（Gao et al.，2014）。管理上要求定期收获漂浮植物来移去从水体中积累的营养物质，达到降低水中营养盐的目标。

　　20世纪80年代以来，利用水葫芦净化农业废水、生活污水以及养殖废水得到了广泛应用，并且取得了明显的净化效果，各形态氮的去除率一般可达80%以上（Reddy and Turcker，1983；李军等，2003；Yi et al.，2009）。近年来，以水葫芦为主要大型水生植物的富营养化湖泊生态修复工程也得到了一定程度的应用。部分大学及科研院所在中国污染严重的湖泊——太湖、滇池，开展了控制性种植水葫芦的富营养化水体生态修复和资源化利用的研究，构建了以规模化、安全种植水葫芦为核心的植物修复系统，利用水葫芦生长速度快和吸收同化能力强的特质，吸收、同化、富集水体过量的氮磷营养盐，通过定时收获水葫芦，并进一步及时资源化利用，实现了净化水质过程中生产有机肥、沼气原料，经加工处置实现养分农田回用和产出生物能源的目标。袁从祎等（1983）就在太湖流域研究"三水"作物（水葫芦、水浮莲、水花生）的生长能力及富集氮磷的能力，从农田生态系统物质循环的角度分析了三种水生植物富集水体氮磷养分、参与农田生态循环的潜力。研究结果表明，无论是干物质生产量还是氮磷钾的吸收量，均以水葫芦最高，水葫芦的年生长量鲜重可达 $5.8 \times 10^4 kg \cdot 亩^{-1①}$，折合干物质 $4.7 \times 10^3 kg \cdot 亩^{-1}$，氮累积量为98.5斤·亩$^{-1}$（鲜重计）。2010年，江苏省农业科学院水污染治理课题组，在富营养化湖泊云南省昆明滇池，系统开展了控制性种植水葫芦净化水体的生态修复工程实践，从昆明市环境监测中心"国家监测点位"和项目依托单位选点监测数据显示：2006~2009年，草海水体总氮平均质量浓度为 $13.47 mg \cdot L^{-1}$，2010年围控制性种植水葫芦 200 hm^2 后，水质明显改善；在2011年加大水葫芦种植面积至 533.3 hm^2 后，水体氮浓度下降至 $5.13 mg \cdot L^{-1}$（Wang et al.，2013；张振华等，2014）。2012年在滇池草海 7.6km^2 控制性种植水葫芦，4月份投放种苗 0.3km^2，到11月份覆盖面积至 4.3km^2，入湖水体总氮浓度从河口年平均 $12.3 mg \cdot L^{-1}$ 经水葫芦种植区到西苑隧洞排出，下降至 $3.3 mg \cdot L^{-1}$。从西苑隧洞排出水量为 7078.9万 m^3，水体氮含量变化平衡分析：水体氮消减总量为761t，收获水葫芦21.1万t，水葫芦打捞带走氮量为485.6t，占63.8%（王智等，2012；严少华等，2012；Wang et al.，2013）。

――――――――――――
① 1亩=666.667m^2。

三、多维集成技术

虽然关于水葫芦的生物学特性、水葫芦与水质的相关关系（正面、负面）、杂草控制、植物体资源化利用、水生植物修复等方面已经开展了大量的研究工作，然而从如何控制这种生长速度极快的入侵物种、有效地收获并利用其巨大的生物量、高效净化水资源等方面考虑，需要采用多维集成技术。本章主要总结以往的研究，着重讨论：①水葫芦吸收富集氮的生物学特性及植株体的氮分布特征；②水葫芦与水环境中的氮，主要包括水葫芦吸收同化氮的形态、浓度及其对氮的储存能力；③水葫芦净化水体氮的效率和效果；④水葫芦吸收同化氮对去除水体氮的贡献。通过分析，充分了解水葫芦吸收富集氮的特征及净化污水氮的效率、效果及机制，为优化漂浮植物修复系统效果及制定湖泊、河流等污染水体生物治理提供理论依据和决策参考，为水葫芦治污生态工程设计提供实用参数。

第二节　水葫芦与氮动力学

一、氮是水葫芦生长的必需大量元素

氮是植物生长所必需的大量元素之一，参与构成植物的结构物质，如蛋白质、氨基酸、核酸、酶、叶绿素、生物碱、某些维生素和激素等，也是组成辅酶或辅基的基本元素，在植物生命活动中占有重要地位。因此，在水环境中，氮是水生植物生长、繁殖的主控因子，尤其对水葫芦的生长影响巨大。这主要是由于水葫芦生长速率非常快，需要从水体环境中吸收大量的氮元素。氮素的供应与植物的光合速率、暗反应的主要酶以及光呼吸速率具有直接的关联性，不仅直接影响水葫芦的光合与呼吸作用，而且会间接影响其他生化反应过程，控制着水葫芦的产量和质量。在具有高浓度氮（$>5.5mg \cdot L^{-1}$）的水体环境中，水葫芦表现出吸收、存储超过其植物体正常生理活动所需氮素的超积累现象。氮素的缺乏会减缓甚至终止植物的生长。因此，有望实现控制水葫芦种群繁殖与水质改善同步进行。

二、氮在水葫芦植株内分布

水葫芦体内氮素的含量和分布常因器官、部位、发育时期的不同而有很大差异，而且植物体内的氮含量明显受到水环境氮浓度水平的影响。植物从外界环境吸收的氮在体内迅速转化成蛋白质。研究表明，水葫芦不同部位蛋白质含量具有明显差异。水葫芦根系氮含量最低（$5.1 \sim 23mg \cdot g^{-1}$（氮）干重计）（DeBusk and Dierberg, 1984；Mishra and Tripathi, 2009），但具有较高的纤维含量（$650mg \cdot g^{-1}$ 干重计）；然而，水葫芦的茎叶组织（aerial tissues）中蛋白质含量较高（$24 \sim 34mg \cdot g^{-1}$（氮）干重计）（张志勇等，2010），但纤维含量较低（$490mg \cdot g^{-1}$ 干重计）（DeBusk and Dierberg, 1984）。

通常情况下，水葫芦茎叶组织作为其主要的光合作用场所，蛋白质的含量会明显高于其水下根部的蛋白质含量：在富营养化的条件下（美国 Coral Spring 污水氧化塘，TN 为 $9.8mg \cdot L^{-1}$），水葫芦茎叶组织中的蛋白质含量可达到 $28mg \cdot g^{-1}$（氮）（干物质含量

计），但在营养贫瘠的条件下（美国 Washington Lake，TN 为 1.4mg·L^{-1}），水葫芦茎叶组织中的蛋白质含量只有 13mg·g^{-1}（干物质含量计）（DeBusk and Dierberg，1984）。Wolverton 和 McDonald（1978b）也发现在 TN 浓度负荷不同的污水氧化塘中，水葫芦植株体内的 TN 和粗蛋白含量具有明显差异：美国密西西比 Lucedale 污水塘的 TN 负荷水平（以每年平均浓度为基础）为 9.8 kg·hm^{-2}·d^{-1}，水葫芦粗蛋白含量为 223mg·g^{-1}（干物质含量计）、TN 为 35.6mg·g^{-1}（氮）（干物质含量计）；美国密西西比 Orange Grove 污水塘的 TN 负荷水平（以每年平均浓度为基础）为 14.9 kg·hm^{-2}·d^{-1}，水葫芦粗蛋白含量为 234mg·g^{-1}（干物质含量计）、TN 为 37.4mg·g^{-1}（氮）（干物质含量计）；美国密西西比国家空间技术实验室（NSTL）污水塘 #1 的 TN 负荷水平（以每年平均浓度为基础）为 2.5 kg·hm^{-2}·d^{-1}，水葫芦粗蛋白含量为 171mg·g^{-1}（干物质含量计）、TN 为 27.3mg·g^{-1}（氮）（干物质含量计）；美国密西西比 NSTL 污水塘 #2 的 TN 负荷水平（以每年平均浓度为基础）为 1.1 kg·hm^{-2}·d^{-1}，水葫芦粗蛋白含量为 97mg·g^{-1}（干物质含量计）、TN 为 15.6mg·g^{-1}（氮）（干物质含量计）。

在我国著名的富营养化湖泊昆明滇池不同水域控制性种植水葫芦，外草海水域水体氮磷浓度较高（6.38mg·L^{-1}），水葫芦植株 TN 含量（以干质量计）则最高，为 32.9 g·kg^{-1}（氮）；外海白山湾水域水体氮磷浓度相对较低（2.35mg·L^{-1}），植株 TN、TP 含量较低，为 15.0g·kg^{-1}（氮）（张迎颖等，2011）。水葫芦根系与茎叶部分氮含量的差异近年来也利用 N-15 示踪技术得到了验证，Gao 等（2012）用稳定性同位素 N-15 示踪实验研究水葫芦净化富营养化水体过程中 $^{15}NH_4^+$-N 或 $^{15}NO_3^-$-N 的归趋过程中，发现水葫芦根系中 N-15 的原子百分超及回收率均显著低于茎叶组织：在加入 $^{15}NO_3^-$-N 的水体中，水葫芦根系 N-15 原子百分超为 1.09%，回收率为 19.02%，而茎叶组织中 N-15 原子百分超 1.95%，回收率为 45.32%；在加入 $^{15}NH_4^+$-N 的水体中，水葫芦根系 N-15 原子百分超为 1.53%，回收率为 20.6%，而茎叶组织中 N-15 原子百分超为 2.9%，回收率为 65.12%。

第三节　水葫芦与水体氮素的相关性

一、氮素形态与水葫芦的生长

水体中的氮素有多种赋存形态，主要包括分子态氮、氨氮（NH_4^+）、硝态氮（NO_3^-）、亚硝态氮（NO_2^-）、有机态氮（Org-N）。水葫芦能够吸收同化的氮素化合物可以包括有机氮、氨态氮、硝态氮和分子氮。其中，有机氮可以通过水葫芦与其他生物（如细菌或藻类）之间的互作而实现。藻类能够通过固定分子态氮合成有机氮，而当蓝藻被水葫芦拦截后，其体内存储的有机氮很快就通过细胞死亡和分解过程，释放出无机态氮，被共生细菌及水葫芦利用。

前期研究表明，水葫芦能够从水体中同时快速、高效地吸取氨氮和硝态氮，但对氨态氮具有优先吸收的偏好性（Reddy and Tucker，1983）。Moorhead 等（1988）用 N-15 稳定性同位素示踪方法（N-15 标记 $^{15}NH_4^+$-N 和 $^{15}NO_3^-$-N）就发现了水葫芦对 $^{15}NH_4^+$-N 的吸收明显超过了 $^{15}NO_3^-$-N。在水葫芦实际应用于污水净化过程中，也发现水葫芦对于水中铵态氮的去除能力十分突出（Zhu and Zhu，1998；Snow and Ghaly，2008）。水葫芦对 NH_4^+ 的吸收表现出两阶段的吸收模式，在低浓度时表现为饱和吸收曲线，而在较高浓度时是线性不饱和吸收曲线。该两阶段的模式与至少两种类型的转运系统相对应，即高亲和力运移系统（high affinity transport system，HATS）及低亲和力运移系统（low affinity transport system，LATS）。在 NH_4^+ 低浓度范围内（<500μmol/L 或<1.0mmol/L），水葫芦根系吸收 NH_4^+ 主要由高亲和力系统（HATS）起作用，呈现饱和吸收的特性，它使得凤眼莲在外界 NH_4^+ 浓度较低时吸收充足的氮来满足生长需要；在 NH_4^+ 高浓度范围内（>2.0 mmol/L），水葫芦根对 NH_4^+ 的吸收通量增加，由不饱和吸收的低亲和力系统（LATS）起作用，使得水葫芦在外界 NH_4^+ 浓度较高时出现奢侈吸收的特点。通过对水葫芦与其他类型水生植物吸收氮的特征，及在不同氮浓度水体中的生长情况进行比较，也证实了水葫芦能适应范围较大的氮浓度变化，具有同时耐受低浓度及高浓度氮的优点。当供氮水平在 $0.5\sim5.5mg\cdot L^{-1}$ 范围时，其生长速率与供氮水平存在明显的正相关（Reddy et al.，1989），在氮浓度极低的情况下（<500μmol/L），与其他水生植物相比较，水葫芦仍能正常生长；在水体氨氮浓度高于 $20mg\cdot L^{-1}$ 的污水中，大多数大型水生植物生长明显受到抑制，出现毒害现象，而水葫芦能够在含有更高浓度氨氮的污水中生存，当水体氮浓度超过临界值 $100mg\cdot L^{-1}$ 后，水葫芦的生长繁殖才受到明显的抑制作用（Gopal，1987）。由此可见，水葫芦作为先锋植物适用于重污染水体的水质净化。从植物生理角度考虑，这些也说明水葫芦与其他大型水生植物相比较，具有更加高效的氨吸收高亲和力系统（HATS）以及低亲和力系统（LATS），这是水葫芦适应广幅氮浓度变化的生理基础。

在富营养化湖泊、水库、河流水体中，氨氮在硝化细菌的作用下很快转化为硝态氮，因此自然环境下这些水体中硝态氮的浓度通常会高于氨氮的浓度。水生植物根系对硝酸盐的吸收是一个主动吸收过程，主要依赖于主动吸收系统，它是一个跨质膜的 $2H^+/1\,NO_3^-$ 同向转运过程，需由跨质膜的质子电化学梯度提供能量。水生植物 NO_3^- 吸收系统的动力学参数特征与陆生植物并无差异。根据吸收系统 NO_3^- 亲和力的不同，也可分为硝酸盐高亲和力转运系统（HATS）和硝酸盐低亲和力转动系统（LATS）。硝酸盐 HATS 具有低 Km 值（$6\sim20$μmol/L）及 Vmax 值（$0.3\sim0.82\,\mu mol\cdot g\cdot h^{-1}$），当生长介质 NO_3^- 浓度较低时，水葫芦根系吸收 NO_3^- 主要依赖于 HATS；硝酸盐 LATS 具有较高的 Km 值（$20\sim100$μmol/L）及 Vmax 值（$3\sim8\,\mu mol\cdot g\cdot h^{-1}$），当生长介质 NO_3^- 浓度高于 $1\,mmol\cdot L^{-1}$ 时，则主要依赖于 LATS。被植物根系吸取的硝酸根，首先必须还原为氨，才能有效地进一步参与植物体内的氮代谢转化过程。这个还原作用在植物的根和叶中都能发生。

二、氮浓度与水葫芦吸收

水葫芦对低或高浓度的氮素水体环境均有良好的适应性，适宜生长的氮浓度域值非常宽泛，甚至可以在低至 $0.05mg\cdot L^{-1}$（氮）的氨氮或硝态氮条件下正常生长和繁殖（Shiralipour et al.，1981；Tucker，1981）。当供氮水平在 $0.5\sim5.5mg\cdot L^{-1}$ 范围时，其生长速率与供氮水平存在明显的正相关（Reddy et al.，1989）。Fox 等（2008）采用一系列较高的氮浓度水平（0、40、80、100、150、200、300mg·L^{-1}）研究水葫芦净化富营养化水体的效果，发现水葫芦吸收氮量与其干物质量的净增量线性相关，在氮浓度高达

80mg·L^{-1} 及低于该浓度水平的富营养化水体中，水葫芦吸收氮的量与其生物量均随着水体氮浓度水平的增加而线性增加，超过 80mg·L^{-1} 后，各浓度水平下水葫芦干物质产量变化不大。

在硝态氮浓度高达 420mg·L^{-1}（氮）的水体当中，水葫芦仍然保持良好的长势（Alves et al.，2003；Li，2012），说明硝态氮对水葫芦没有毒害作用。尽管氨态氮的毒害浓度上限值并不明确，有研究表明在水体 NH$_4^+$ 浓度达到 370mg·L^{-1}（氮）时，水葫芦开始出现死亡现象（秦红杰等，2015）。从以上报道的结果中可以看出，满足水葫芦正常生长，需要提供最低 0.05mg·L^{-1} 的氮浓度，氮浓度在 80mg·L^{-1}（氮）时可以达到最大产量（Reddy et al.，1989；Fox et al.，2008），但可以耐受更高浓度的水体总氮[420 mg·L^{-1}（氮）]。这样的特性使得水葫芦成为处理生活污水（高总氮浓度）和净化河流、湖泊和水库（低总氮浓度）的理想生物材料。

氮与磷对水葫芦的生长具有交互作用。牛佳（2012）利用室内模拟实验研究了氮和磷之前的交互作用：氮的浓度为 1.0、1.5、2.0、2.5、3.0、3.5、4.0、4.5、5.0mg·L^{-1}；磷的浓度为 0.2、0.3、0.4、0.5、0.6、0.7、0.8、1.0mg·L^{-1}。所有浓度组合均促进了水葫芦的快速生长，在初始的 15 天内生长速率连续增加并达到最高值，随后逐渐下降。在 4.5mg·L^{-1}（氮）与 0.9mg·L^{-1}（磷）的浓度组合，观察到了最佳生长速率，与其他研究相吻合（Polomski et al.，2009）。因此，在利用水葫芦对富营养化水体进行修复时，氮磷的比值至关重要。牛佳（2012）认为 N：P= 7：1 是水葫芦生长的最佳氮磷比，此时水葫芦长势最佳。这个比值在自然水体中也得到了证实：在相同的生态环境中，N：P 为 7：1 的水域[2.8mg·L^{-1}（氮）和 0.39mg·L^{-1}（磷）]中水葫芦生长情况明显佳于 N：P 为 5：1[2.28mg·L^{-1}（氮）and 0.50mg·L^{-1}（磷）]的水域。牛佳（2012）所报道的 N：P= 7：1 的最佳比例与其他报道相比高出 1.5～5 倍左右（Reddy and Tucker，1983；Petrucio and Esteves，2000）。差异可能来自实验的不同初始氮、磷浓度及水葫芦的不同生长阶段。低初始营养浓度与成熟期通常会表现出较高的 N：P 需求；而较高初始营养浓度与幼苗期通常会表现出较低的 N：P 需求。在实施水葫芦净化河流、湖泊和水库的生态工程时，较高的 N：P 为宜。

三、水葫芦对氮的吸收同化与存储

当植物吸收 NH$_4^+$ 后，或者当植物所吸收的 NO$_3^-$ 在植株内还原成 NH$_4^+$ 后，氨需要立即被同化。植株体内游离氨（NH$_3$）的量累积得稍微多一点，会对植物产生毒害作用，因为氨可以抑制呼吸过程中的电子传递系统，尤其是烟酰胺腺嘌呤二核苷酸（NADH）。水葫芦具有大量吸收氨氮的能力，也说明其体内具有高效的氨同化系统。硝态氮和铵态氮吸收和同化首先在胞液和质体（叶绿体、线粒体）中发生。硝态氮进入细胞后，被贮存在液泡中或者被液泡中硝酸还原酶（NR）转化成亚硝酸氮后进入质体（通常是叶绿体中），在叶绿体中进一步被亚硝酸还原酶（NiR）转化为铵态氮，氨酰胺合成酶 / 谷氨酸合酶（GS / GOGAT）循环，谷氨酸盐被谷氨酸合酶（GOGAT）氨化成谷氨酸合成酶。加入碳架（α-酮戊二酸盐）经谷氨酸合酶（GOGAT）的转氨作用后变为 2 个谷氨酸分子，一个分子进入下一个 GS / GOGAT 路径，另一个分子被合成更复杂的氨基酸。这样，从水体中提取的氮最终转变为蛋白质存储在水葫芦生物体内，可以进一步通过水葫芦植株体的资源化利用实现污水净化，同时变害为宝。

水葫芦的线性不饱和吸收模式或奢侈吸收现象被很多研究认可，大多数研究发现，水葫芦可以吸收存储远远超过自身正常生长所需求的氮（Alves et al.，2003；Reddy and Tucker，1983）。水葫芦植株体存储的氮量随着水体中氮浓度的增加而增加，表现为组织蛋白含量增加。鉴于国内外大部分富营养化湖泊、河流、水库的总氮浓度均处于 2.0～5.0mg·L^{-1}，在该浓度范围内或者甚至更高的浓度水平水葫芦对水体氮的吸收主要以线性不饱和吸收模式进行，可以持续不断地从水体中吸收同化氮元素，富集存贮氮的功能极其强大，从提取、净化水体环境中过量氮的角度来看具有很高的应用价值。在富营养化湖泊昆明滇池不同水域控制性种植水葫芦，外草海、老干鱼塘、龙门村、海口镇、北山湾五个水域中水体氮浓度分别为 6.38mg·L^{-1}、3.05mg·L^{-1}、4.28mg·L^{-1}、 1.37mg·L^{-1}、2.35mg·L^{-1}，水葫芦植株吸收、富集的 TN 含量（以干质量计）随着水域中 TN 浓度的升高而增加，分别为 32.9g·kg^{-1}（氮）、16.5g·kg^{-1}（氮）、25.8g·kg^{-1}（氮）、14.1g·kg^{-1}（氮）、15.0g·kg^{-1}（氮）（表 2-1，张迎颖等，2011）。水葫芦强大的吸收富集氮的能力在实践中也得到了验证：在利用水葫芦控制性种植净化我国著名富营养化湖泊太湖的研究实践中，获得了水葫芦生长量 796.8t·hm^{-2}、吸收同化氮量 1.2t 的显著效果（郑建初等，2011）。

表 2-1　滇池水体氮素浓度与水葫芦生物量氮的关系

地点	氮含量/（g·kg^{-1} 干重）	水体氮浓度/（mg·L^{-1}）
草海	32.9	6.38
老干鱼塘	16.5	3.05
龙门村	25.8	4.28
海口镇	14.1	1.37
北山湾	15.0	2.35

第四节　水葫芦修复富营养化水体氮素消减效果

一、水葫芦净化氮的效率

在评价漂浮水生植物消减水体污染负荷效率时，涉及两个重要的概念：一个是单位面积净化效率；另一个是单位鲜重净化效率。这两个概念都是被经常用于评价水葫芦净化污水的效率，也是水葫芦修复富营养化水体生态工程规划的重要参数。单位面积净化效率是指种植了水葫芦的单位水域面积在单位时间内水体氮的去除量。单位鲜重净化效率是指单位鲜重的水葫芦在单位时间内对水体氮的吸收同化去除量。这个两个概念在表述上各有优缺点：单位面积净化效率能够直观地反映种植面积和水体中氮、磷等污染物的去除关系，对生态修复工程设计而言，更为直接，可根据设定的修复水体量、污染物浓度和要达到的水质治理目标测算出需种植水葫芦的面积。但是单位面积水域内水葫芦的密度、生物量不同，对水体氮、磷营养的去除具有较大的影响，使评价净化效率产生差异，因此，使用单位面积水域的水葫芦净化效率时，需要考虑水葫芦的生物量和覆盖密度情况。单位鲜重净化效率考虑了水葫芦生物量与氮吸收量的关系，但水葫芦在不同生长发育阶段、不同温度下生长速率不同也会引起吸收同化氮效率的差异，分析时应予以注意。

水葫芦吸收净化水体氮的效率研究早在 19 世纪 70~80 年代就受到关注，大多数试验是在设定氮素浓度的静态模拟实验条件下进行的，没考虑连续补给以保持氮素的稳定浓度，同时，每个不同的实验由于氮的形态、氮的浓度、水葫芦用量及实验条件的不同获得的水葫芦对 N 的净化速率具有一定的差异。针对 TN 来说，水葫芦对水体氮的单位面积净化速率从 $416mg \cdot m^{-2} \cdot d^{-1}$（氮）到 $2316mg \cdot m^{-2} \cdot d^{-1}$（氮）均有报道（DeBusk and Reddy，1987；Tripathi et al.，1991；Sharma and Oshodi，1991；Zakova et al.，1980）。但无可置疑的是，水葫芦与其他水生植物相比较，其吸收氮的速率和能力均具有很大的优势。

关于水葫芦净化水体氮的单位鲜重速率也有较多报道。张志勇等（2001）通过动态模拟试验，在不同的水力负荷条件下：0.14、0.20、0.33、$1.0m^3 \cdot m^{-2} \cdot d^{-1}$，污水（TN $4.85mg \cdot L^{-1}$，TP $0.50mg \cdot L^{-1}$）连续流经水葫芦种养池，水葫芦的生物量累积增加 $31.56~42.89kg \cdot m^{-2}$，平均生物量增长率为 $0.27~0.38kg \cdot m^{-2} \cdot d^{-1}$，每千克水葫芦每天可从水体吸收 $0.38g~0.56 kg^{-1} \cdot d^{-1}$（氮）（表 2-2）。最近也有发表有关利用水葫芦净化位于津巴布韦共和国的富营养化（TN 为 $2.10~3.52mg \cdot L^{-1}$）人工水库 Chivero 湖水质的研究（Rommens et al.，2003），通过比较水葫芦原位吸收水体中各种形态氮的能力发现，每千克鲜重的水葫芦每天平均吸收 $0.06g\ NH_4^+$ -N 和 $0.03g\ NO_3^-$ -N。

表 2-2　不同水力负荷条件下水葫芦对污水的净化效果

水力负荷/ ($m^3 \cdot m^{-2} \cdot d^{-1}$)	净化系统	出水质量/ ($mg \cdot L^{-1}$)		表观去除率/%		表观去除负荷/ ($g \cdot m^{-2} \cdot d^{-1}$)	
		总氮	总磷	总氮	总磷	总氮	总磷
0.14	水葫芦	0.75±0.64	0.09±0.08	84.95±11.05	80.65±15.06	0.58±0.14	0.06±0.03
	对照	1.57±0.85	0.22±0.11	67.61±14.30	55.58±15.58	0.47±0.15	0.04±0.02
0.20	水葫芦	1.27±0.83	0.12±0.10	73.87±14.03	73.04±19.71	0.72±0.22	0.07±0.04
	对照	2.21±1.06	0.27±0.14	54.05±17.37	45.27±16.37	0.53±0.24	0.04±0.02
0.33	水葫芦	2.35±1.19	0.18±0.12	51.05±20.80	64.05±20.08	0.83±0.44	0.11±0.05
	对照	3.22±1.19	0.32±0.16	33.02±20.00	35.86±20.09	0.54±0.38	0.06±0.03
1.00	水葫芦	3.38±1.14	0.27±0.16	30.77±14.65	47.79±23.87	1.47±0.77	0.23±0.12
	对照	4.00±1.12	0.42±0.20	17.85±11.54	17.89±17.01	0.85±0.60	0.08±0.06

动态模拟试验结果显示（表 2-3），适宜的温度下，种养 $1m^2$ 的水葫芦每天可使 $1m^3$ 富营养化水体 TN 下降约 1.50g，TP 下降 0.20g。

实施水生植物生态修复工程的最终目标就是改善水质。在实施水葫芦净化污水生态工程前，应充分考虑水质净化目标、氮磷污染物负荷、水葫芦覆盖度与生长速率、水葫芦的收获策略、收获后水葫芦的处置等问题，根据污水的氮浓度及所要达到的水质改善目标，设计水葫芦种植面积、水葫芦生物量及水体氮素营养负荷等重要参数。在设计工程时，可以遵循以下的通用原则：污水氮浓度越高、水力负荷越大，水质改善标准越高，需要净化的时间越长。如需提高污水的水质指标改善效果,可以延长污水在净化池中的滞留时间(降低水力负荷),或增加水葫芦种植面积及生物量,但相应的场地建设、管理和收获成本将增加。两者之间的合理配比可兼顾净化效果和完成污水处理的净化时间。

表 2-3   不同水力负荷条件下水葫芦对水体氮磷去除效果

水力交换量/ (L·m⁻²·d⁻¹)	水里滞留 时间/d	进水平均浓度/(mg·L⁻¹)		出水浓度/(mg·L⁻¹)		负荷去除率/(mg·m⁻²·d⁻¹)	
		TN	TP	TN	TP	TN	TP
143	7	4.85 (劣V类)	0.50	0.75 (Ⅲ类)	0.09	582.3	57.46
200	5			1.27 (Ⅳ类)	0.12	715.9	74.02
333	3			2.35	0.18	853.7	105.4
1000	1			3.38	0.27	1473	228.7

注:中国地表水环境质量标准为Ⅰ类,TN<0.2mg/L;Ⅱ类,TN<0.5 mg/L;Ⅲ类,TN<1.0 mg/L;Ⅳ类,TN<1.5 mg/L;Ⅴ类,TN<2.0 mg/L。

水力负荷是影响人工湿地、生物浮床等水处理系统去除氮、磷效果的一个重要因素。增加水力停留时间(增加处理时间)可以降低水葫芦的种植量,而降低水力停留时间需要适当增加水葫芦的种植量。因此,通过设计合理的水力负荷与水葫芦用量配比,经过水葫芦净化的污水 TN、NH_4^+、NO_3^-、TP、COD、BOD、悬浮颗粒等指标均能达到理想的效果。由于影响水葫芦净化工程的环境因素很多,包括温度、pH、溶解氧(DO)含量、污染物含量等,这些环境因素交织在一起调控着水葫芦生态净化工程的效率和效果。因此,没有人建立水葫芦污水净化系统的通用模型,在实施水葫芦净化污水的生物工程前,可以根据前期发表的实验数据,通过综合考虑净化效果和污水处理能力,选择水葫芦净化系统的适宜水力负荷。植物对氮素的利用效率除了取决于植物品种及特性以外,外界环境条件对氮素吸收过程的影响也不可忽视。

Wooten 和 Dodd(1976)研究了水葫芦净化美国 Ames 污水处理厂经二级处理后排出污水的效果,污水以 0.84m³·min⁻¹ 的负荷连续经过 5 个串联水塘(每个水塘面积为465m²,深为8.2m),实验监测到 5 个串联水池的出水 NH_4^+-N、NO_3^--N 浓度明显逐级降低(进水 NH_4^+-N 浓度为 2.4mg·L⁻¹、NO_3^--N 浓度为 2.9mg·L⁻¹、磷酸根浓度为18.8mg·L⁻¹,当水葫芦完全覆盖 5 个水池表面后,在两个星期内流经最后一级水池NH_4^+-N 从入水口的 2.4mg·L⁻¹ 降低至 0.5mg·L⁻¹,NO_3^--N 从入水口的 2.9mg·L⁻¹ 降低至 0mg·L⁻¹(低于检测限)。

张志勇等(2010)系统研究了不同水力负荷 0.14、0.20、0.33 和 1.00m³·m⁻²·d⁻¹条件下,水葫芦对富营养化水体 N、P 的去处效果,试验期间进水 TN、NH_4^+、NO_3^-、TP 平均质量浓度分别为 4.85、1.33、2.92 和 0.50mg·L⁻¹,在低水力负荷 0.14、0.20 m³·m⁻²·d⁻¹下,水葫芦净化系统对水体 N 具有较好的去除效果,出水 TN、NH_4^+均达到国标《地表水环境质量标准》的Ⅳ类水质标准,对 TN 去除率分别达84.95%和80.65%,对 TN 的去除负荷分别为 0.58、0.72 g·m⁻²·d⁻¹;在水力负荷 0.33m³·m⁻²·d⁻¹下,水葫芦对 TN 去除率下降至 73.87%,但对 TN 的去除负荷升高(0.83g·m⁻²·d⁻¹);当水力负荷提高到 1.00m³·m⁻²·d 后,出水 TN、NH_4^+质量浓度明显较高,对 TN 去除率为

73.04%，去除负荷为 1.47g·m^{-2}·d^{-1}。

2014～2015 年，江苏省农业科学院在实验水域原位安装流水实验水槽（图 2-1），采用 24h 连续进水方式，研究了在三种水力负荷条件下种植水葫芦对重富营养化河道污水的净化效率，即在河道原位以 0.2、0.4、0.8m^3·m^{-2}·d^{-1} 的流量将污水泵入不同水槽中的水葫芦净化系统，通过定量泵 24h 泵入污水 2、4、8m^3，排水水管敞开。连续 20 天的试验结果表明，在水力负荷 2m^3·d^{-1} 和 4m^3·d^{-1} 条件下种植的 10m^2 水葫芦可将河道污水中 TN 浓度从 14.8mg·L^{-1} 降低至 5.0mg·L^{-1}。在 8m^3·d^{-1} 的水力负荷条件下（污染物负荷），水葫芦将河道污水 TN 从 14.8mg·L^{-1} 仅降低至 9.0mg·L^{-1}。三个水力负荷条件下平均每天对 TN 的去除负荷可分别达 2.2g·m^{-2}·d^{-1}、3.9 g·m^{-2}·d^{-1}、4.7g·m^{-2}·d^{-1}（未发表数据，由江苏省农业科学院秦红杰博士提供）。

图 2-1　实验水域原位安装的流水实验水槽

原位实验流动水槽用不锈钢（304）焊接成长方体实验水槽，长 10.0 m×宽 1m×深 0.5m，置于三角铁焊接成的框架内，通过框架两侧的泡沫浮球调节水槽内水深，并使实验水槽浮在水面上。槽体通过钢桩固定于实验水域。实验水槽体一端焊有进出水钢管（内径 5cm），进水口置于水面下 10cm 处，进水管口前置尼龙滤网罩（网孔径 1.3mm×1.3 mm）以防止大型悬浮物进入实验水槽；出水口置于实验水槽另一端，距槽内水面 10cm 处，连接定量抽水。按照试验设定的净化水体数量调节抽水速度

在无持续补充外源氮、磷的静态模拟实验条件下，可以观察到水葫芦去除污水中氮及其他水质指标时可以达到的低限（low bounds）。Zimmels 等（2007）比较研究了水葫芦（*Eichhornia crassipes*）、水浮莲（*Pistia stratiotes*）、槐叶苹 salvinia [*Salvinia natans* (L.) All] 和水樱草 water primrose（*Ludvigia grandiflora* sp.）净化污水各类水质指标可以达到的最低限值，发现水葫芦对污水的净化效果最佳，11 天内可以将 40L 污水（NH$_4^+$：10mg·L^{-1}、BOD：10mg·L^{-1}、COD：30mg·L^{-1}、TTS：16mg·L^{-1}）的 NH$_4^+$ 降低至 0.2mg·L^{-1}，BOD 降低至 1.3mg·L^{-1}，COD 降低至 11.3mg·L^{-1}，总悬浮颗粒（TTS）降低至 0.5mg·L^{-1}。张志勇等（2010）采用 4 个 TN 浓度水平 2.06、6.22、15.06、20.08mg·L^{-1}，研究了水葫芦净化不同程度富营养化水体的效果。实验期间，每个浓度水平的供试富营养化水体每 21 天更换 1 次，整个试验共换水 15 次，每次换水前采集各处理出水水样测定 TN 浓度。研究发现，21 天内水葫芦将 1000L 的 4 个氮浓度水平污水中的 TN 分别降低至 0.28mg·L^{-1}、1.6mg·L^{-1}、5.9mg·L^{-1}、8.9mg·L^{-1}。水葫芦为热带水生植物，水温低于 10℃时，生长速度减缓，消减污染物能力下降；水温低于 0℃时，植株死亡。在治污工程应用时，应充分考虑低温季节的替代物种。

二、水葫芦吸收同化的贡献率

水葫芦体内吸收同化的氮素可以通过人工或机械收获植株体将污水中部分氮从水体中移除。通过收获水葫芦所移除的水体氮所占水体氮总消减量的百分数称为水葫芦吸收同化贡献率。水葫芦的吸收同化贡献率通常随着水体氮的浓度变化而不同，且变化幅度较大。一般的规律是，随着水体氮浓度或水体氮素负荷的增加，水葫芦吸收同化氮对污水总氮的去除贡献率降低。例如，在总氮浓度为 2.0mg·L^{-1} 的 1m^3 人工配置污水中，21天试验中，水葫芦吸收氮的总量对水体氮去除的贡献率超出 100%，即水葫芦的氮吸收总量高于水体氮总量，表明净化期间水葫芦可以吸收底泥向上覆水体释放的氮（张志勇等，2010）；在总氮浓度为 6.22、15.06、20.08mg·L^{-1} 的 1m^3 人工配置模拟污水中，水葫芦对氮的吸收总量分别占各水体氮去除总量的 82.72%、46.41% 和 42.32%（张志勇等，2010）；在氮浓度较高的室内培养条件下（无底泥），如 TN 浓度 40～300mg·L^{-1}，水葫芦吸收同化对污水总氮的去除贡献率为 60%～85%（Fox，2008）。

第五节　水体非水葫芦吸收脱氮研究

一、水葫芦对水体中氮素平衡的影响

利用水葫芦净化富营养化水体、各类污水氮磷的良好修复效果已得到公认，但是大部分研究都发现，通过水葫芦吸收富集带走的氮量占水体总氮去除量的份额并非 100%，反硝化对消减水体氮也起了不可忽视的作用。尽管前期对水葫芦吸收氮或水体氮的反硝化过程都有一定的认识，但水葫芦协同微生物的反硝化作用对富营养水体氮的削减作用和机理并不清楚。早在 19 世纪 80 年代，Moorhead 等（1988）就通过外源加入稳定性同位素 N-15 标记的方法（$^{15}NH_4^+$-N 和 $^{15}NO_3^-$-N），追踪水葫芦净化污水系统中其体内吸收富集的 N 所占加入水体中 N-15 标记的 $^{15}NH_4^+$-N 或 $^{15}NO_3^-$-N 的份额，发现在加入 $^{15}NO_3^-$-N 的水体中，水葫芦吸收的 N-15 总量回收率为 57%～72%，而在加入 $^{15}NH_4^+$-N 的水体中，水葫芦吸收的 N-15 总量回收率为 70%～89%，均不足 100%。在滇池草海进行的规模化种养水葫芦净化湖体水质的研究中发现，水葫芦对消减水体氮的贡献约为 64%（湖水总氮浓度在 5.5～14.5mg·L^{-1}）。在为期 7 个月的水葫芦净化湖泊水体生态工程中，共收获 211000t 新鲜水葫芦，水葫芦收获带走 486t 氮，在扣除草海出水口排出的总氮量和湖体现存的总氮量后，全年约有 761t 的入湖总氮量被去除，约有 275t 的氮可能通过反硝化过程消减（Wang et al.，2013）。根据近期的模拟实验结果，水葫芦在修复不同程度富营养化水体过程中（总氮浓度在 6.22、15.06、20.08mg·L^{-1}），根据水体总输入氮量、排出氮量、植物吸氮量、底泥释放氮量，利用质量平衡法估算出仍有 22.32%、37.73%、55.34% 的氮去除途径不明确（张志勇，博士后出站报告）。

那么这部分没有被水葫芦吸收的氮是通过什么途径及机制从水体中去除的呢？大部分的研究都推论是通过硝化、反硝化等生物转化过程去除的，即水体赋存的 NO_3^-、NH_4^+、NO_2^- 等形态氮通过微生物的生命活动最终转化为 N_2O、N_2 释放到大气中，从而实现部分氮素从水体中移除（Seitzinger et al.，2006）。由于植物与共存的微生物之间从利用环境介质中 N 的角度即存在竞争关系，又同时存在互惠互利的复杂交互作用，同时又受到外界理化环境因素的影响，如溶解氧、pH、温度、养分、有机质来源。所以目前为止水葫芦及其他类型水生植物修复富营养化水体过程中，水生植物调节下的生物脱氮规律、机理及其对富营养化水体总氮去除的贡献研究得并不透彻。在进行水葫芦生态净化工程管理过程中，也需要摸清楚各种净化营养盐途径的贡献程度及贡献机理，有针对性地进行高效管理。

二、N-15 示踪研究氮素归趋

稳定性同位素 N-15 示踪技术仍是目前准确追踪氮在系统中归趋途径的最可靠方法。早期，Moorhead 等（1988）比较研究了种植水葫芦及未种植水葫芦的生活污水[50 mg·L^{-1}（BOD）、6mg·L^{-1}（NH$_4^+$-N）、6mg·L^{-1}（TNK）、2mg·L^{-1}（TP）]中，加入的 ^{15}NH$_4^+$-N（20mg·L^{-1}，10.05%原子百分超）或 ^{15}NO$_3^-$-N（20mg·L^{-1}，10.0%原子百分超）的归趋途径。该研究通过质量平衡法推测在种植水葫芦的水体中，加入的 ^{15}NH$_4^+$-N 有 3%～44%通过上覆水体中的硝化作用及随后在底泥中的反硝化作用去除，24%～86%的 ^{15}NO$_3^-$-N 通过反硝化作用去除；而在未种植水葫芦的水体中 13%～89%的 ^{15}NH$_4^+$-N、48%～96%的 ^{15}NO$_3^-$-N 通过硝化-反硝化作用或氨挥发作用从水体中移除。该研究未考虑水体中由于藻类生长体内富集的 N-15。藻类吸收富集氮的能力非常强，是污水、富营养化水体中氮的一个主要归趋途径，这极可能会导致其估算的硝化、反硝化脱氮所占的份额不够精确。Gao 等（2012）利用 N-15 示踪技术并结合质量平衡法对加入水体中的 N-15 标记 ^{15}NO$_3^-$-N[9.98%原子百分超，5.35±0.48mg·L^{-1}（NO$_3^-$-N），7.63±0.45TN）]或 ^{15}NH$_4^+$-N[10.08%原子百分超，5.60±0.55mg·L^{-1}（NH$_4^+$-N），9.06±0.18mg·L^{-1}（TN）]归趋进行追踪，扣除水体残留的 ^{15}NO$_3^-$-N 或 ^{15}NH$_4^+$-N、藻类吸收的 ^{15}NO$_3^-$-N 或 ^{15}NH$_4^+$-N 及水葫芦吸收的 ^{15}NO$_3^-$-N 或 ^{15}NH$_4^+$-N，发现未种植水葫芦的水体有 26.1%的 ^{15}NO$_3^-$-N 可能通过反硝化过程去除，而种植水葫芦的水体有 34.4%的 ^{15}NO$_3^-$-N 通过反硝化过程去除；未种植水葫芦的水体中有 17.7%的 ^{15}NH$_4^+$-N 可能通过硝化-反硝化过程去除，而种植水葫芦的水体有 20.8%的 ^{15}NH$_4^+$-N 可能通过硝化-反硝化过程去除。通过未种植水生植物的对照与种植水生植物的处理之间相互比较，结果说明水葫芦对富营养化水体反硝化脱氮过程可能具有促进作用（Gao et al.，2012）。Gao 等（2014）通过进一步的方法创新，利用排水集气原理，有效降低空气中 N$_2$ 对反硝化脱氮产物 ^{15}N$_2$ 的干扰，通过直接收集并进一步测定种植及未种植水葫芦的水体通过反硝化脱氮释放的 ^{15}N$_2$，发现种植水葫芦的水体释放 ^{15}N$_2$-N 的原子百分超显著高于未种植水葫芦的对照水体，是未种植水葫芦水体的 1.1～2.7 倍（马涛等，2013；Gao et al.，2014）。进一步验证了水葫芦具有促进水体硝化、反硝化过程的潜力。

水葫芦具有非常发达的根系，每株水葫芦平均比表面积可达 30～60m^2（周庆等，2012），根系平均直径为 1mm（Hadad et al.，2009）。其灵活多变的表型使得水葫芦根系可以在水中生长至 2m（Rodríguez et al.，2012）。水葫芦主要通过其根际效应促进水体中 N 的硝化、反硝化过程。水葫芦具有悬浮在水体中极其发达且可塑性非常强的根系统，其比表面积大，为微生物提供良好的附着、繁殖介质（Kim and Kim，2000；Yi et al.，2009）。水葫芦根系可以通过向根际输入 O_2，为根际水体微环境中及根系附着的硝化微生物提供硝化过程所需要的 O_2。马涛等（2014）用柠檬酸钛比色法测定了水葫芦根系生长初期、中期及后期的泌氧速率分别达 56.19、93.15、106.32μmol·h^{-1}（O_2），但随着苗龄显著增加，根系分泌氧气的能力（单位根系生物量的泌氧速率）降低。Moorhead 和 Reddy（1988）使用氧气电极法测定水葫芦根系泌氧能力，同样发现，当水葫芦根系干重小于 0.1g 时，其泌氧能力为 3.73g·h^{-1}·kg^{-1} DW；而当水葫芦根系干重大于 1g 时，其泌氧能力为 0.11g·h^{-1}·kg^{-1} DW，同样说明随着生物量增加水葫芦根系泌氧能力减小。Moorhead 和 Reddy（1988）还估算了水葫芦根系 O_2 的短程扩散能力（short-term transfer capability）为 0.12～1.3mg·（g 根系干重计）$^{-1}$·h^{-1}。另一方面，水葫芦茎叶覆盖水面的生物学特性，导致了其能够抑制大气向水体复氧的过程，一定程度上在局部降低了水体的 DO，营造了利于反硝化反应的水体环境，再加上水葫芦根系分泌大量有机碳，为根际微生物的大量繁殖提供充足碳源，大量微生物的代谢过程消耗水体中 DO，而水葫芦根系分泌 O_2 的瞬间未能及时补充 DO 的消耗，会形成根际瞬间的厌氧环境，形成了好氧-厌氧并存的根际微域环境，利于根际区域的反硝化脱氮过程。

三、水葫芦对反硝化微生物群落的影响

在水体生态系统中，氮主要通过异养微生物的反硝化作用去除，尽管其他氮去除途径也起了一定的贡献（Ward et al.，2009）。在水生植物净化污水的过程中，可以通过监测系统中硝化、反硝化微生物丰度、多样性及种群的变化特征及规律，间接反映净化系统的硝化、反硝化脱氮特征及潜力。这也是揭示水生植物调节污水生物脱氮过程潜在机制的一个重要手段。异养反硝化过程也称脱氮作用，是反硝化细菌在缺氧条件下，还原硝酸盐，释放出分子态氮（N_2）或一氧化二氮（N_2O）的过程。由于反硝化过程产生的 N_2O、N_2 是水体氮闭合循环的终点，对消减污水中过量的氮意义重大，因此近年来在净化污水方面多数研究都深入研究了反硝化细菌。随着现代分子生物学的迅速发展，目前大多数研究均借助编码微生物硝化、反硝化酶的功能基因（*amoA*、*narG*、*napA*、*nirK*、*nirS*、*nosZ*），结合实时荧光定量 PCR（real-time PCR）、变性梯度凝胶电泳（DGGE）、荧光原位杂交技术（FISH）、微阵列分析（microarray）、高通量测序等分子生物学技术手段研究水生植物根系、污水、底泥中硝化、反硝化细菌的丰度、群落多样性及组成（王莹和胡春胜，2010；梁丽华和左剑恶，2008）。反硝化过程由 4 个步骤组成：①NO_3^- 还原为 NO_2^-，可由膜结合硝酸盐还原酶 Nar 或者周质硝酸盐还原酶 Nap 催化，*narG* 基因编码 Nar 的催化亚基，*napA* 基因编码 Nap 的亚基 NapA；②NO_2^- 还原为 NO，由 Cu 型亚硝酸盐还原酶或者细胞色素 cd1 型亚硝酸还原酶催化，分别由 *nirK* 和 *nirS* 基因编码；③NO 还原为 N_2O，可由双亚基酶 Nor 或单亚基酶 qNor 催化，相应的编码基因为 *norB* 和 *norZ*；④N_2O 还原为 N_2，由一氧化二氮还原酶 Nos 催化，*nosZ* 基因编码其催化中心。

变性梯度凝胶电泳（DGGE）技术是基于长度相同而序列不同的 DNA 片段在不同变性剂浓度或不同温度条件下迁移速度不同的原理，来研究在聚丙烯酰胺凝胶上形成不同的基因片段条带。在 1993 年，Muyzer 和 Smalla（1998）首次将 DGGE 技术应用于微生

物群落结构研究，证明了其在揭示微生物群体遗传多样性方面具有独特的优越性。微生物基因片段在聚丙烯酰胺凝胶上形成不同的条带所组成的电泳图谱，反映了基因序列的多样性和复杂性（柳栋升等，2011）。虽然早期就有学者提出水葫芦根系能够为硝化、反硝化细菌提供良好的附着、繁殖介质（Sooknah，2000），从而调节污水的硝化、反硝化过程，但以往并未有关于水葫芦净化系统反硝化微生物变化规律方面深入、系统的报道。近年来，Yi 等（2014）通过模拟实验比较研究了不同形态氮来源（NO_3^-、NH_4^+）的人工污水以及水葫芦根系附着的反硝化细菌丰度及多样性的特征。利用 DGGE 测定根系、水体样品的反硝化细菌多样性，发现水体样品中的 nirK 和 nirS 基因的丰富度和香农指数均显著低于根系样品，并且根据 DGGE 图谱对应分析（CA）发现水样和水葫芦根系样品中的 nirK 和 nirS 型反硝化细菌种群结构分布具有相似的规律。

聚合酶链式反应（polymerase chain reaction，PCR）技术实现了在细胞体外模拟 DNA 复制的过程，以此为基础，建立了从核酸分子生物学层面上研究环境微生物的各种技术手段。其原理是根据微生物的保守序列设计上下游两组核苷酸序列为引物对，将从环境样品中提取的微生物总 DNA 为扩增模板，在 DNA 聚合酶催化作用下实现目标片段的序列合成，从而实现靶序列的指数扩增。而实时荧光定量 PCR（real-time PCR）技术是在普通 PCR 反应体系中加入荧光集团，利用定量竞争模板的对比或者荧光分子的信号积累监测 PCR 进程，通过标准曲线可以对微生物的 DNA 数量进行定量分析。Yi 等（2014）利用 real-time PCR 技术比较研究了不同形态氮来源（NO_3^-、NH_4^+）的人工污水以及水葫芦根系附着的反硝化细菌丰度，结果也表明种植了水葫芦以后，nirS 和 nirK 拷贝数显著高于未种植水葫芦的污水净化系统。同时发现，污水净化系统中水体及植物根系附着的 nirK、nirS、nosZ 基因总拷贝数和系统气态损失氮百分比之间具有良好的相关性（$p < 0.01$）。这些结果明确了水葫芦根系能够提高反硝化细菌的多样性和丰度，并因此提高了污水系统氮去除过程中气态氮损失所占的比重。然而，nosZ 这种基因与 nirK 和 nirS 基因的变化规律不同，其对不同条件下的水葫芦种植响应也不同，在施加了 NO_3^- 并种植了水葫芦根系的系统中 nosZ 的多样性和丰度是最高的。

在昆明滇池草海富营养化湖泊进行的规模化种养水葫芦净化水质的生态工程过程中，Yi 等（2015）监测了滇池草海入湖河道、内草海及外草海种植水葫芦后水葫芦根系及水体中的反硝化细菌种群结构和丰度。通过 DGGE 图谱及 real-time PCR 定量分析，发现滇池草海 6 条入湖河道由于接受了不同污水处理厂排放的污水（即 6 条河道污染源不同），不同河道河流水体中 nirK、nirS、nosZ 型反硝化细菌的群落结构和丰度差异很大：农业废水、生活污水大量输入河道，会在一定程度上刺激反硝化细菌群落结构多样性和丰度的增长，而长期接纳工业废水的河流，因排放的工业污水中含有大量的重金属及有机污染物（Xiong et al.，2012；Mahmoud et al.，2005），从而导致污染较为严重的河流中 nirK、nirS、nosZ 基因多样性和数量的锐减，最终破坏其生态功能。然而，通过在不同污染源的河流中种养水葫芦，发现其根系附着的反硝化细菌丰度和多样性显著高于其生长的水体，说明水葫芦对不同污染源河流中反硝化细菌的群落结构和生态功能具有调节作用。农业废水、生活污水的大量输入也会在一定程度上促进根系反硝化细菌群落结构多样性和丰度的增长，但在污染严重的河流中生长的水葫芦，则会利用其自身吸收和富集有害物质的作用，在其根系周围重新构建区别于其生长水体特有的根际环境，营造有利于反硝化微生物生长的环境条件，从而可能促进反硝化作用脱氮。在草海湖体中，根据反硝化细菌群落结构和环境因子的冗余分析（redundancy analysis，RDA），发现水体中及水葫芦根系附着的含 $nirK$、$nirS$、$nosZ$ 基因反硝化细菌的多样性和丰度受到环境因子（温度、DO、pH、NO_3^-、NH_4^+、TN）和水葫芦的共同调节。因此，在实施水葫芦生态工程的过程中，可参考水体环境的理化环境因子及反硝化微生物丰度、多样性指标，拟定水葫芦净化系统的参数，从而更好地实现氮元素的吸收和生物脱氮过程。

参 考 文 献

侯杰, 2013. 湖泊中微生物驱动的氮循环机理及其与富营养化的关系研究. 武汉: 中国科学院水生生物研究所.

李军, 张玉龙, 黄毅, 等. 2003. 水葫芦净化北方地区屠宰废水的初步研究. 沈阳农业大学学报, 34(2): 103-105.

梁丽华, 左剑恶. 2008. 现代非培养技术在反硝化微生物种群结构和功能研究中的应用. 环境科学学报, 28(4): 599-605.

柳栋升, 王海燕, 杨慧芬, 等. 2011. DGGE 技术在废水生物脱氮系统中的应用研究进展. 安徽农业科学, 39(19): 11695-11697.

马涛, 易能, 王岩, 等. 2014. 凤眼莲根系分泌氧气及有机碳规律及其对水体无机氮转化的影响研究. 农业环境科学学报, 33(10): 2003-2013.

马涛, 张振华, 易能, 等. 2013. 凤眼莲及底泥对富营养化水体反硝化脱氮特征的影响研究. 农业环境科学学报, 32(12): 2451-2459.

牛佳. 2012. 氮磷浓度对水葫芦生长及分蘖的影响及科学打捞的依据. 苏州: 苏州大学.

齐文启, 陈光, 孙宗光, 等. 2005. 总氮、总磷监测中存在的有关问题. 中国环境监测, 21(2): 31-35.

秦伯强, 范成新. 2002. 大型浅水湖泊内源营养盐释放的概念性模式探讨. 中国环境科学, 22(2): 150-153.

秦红杰, 张志勇, 刘海琴 等. 2015. 滇池外海规模化控养水葫芦局部死亡原因分析. 长江流域资源与环境, 24(4): 594-602.

王莹, 胡春胜. 2010. 环境中的反硝化微生物种群结构和功能研究进展. 中国生态农业学报, 18(6): 1378-1384.

王智, 张志勇, 韩亚平, 等. 2012. 滇池湖湾大水域种养水葫芦对水质的影响分析. 环境工程学报, 6(11): 3827-3832.

吴雅丽, 许海, 杨桂军, 等. 2014. 太湖水体氮素污染状况研究进展. 湖泊科学, 26(1): 19-28.

徐汝梅. 2003. 生物入侵——过程与机制. 北京: 科学出版社.

严少华, 王岩, 王智, 等. 2012. 水葫芦治污试验性工程对滇池草海水体修复的效果. 江苏农业学报, 28(5): 1025-1030.

袁从祎, 赵强基, 吴宗云. 1983. "三水"作物在农田生态系统物质循环中的潜力. 江苏农业科学, (9): 27-29, 23 .

张迎颖, 张志勇, 王亚雷, 等. 2011. 滇池不同水域水葫芦生长特性及氮磷富集能力. 生态与农村环境学报, 27(6): 73-77.

张振华, 高岩, 郭俊尧, 等. 2014. 富营养化水体治理的实践与思考——以滇池水生植物生态修复实践为例. 生态与农村环境学报, 30(1): 129-135.

张志勇, 郑建初, 刘海琴, 等. 2010. 水葫芦对不同程度富营养化水体氮磷的去除贡献研究. 中国生态农业学报, 18(1): 152-157.

张志勇, 郑建初, 刘海琴, 等. 2011. 不同水力负荷下凤眼莲对富营养化水体氮磷去除的表观贡献. 江苏农业学报, 27(2): 288-294.

郑建初, 盛婧, 张志勇, 等. 2011. 凤眼莲的生态功能及其利用. 江苏农业学报, 27(2): 426-429.

周庆, 韩士群, 严少华, 等. 2012. 富营养化湖泊规模化种养的水葫芦与浮游藻类的相互影响. 水生生物学报, 36(4): 783-791.

Alves E, Cardoso L R, Savroni J, et al. 2003. Physiological and biochemical evaluations of water hyacinth (*Eichhornia crassipes*), cultivated with excessive nutrient levels. Planta Daninha , 21: 27-35.

Bernhardt E S. 2013. Cleaner lakes are dirtier lakes. Science, 342 (6155): 205-206.

Conley D J, Humborg C, Rahm L, et al. 2002. Hypoxia in the Baltic Sea and basin-scale changes in phosphorus biogeochemistry. Environ. Sci. Technol., 36(24): 5315-5320.

Cornwell D A, Zoltek J, Patrinely C D, et al. 1977. Nutrient removal by water hyacinths. Water Pollution Control Federation, 49 (1): 57-65.

DeBusk T A, Dierberg F E. 1984. Effect of nitrogen and fiber content on the decomposition of the water hyacinth (*Eichhornia crassipes* [Mart.] Solms). Hydrobiologia , 118 (2): 199-204.

DeBusk T A, Reddy K R. 1987. Wastewater treatment using floating aquatic macrophytes: contaminant removal processes and management strategies. Aquatic plants for water treatment and resource recovery: 643-656.

Finlay J C, Small G E, Sterner R W. 2013. Human influences on nitrogen removal in lakes. Science, 342 (6155): 247-250.

Fitzsimons R E, Vallejos R H. 1986. Growth of water hyacinth (*Eichhornia crassipes* (Mart.) Solms) in the middle Paraná River (Argentina). Hydrobiologia, 131 (3): 257-260.

Fox L J , Struik P C , Appleton B L, et al. 2008. Nitrogen Phytoremediation by Water Hyacinth (*Eichhornia crassipes* (Mart.) Solms). Water Air & Soil Pollution , 194 (1-4): 199-207.

Gao Y, Yi N, Liu X H, et al. 2014. Effect of *Eichhornia crassipes* on production of N_2 by denitrification in eutrophic water. Ecological Engineering, 68: 14-24.

Gao Y, Yi N, Zhang Z Y, et al. 2012. Fate of $^{15}NO_3^-$ and $^{15}NH_4^+$ in the treatment of eutrophic water using the floating macrophyte, Eichhonia crassipes. Journal of Environmental Quality, 41 (5): 1653-1660.

Gopal B. 1987. Water hyacinth. Aquatic Plant Studies 1, Amsterdam: Elsevier.

Gutiérrez E, Huerto R, Salda P, et al. 1996. Strategies for water hyacinth (*Eichhornia crassipes*) control in Mexico. Hydrobiologia , 340 (1-3): 181-185.

Hadad H R, Maine M A, Pinciroli M, et al. 2009. Nickel and phosphorous sorption efficiencies, tissue accumulation kinetics and morphological effects on *Eichhornia crassipes*. Ecotoxicology, 18 (5): 504-513.

Kim Y, Kim W. 2000. Roles of water hyacinths and their roots for reducing algal concentration in the effluent from waste stabilization ponds. Water Res., 34 (13): 3285-3294.

Levine S N, Schindler D W. 1999. Influence of nitrogen to phosphorus supply ratios and physicochemical conditions on cyanobacteria and phytoplankton species composition in the experimental lakes Area, Canada. Can. J. Fish. Aqua. Sci., 56 (56): 451-466.

Li C. 2012. A feasibility study on blue algae pollution control by water hyacinth in Lake Dianchi. Environmental Science Survey, 31 (3): 64-68.

Madsen J D. 1993. Growth and biomass allocation patterns during water hyacinth mat development. Journal of Aquatic Plant Management, 31: 134-137.

Mahmoud H M A, Goulder R, Carvalho G R. 2005 . Thresponse of epilithic bacteria to diffrent metals regime in two upland streams: assessed by conventional microbiological methods and PCR-DGGE . Archiv fur

Hydrobiologie, 163 (3): 405-427.

Mishra V K, Tripathi B D. 2009. Accumulation of chromium and zinc from aqueous solutions using water hyacinth (*Eichhornia crassipes*). Journal of Hazardous Materials, 164 (2-3): 1059-1063.

Moorhead K K, Reddy K R. 1988. Oxygen transport through selected aquatic macrophytes. Journal of Environmental Quality, 17 (1): 138-142.

Moorhead K K, Ward K R, Graetz D A. 1988. Water hyacinth productivity and detritus accumulation. Hydrobiologia , 157 (2): 179-185.

Muyzer G, Smalla K. 1998. Application of denaturing gradient gel electrophoresis (DGGE) and temperature gradient gel electrophoresis (TGGE) in microbial ecology. Antonie van Leeuwenhoek, 73: 127-141.

Muyzer G, De Wall E, Uitterlinden A. 1993. Profiling of complex microbial populations by denaturing gradient gel electrophoresis of 16S ribosomal DNA fragments. Appl. Environ. Microbiol., 59 (3): 695-700.

Petrucio M M, Esteves F A. 2000. Uptake rates of nitrogen and phosphorus in the water by *Eichhornia crassipes* and Salvinia auriculata. Revista brasileira de biologia, 60 (2): 229-236.

Polomski R F, Taylor M D, Bielenberg D G, et al. 2009. Nitrogen and phosphorus remediation by three floating aquatic macrophytes in greenhouse-based laboratory-scale subsurface constructed wetlands. Water, Air, and Soil Pollution, 197 (1-4): 223-232.

Reddy K R, Agami M, Tucker J C. 1989. Influence of nitrogen supply rates on growth and nutrient storage by water hyacinth (*Eichhornia crassipes*) plants. Aquatic Botany, 36 (1): 33-43.

Reddy K R, Tucker J C. 1983. Productivity and nutrient uptake of water hyacinth, *Eichhornia crassipes* I. effect of nitrogen source. Economic Botany , 37 (2): 237-247

Rodríguez M, Brisson J, Rueda G, et al. 2012. Water quality improvement of a reservoir invaded by an exotic macrophyte. Invasive Plant Science and Management , 5 (2): 290-299.

Rogers H H, Davis D E. 1972. Nutrient removal by waterhyacinth. Weed Science, 20 (5): 423-428.

Rommens W, Maes J, Dekeza N, et al. 2003. The impact of water hyacinth (*Eichhornia crassipes*) in a eutrophic subtropical impoundment (Lake Chivero, Zimbabwe). Ⅰ. Water Quality. Archiv für Hydrobiologie , 158 (3): 373-388.

Sato H, Kondo T. 1981. Biomass production of waterhyacinth and its ability to remove inorganic minerals from water. Ⅰ. Effect of the concentration of culture solution on the rates of plant growth and nutrient uptake. Japanese Journal of Ecology, 31 (3): 257-268.

Seitzinger S, Harrison J A, Böhlke J, et al. 2006. Denitrification across landscapes and waterscapes: a synthesis. Ecological Applications, 16 (6), 2064-2090.

Sharma B M, Oshodi O O. 1991. Effect of nutrients on the biomass of water hyacinth (*Eichhornia crassipes* (Mart.) Solms.). Pol. Arch. Hidrobiol., 38 (3-4): 401-408.

Shiralipour A, Garrard L A, Haller W T. 1981. Nitrogen source, biomass production, and phosphorus uptake in waterhyacinth. Journal of Aquatic Plant Management, 19: 40-43.

Snow A M, Ghaly A E. 2008. A comparative study of the purification of aquaculture wastewater using water hyacinth, water lettuce and parrot's feather. American Journal of Applied Sciences, 5(4): 440-453.

Sooknah R. 2000. A review of the mechanisms of pollutant removal in water hyacinth systems. Science and Technology Research Journal, 6: 49-57.

Spencer N. 1981. The phenology and growth of water hyacinth (*Eichhornia crassipes* (Mart.) Solms) in a eutrophic north-central Florida lake. Aquatic Botany, 10 (1): 1-32.

Temponeras M, Kristiansen J, Moustaka-Gouni E. 2000. Seasonal variation in phytoplankton composition and physical-chemical features of the shallow lake Doiran, Macedonia, Greece. Hydrobiologia, 424(1-3):

109-122.

Tripathi B D, Misra K, Srivastava J. 1991. Nitrogen and phosphorus removal-capacity of four chosen aquatic macrophytes in tropical freshwater ponds. Environmental Conservation, 18 (2): 143-147.

Tucker C S. 1981. The effect of ionic form and level of nitrogen on the growth and composition of *Eichhornia crassipes* (Mart.) Solms. Hydrobiologia, 83(3): 517-522.

Wang Z, Zhang Z, Zhang Y, et al. 2013 Nitrogen removal from Lake Caohai, a typical ultra-eutrophic lake in China with large scale confined growth of *Eichhornia crassipes*. Chemosphere, 92 (2): 177-183.

Ward B B , Devol A H, Rich J J, et al. 2009. Denitrification as the dominant nitrogen loss process in the Arabian Sea. Nature, 461 (7260): 78-81.

Wen Qi Q I. 2005. Questions of TN and TP monitoring. Environmental Monitoring in China, 21 (2): 31-35.

Wolverton B C, McDonald R C. 1978a. Nutritional composition of water hyacinths grown on domestic sewage. Economic Botany, 32(4): 363-370.

Wolverton B C, McDonald R C. 1978b. Water hyacinth (*Eichhornia crassipes*) productivity and harvesting studies. Economic Botany, 33 (1): 1-10.

Wooten J W, Dodd J. 1976. Growth of water hyacinths in treated sewage effluent. Economic Botany, 30(1): 29-37.

Xiong J, He Z, Van N J D, et al. 2012. Assessing themicrobial community and functional genes in a vertical soilprofie with long-term arsenic contamination. PLoS ONE , 7 (11): e50507.

Xu H, Paerl H W, Qin B Q. et al. 2010. Nitrogen and phosphorus inputs control phytoplankton growth in eutrophic Lake Taihu, China. Limnology and Oceanography, 55(1): 420-432.

Yi N, Gao Y, Long X, et al. 2014. *Eichhornia crassipes* cleans wetlands by enhancing the nitrogen removal and modulating denitrifying bacteria community. CLEAN–Soil, Air, Water , 42 (5): 664-673.

Yi N, Y Gao, Zhang Z, et al. 2015a. Water properties influencing the abundance and diversity of denitrifiers on *Eichhornia crassipes* roots: A comparative study from different effluents around Dianchi Lake, China. International Journal of Genomics, (6): 1-12.

Yi N, Y Gao, Zhang Z, et al. 2015b. Response of spatial patterns of denitrifying bacteria communities to water properties in the stream inlets at Dianchi Lake, China. International Journal of Genomics, (9): 1-11.

Yi Q, Kim Y, Tateda M. 2009. Evaluation of nitrogen reduction in water hyacinth ponds integrated with waste stabilization ponds. Desalination, 249 (2): 528-534.

Žáková Z , Palát M, Kocková E, et al. 1980. Is it realistic to use water hyacinth for wastewater treatment and nutrient removal in central Europe? Water Science & Technology, 30 (8): 303-311.

Zhu Z, Zhu X Y. 1998. Treatment and utilization of wastewater in the Beijing Zoo by an aquatic macrophyte system. Ecological Engineering, 11 (1): 101-110.

Zimmels Y, Kirzhner F, Malkovskaja A. 2007. Advanced extraction and lower bounds for removal of pollutants from wastewater by water plants. Water Environment Research, 79 (3): 287-296.

第三章 水葫芦净化水体磷的规律及机制

第一节 水生生态系统中的磷

一、磷是水体富营养化的关键因素

富营养化进程是一个遵循水体本身自然规律的过程，从自然界水系形成开始就在发挥作用。在远古时代，这个过程非常缓慢，以至于在千百年的时间段内水环境的变化极小。但是，随着人口的增加、经济的发展和工业化进程，富营养化过程也随之加快，使得水质的变化在几十年甚至几年的时间内就能感觉到明显的差异（Dokulil and Teubner，2011）。水体富营养化程度的加剧导致了世界范围内饮用水源的减少和水质的恶化（Meybeck，2003）。

对富营养水体的分类一般以水体初级生产力和影响它的主要营养元素为依据。不同的分类体系对富营养水体也有不同的定义，但其差异也仅仅是量的高低不同，或对各种营养盐的关注度不同，或是多参数的生态系统指数等。在多参数生态系统指数分类方面，有代表性的是结合了综合营养盐浓度、浮游植物生物量、叶绿素 a、透明度、水体初级生产力等所计算得到的富营养状态指数（Carlson and Simpson，1996），如表 3-1 所示。中国环境监测总站（2001）采用综合营养状态指数法评价湖泊水库的富营养化状态，计算公式如下：

$$TLI(\textstyle\sum)=\sum W_j \cdot TLI(j)$$

式中，TLI（$\sum$）为综合营养状态指数；W_j 为第 j 种参数的营养状态指数的相关权重；TLI（j）为代表第 j 种参数的营养状态指数。

参与评价的指标主要有叶绿素 a（Chla）、总磷（TP）、总氮（TN）、透明度（SD）和高锰酸盐指数（COD_{Mn}）。采用 0～100 的一系列连续数字对湖泊（水库）营养状态进行分级，在同一营养状态下，指数值越高，其营养程度越重，具体分类如表 3-2 所示。

表 3-1　富营养状态指数、叶绿素、总磷、透明度和富营养分类的关系（Carlson and Simpson，1996）

富营养状态指数	叶绿素	总磷/（μg·L^{-1}）	透明度/m	富营养状态分类
<35	0～2.6	0～12	>6	贫营养
40～50	2.6～20	12～24	4～2	中度营养
50～70	20～56	24～96	2～0.5	富营养
70～100+	56～155+	96～384+	0.5～<0.25	超富营养

表 3-2 综合营养状态指数与富营养化程度的关系（中国环境监测总站，2001）

综合营养状态指数	富营养化程度
TLI（$\sum$）<30	贫营养（oligotropher）
30≤TLI（$\sum$）≤50	中营养（mesotropher）
TLI（$\sum$）>50	富营养（eutropher）
50<TLI（$\sum$）≤60	轻度富营养（light eutropher）
60<TLI（$\sum$）≤70	中度富营养（middle eutropher）
TLI（$\sum$）>70	重度富营养（hyper eutropher）

在营养盐方面，有些富营养化分类方式关注氮元素，有些分类方式关注磷元素（Lapointe et al.，1994），但总体表现为水体富营养化（eutrophication）导致藻类等水生生物大量生长繁殖，使有机物的生产速度远远超过消耗速度，有机物在水中过量积蓄，使得水生生态系统功能遭到破坏。文献显示，很多湖泊、溪流、河口呈现营养过剩的迹象，很多情况下，均归咎于人为因素引起的藻类营养过量输入，而限制藻类种群扩繁的关键元素是磷（phosphorus）（Lee，1973）。磷素在水生生态系统中无法单独产生作用，它必须与氮素处于平衡状态中（Bernhardt，2013）。在磷过量的系统中，磷的来源一般分为内源和外源。为了控制浅水湖泊中过量的磷，必须同时控制内源磷和外源磷，否则，治理措施无法达到目标（Wang et al.，2008；Xie et al.，2003；Coveney et al.，2005；Mehner et al.，2008）。磷素的化学和生物特性决定了它不具备氮素那样的灵活性，例如以气态形式在气水界面通过反硝化作用和固氮作用频繁交换。研究认为，降低水体磷素浓度可以有效缓解富营养化，对治理富营养化水体具有积极的意义（Wang and Wang，2009；Edmondson，1994）。譬如，对中国长江流域 40 多个湖泊的多年比较研究显示，磷素是决定浮游藻类生长的关键因素，浮游藻类总生物量由总磷浓度决定（Wang and Wang，2009）。另一个例子是加拿大安大略湖 227 号试验湖泊为期 37 年的监测显示，固氮过程使得浮游藻类能够与磷浓度成比例地持续生长，湖泊在 37 年间都处于重度富营养化状态（Schindler et al.，2008）。在欧洲和美国的湖泊修复实践也证实，关注磷素可以有效缓解富营养化（Edmondson and Lehman，1981；Coveney et al.，2005；Mehner et al.，2008），最具代表性的例子是美国西雅图华盛顿湖的修复，大量污水进入湖体引发磷浓度快速升高和严重富营养化，蓝藻水华持续爆发，1936 年开始实施基于磷去除的污水分流，特别是在 60~70 年代华盛顿湖总氮下降 50%、总磷下降 80%时，叶绿素 a 浓度变化与总磷浓度的变化相一致，即优势蓝藻从 60 年代的 90%降低至 70 年代的 20%（Edmondson and Lehman，1981，1994）。

二、水生生态系统中磷的赋存形态

湖泊水体中磷的形态，根据化学特性，可以分为正磷酸盐、聚合磷酸盐和有机物体内的磷三类；根据物理特性，可以分为颗粒态磷和溶解态磷两类。一般来说，溶解态正磷酸盐是易于为浮游植物和藻类吸收利用的一种磷形态。美国国家环境保护局指出，排入湖泊水库水体中的磷素浓度需要依据不同水体的地区类型和变化趋势来制定，在 2002

年修订的标准规定聚集的湖泊水库生态区总磷（TP）浓度为 $0.008\sim0.0375\text{mg}\cdot\text{L}^{-1}$（EPA，2007）。在美国威斯康星州，城市污水处理厂向外界排放处理过的污水中总磷（TP）浓度应低于 $1\text{mg}\cdot\text{L}^{-1}$（Department of Natural Resources，2013），同时排放量也受严格控制，须保证到达湖泊前的污水总磷浓度至少稀释到$<0.0375\text{mg}\cdot\text{L}^{-1}$。中国《城镇污水处理厂污染物排放标准》（GB 18918—2002）对于总磷的排放标准如表 3-3 所示，一级 A 排放标准为 $0.5\text{mg}\cdot\text{L}^{-1}$，一级 B 排放标准为 $1.0\text{mg}\cdot\text{L}^{-1}$。

表 3-3　污水处理厂尾水总磷最高排放标准　　　（单位：$\text{mg}\cdot\text{L}^{-1}$）

基本控制项目		一级标准		二级标准	三级标准
		A 标准	B 标准		
总磷	2005 年 12 月 31 日前建设	1	1.5	3	5
（以 P 计）	2006 年 1 月 1 日起建设	0.5	1	3	5

在水生系统中，内源磷与外源磷之间存在动态平衡。外源磷主要来自于污水处理厂排水、城镇农村生活污水、农田灌溉排水、大气干湿沉降等，可以通过化学或生物过程在底泥中富集。植物体内的磷可通过矿化过程释放，底泥中的磷也可通过化学过程溶解至水中，从而参与水华蓝藻的爆发，导致水质下降（崔凤丽，2013）。当外源输入得到有效控制时，沉积物内源磷的释放，根据湖泊水力学状况，仍然能够维持湖泊水体一定量的磷营养水平（Berelson et al.，1998）。芬兰东部海湾的研究发现，当外源输入量降低 30%之后，水体中的磷酸盐含量仍然呈现增加趋势，其主要原因在于内源性磷释放（Pitkänen et al.，2001）。聚集在底泥中的内源磷，主要来源于有机沉积物矿化过程产生的无机磷。无机磷很容易从底泥中向上覆水体释放，这一过程在很大程度上受到水体环境因子的影响，如 pH、溶解氧、温度和其他生物、理化特性，其中浅水湖泊尤为明显，且呈现季节变化的模式（Ren et al.，2010）。

在自然水生生态系统中，磷素通常被描述为总磷（TP）、溶解性总磷（TDP）、颗粒磷（PP）、溶解性有机磷（DOP）和可溶性反应磷（SPR）或者生物可获取正磷酸盐。总磷表示水中磷总量，而溶解性总磷包括溶解性有机磷与可溶性反应磷。可溶性反应磷与生物可获取正磷酸盐的概念有重叠，但并非所有的正磷酸盐都可被生物利用。一般说来，若溶解性有机磷和不溶的有机、无机磷尚未转化为可溶性反应磷，均不能为大型植物所利用。虽然用于描述水生态系统中磷形态之间关系的专业术语很复杂，但在植物修复过程中，仅生物可获取正磷酸盐和不能直接生物利用磷的转化过程值得研究。

三、水生生态系统中磷的迁移转化

水生生态系统中磷转化的重要过程包括无机磷与有机磷之间的转化、颗粒磷的吸附与沉积。无机磷转化为有机磷称为无机磷的固定；有机磷转化为无机磷称为有机磷的活化或矿化。在无机磷的固定过程中，例如植物吸收，无机磷是被转化为生物组分存在于植物组织中的。在有机磷的生物分解过程中，磷被释放。有机磷向无机磷转化的过程受到有机物质来源和环境因子（pH、温度、溶解氧和微生物活性）的影响（Ruttenberg，2003）。

底泥沉积物-水界面是湖泊中生物地球化学作用进行的较为激烈的边界层，是水生生态系统中重要的物理化学界面和物质输送与交换中介，发生一系列营养盐的生物地球化学循环（宋雪丽，2009）。研究认为，磷在底泥沉积物-水界面上同时存在吸附和解吸过程，当上覆水体中磷浓度为某一适当值时，底泥对磷的吸附和解吸达到动态平衡，称此时上覆水体中磷的浓度为磷的吸附/解吸平衡浓度。当上覆水体中磷的浓度大于该平衡浓度时，底泥表现出吸附磷的特征；反之，底泥则表现为释放磷（金相灿等，2008）。底泥沉积物-水界面上磷释放的途径很多，包括沉积物再悬浮、间歇水与上覆水体之间存在磷浓度梯度、铁氧化物溶解和解吸作用、有机质降解或有机磷矿化作用及生物释放等途径。其中最主要的途径是从沉积物间隙水向上覆水体释放，间隙水与上覆水体之间磷的浓度梯度是沉积物磷释放的主要动力，分子扩散是磷释放到上覆水体的主要机制（张斌亮，2004）。上述讨论表明，富营养化水体修复的管理目标需要兼顾短期水质提升和长期内源污染去除。影响泥水界面内源磷释放行为的因素很多，例如水力学特征、理化特征和生物因子，因此，内源磷的释放量难以预测。文献建议：为了缓解富营养化、提高水质和获得水生态系统平衡功能，必须建立多目标管理策略，在理解与控制磷负荷（包括内源与外源）的同时去除磷污染。为了完成这个目标，第一步就是采用适宜的方法去除水体总磷，使其去除速率超过内源磷释放速率与外源磷负荷速率之和（式3-1）。

$$P_r - P_e - P_x > 0 \tag{3-1}$$

式中，P_r 为磷去除速率（$mg \cdot L^{-1} \cdot m^{-2} \cdot d^{-1}$）；$P_e$ 为内源磷释放速率（$mg \cdot L^{-1} \cdot m^{-2} \cdot d^{-1}$）；$P_x$ 为外源磷负荷速率（$mg \cdot L^{-1} \cdot m^{-2} \cdot d^{-1}$）。

在植物修复项目中磷控制的计划阶段，上述公式可用于整个项目最后输出量的确定，详细的操作程序应该根据处理目标来确定（Rodríguez et al.，2012；Wang et al.，2012）。

第二节　磷对水葫芦生长的影响

一、水葫芦器官的磷含量

水葫芦植株各部位的磷含量变化依赖于植物生长阶段和生长环境的磷浓度。文献报道，叶片的磷含量高于茎和根（Haller and Sutton，1973；Polomski et al.，2009）。然而，若模拟自然环境中的持续营养供应和收获，使植物维持在早期生长阶段，叶片中的磷含量将低于根部（表3-4）。

表3-4　生长于不同磷浓度营养液中水葫芦叶片、茎、根和全株的磷含量

处理浓度/ （mg · L⁻¹）（磷）	水葫芦中的磷含量/（g · kg⁻¹ 干物质）				参考文献
	叶片	茎	根	全株	
0	1.17[a]	0.71[a]	0.96[a]	0.98[a]	
5	4.96[b]	3.00[b]	1.97[b]	3.77[b]	Haller and Sutton，1973
10	6.77[c]	4.80[c]	3.12[c]	5.52[c]	

续表

处理浓度/ (mg·L^{-1})（磷）	水葫芦中的磷含量/（g·kg^{-1} 干物质）				参考文献
	叶片	茎	根	全株	
20	8.16^d	6.73^d	6.05^d	7.22^d	Haller and Sutton，1973
40	8.80^d	9.30^c	9.26^c	9.07^c	
0.07	1.54^a	—	1.29^b	—	
0.18	1.30^a	—	1.18^a	—	
1.86	1.45^a	—	1.26^b	—	Polomski et al.，2009
3.63	1.78^a	—	1.67^a	—	
6.77	2.53^a	—	1.71^b	—	
0.14	3.46	—	6.02	4.17	
0.34	5.45	—	7.43	5.96	张志勇等，2010a[①]
1.07	6.43	—	7.70	6.77	
1.43	6.90	—	8.50	7.30	
8.50	3.00^c	—	6.27^a	4.20^b	
11.7	3.70^{bc}	—	6.09^a	4.50^b	张志勇等，2011[①]
19.2	4.64^b	—	6.37^a	5.50^b	
56.5	6.41^a	—	7.82^a	6.69^{ab}	

注：不同小写字母表示参考文献中不同处理之间的显著性差异；①试验持续供应营养，并且每个周期（21d）收获植物，数据为 15 个周期的平均值。

水葫芦各组织器官中磷含量及其他营养分布的变化表明，水葫芦对于各种不同生存环境具有强大的生物适应性。在磷浓度低于 31mg·L^{-1} 的培养液中，水葫芦植株的磷含量与营养液磷浓度呈现正相关（Gossett and Norris，1971）。在磷浓度为 40mg·L^{-1} 的培养液中，水葫芦植株的磷含量达到最大值（Haller and Sutton，1973）。

在自然条件下，水葫芦植株磷含量变化范围较大，每千克干物质中磷含量为 1.4～8.0 g，平均值为 5.4g（Boyd and Vickers，1971）。水葫芦每年每公顷可收获干物质 65.2t，其中每千克干物质中含有氮素 15.4～20.5g、磷素 1.6～2.9g（表 3-5）。

表 3-5　栽种于富营养化池塘的水葫芦磷含量（Boyd，1976）　（单位：g·kg^{-1} 干物质）

池塘	采样日期			
	6 月 20 日	8 月 6 日	9 月 5 日	9 月 28 日
1	2.4	2.0	1.6	2.4
2	2.6	2.5	2.4	2.9
3	2.8	1.6	1.8	1.9
均值	2.6	2.0	1.9	2.4

生长于不同栖息地的水葫芦磷含量变化范围反映了不同的营养条件（营养浓度及平衡）以及其他环境因素（pH、入射光照和气温）。举个例子，水葫芦群体中心的植株叶柄磷含量显著高于群体边缘（表 3-6）。

表 3-6 在密集生长群体中水葫芦各部位的磷含量 （单位：g·kg^{-1} 干物质）

参考文献	采样位置	植株部位		
		根	茎	叶
Musil and Breen, 1977	群体边缘	3.11	3.21	5.47
	群体中心	3.08	5.25	5.88

这一结论与其他研究结果保持一致（Pinto-Coelho et al.，1999），表明磷素对植物生长发育过程中植株各部位的资源分配产生直接影响（Xie et al.，2004）。

水葫芦植株不同部位磷含量可能表征了其对于特殊环境的生物适应性。为了加强植物修复工程管理，考察植株的水上部分和水下部分所富集的磷总量尤为重要。一般规律是随着水葫芦可获取磷浓度的升高，植物的水上部分将富集更多的磷（表 3-7）。

表 3-7 受到不同生境营养浓度影响的水葫芦各部位磷分配（Polomski et al., 2009）

水中磷浓度/	比例 Ratio	磷含量/（mg P/全株）	
（mg·L^{-1}）	（水上部分/水下部分）	水上部分	水下部分
0.07	7.9	17.954 [**]	2.287
0.18	6.9	18.804 [**]	2.708
1.86	7.5	20.647 [**]	2.763
3.63	11.3	38.617 [**]	3.429
6.77	22.9	80.134 [**]	3.502

注：[**] 代表显著性差异；X 代表营养液中磷浓度（mg·L^{-1}），Ratio $= 7.397 - 0.545X + 0.420X^2$，$R^2 = 0.997$，$0.07 \leqslant X \leqslant 6.77$。

表 3-7 的数据显示，当水中可获取磷浓度达到水葫芦基本生长要求的水平后，其吸收的磷素将显著地分配在植株水上部分，以供水葫芦与其他植物展开生存与扩张竞争，因此这种植物常常被视为有害的入侵物种。水葫芦植株生物量中磷分配的生物学特性表示，在植物修复工程案例中，不同类型的富营养化水体条件适用不同的管理及生物量终端利用模式。在高磷浓度（>1mg·L^{-1}）的富营养化水体和初期生长阶段，如果其他重金属指标不超标，收获的水葫芦叶片将更适合作为动物饲料；而在低磷浓度（≤1mg·L^{-1}）的富营养化水体和成熟生长阶段，由于植株中营养物质含量低，收获的水葫芦将更适合作为原料生产沼气或者肥料。在富营养化水体的不同营养浓度区域，应根据不同水质控制目标，对水葫芦种群加以管理；否则，水葫芦的除磷效率将降低。

二、水环境中可获取磷浓度对水葫芦生长的影响

水葫芦可用于植物修复实践的重要生物学特性就是营养物质在其组织器官的可移动性和超积累性。营养物质在组织器官的可移动性是指水葫芦能够通过改变根系长度、叶柄长度与形状及茎叶/根部比例，特别是根部形态以适应不同生境条件。在很低的营养浓度下，水葫芦可以生长出 2m 的根系以加强营养的获取（Rodríguez et al.，2012），或者将根系深入底泥中吸收营养，也可以存活很长时间，以便开花并产生种子。营养物质的

超积累性是指水葫芦具有吸收超出其生理需求的磷素和其他营养的能力，并将磷素储存在植株组织中（Reddy et al.，1989）。

据报道，能够支持水葫芦获得最大程度生长的富营养化水体的最高磷浓度为 20 mg·L^{-1}（Haller and Sutton，1973），然而也有研究认为，磷浓度高于 1.06mg·L^{-1} 时，水葫芦生物产量将不再增加（Reddy et al.，1990）。两个相互独立试验的结果差异可能源于试验方法的不同。Haller 和 Sutton 采用 11L 的水桶培育 3 种植物，试验维持 4 个星期；而 Reddy 等利用 1000L 的水槽开展试验，气温为 5～33℃，光照为 5～20MJ·m^{-2}·d^{-1}；两个试验均采用人工模拟营养液。Haller 和 Sutton 未曾提及水桶面积，假设试验期间 3 种植物处理生物量增加了几倍，而水桶中植物密度及水中磷供给量是否低于 20mg·L^{-1} 均不清楚；另一方面，Reddy 等的试验温度与光照并非最适条件，加上试验末期磷浓度处于较高范围，而氮磷浓度比并未处于平衡条件，可能影响了水葫芦的生长。虽然两个试验貌似都不是最优，但磷浓度从 1.06mg·L^{-1} 到 20mg·L^{-1} 可认为是支持水葫芦生长的最大磷浓度范围，因此预期产量可用于采收及后处理的规划中。从上述两个试验得出的第二个结论是，生长在高磷浓度富营养化水体中的水葫芦对于磷的奢侈吸收能力。试验指出，当植物组织磷含量达到稳定状态时，约为 1.5g·kg^{-1} 干物质，水葫芦内部磷循环足够维持该组织磷水平。当组织磷浓度为 0.5g·kg^{-1} 干物质，内部的生产力将降至零（Reddy et al.，1990）。当磷供给量达到 761mg·m^{-2}·d^{-1}，整株植物组织磷含量的最高值可达到 13.5g·kg^{-1} 干物质，而另外一些文献显示，营养液中磷供给量为 1～40mg·m^{-2}·d^{-1} 时，植物组织磷含量为 5.5～9.1g·kg^{-1} 干物质（Ornes and Sutton，1975；Gossett and Norris，1971；Haller and Sutton，1973）。磷含量的变化表明，这些监测是在不同的水体氮浓度条件下或者在不同的植物生长阶段进行的，或者受到其他环境因素的影响。试验结果揭示了水葫芦可将高于其生理需求量 9 倍的磷素富集在植株组织中（Reddy et al.，1990）。

研究认为，水体中的磷可促进水葫芦分蘖和横向生长，提高水葫芦匍匐茎数和叶柄数。对中国福建省闽江各河段、福州部分内河、福建部分县市水体水质及水葫芦生长状况的调查显示，当水体总磷浓度在 0.18～0.25mg·L^{-1}、N/P 在 12～17 时，水葫芦生物量与水体 TP 浓度无显著关系，水葫芦匍匐茎数与叶柄数与 TP 浓度呈显著正相关，水葫芦茎长、叶长与 TP 浓度呈显著负相关，水葫芦叶宽、根长及叶绿素含量与 TP 浓度无显著相关关系（周喆，2008）。

也有研究认为，水葫芦的侧根形态学及植株生长与磷素的可获得量相关（Xie et al.，2003）。在磷供给量为 0.6g·m^{-2}·a^{-1} 的条件下，水葫芦侧根的长度与密度均高于 4.8g·m^{-2}·a^{-1}，而侧根的直径却低于高磷浓度环境中的植株。在低磷浓度环境中，侧根占根部生物总量的 85.35%，却覆盖了根部总表面积的 99.8%（Xie et al.，2003）。这种根形态的可塑性可帮助水葫芦从周围环境中获取尽可能多的磷素，有助于植物适应低磷浓度的环境条件。根形态的可塑性对于不匀质环境中的营养摄取是十分重要的（Fransen et al.，1998）。

文献显示，环境因素通过改变植物体内的激素含量及其平衡，进而引发生理效应来实现植物的分蘖过程（牛佳等，2012）。牛佳等（2012）设置氮递增组合和磷递增组合，开展了水葫芦体内生长素和细胞分裂素变化及其分蘖关系的研究，结果显示，水葫芦分蘖发生时，磷递增各组合的叶腋内吲哚乙酸（IAA）含量减低，细胞分裂素类物质玉米素核苷（ZR）和玉米素（Z）含量增加。在一定范围内，随着营养液中磷浓度的增加，水葫芦单株分蘖数目递增，IAA/（ZR+Z）的比值递减。磷递增组合的单株分蘖数与IAA/（ZR+Z）的比值之间存在显著负相关（$p<0.001$）。与氮营养相比，磷营养对水葫芦分蘖的数目、激素含量及两者的相关性影响更大，即磷元素在水葫芦分蘖发生过程中起到更大的作用。

三、水环境中氮浓度对水葫芦吸收同化磷的影响

水葫芦对磷的摄取与氮的可获取量成正比（Haller et al.，1970；Haller and Sutton，1973；Shiralipour et al.，1981；Reddy and Tucker，1983），指的是水葫芦对磷的利用效率不仅仅依赖于营养液中的磷浓度，也依赖于水中的氮磷比（Reddy et al.，1989）。水中营养可获取量和营养浓度是两个概念，特别是在流动水体中，如河流、大型湖泊和水库等。在静态水体中，由于无机态和溶解态容易被植物所吸收，这两个概念的区别可能依赖于化学形态。在流动水体中，氮磷浓度都很低，但是水葫芦生长得很好，并且有很高的产量，是因为经过水葫芦根区的水流可持续地为植物提供充足营养。

Reddy 和 Tucker（1983）在温室容器中提供充足的营养供给，每星期改变营养液的浓度，研究6种氮源对水葫芦生长的影响，结果表明水中的氮源不同，对于水葫芦植株的磷含量无显著影响，但通过影响植株净生产力，使得水葫芦对于磷的摄取量产生了显著差异。6种氮源分别为 KNO_3、NH_4Cl、$NH_4Cl+N\text{-}serve$、$KNO_3+NH_4Cl+N\text{-}serve$、尿素（前5种处理氮浓度为 $20mg \cdot L^{-1}$）和甲烷反应器出水（$6mg \cdot L^{-1}$），其中，前5个处理的 N/P 比为 2.5~5，这一数值属于水葫芦最大生物产量的范围（Reddy and Tucker，1983），该比例可用于去除氮磷的植物修复工程规划中。然而，须牢记的是除了极少数情况，在实践中人工调整氮磷比例是不现实的。

植物修复实践的目标是去除富营养水体中的磷素，营养负荷是规划与管理过程中必须考虑的。所谓营养负荷，即是水中营养浓度乘以经过单位面积过流断面上的水流流量，单位是 $mg \cdot m^{-2} \cdot d^{-1}$。在水葫芦植物修复系统中，过流断面指的是根区的断面，一般指垂直方向上 200~500mm，有时候也可以是 100~2000mm，这依赖于水中可获取营养的量。例如，Reddy 等（1989）的试验：在900L培养液中，表面积为 $1.7m^2$，以 NH_4NO_3 为氮源，设置氮浓度梯度为 0.5、2.5、5.5、10.5、25.5 和 50.5mg·L^{-1}，相对应的氮负荷为 38、189、416、794、1930 和 3820mg·m^{-2}·d^{-1}（氮浓度 mg·L^{-1} 乘以900L 除以 $1.7m^2$ 再除以 7d）。试验中，磷浓度为 $3mg \cdot L^{-1}$（负荷为 227mg·m^{-2}·d^{-1}）。结果显示，水葫芦的净生产力随着氮负荷增加而升高，直到氮负荷达到 416mg·m^{-2}·d^{-1}（N/P 比为 1.83）为止，更高的氮浓度并未显著提高产量。水葫芦植株中的最高氮含量为 26.7g·kg^{-1} 干物质，相当于粗蛋白 167g·kg^{-1} 干物质。水葫芦磷含量受到可获取氮的影响，当氮负荷为 416mg·m^{-2}·d^{-1} 时，磷含量为 6.7g·kg^{-1} 干物质。更进一步的分析可知，水葫芦自由生长的收获量可能超过最优水平（1~2 kg·m^{-2} 干物质），另外氮负荷须低于 416mg·m^{-2}·d^{-1} 的结论可能并不准确。

在植物修复实践中，工程设计与规划通常需要遵循以下的优先次序：①最终水质目标；②生物产量；③植株品质。最终水质是植物修复工程的主要目标，必须依据污染物的来源进行设计。生物产量对于采收及后处理的规划设计尤为重要。植株品质与生物利用的可行性直接相关，这将带来经济效益。面源污染（例如农田）和污水处理厂尾水通常具有更高的 N/P 比（Wang et al.，2013），超出了水葫芦生长的最优比例 N/P=4。无论如何，基于水葫芦生长的植物修复仍然可以获得很好的氮磷去除效果，因为多余的氮可以通过自然的硝化、反硝化过程消耗。

上述讨论揭示了最终水质目标和营养去除是与营养负荷水平密切相关的。在大型湖泊和水库，实践应用需要控制外源磷负荷，并逐步去除内源磷负荷。在高负荷的入河/湖口处种养水葫芦，可以实现外源磷负荷的减少；在蓝藻积累和衰亡的背风区域种养水葫芦，用来吸收蓝藻分解释放的营养，从而实现内源磷负荷的去除。

第三节　水葫芦对磷的去除

一、水葫芦对溶解态磷的吸收作用

研究显示，无论是模拟试验或工艺处理试验中，水葫芦对水体可溶性反应磷，主要是溶解性正磷酸盐，均表现出极优的净化效果。在自然光照、气温 27～31℃的条件下，将单株水葫芦培养于 700mL 的营养液中 24h，能够去除 19%～97% 的总磷和 26%～99% 的可溶性反应磷（Petrucio and Esteves，2000）。由于可溶性反应磷可以直接获取，水葫芦能够更高效地去除它；而总磷中其他形态的磷需要经过一些转化过程才能为植物所利用。对磷的去除率范围依赖于水力停留时间所影响的氮素平衡和其他营养物质浓度。例如，当水力停留时间仅为 24h 时，高营养浓度处理[8.0mg·L^{-1}(NO_3^-)，10.0mg·L^{-1}(NH_4^+)，6.0mg·L^{-1}(PO_4^{3-})]具有最低的总磷去除率（19%）和正磷酸盐去除率（26%）；而低营养浓度处理[0.6～3.0mg·L^{-1}(PO_4^{3-})]，对于总磷的去除率为 87%～97%，对于正磷酸盐的去除率为 98%～99%。对于不同的初始浓度，低去除率 26% 的实际去除量为 1.62mg·L^{-1}，而高去除率 99% 的实际去除量仅为 0.63mg·L^{-1}。磷去除量最高的处理为 3.0mg·L^{-1}(PO_4^{3-})，最低的处理为 0.6mg·L^{-1}(PO_4^{3-})（Petrucio and Esteves，2000）。这个例子表明，磷去除效果与去除效率是两个完全不同的概念。磷去除效果指的是磷去除量占原水体含磷量的百分比，或者指的是植物修复工程最后可获得的水质。磷去除效率指的是单位时间内单位面积上或者单位时间内单位鲜质量的水葫芦所去除的磷量。这两个概念可以用在植物修复的不同阶段或者用于目标管理中。在高污染负荷的情况下，去除效率的标准应该优先考虑。然而，当水再生是用于饮用水源，则去除率的标准应该优先考虑。通常来说，去除效果是更难取得的，对于植物修复工程而言，需要更长的水力停留时间和更优化的营养平衡管理。

暂且不论植物修复工程磷去除效果与去除效率的概念区别，蓝藻与植物之间的相互作用也在很大程度上影响了植物修复工程的过程与最终目标。在自然水体中，无论是否存在大型水生植物，蓝藻一直是重要的初级生产者。在植物修复工程中，蓝藻群体将可溶性反应磷转为有机磷，可能显著改变了水中的磷浓度和可获取量。因为蓝藻具有相对短的生命周期，可能是几天或者几个星期，且蓝藻会随着水力和风力而移动，其组织中的有机磷可能被运输或者释放在不同的地点，进而影响水葫芦种群内部或者外部的水质。文献显示，水葫芦内部的蓝藻丰度比外部高 1.7～11.2 倍（周庆等，2012）。与水葫芦群体外部区域相比，水葫芦群体覆盖的内部水体积累的大量蓝藻种群可使磷浓度显著升高，最高可达外部的 350 倍（秦红杰等，2015）。

二、水葫芦对颗粒磷的利用

颗粒磷包括不溶性无机磷颗粒（如岩石碎屑里的铁、镁、钙和铝磷）和水中或底泥中浮游藻类体内的有机磷。自然水体中磷的最主要存在形式就是颗粒磷。例如，2013 年，水华暴发期间太湖磷主要以颗粒态形式存在，占总磷的 66%（金颖薇等，2015）。2012年，加拿大格兰德河及其支流康内斯托加河水体颗粒磷占总磷的比例分别为 77% 和 69%（胡正峰，2013）。虽然颗粒磷并不具有生物活性，但由于时间和空间上环境与生物因素的强烈影响，使颗粒磷成为水生生态系统的生化循环过程中最为活跃的磷形态。无机颗粒磷的特殊形态主要由底泥和水化学的母质决定。

颗粒磷的空间与季节分布通常随着水力条件、温度和水化学模式的变化而变化，也受到点源与面源污染负荷的影响。温度的季节变化，水生生态系统的 pH 和生物活性可以决定颗粒磷的溶解量。空间分布模式取决于水力与风力的变化。在江苏浅水富营养化湖泊太湖，受到季风和蓝藻迁移富集模式的影响，颗粒磷浓度呈现明显的空间分布模式，在湖泊四个部分中，西北部最高，东南部最低（金颖薇等，2015）。颗粒磷的季节分布受到温度、pH 和藻类活动的影响。例如，在太湖地区，夏秋季节磷解吸过程占主导，而春冬季节磷吸附过程占主导（金相灿等，2008）。

底泥中颗粒磷来源于上覆水体。颗粒磷浓度与底泥表面的距离成负相关（洪华生等，1989；Yuan et al.，2009）。酸性条件有助于钙磷的溶解，碱性条件有助于铁镁磷和铁铝磷的释放（崔凤丽，2013）。颗粒磷是可溶性反应磷的潜在来源，受到浓度梯度、pH 和温度变化及水力、风力造成的物理干扰的影响，也受到植物、藻类和微生物生物活性的影响。潜在的生物可获取磷可能高达 $358～448mg \cdot kg^{-1}$ 底泥固体，或者占总磷的 87%（蒋增杰等，2007）。虽然颗粒磷的动力学变化机理并不完全明了，但植物、藻类和微生物的相互作用所引起的可溶性反应磷（SRP）浓度梯度，控制了可溶性反应磷与颗粒磷之间的转化。

植物可通过吸收与吸附颗粒磷进而降低可溶性反应磷。颗粒磷可吸附在沉水植物的叶片表面或漂浮植物（如水葫芦）的根系表面。SRP 的吸收与吸附使上覆水体产生浓度梯度。虽然 pH 和温度的微小变化有助于颗粒磷的溶解，但吸附仅仅是物理过程，伴随着无机磷和有机磷（包括浮游藻类吸收的磷）被胞外酶或微生物转化成 SRP（潘继花等，2004）。藻类吸收的磷会由于藻类死亡降解而释放，但这一过程比物理解吸过程更为复杂。

陈志超等（2015）通过模拟试验研究了蓝藻磷释放及水葫芦与蓝藻的相互作用。试验采用 215L 的 PVC 周转箱作为容器，表面积为 $0.44m^2$，底部铺有 100mm 厚的底泥。试验水体的总溶解性磷浓度为 $0.173mg \cdot L^{-1}$，其他磷的浓度为 $0.760mg \cdot L^{-1}$。水葫芦的初始平均密度为 2.25kg·m^{-2}，在室外塑料薄膜遮雨棚下培养 80d（气温 17～24℃），试验结束时平均密度是 14.91kg·m^{-2}。水葫芦去除了水中 95% 的总磷，包括总溶解磷（TDP）77mg·m^{-2} 和有机磷 356mg·m^{-2}（表 3-8）。

表 3-8　水葫芦净化试验的磷来源与去向（试验周期 80d）

处理	系统中磷的来源		水中磷的主要形态		系统中磷的去向	
	底泥中减少的磷	水中减少的磷 ^{a}	水中减少的溶解态磷	水中减少的颗粒态磷（藻类）	水葫芦吸收的磷	不明去向的磷 ^{b}
水葫芦	955	433	77	356	1355	33
对照	28	336	38.	298	—	363

注：a. 水中减少的磷等于水中减少的溶解态磷与颗粒态磷之和；b. 不明去向的磷代表附着在容器壁上的水绵等所含的磷。

　　虽然上述试验在评估藻类有机磷的分析方法上并不完善，但这一结果仍然反映了水葫芦对总磷（包括有机磷）的去除效果。有两个有趣的结果是：①溶解性总磷（TDP）在试验 14d 后上升至 0.369mg·L^{-1}，然而在试验结束时降低至 0.016mg·L^{-1}，这表明系统中颗粒磷发生了溶解释放；遗憾的是试验并未给出更多的分析与数据；②总磷在试验 21d 后降至 0.047mg·L^{-1}。结果表明，高颗粒磷浓度的富营养化水体处理需要延长时间以获得更好的效果，甚至可以达到饮用水源的水质标准。

　　有机颗粒磷可能主要吸附在水葫芦的根系表面，然后降解释放出易为藻类和水葫芦吸收同化的溶解态磷。这一过程不仅影响富营养化水体颗粒磷的去除，也影响水生态系统管理的首要目标，即内源磷的去除。当风速低于 11～14km·h^{-1} 时，蓝藻可以 0.04～1.2km·h^{-1} 的速率在水面上移动（邓建才等，2014；朱永春和蔡启铭，1997）。然而，当风速更高时，蓝藻移动将更多地发生在垂直方向上，而不是水平方向上（陈黎明等，2012）。在晴朗的天气，微风和 0.7～360μm·s^{-1} 的浮力可以使蓝藻在水面漂浮移动，因此蓝藻常常在下风处聚集或者沿着水流聚集（Reynolds et al.，1987）。文献报道，在晴朗天气，强南风条件下，李印霞等（2012）研究了安徽巢湖西半湖蓝藻水华的时空分布规律，结果显示夏季蓝藻水华在风力影响下将主要积聚于湖滨带区域，湖滨带水体中微囊藻的生物量几乎占据水体总浮游植物生物量的 95% 以上。蓝藻释放试验证实，水葫芦根区的蓝藻种群密度比开放区域高 1.7～30 倍（周庆等，2012）。这表明，藻类吸收了湖泊或水库其他区域的营养物质，被风力或水流自然转移到背风区域，而漂浮植物也可能被同样的自然因素带到背风区域。当藻类被水葫芦根系捕获 8d 后，细胞内藻蓝蛋白和藻蓝蛋白/别藻蓝蛋白比例的生理变化促进了藻细胞死亡（周庆等，2014）。随着藻细胞的衰退消散，12d 后水中溶解性总磷浓度是原来的 3 倍（图 3-1，周庆等，2014）。

　　在水葫芦种群覆盖下蓝藻细胞死亡速率极快（Zhou et al.，2014）；由于蓝藻体内蛋白水解酶 caspase-3 是细胞死亡的执行者，而水葫芦显著降低了 caspase-3 的活性，使得藻毒素的产生与释放受到抑制。由于藻蓝蛋白的破坏和蓝藻蛋白/别藻蓝蛋白比例的改变，虽然蓝藻中光合体系（PS）Ⅱ-Hill 反应并未受到显著干扰，但是产能量与电子转移过程可能受到干扰。更为重要的是，水葫芦存在的处理中，细胞外微囊藻毒素（microcystin-LR）

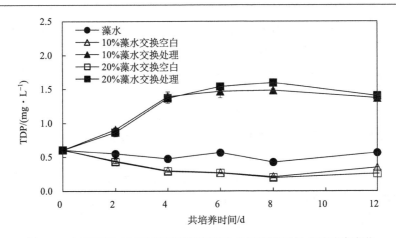

图 3-1　水葫芦影响下培养铜绿微囊藻的水溶液溶解性总磷浓度变化

20%藻水交换是指每天将 20%的水葫芦培养液用蓝藻培养液替换；10%藻水交换是指每天将 10%的水葫芦培养液用蓝藻培养液替换

在 6d 内显著降低，从 213μg · L^{-1} 降至 19μg · L^{-1}，之后保持稳定；而对照处理中，在 8d 内从 213μg · L^{-1} 升高至 1174μg · L^{-1}。水葫芦全株中微囊藻毒素的水平是 3.9ng · g^{-1} 鲜生物量（Zhou et al.，2014）。这个水葫芦存在处理的试验结果可与以下报道作比较，Jones 和 Orr（1994）报道，在没有水葫芦存在的自然水体中，随着蓝藻的衰退消亡，微囊藻毒素浓度可保持 1300～1800μg · L^{-1} 的高浓度 9d。这些数据均表明，蓝藻与水葫芦的相互作用可以降低水环境中的藻毒素浓度。

水葫芦根系表面的微生物很大程度上加速了蓝藻细胞的衰退消亡；水中自然存在细胞外碱性磷酸酶可从溶解的有机磷中释放出可溶性反应磷。胡正峰（2013）的研究显示，在冬季水温 4～5℃的条件下，通过水体中自然存在的细胞外碱性磷酸酶和细胞内碱性磷酸酶共同作用，1.23～2.42μg · L^{-1} · h^{-1} 的可溶性反应磷从溶解有机磷中释放。

蓝藻的迁移可引起水葫芦种群内部和下方水体溶解态氮、磷浓度的升高。文献显示：蓝藻年产量为 15～25t · hm^{-2} · a^{-1} 干藻（Lam and Lee，2012），平均磷含量是 8.06g · kg^{-1} 干生物量（Han et al.，2009），虽然没有办法准确衡量通过蓝藻漂移从其他区域转移到背风处的磷量，但这个量应该是巨大的。由于水葫芦种养区域和大水面面积相比微不足道，在蓝藻富集区域种养水葫芦，这是一个降低大型湖泊和水库内源磷的重要方法。当然，为了有效管理策略和目标，蓝藻转移量和水葫芦种养面积须相匹配，以便于蓝藻释放的营养全部为水葫芦吸收。

三、在污水处理厂尾水净化中水葫芦对磷去除的影响

市政污水处理厂尾水和动物养殖场排水造成了自然水体主要磷负荷，主要包含颗粒磷，通常含有高浓度的氮磷，且其适宜的氮磷比有助于磷的去除。DeBusk 等（1995）研究了水葫芦在最适温度（21～25℃）条件下对牛奶厂排水中磷的去除。研究发现，废水的初始无机氮浓度为 21.8mg · L^{-1}，可溶性反应磷浓度为 1.2mg · L^{-1}（N/P 比为 18.2），总氮浓度为 28.2mg · L^{-1}，总磷浓度为 7.4mg · L^{-1}（N/P 比为 3.8），水中总磷浓度一周后

降至 0.2mg·L^{-1}，在第二周末降至 0.1mg·L^{-1}，到第三周末降至难以检出的水平。在试验的前 3d，无机氮基本全部去除，可溶性反应磷浓度并未变化，但是总磷浓度降至 2mg·L^{-1}。这种现象只能如此解释，即前 3d 有机磷迅速矿化，使得可溶性反应磷浓度保持不变。在试验的最后几天，无机氮可以用有机氮的矿化来估量。一个有趣的现象是，当营养液的磷浓度低于 0.2mg·L^{-1} 时，有机氮在第一个星期和第二个星期末期升高，但无机氮基本为零。由于容器内藻类和可能的营养物质沉积没有被提及，使得上述现象无法解释。无论如何，最终的磷控制效果是极佳的。

文献显示，某些植物具有吸收过量磷素的能力，而水葫芦展示出比其他植物更强的吸收过量磷素的能力（Haller and Sutton，1973）。水葫芦具有高磷素富集能力和强繁殖能力，是富营养化水体植物修复工程优先考虑的两个生物学特点，但是在污水处理系统中并非完美。

对于其他污水处理系统的磷去除，取决于其污水处理技术，一些设施应用于有机物的深度氧化和氮去除的厌氧处理，其出水中可获取的氮磷比可能低至 1～2。高磷负荷但低氮浓度出水的净化可能需要设计适宜的水力停留时间，使水葫芦生物量中获得最大的磷富集，否则，系统将无法有效工作。即使是出水的氮磷比适宜，寒冷的季节也会妨碍系统出水的最终水质；与炎热季节相比，去除率一般会降低 30%～40%（Chen et al.，2010）。考虑到水葫芦处理污水处理厂尾水和动物产品加工厂排水的季节变化，有必要在处理系统中集成其他技术，以获得全年稳定的磷去除效果。

第四节　水葫芦除磷策略

富营养化水体磷去除是水生生态系统管理和水源地维护的关键环节。根据之前的讨论，去除效果与去除效率是两个完全不同的概念，且很大程度上影响了管理策略和最终目标。去除效果定义为一个植物修复工程可以达到的最终水质标准，而去除效率定义为单位面积、单位时间内或者单位时间、单位生物量上污染物的去除量。当我们将水葫芦应用于植物修复工程中，更高的效率意味着相对较低的水质净化效果，反之亦然。没有一个规律可以普遍适用任何特定的植物修复工程。最终目标是与水体类型（静止或流动水体）密切相关的管理目的（水源、再生水源或者一般环境保护）、营养负荷（空间或时间特征）和污染物水平。

一、静态水体的磷去除

静态水体可以看作是无连续进水和出水的池塘。这类水体很少是饮用水源，除非是特地用作储存饮用水的大型静态水库。这种类型水体的管理目标是维持适宜的初级生产者和去除内源磷，以防止藻类暴发以及建立水生植物多样性。张志勇等（2009，2010b）研究了静态水体的磷去除效果和效率，得出结论：静态水体水质维护是相对容易的任务，只需确定内源磷负荷和水葫芦种群量（表 3-9）。

表 3-9　水葫芦对静态水体总磷的去除（气温 5～37℃）

初始 TP 浓度/ （mg·L⁻¹）	21d 后 TP 浓度/ （mg·L⁻¹）	去除效果/%	去除效率/ （mg·kg⁻¹·d⁻¹）	21d 总去除量/ （g·m⁻²）	21d 总吸收量/ （g·m⁻²）
0.14	0.03	76	1.2	1.6	8.7
0.34	0.04	87	3.2	4.5	12.3
1.07	0.08	92	10.3	14.8	14.2
1.43	0.11	93	13.8	19.9	16.6

　　另一个研究明确显示，水葫芦是去除内源磷的好选择，可有效去除浅水底泥释放的磷（张迎颖等，2016），如表 3-10 所示。

表 3-10　水葫芦处理静态水体的除磷途径（气温 17.7～25.2℃，试验周期 30d）

水葫芦 覆盖度 /%	总磷去除			不同途径去除的磷					
	水体/ （mg P）	底泥/ （mg P）	总量/ （mg P）	植物吸收		根系吸附		根系脱落物	
				/（mg P）	/%	/（mg P）	/%	/（mg P）	/%
60	29.8	222	252	201	80	15.6	6.2	3.6	1.4
100	29.2	236	265	229	86	20.7	7.8	4.9	1.9

　　试验结果显示，总磷主要来源于底泥释放，其中的 80%～86% 为水葫芦吸收作用所去除，根系吸附贡献了 6.2%～7.8%，而根系脱落物返回到底泥的量仅为 1.4%～1.9%。水中总磷浓度从初始的 0.25mg·L⁻¹ 降至 0.06mg·L⁻¹（张迎颖等，2016）。

　　上述讨论显示，静态水体中磷浓度相对较低的情况下，利用水葫芦修复可在 5～21d 内获得优质水质，如果磷浓度高于 1.4mg·L⁻¹，则需要更长的时间。磷去除效率是与初始磷浓度呈正相关的。然而，高去除效率（63.1mg·m⁻²·d⁻¹）与最终低水质（0.11mg·L⁻¹）相关联，而低去除效率（5.0mg·m⁻²·d⁻¹）与最终高水质（0.03mg·L⁻¹）相关联。上述结果揭示了需要依据目标水质、内源磷去除比例及寒冷季节的磷浓度回弹等，确定多维生态修复工程策略，例如采收间隔规划、设计与特定生态功能可接受磷浓度相匹配的种群生物量等，从而达成最终治理目标。

二、流动水体的磷去除

　　流动水体一般具有维持多年的进水与出水，使水面保持一定的面积。河流、湖泊和大部分水库是流动水体，通常具有相对较低的磷负荷，或者以可溶性反应磷形态存在，或者以颗粒磷形态存在。这种类型的磷去除需要考虑外源营养负荷、内源磷释放和水葫芦控制性种养。除了具有静态水体中磷负荷特征以外，这种类型水体的植物修复工程还具有污染物的季节变化这一更为重要的特征。从水葫芦植被排出水的水质反映了植物修复系统的去除效率。进水中的营养连续供应与水力停留时间相关，所以相对较低的进水磷浓度无法反映水葫芦生物产量。张志勇等（2010a，2011）研究了富营养化植物修复工程中水葫芦对模拟流动污水（每天 8h 进水，16h 间歇）的净化效果。水葫芦初始放养量为 3.0kg·m^{-2}；试验条件如下：环境温度为 18.5～35.5 ℃，进水总磷浓度为 0.50mg·L^{-1}，水力负荷为 0.14、0.20、0.33 或 1.00m^3·m^{-2}·d^{-1}。这些水力负荷相对应的水力停留时间分别是 7、5、3 和 1d。试验结果表明，虽然进水磷浓度一致，但是磷去除效率和最终水质均存在显著差异（张志勇等，2010a）。一般说来，高水力负荷与高去除速率且低去除效果直接关联（表 3-11）。

表 3-11　在不同水力负荷条件下水葫芦植物修复系统的磷去除（试验周期 112 d，初始 TP 平均浓度为 0.5mg·L^{-1}）

水力负荷/ （m^3·m^{-2}·d^{-1}）	最终 TP 浓度/ （mg·L^{-1}）	表观 TP 去除率/%	TP 负荷/ （g·m^{-2}·d^{-1}）	TP 去除量/ （g·m^{-2}）	植物 P 吸收量/ （g·m^{-2}）	TP 去除效率/ （g·m^{-2}·d^{-1}）
0.14	0.09	81	0.08	6.9	6.5	0.06
0.20	0.12	73	0.10	8.6	7.9	0.07
0.33	0.18	64	0.17	12 .3	8.4	0.11
1.00	0.27	48	0.50	27.0	13.5	0.23

流动水体试验得出的结论是在温度适宜、营养平衡的富营养化水体中，最佳水力负荷是 0.14～0.33m^3·m^{-2}·d^{-1}。植物修复后的最终总磷浓度是 0.09～0.19mg·L^{-1}（包含了从饮用水到水再生利用的水质范围）（国家环境保护总局和国家质量监督检验检疫总局，2002）。

江苏省农业科学院采用不锈钢水槽（20m×1.0m×0.5m）构建了 24h 连续运行的修复系统，水力负荷为 0.07、0.20 和 0.42m^3·m^{-2}·d^{-1}，水葫芦初始放养量为 20kg·m^{-2}（图 3-2）。

图 3-2　水力负荷为 0.07～0.42m^3·m^{-2}·d^{-1} 的 24h 连续流水的水葫芦修复试验（尚林摄，2014）

上述试验结果（表 3-12）与张志勇等（2010a，2011）的研究结果一致，也反映了去除效果与去除效率之间的关系。

表 3-12　不同水力负荷条件下植物修复工程水葫芦对磷去除的影响（初始 TP 平均浓度为 0.84mg·L⁻¹；环境温度 15～29℃，试验周期 14d）（未刊出数据）

水力负荷/ （m³·m⁻²·d⁻¹）	水力停留 时间/d	TP 负荷/ （g·m⁻²·d⁻¹）	最终 TP 浓度/ （mg·L⁻¹）	TP 去除率/ %	TP 去除效果/ （g·m⁻²·d⁻¹）
0.07	14	0.06	0.02	97	0.06
0.20	5	0.17	0.17	79	0.14
0.42	2.4	0.35	0.33	59	0.24

试验结果表示对于初始磷浓度 0.84mg·L⁻¹ 的流水获得水再生利用的水质，5d 的水力停留时间是足够的。

江苏省农业科学院于 2015 年利用不锈钢试验水槽（10.0m×1.0m×0.5m）开展了另一个相似试验，试验地点为接纳连续流动城市污水的自然水塘，水葫芦初始放养量为 20 kg·m⁻²，监测时间持续 6d（图 3-3）。

图 3-3　利用不锈钢试验水槽开展的相似试验（尚林摄，2015）

原位试验的不锈钢水槽（10.0m×1.0m×0.5m）置于安装泡沫浮球的框架内，浸没深度由两侧的泡沫浮球控制，试验水槽一端水下 10cm 处焊有进水钢管（内径 50mm，1.3mm 尼龙网覆盖端口以过滤杂质）；另一端水下 10cm 处安出水钢管（内径 50mm），水力负荷（0.5m³·m⁻²·d⁻¹）由定量泵控制

如表 3-13 所示，上述试验结果显示磷去除效率是 0.16～0.36 g·m⁻²·d⁻¹，出水 TP 浓度为 0.15～0.23mg·L⁻¹，达到《城市污水再生利用景观环境用水水质》（GB/T 18921—2002）的标准（国家质量监督检验检疫总局，2002）。

流水试验数据是在水葫芦鲜生物量 20kg·m⁻² 和环境温度 27～37℃条件下获取的（表 3-13）。上述结果表明，水葫芦植物修复系统将 TP 负荷为 0.17g·m⁻²·d⁻¹ 的污水处理至中等水质只需 1d 的停留时间,更高的 TP 负荷将需要更长的停留时间。

表 3-13　水力负荷为 0.5 m³·m⁻²·d⁻¹ 条件下植物修复水葫芦对磷去除的影响（水力停留时间 1d；环境温度 27～37℃，监测时间 6d）（张迎颖等，2017）

采样日期	进水 TP 浓度/ (mg·L⁻¹)	出水 TP 浓度/ (mg·L⁻¹)	TP 去除率/ %	TP 去除效率/ (g·m⁻²·d⁻¹)
8月1日	0.70	0.19	73	0.25
8月2日	0.95	0.23	76	0.36
8月3日	0.57	0.20	64	0.18
8月4日	0.58	0.20	66	0.19
8月5日	0.50	0.17	65	0.16
8月6日	0.48	0.15	69	0.16

第五节　小　结

　　水葫芦能在较广的水体磷浓度下生长，但其生长速率、磷富集、植株各部位磷分布和磷吸收速率却各不相同。水葫芦可以吸收同化可溶性反应磷，也可分解利用颗粒磷。水葫芦植株所吸附和吸收的磷量与静水中总磷初始浓度或者流水中的磷负荷呈正相关。当水葫芦生长在低磷浓度环境中，将形成更大的根表面积以摄取更多的营养。水葫芦的奢侈吸收能力可以使它在磷过量的水环境吸收积累更多的磷。水葫芦植株磷含量一般为 1.5～13.5g·kg⁻¹ 干物质。水葫芦植物修复可以将水质净化到优质标准，甚至可以产生达到饮用水水质，实现水资源回收利用。在治理富营养化水体植物修复工程改善水质的同时，对于人工种养或自然发生的水葫芦，适宜的采收利用方式是将其用作饲料、有机肥料或者生产沼气。

参 考 文 献

陈黎明, 王成林, 李褆来. 2012. 特殊风场条件对太湖蓝藻水华迁移的影响研究. 环境监测管理与技术, 24(3): 24-34.

陈志超, 张志勇, 刘海琴, 等. 2015. 4 种水生植物除磷效果及系统磷迁移规律研究. 南京农业大学学报, 38(1): 107-112.

崔凤丽. 2013. 乌梁素海沉积物-水界面间磷的赋存形态分析及释放规律研究. 呼和浩特: 内蒙古农业大学.

邓建才, 刘鑫, 张红梅, 等. 2014. 太湖藻类水平漂移特征及其影响因素. 湖泊科学, 26(3): 358-364.

国家环境保护总局. 2003. 城镇污水处理厂污染物排放标准(GB 18918—2002). 北京: 国家环境保护总局.

国家环境保护总局, 国家质量监督检验检疫总局. 2002. 地表水环境质量标准(GB 3838—2002). 北京: 国家环境保护总局.

郭志勇. 2007. 城市湖泊沉积物中磷形态分布特征及转化规律研究——以玄武湖、大明湖、莫愁湖为例. 南京: 河海大学.

洪华生, 郭劳动, 陈敬虔, 等. 1989. 九龙江河口颗粒磷的分布特征. 厦门大学学报: 自然科学版, 28(1): 74-78.

胡正峰. 2013. 加拿大格兰德河水体磷素形态转化及水生生物对磷素吸收释放研究. 重庆: 西南大学.

蒋增杰, 方建光, 张继红, 等. 2007. 桑沟湾沉积物中磷的赋存形态及生物有效性. 环境科学, 28(12): 2783-2788.

金相灿, 姜霞, 王琦, 等. 2008. 太湖梅梁湾沉积物中磷吸附/解吸平衡特征的季节性变化. 环境科学学报, 28(1): 24-30.

金颖薇, 朱广伟, 许海, 等. 2015. 太湖水华期营养盐空间分异特征与赋存量估算. 环境科学, 36(3): 936-945.

李印霞, 饶本强, 汪智聪, 等. 2012. 巢湖藻华易堆积区蓝藻时空分布的研究. 长江流域资源与环境, 21(S2): 25-31.

牛佳, 张黎明, 金小萍, 等. 2012. 不同氮、磷营养水平下水葫芦体内生长素和细胞分裂素变化及其分蘖关系的研究. 苏州大学学报 (自然科学版), 28(1): 76-82.

潘继花, 何岩, 邓伟, 等. 2004. 湿地对水中磷素净化作用的研究进展. 生态环境, 13(1): 102-104, 108.

秦红杰, 张志勇, 刘海琴, 等. 2015. 滇池外海规模化控养水葫芦局部死亡原因分析. 长江流域资源与环境, 24(4): 594-602.

宋雪丽. 2009. 浅型湖库沉积物-水界面氮、磷迁移转化的实验模拟与动力学模型研究. 昆明: 昆明理工大学.

张斌亮. 2004. 浅水湖泊沉积物-水界面磷的行为特征与环境风险评价. 上海: 华东师范大学.

张迎颖, 严少华, 刘海琴, 等. 2017. 富营养化水体生态修复技术中凤眼莲与磷素的互作机制. 生态环境学报, 26(4): 721-728.

张迎颖, 张志勇, 陈志超, 等. 2016. 凤眼莲修复系统中磷素去除途径及底泥磷释放规律研究. 南京农业大学学报: 自然科学版, 39(1): 106-113.

张志勇, 常志州, 刘海琴, 等. 2010a. 不同水力负荷下凤眼莲去除氮、磷效果的比较研究. 生态与农村环境学报, 26(2): 148-154.

张志勇, 刘海琴, 严少华, 等. 2009. 水葫芦去除不同富营养化水体氮、磷能力的比较. 江苏农业学报, 25(5): 1039-1046.

张志勇, 郑建初, 刘海琴, 等. 2010b. 凤眼莲对不同程度富营养化水体氮磷的去除贡献研究. 中国生态农业学报, 18(1): 152-157.

张志勇, 郑建初, 刘海琴, 等. 2011. 不同水力负荷下凤眼莲对富营养化水体氮磷去除的表观贡献. 江苏农业学报, 27(2): 288-294.

中国环境监测总站. 2001. 湖泊 (水库) 富营养化评价方法及分级技术规定: 总站生字〔2001〕090 号.

周庆, 韩士群, 严少华, 等. 2012. 富营养化湖泊规模化种养的水葫芦与浮游藻类的相互影响. 水生生物学报, 36(4): 783-791.

周庆, 韩士群, 严少华, 等. 2014. 凤眼莲对铜绿微囊藻生长季藻毒素与营养盐释放的影响. 环境科学, 35(2): 597-604.

周喆. 2008. 水质条件对外来入侵生物水葫芦生长的影响. 福州: 福建农林大学: 41-52.

中华人民共和国国家质量监督检验检疫总局. 2002. 城市污水再生利用景观环境用水水质(GB/T 18921—2002). 北京: 国家质量监督检验检疫总局.

朱永春, 蔡启铭. 1997. 风场对藻类在太湖中迁移影响的动力学研究. 湖泊科学, 9(2): 152-158.

Berelson W M, Heggie D, Longmore A, et al. 1998. Benthic nutrient recycling in Port Phillip Bay, Australia. Estuarine, Coastal and Shelf Science, 46(6): 917-934.

Bernhardt E S. 2013. Cleaner lakes are dirtier lakes. Science, 342(6155): 205-206.

Boyd C E. 1976. Accumulation of dry matter, nitrogen and phosphorus by cultivated water hyacinths. Economic Botany, 30(1): 51-56.

Boyd C E, Vickers D H. 1971. Variation in the elemental content of *Eichhornia crassipes*. Hydrobiologia,

38(3-4): 409-414.

Carlson R E, Simpson J. 1996. A coordinator's guide to volunteer lake monitoring methods. Madison, WI, USA: North American Lake Management Society.

Chen X, Chen X, Wan X, et al. 2010. Water hyacinth (*Eichhornia crassipes*) waste as an adsorbent for phosphorus removal from swine wastewater. Bioresource Technology, 101(23): 9025-9030.

Coveney M F, Lowe E F, Battoe L E, et al. 2005. Response of a eutrophic, shallow subtropical lake to reduced nutrient loading. Freshwater Biology, 50(10): 1718-1730.

DeBusk T A, Peterson J E, Reddy K R. 1995. Use of aquatic and terrestrial plants for removing phosphorus from dairy wastewaters. Ecological Engineering, 5(2-3): 371-390.

Department of Natural Resources. 2013. Chapter NR 217: effluent standards and limitations for phosphorus. Effluent Standards and Limitations. State of Wisconsin, US. http: //water. epa. gov/scitech/swguidance/standards/wqslibrary/upload/wiwqs_nr217. pdf.

Dokulil M T, Teubner K. 2011. Eutrophication and climate change: present situation and future scenarios// Eutrophication: Causes, Consequences and Control, 1-16. Dordrecht, Netherlands: Springer Netherlands.

Edmondson W T. 1994. Sixty years of Lake Washington: a curriculum vitae. Lake and Reservoir Management, 10(2): 75-84.

Edmondson W T, Lehman J T. 1981. The effect of change in the nutrient income on the condition of Lake Washington. Limnology and Oceanography, 26(1): 1-29.

EPA. 2007. Summary table for the nutrient criteria documents. Environmental Protecion Agency. Washington D C, US: Office of Science and Technology.

Fransen B, Kroon H D, Berendse, F. 1998. Root morphological plasticity and nutrient acquisition of perennial grass species from habitats of different nutrient availability. Oecologia, 115(3): 351-358.

Gossett D R, Norris W E. 1971. Relationship between nutrient availability and content of nitrogen and phosphorus in tissues of the aquatic macrophyte, *Eichornia crassipes* (Mart.) Solms. Hydrobiologia, 38(1): 15-28.

Haller W T, Knifling E B and, West S H. 1970. Phosphorus absorption by and distribution in water hyacinths. Proceedings. Soil and Crop Science Society of Florida, 30: 64-68.

Haller W T, Sutton D L. 1973. Effect of pH and high phosphorus concentrations on growth of waterhyacinth. Hyacinth Control Journal, 11: 59-61.

Han S, Yan S, Wang Z, et al. 2009. Harmless disposal and resources utilizations of Taihu Lake blue algae. Journal of Natural Resources, 24(3): 431-438.

Jones G J, Orr P T. 1994. Release and degradation of microcystin following algicide treatment of a Microcystis aeruginosa bloom in a recreational lake, as determined by HPLC and protein phosphatase inhibition assay. Water Research, 28(4): 871-876.

Lam M K, Lee K T. 2012. Microalgae biofuels: a critical review of issues, problems and the way forward. Biotechnology Advances, 30(3): 673-90.

Lapointe B E, Tomasko D A, Matzie W R. 1994. Eutrophication and trophic state classification of seagrass communities in the Florida Keys. Bulletin of Marine Science, 54(3): 696-717.

Lee G F. 1973. Role of phosphorus in eutrophication and diffuse source control. Water Research, 7(1): 111-128.

Mehner T, Diekmann M, Gonsiorczyk T, et al. 2008. Rapid recovery from eutrophication of a stratified lake by disruption of internal nutrient load. Ecosystems, 11(7): 1142-1156.

Meybeck M. 2003. Global analysis of river systems: from Earth system controls to anthropocene syndromes. Philosophical Transactions of the Royal Society of London. Series B, Biological sciences, 358(1440):

1935-1955.

Musil C F, Breen C M. 1977. The influence of site and position in the plant community on the nutrient distribution in, and content of *Eichhornia crassipes* (Mart.) Solms. Hydrobiologia, 53(1): 67-72.

Ornes W H, Sutton D L. 1975. Removal of phosphorus from static sewage effluent by waterhyacinth. Journal of Aquatic Plant Management, 13(1): 56-58.

Petrucio M M, Esteves F A. 2000. Uptake rates of nitrogen and phosphorus in the water by *Eichhornia crassipes* and *Salvinia auriculata*. Revista Brasileira de Biologia, 60(2): 229-236.

Pinto-Coelho R M, Karla M, Greco B. 1999. The contribution of water hyacinth (*Eichhornia crassipes*) and zooplankton to the internal cycling of phosphorus in the eutrophic Pampulha Reservoir, Brazil. Hydrobilogia, 411: 115-127.

Pitkänen H, Lehtoranta J, Räike A. 2001. Internal nutrient fluxes counteract decreases in external load: the case of the estuarial eastern Gulf of Finland, Baltic Sea. Journal of the Human Environment, 30(4): 195-201.

Polomski R F, Taylor M D, Bielenberg D G, et al. 2009. Nitrogen and phosphorus remediation by three floating aquatic macrophytes in greenhouse-based laboratory-scale subsurface constructed wetlands. Water, Air, and Soil Pollution, 197(1-4): 223-232.

Reddy K R, Agami M, Tucker J C. 1989. Influence of nitrogen supply rates on growth and nutrient storage by water hyacinth (*Eichhornia crassipes*) plants. Aquatic Botany, 36(1): 33-43.

Reddy K R, Agami M, Tucker J C. 1990. Influence of phosphorus on growth and nutrient storage by water hyacinth (*Eichhornia crassipes* (Mart.) Solms) plants. Aquatic Botany, 37(1): 355-365.

Reddy K R, Tucker J C. 1983. Productivity and nutrient uptake of water hyacinth, *Eichhornia crassipes* I. effect of nitrogen source. Economic Botany, 37(2): 237-247.

Ren Y, Dong S, Wang F, et al. 2010. Sedimentation and sediment characteristics in sea cucumber *Apostichopus japonicus* (Selenka) culture ponds. Aquaculture Research, 42(1): 14-21.

Reynolds C S, Oliver R L, Walsby A E. 1987. Cyanobacterial dominance: the role of buoyancy regulation in dynamic lake environments. New Zealand Journal of Marine and Freshwater Research, 21(3): 379-390.

Rodríguez M, Brisson J, Rueda G, et al. 2012. Water quality improvement of a reservoir invaded by an exotic macrophyte. Invasive Plant Science and Management, 5(2): 290-299.

Ruttenberg K C. 2003. The global phosphorus cycle//Treatise on Geochemistry, Volume 8, ed. Schlesinger W H, 586-643. Amsterdam, Netherlands: Elsevier Science Ltd.

Schindler D W, Hecky R E, Findlay D L, et al. 2008. Eutrophication of lakes cannot be controlled by reducing nitrogen input: results of a 37-year whole-ecosystem experiment. Proceedings of the National Academy of Sciences, 105(32): 11254-11258.

Shiralipour A, Garrard L A, Haller W T. 1981. Nitrogen source, biomass production and phosphorus uptake in waterhyacinth. Journal of Aquatic Plant Management, 19: 40-43.

Wang H J, Liang X M, Jiang P H, et al. 2008. TN: TP ratio and planktivorous fish do not affect nutrient-chlorophyll relationships in shallow lakes. Freshwater Biology, 53(5): 935-944.

Wang H, Wang H. 2009. Mitigation of lake eutrophication: loosen nitrogen control and focus on phosphorus abatement. Progress in Natural Science, 19(10): 1445-1451.

Wang Z, Zhang Z, Zhang J, et al. 2012. Large-scale utilization of water hyacinth for nutrient removal in Lake Dianchi in China: the effects on the water quality, macrozoobenthos and zooplankton. Chemosphere, 89(10): 1255-1261.

Wang Z, Zhang Z, Zhang Y, et al. 2013. Nitrogen removal from Lake Caohai, a typical ultra-eutrophic lake in China with large scale confined growth of Eichhornia crassipes. Chemosphere, 92(2): 177-183.

Xie Y, Wen M, Yu D, et al. 2004. Growth and resource allocation of water hyacinth as affected by gradually increasing nutrient concentrations. Aquatic Botany, 79(3): 257-266.

Xie L, Xie P, Li S, et al. 2003. The low TN: TP ratio, a cause or a result of Microcystis blooms? Water Research, 37(9): 2073-2080.

Yuan H, Song J, Li N, et al. 2009. Spatial distributions and seasonal variations of particulate phosphorus in the Jiaozhou Bay in North China. Acta Oceanologica Sinica, 28(1): 99-108.

Zhou Q, Han S, Yan S, et al. 2014. Impacts of *Eichhornia crassipes* (Mart.) Solms stress on the physiological characteristics, microcystin production and release of Microcystis aeruginosa. Biochemical Systematics and Ecology, 55: 148-155.

第四章　水葫芦对水体微量污染物的去除效果和作用机制

第一节　概　　述

水葫芦治理污染水体能力的一个独特和重要表现就是对铅、铬、镉、汞等重金属和类金属砷等污染物以及洗涤剂、农药、汽油添加剂、激素、药品和个人护理产品等多种有害有机化合物具有超强的去除作用。由于常规的污水处理技术不能对其有效去除，以上微量污染物被排入湖泊、河流等地表水中，造成大面积水体污染。这些物质虽然与水体常规污染物（氮、磷）相比浓度低得多，通常含量范围在 $ng \cdot L^{-1} \sim \mu g \cdot L^{-1}$ 左右，尤其是重金属的污染，通过食物链在不同级别的生物体内逐级富集，可达到几万倍至几十万倍，最终进入人体而对人类健康产生极大危害（Zhou et al.，2006；徐小清等，1999；许秋瑾等，2006）。

第二节　水葫芦去除重金属和类金属的规律及其机制

一、水体环境中重金属和类金属的来源与污染现状

水生生态系统中有害的重金属污染物来源于多个方面：①工业废水。对人体健康构成危害的重金属绝大多数来自于工矿企业所排放的废水，采矿、冶金、化工、电镀等多种工业行业的生产废水都含有重金属（如铬、镉、铜、汞、镍、锌等重金属离子），排放到水体引起水质污染。②城市污水。随着社会经济的快速发展和城市人口的迅速增长，城市污水排放量日益增大。由于一些国家和地区环境基础设施建设跟不上城市发展速度，大量城市污水未经处理就直接排放，城市污水成为环境污染的重要来源。城市污水中除了含有大量耗氧性有机物（COD）、铵态氮（NH_4^+-N）和磷酸盐（PO_4^{3-}）外，还含有微量重金属等污染成分。③工业固体废弃物和生活垃圾的不合理填埋和堆放。由于一些固体废弃物中的重金属含量通常很高，在雨水的溶出和冲刷作用下进入地表水和地下水中而对周围地区造成生物毒害。④城市道路上的机动车尾气污染。在大气干湿沉降的作用下进入土壤和水体，其中对人体健康构成典型危害的是铅污染。⑤此外，随着畜禽养殖和水产养殖集约化程度的不断提高，铜、锌、砷等重金属元素常被添加到饲料中，用于预防和治疗疾病，促进动物生长以及提高饲料利用效率。然而，很多国家对饲料添加剂的使用范围及用量缺乏监管或监管不力，源于饲料重金属添加剂的养殖废水未经处理或处理不达标就排放，成为农村及城市周边水体重金属污染的新型来源。

早在 20 世纪中叶，日本就曾出现由于汞污染引起的"水俣病"和镉污染引起的"骨痛病"事件（杨居荣等，1999）。中国从 20 世纪 80 年代初起就不断有报道指出，在金沙江、湘江、黄浦江、大沙河、龙江等许多水体均有不同程度的重金属污染，其中严

重地段的水体重金属浓度高达几百微克每升,沉积物中重金属浓度达上千毫克每公斤(李然和李嘉,1997)。据 Thornton 和 Walsh(2001)报道,英国威尔士南部港口城市斯旺西作为世界金属熔炼工业中心,导致了水环境中铜(Cu)、锌(Zn)、铅(Pb)、镉(Cd)等重金属污染。在丹麦的哥本哈根海港,Hoimen 作为前海军基地以轮船制造、修理和化工厂为主,该地区的浅海水域及沉积物被重金属等所污染(Andersen et al.,1998)。可见,水体重金属污染已成为全球性的环境污染问题,常见的重金属和类金属污染物通常有以下几种。

(一)铜(Cu)和锌(Zn)

铜、锌是植物生长所需的微量金属元素,在植物生命代谢过程中作为金属酶、质体蓝素和膜结构的重要成分,但水体中含量过高对于植物生长是有害的。过量的铜、锌累积在植物组织中会影响生理生化过程的正常进行,比如光合作用、营养元素吸收以及植物的生长过程受阻等(Mazen and El Maghraby,1997;Megateli et al.,2009)。如果动物或者人类摄取了铜、锌含量过高的食物,对机体健康也是一种潜在的危害。铜、锌主要来源于冶金业废水、选矿废水和养殖废水等。

(二)镉(Cd)

镉是水体中最常见的重金属污染物,水环境中镉污染的最主要来源是有色金属矿产开发、冶炼和化工企业等排放的含镉废水。人体摄入过量的镉会引起骨痛病("itai-itai" disease,亦称骨头疏松症)、高血压,也会伤害肾脏。

(三)铅(Pb)

铅是一种具有很高毒性的微量污染物,并且是一种潜在的致癌物。研究表明,铅过量会使人的大脑和肾脏受到损伤,并引起青少年智力障碍,甚至会导致晚年痉挛症。水体中铅主要来源于矿山及冶炼厂地区排放的含铅废水、油漆涂料、燃煤废气以及含铅汽油的燃烧排放等。

(四)汞(Hg)

汞是重金属中毒性较高的元素之一,主要来源于以汞为原料的工业生产过程中含汞废水的排放、含汞农药的广泛运用等。鱼类容易摄取和富集水体中的汞,并以甲基汞化合物[CH_3Hg 和(CH_3)$_2Hg$]的形式存在于体内。人类长期食用含甲基汞的鱼和贝类,会造成中枢神经系统受损,引起感觉障碍、运动失调、语言障碍、视野缩小、听力障碍等,俗称"水俣病"。

(五)铬(Cr)

铬在电镀、皮革、制药、研磨剂、防腐剂、颜料以及合成催化等方面有广泛用途。因此,这些生产过程中均可产生含铬废水,此外含铬废渣的任意堆放经雨水冲淋后,大量铬会溶渗和流失,污染水体。铬具有致癌变、致畸变、致突变的作用,铬盐会伤害人的肝脏，还会造成皮肤过敏。

（六）砷（As）

砷是类金属元素，既可形成阳离子又可形成阴离子和络合阴离子。砷主要通过矿山开采、金属冶炼、化石燃料燃烧等含砷废水（气）的排放而污染水体，含砷农药的广泛使用也是一个重要的水体污染途径。砷是目前人们发现的毒性最强的物质之一，它不仅可以引起人体肝、肾功能损坏，破坏神经、血液及免疫系统，甚至会引发癌症。

除了以上水体污染中比较常见的重金属和类金属元素之外，还有一些其他重金属污染物在水体中也客观存在。比如钒是化石燃料中的主要元素之一，石油、煤中均有不同含量的钒。含钒矿物燃料的燃烧以及钒矿资源的开采和冶炼是水体钒污染的主要途径（吴涛和兰昌云，2004）。此外，水体中重金属银、钴和铁主要来源于含银、钴和铁矿石的开采和金属冶炼工业废气、废渣和废水的排放。

针对重金属污染的广泛性和危害性，应高度重视水体的重金属污染，并采取水体重金属污染源头控制和治理（包括物理、化学、生物处理方法）相结合的防治对策。

二、水葫芦对去除水环境中重金属的影响

（一）重金属污染水体常见的治理与修复技术

重金属污染物难以治理，原因是其在水体中具有相当高的稳定性和不可降解性，各种常用水处理方法都无法将其分解破坏，而只能转移其存在位置和改变其存在的物理化学状态。重金属在水体中积累到一定的限度就会对水生动物生态系统产生严重危害，并可通过食物链在水产品体内累积，最终作为食品进入人体，从而影响人的健康。因此，可以说水体重金属污染已经成为当今世界上最严重和棘手的环境问题之一，而如何科学有效地修复治理水体重金属污染已经成为世界各国政府以及广大环境保护科研工作者研究的热点之一。

目前对重金属水体污染的修复治理主要通过两条基本途径实现：一是降低重金属在水体中的含量、迁移能力和生物有效性；二是将重金属从被污染水体中彻底移除。综合近年来各种处理重金属废水的技术，主要有比较传统的稀释法、换水法、化学沉淀絮凝法、物理吸附法、电修复法、还原法、离子交换法、膜分离法和反渗透法等物理化学方法，以及新兴的生物修复法。上述物理化学方法在一定条件下治理效果良好，但都不同程度地存在成本高、能耗大、操作困难及容易产生二次污染等缺点，而且适用范围有限，对于大范围水域治理难以实施。

植物修复是20世纪80年代开始逐渐发展起来的，它是一种利用植物体吸收、降解、转化土壤和水体中的污染物，使污染物在水中的浓度降低到可接受的水平，或将有毒有害的污染物转化为无害物质的一种清除和治理环境污染的新方法，是当前水体污染治理研究的热点之一。由于植物修复技术有益于环境并且成本较低，因此有广阔的发展前景。植物修复的主要对象是有毒重金属和有机污染物。研究表明，植物修复法是利用重金属积累或超重金属积累水生植物，将水体中的重金属离子进行吸附、吸收、储存和转移，

使重金属富集到植物体内，然后通过收割植物将重金属从水体中清除出去。超重金属积累水生植物能够超量吸收和积累重金属，通常在植物体内组织中积累的重金属浓度是普通水生植物的 100 倍以上，但其正常生长不受影响。超积累植物大多对某种重金属是专性的，但是某些植物也能同时对两种或两种以上的重金属进行超积累吸收。常见的浮水及挺水植物如水葫芦、浮萍、香蒲、芦苇和空心莲子草等，在有铜、镉、铅和锌等重金属污染水体的修复治理中被广泛应用，研究结果表明植物对重金属污染水体具有良好的修复作用（Raskin et al.，2000；Miretzky et al.，2004；Nguyen et al.，2009；Zhang et al.，2010；蔡青等，2009）。用于植物修复的水生植物应该具有发达的根系，且这些根系能够长期在污水中吸收、固定重金属。

水葫芦是一种漂浮植物，它具有发达的纤维状根系和很高的生物产量，能很好地除掉污水中的镉、铬和铜等重金属（Lu et al.，2014；陈瑛等，2004；Espinoza-Quiñones et al.，2013）。水葫芦（*Eichhornia crassipes*）、香蒲（*Typha*）和芦苇（*Phragmite*）都已被成功地用来处理污水，包括处理从矿区排放的含有高浓度重金属如镉、银、镍、铜、锌和钒等的污水（Zhu et al.，1999；Agunbiade et al.，2009；叶雪均和邱树敏，2010）。

与传统水体净化方法相比，植物修复法克服了费用高、操作和管理复杂、净化不彻底、易产生二次污染、危害和破坏生态功能等缺点，使被污染的生态系统得以较快恢复。因此，植物修复被普遍认为是一种最具有发展前景的修复方法，已在世界范围内受到广泛的关注和实施（Miretzky et al.，2004；Nguyen et al.，2009；蔡青等，2009；华建峰等，2010），是目前污染修复研究的重点。

（二）水葫芦在重金属污染水体治理中的应用及效果

水葫芦繁殖速度极快，在自然温度适宜的水体中短时间就能形成很高的生物量（超过 $60kg \cdot m^{-2}$），易在生长区内形成优势物种（Malik，2007）。因此，采用水葫芦修复污染水体时必须进行妥善管理，既减少水葫芦对水生生态系统生物多样性的影响，又提高修复效率。水葫芦根系非常发达，长度可达 $5\sim200cm$（Rodríguez et al.，2012），根系生物量约为整株重量的 50%左右，根系纤维表面生有密集绒毛，具有极大的比表面积（$2.1\sim8.0m^2 \cdot g^{-1}$）（Kim and Kim，2000；刘建武等，2003；郑家传，2010），且对多种污染物具有极强的耐受能力，因此是目前国际上公认和常用的一种治理污染的水生漂浮植物，广泛应用于水中氮磷、重金属和多环芳烃（PAHs）等有毒有机污染物的修复（Malik，2007；Smolyakov，2012；夏会龙等，2002；华建峰等，2010；Agunbiade et al.，2009）。强繁殖能力是水葫芦的一大特性，与其他水生植物净化水质效果相比，利用其生物量大和漂浮的特点控制种植水葫芦对流域水环境改善略胜一筹，近年来在中国太湖和滇池流域控制性种植水葫芦已获得了良好的水体净化效果，由于及时收获和妥善处理，未有明显的负面生态效应（Wang et al.，2012；郑建初等，2008）。

近些年来，水葫芦已经吸引了相当多的关注（Rezania et al.，2015），被广泛应用于治理各类废水（Tchobanoglous et al.，1989）。研究表明，水葫芦能迅速、大量地吸收和富集重金属污染废水中镉、铅、汞、镍、银、钴、铬等多种重金属（Cordes et al.，2000；Malik，2007），也能有效去除低污染水源（低于 $10mg \cdot L^{-1}$ 的金属混合溶液）中镉、铅、镍、钴、铬、铜、锰、锌等金属元素（Soltan and Rashed，2003）。一些重金属（如铜、锌和铁等）作为植物必需的营养元素，在一定浓度范围内可以促进水生植物的生长发育，通过植物的吸收和转化，这些重金属就很容易从水体中被去除（Kamal et al.，2004；Ali et al.，2013）。与其他水生植物相比，水葫芦根系对铜离子的生物富集系数相对较高，最高可达到 2.5×10^3（Zaranyika and Ndapwada，1995）。蔡成翔等（2004）的研究也表明，水葫芦对铜和锌均具有一定的富集作用，与沉水植物相比，水葫芦对这两种重金属的吸收效果更好。水葫芦对重金属的富集与净化能力很强，浓缩倍数由几十至上万倍，能很好地除掉污水中的镉、铬和铜等重金属（Mishra and Tripathi，2009；Smolyakov，2012；Lu et al.，2014）。表 4-1 列出了近几年采用水葫芦修复重金属污染废水的一些相关研究。

表 4-1 采用水葫芦治理重金属污染废水的研究

污染来源	主要污染物	处理效率	文献来源
城市垃圾废水收集池	Mn、Cd、Fe、Zn、Cu、Cr、Hg、Pb	水葫芦对各种重金属离子的去除率达到80%以上，且去除效率随着水葫芦水面覆盖率的增加而提高	Chunkao et al.，2012
人工配制的溶液	Hg	Hg 浓度为 50mg·L^{-1} 时，种植水葫芦对 Hg 去除率为 52%，根、叶和叶柄中 Hg 的累积量分别为 1.99、1.74 和 1.39mg·g^{-1} 干重	Malar et al.，2015
模拟湿地废水	Cr、Cu	种植水葫芦条件下两种重金属的去除率约为65%	Lissy and Madhu，2011
重金属污染的近海水	As、Cd、Cu、Cr、Fe、Mn、Ni、Pb、V、Zn	水葫芦对 10 种重金属元素具有良好的富集能力，富集因子在 12（Ni）~223（Cr）之间；当 pH 在 5.5~6.5 范围内时，水葫芦的去除重金属的效率最高	Agunbiade et al.，2009
俄罗斯新西伯利亚斯科耶水库	Zn、Cu、Pb、Cd	种植水葫芦 8d 后，在 pH 为 8 和 pH 为 6 条件下，水体中残留的 Cu、Zn 浓度分别为 8%、18%和 24%、57%	Smolyakov，2012
模拟废水	Cr、Zn	初始浓度为 1.0mg·L^{-1} 时，水葫芦对重金属 Cr 的去除效率最高，为 84%；相比之下，初始浓度为 10mg·L^{-1} 时，水葫芦对 Zn 的去除效率达到最高，即 95%。总的来说，种植水葫芦 11 天后，Cr 和 Zn 的去除率分别达到 63%~84%和 88%~94%	Mishra and Tripathi，2009
水培试验	Cu	在 1~5mg·L^{-1} 浓度范围内，种植水葫芦 3 周后 Cu 的去除率在 41%~73%，根系是 Cu 的主要积累部位	Lu et al.，2014
工业废水	Zn、Cu、Cd、Cr	第 10 天时水葫芦对重金属的去除效率达到最大，Zn、Cu、Cd、Cr 四种重金属的最高去除率分别为 94%、93%、69%和 52%，去除率最低 52%，重金属在水葫芦叶片中的累积量远低于其在根系中的	Yapoga et al.，2013

此外，许多研究表明，漂浮植物水葫芦不仅对水体中的铜和锌具有很强的吸收作用，而且对有毒金属镍和镉也具有较强的去除能力（Soltan and Rashed，2003）。但水葫芦对不同重金属的累积能力具有显著差异。郑家传（2010）研究了铜、镉和铬在水葫芦根系的吸附和积累情况，结果发现，水葫芦根系累积能力是铜>镉>铬，且在铜、镉混合体系中，铜的存在强烈抑制了根系对镉的生物吸附过程，原因是水葫芦根系对铜离子具有更强的亲和力。水葫芦可以很好地吸收电镀废水中的重金属，一般每千克水葫芦干重可以吸收净化铜 135.09mg、锌 436.58mg、镍 50.29mg、镉 89.14mg，可显著净化水质（李卫

平等，1995）。水葫芦处理含镉溶液后，其根和茎叶中镉的含量显著增大，与处理浓度正相关，处理浓度加大，其含量也随着增大，同时根中镉的含量明显高于茎叶，最高达 20.7 倍（陈兴，2011）。张志杰等（1989）的研究结果表明，干重 1 kg 的水葫芦在 7～10 d 可吸收铅 3.797g、镉 3.225g。Agunbiade 等（2009）研究了水葫芦对尼日利亚翁多沿海地区重金属污染水体的净化效果，结果发现，水葫芦能有效降低水中镉、铬、铅和砷 4 种毒性重金属的含量，因为生长在污染水体中的水葫芦体内富集了大量重金属。

　　水葫芦各部位对重金属的累积能力不同，重金属元素多集中在根部，且其中大部分以吸附的方式累积在根系的表面，根部重金属总含量一般都比茎、叶部分高几倍到几十倍（李卫平等，1995；Lu et al.，2014）。Mazen 和 El Maghraby（1997）研究了水葫芦对埃及尼罗河中重金属镉、铅、锶的吸收，研究结果表明，超过 50%的重金属积累在根中，茎和叶分别仅有 20%和 30%。陈瑛等（2004）研究发现，水葫芦植株不同部位对重金属的富集能力不同，未清洗的根≥清洗的根＞叶、茎，根部重金属含量为叶茎中的 2～5 倍。Lu 等（2014）研究表明，水葫芦对水体中铜具有很好的去除效果，当水中铜浓度在 1～5mg·L^{-1} 含量范围内，移栽水葫芦 20d 后对铜的去除率达到 70%以上，根系是吸收铜的主要部位；每千克水葫芦根干重可以吸收 200～2000mg 的铜，相比之下茎叶中铜的吸收量仅为 30～90mg。谭彩云等（2009）研究也表明，水葫芦对水中重金属离子铅、锌、铬的去除主要是依靠根部，其吸收值是茎叶部的几十至几百倍。El-Gendy 等（2006）通过研究表明，在重金属污染水体中采用以水葫芦为主体的漂浮水生植物系统能有效治理和净化重金属。该研究分别以水葫芦新鲜植株及其风干的根系组织为材料，研究其对城市废弃物渗漏液中铜、镉、铅、镍和铬的去除效果，结果表明，水葫芦新鲜植物体是铜、镉和铬的高效"富集器"，3 种重金属在水葫芦根部的最高累积量分别达到了 9600mg·kg^{-1}、8300mg·kg^{-1} 和 5000mg·kg^{-1} 干重，但茎叶中的要低得多；而以风干的水葫芦根系组织作为生物吸附剂对上述重金属离子也具有较强的吸附和累积能力。种植水葫芦后水体中剩余的重金属（如铜、锌、镉和铅等）浓度随着时间的增大而逐渐降低，其中第 1 天溶液减少最快（50%以上），之后趋势有所减缓但浓度仍继续减少。这也说明水葫芦根系对重金属的吸附和吸收作用速度非常快，但重金属从根系往茎叶转移的能力相对要弱，因此根系吸附和吸收作用达到了一定的饱和程度后，会影响植物对重金属的进一步吸收，但重金属在水葫芦根和茎叶的积累量还是随着培养时间的增加而增加（卢晓梅等，2007；Zhang et al.，2010；Smolyakov，2012；Lu et al.，2014）。

　　根据水葫芦在自然水体中的正常生物量，即 35～54t·hm^{-1} 干重计算，每种植 1m^2 水葫芦最少可去除铜 473mg、锌 1528mg、镍 176mg、镉 312mg（李卫平等，1995；郑家传，2010）。简单地说，对于重金属污染程度中等的水体（比如 Cu 1～5mg·L^{-1}，Zn 15mg·L^{-1}）而言，每平方米水面上只需种植一季水葫芦就可使水中重金属消减 40%左右；此外，通过定期打捞收割和再种植，可以进一步提高水葫芦的治理效率，这为水葫芦治理重金属污染水体工程化提供了理论依据。

　　尽管水葫芦由于生长快速、生物量大、去污效果好以及耐污能力强等许多优点已成为重金属污染水体治理中的研究热点，但是水葫芦也是一种潜在的生物入侵物种。因此，在应用水葫芦治理污染水体的过程中，必须严格控制水葫芦的覆盖区，将水葫芦种群数量保持在一定的数量范围内，留出必要的空间以保证水体获得足够的光照和氧气，据实际经验其覆盖率一般小于 50%（黄本胜和徐红辉，2008）。此外，由于重金属的不可降解性，还应对水葫芦的覆盖区定期进行打捞并做出妥善的后处理，才能使污染物真正从水体中去除，保证良好的修复效果。

三、影响水葫芦修复重金属效果的主要因素

由于水葫芦对有害重金属离子的强累积能力，一些国家与地区还引进水葫芦用于修复和治理重金属污染的水体（Cornwell et al.，1977）。水葫芦对重金属的净化效果与其生物量、离子浓度、重金属离子种类、水温、pH 等因素都有较大关系。已有研究表明，植物体内富集重金属的浓度与环境中的浓度呈显著性相关（Rai and Tripathi，2009）。水体pH 会影响重金属的吸附和累积，当 pH 偏酸性时水葫芦根系组织对各种重金属的累积量最高（El-Gendy et al.，2006；郑家传，2010）。戴全裕和张玉书（1988）的研究表明，植物体对重金属的吸收与富集和水体的水温、pH、季节、植物体发育阶段等因素都有关系。蔡青等（2009）的研究表明，在 pH5.5 左右水葫芦富集二价铜（Cu^{2+}）效果最好，而当试验的 pH 为 7.88～8.49 时，富集效率显著降低。谭彩云等（2009）通过静态水培养实验探讨了水葫芦对水中重金属离子铅、锌、铬的短期去除能力及其影响因素，实验结果表明，水葫芦对这 3 种重金属的耐受能力和去除能力都是铅>铬>锌；pH、水葫芦生物量以及重金属离子的初始浓度对净化效果均有明显的影响，水葫芦对铅、铬、锌的最佳净化 pH 分别为 4.3、5.2、5.2，但是，只要在弱酸性环境中，pH 对净化效果的影响可忽略。

水葫芦生物量越大，净化率也越大，在生物量为 100～400g·L^{-1} 时，培养水葫芦 4天，对 20mg·L^{-1} 铅、铬、锌的净化率从 55%上升到 99%；而且重金属浓度越低，净化效果也越好；植株幼体的吸收富集能力大于成体，水葫芦对重金属的去除主要是依靠根部，其吸收值是茎叶部的几十至几百倍（Smolyakov，2012）。

根据 Bliss（1939）提出的理论，在复合污染下不同重金属离子之间存在着相加、协同、拮抗等作用，离子种类不同，其间产生的相互作用就不同，因此植物对重金属的富集能力就可能发生改变。多种重金属离子共存时比单一重金属离子去除率略低，表明水葫芦对不同重金属的去除存在一定的拮抗作用。郑家传（2010）研究了铜（Ⅱ）、镉（Ⅱ）和铬（Ⅵ）在水葫芦根系的吸附和积累情况，发现重金属吸附过程中轻离子如钙（Ca^{2+}）、镁（Mg^{2+}）、钾（K^+）和氢（H^+）被释放出来，表明金属复合污染系统中生物吸附过程存在离子交换的机理，因此多种重金属离子共存势必影响水葫芦对其中某种离子吸附和去除能力。

四、水葫芦去除水环境中重金属的机制

在植物修复过程中，水生植物通过沉降、吸附和过滤以及吸收和富集作用等途径（王剑虹和麻密，2000），以络合、螯合和区室化等许多复杂的生化反应来耐受并吸收富集环境中的重金属（王英彦等，1994；张宗明等，2004），实现对水体重金属的去除。理想的修复植物应该具有迅速生长的根系，且这些根系能够长期在污水中吸收、固定化重金属。

研究表明，植物发达的根系在修复过程中发挥了很大作用，根系微区环境为污染物的去除提供了丰富的微生物群落及分泌物氛围。对大多数植物来说，根系是污染物进入植物体内的第一道屏障，也是污染物蓄积的主要器官，因此根系的性状直接关系到植物修复的效果（刘建武等，2003；Wild et al.，2005；Mishra and Tripathi，2009；Smolyakov，2012）。

（一）水葫芦对不同重金属的吸收和富集机制

水葫芦是对重金属具有良好净化能力的水生植物，主要表现为两个方面：一方面是对重金属的富集和累积能力强，富集系数达到几百甚至上万倍；另一方面对大多数重金属（锌、铜、铅、镉和铬等）都有良好的去除作用，因此广泛应用于各种重金属污染水体的修复研究与实践中。水葫芦对水体的净化机制主要包括物理净化和生物净化两个方面。

物理净化主要是对水体中某些悬浮物、大分子物质的吸附和沉降作用，当水流经过水葫芦覆盖区时，流速下降，有利于水体中悬浮物的吸附和沉降。因此，被这些悬浮物所吸附的重金属等污染物也随之从水体中沉降下来（黄本胜和徐红辉，2008）。水葫芦发达的纤维状根系和很高的生物产量可以聚集和附着水体中大量腐屑、胶体物质、颗粒物、微生物以及原生动物等，这就为吸附重金属提供了条件，而且其整个植物体组织结构中富含纤维素（周文兵等，2005）。许多文献和研究表明，水生植物体内纤维素在吸收重金属中起主要作用，能够凝聚、吸收以及附着大量的重金属（Nawirska，2005）。

生物净化主要是对根部所吸附的重金属进一步吸收、转移和固定，水葫芦对重金属离子的吸收和富集是一种主动吸收过程。重金属离子被水葫芦吸收后，大部分停留在根部，少量向地上部分转移，这表明水葫芦与大多数植物一样，其根须在防止和抑制重金属离子对自身的毒害中发挥了至关重要的作用（蔡成翔等，2004）。一般认为，污染物在地上部分积累越多，耐受性就越差。在铜、铅、锌、镉、铁五种重金属离子中，茎叶部分铜的积累量增长最大，因此耐受性最低（蔡成翔，2005）。总的来说，重金属离子进入植物体内的过程主要有两种方式，一种是细胞壁等质外空间的吸收；一种是污染物透过细胞质膜进入细胞的生物过程。水葫芦根系细胞壁是阻挡污染物的第一道屏障，细胞壁中的果胶质成分如多聚糖醛酸和纤维素分子中的羧基、醛基等都为污染物提供了大量的交换位点。通过 X 射线光电子能谱分析（XPS）发现根系表面氨基和含氧官能团的螯合作用是水中重金属离子去除的重要机制之一（郑家传，2010）。

离子半径较大的重金属如铅等，配位能力弱，不易透过细胞壁和质膜进入细胞液中，水葫芦对铅的吸收主要靠细胞内自由空间的非代谢性扩散运动，即细胞壁的吸附、非共质体沉积等方式获得，吸收迅速而毒害作用较小，这种结合达到饱和后才开始透过细胞壁和质膜进入细胞质中。而半径小配位能力较强的重金属如铜，进入细胞壁后能与生物大分子发生配位反应，生成重金属-有机配位化合物，脂溶性增强，容易借助一些有益元素的正常吸收通道穿过细胞膜直接进入有机体内，与酶、谷胱苷肽、类金属硫蛋白和叶绿素等结合，影响其生物活性而产生毒害作用，因此植物体对二价铜（Cu^{2+}）的耐受性较差。

（二）水葫芦对重金属胁迫的耐受机制

植物在长期的进化过程中形成了一套完整的机制来防御、耐受并吸收富集环境中的重金属（王英彦等，1994；王剑虹和麻密，2000；孙瑞莲和周启星，2005；胡朝华，2007；Flores-Cáceres et al.，2015），这些机制的存在使许多水生植物可大量富集水中的重金属。在所有的机制中，细胞质的螯合作用最引人注目：重金属胁迫可诱导水生植物体内产生有重金属络合作用的生物大分子，与重金属离子发生生物化学反应后形成螯合物，从而使自由重金属离子浓度降低，重金属的毒害作用得以缓解。许多水生植物正是通过这种途径对重金属产生耐受和累积作用（胡朝华，2007）。目前在植物中发现两种主要的重金属结合肽，即金属硫蛋白（metallothionein，MT）和植物螯合素（phytochelatin，PC）。Margoshes 和 Vallee（1957）首次在马肾中提取出一种重金属结合蛋白并命名为"金属硫蛋白"（MT）。目前在藻类、动物及高等植物都发现了 MT。MT 是一类由基因编码的低分子量的富含半胱氨酸的多肽，可通过半胱氨酸残基上的巯基与重金属结合形成无毒或低毒络合物，从而降低重金属毒害作用。最近研究表明，拟南芥菜（A. thaliana）的 MT 的 mRNA 表达水平与重金属抗性呈正相关（Murphy and Taiz，1995）。然而在高等植物中分离到最多的一种重金属结合肽，是植物螯合肽（PC）。PC 是一类酶促合成的低分子量的富含半胱氨酸的多肽（Yadav，2010），分子量小于 4000，它通过巯基配位键（thiolate coordination）螯合重金属离子，参与植物的金属积累、解毒和代谢过程。植物重金属螯合肽结构类似于裂殖酵母中的重金属 M-结合肽 I（M-BPI），可以用通式$[\gamma\text{-Glu-Cys}]_n\text{-Gly}$表示，$n$ 值是可变的（2~11），即使在同一种植物中值也可以不同（丁翔等，1993）。多种重金属离子可诱导 PC 的合成，例如镉（Ⅱ）、铜（Ⅱ）、银（Ⅰ）、汞（Ⅱ）、铅（Ⅱ）和锌（Ⅱ）离子等，并能与 PC 形成复合物，对多种金属都具有解毒和积累作用（Maitani et al.，1996）。

Gupta 等的研究表明，浮生沉水植物黑藻通过合成植物螯合肽（PCs）来缓解铅毒害（Gupta et al.，1995），而根生沉水植物苦草在汞胁迫下同样也能产生植物螯合肽（PCs）（Gupta et al.，1998）。Grill 等（1985）研究表明，水葫芦在多种重金属诱导下均能产生 PCs，从而缓解了这些重金属的毒害并将其储存在体内。此外，在植物细胞内还可形成肌醇六磷酸锌、碳酸酯铅盐和硅酸酯铅盐，这些螯合物的形成可能在相关重金属的解毒机制中起作用。Mazen 和 Maghraby（1997）用 X 射线对水葫芦体内草酸钙结晶进行了显微分析，发现镉、铅重金属离子被聚集在草酸钙结晶里，认为草酸钙结晶是水葫芦耐重金属毒害的重要机制。

除了细胞质的螯合作用外，高等植物还可以通过细胞壁及其分泌物固定重金属或产生液泡的隔离（区室化）作用（Salt et al.，1998；Küpper et al.，1999）、细胞自我修复和生物转化作用（Murphy and Taiz，1995；Wollgiehn and Neumann，1999；Raskin and Ensley，2000；Lewis et al.，2001）等机制来耐受并吸收富集环境中的重金属。可见，作为对重金属具有良好累积及耐受性能的水生植物，水葫芦在重金属胁迫下自身能够产生一些适应调节途径以缓解金属毒害作用，从而耐受、吸收并富集环境中的重金属，实现对重金属污染水体的修复作用。

五、水葫芦修复水体重金属和类金属后的资源化利用

漂浮植物水葫芦耐污能力强，可从环境中吸收、转化的污染物种类繁多，改善水质的效果优于其他水生植物。因此，修复治理不同类型污染水体时，不仅能吸收有害的重金属元素，还能同时吸收水体中共存的氮磷等营养元素。对吸收了大量污染物的水葫芦，必须定期进行打捞收割，才能将污染物从水体清除出去，保证良好的修复效果。因此，只有解决了对水葫芦富集了重金属后的处理和利用，才能用这一物种来修复水体重金属污染。当前，对于水葫芦的后处理，主要是填埋和焚烧，这种做法不仅污染空气，而且不利于资源的有效利用，造成资源浪费，特别是填埋的处理方法，不仅费用昂贵，而且会产生二次污染；而将修复污染水体后收获的水葫芦进行资源化利用，不仅解决了植物修复废弃物合理处置的问题，还能变废为宝，有利于资源的循环利用。但是必须充分考虑不同污染水体修复后水葫芦的重金属残留情况和累积特性，充分考虑其优势和风险，以便区别对待，实现资源的合理利用。

（一）修复重金属污染废水后的水葫芦处理

水葫芦净化重金属废水是利用其对重金属具有较强的富集能力，将重金属从水环境中转移到植物体内，重金属在转移过程中基本性质仍保持不变，因此对富集了重金属的水葫芦的处理和利用就成为一个重要问题。Singh 等（2015）将修复印度 Amingoan 工业区废水的水葫芦打捞收割后进行资源化利用，研究堆肥发酵对重金属的形态和有效性的影响，结果表明：富集了大量重金属锌、铜、锰、铁、镍、铅、镉和铬的水葫芦经发酵后重金属生物有效性普遍降低；尤其是镍、铅和镉经 30d 堆肥后其中的水溶态和二乙三胺五乙酸（DTPA）提取有效态镍、铅和镉均低于检测限，原因是镍、铅和镉与水葫芦发酵过程中形成的有机质具有很强的络合作用，因此经发酵处理后完全被钝化而失去生物毒性和有效性（Lazzari et al., 2000）。但其他重金属的生物有效性比较高，仍然存在一定的污染风险。由于水葫芦对重金属的富集量随着废水中重金属起始浓度的升高而增大（Lu et al., 2014），因此利用水葫芦净化矿山开采、金属冶炼、制革和电镀行业等高重金属污染废水时，植物体内通常富集了大量重金属，且绝大部分金属分布于水葫芦的根部（表4-2）。

表4-2　动态试验条件下水葫芦各部位重金属富集量（李卫平等，1995）（单位：mg·kg^{-1} 干重）

金属	叶	茎	根
Cu	91.72	102.50	2054.90
Zn	418.00	714.75	438.66
Ni	47.25	58.00	529.38
Cr	43.72	47.07	1459.50

在处理此类水葫芦时可将根和茎叶分开，根可在脱水后进行焚烧，然后将灰分集中贮存或送往处理工厂回收处理，此时的灰分按重量计只有鲜重的万分之八；茎叶中的重

金属含量远低于根系中的，且含丰富的氮、磷、钾等矿物质元素，因此可堆置发酵后制作成观赏植物的栽培基质。此外，水葫芦含有丰富的纤维素，可作为造纸原料，造出耐揉、耐湿的包装纸、写字纸和广告纸等，节约大量木材。

（二）修复常规污染水体的水葫芦处理

在常规污染水体如富营养化湖泊、城市河流修复中，由于水葫芦对污染物有极强的吸收和富集能力，不仅能吸收水体中的氮磷等营养元素，还可能吸收共存的有害重金属元素。因此，在对常规污染水体上收获的水葫芦进行资源化利用时，也需要考虑是否存在重金属超标问题。蒋磊（2011）的研究表明，即使在自然水体中生长的水葫芦，也能从环境中富集一定量的重金属，其体内的金属元素含量因水体来源、重金属本底含量、处理方式及采收时期不同而呈显著差异（表4-3）。由于不同国家和地区对重金属环境质量标准的不同，对水葫芦进行资源化利用时也需要分别考虑。以中国为例，在自然水体中生长的水葫芦，其重金属含量均低于中国国家土壤环境质量标准（GB 15618—1995），用其生物质制成的有机肥其重金属含量也低于中国农业行业标准《有机肥料》（NY 525—2012）。

表 4-3　不同水体中生长的水葫芦体内重金属元素含量（单位：$mg \cdot kg^{-1}$，干物质基础）

指标	池塘[6]水葫芦	池塘[6]水葫芦渣	太湖[4]水葫芦[1]	太湖[4]水葫芦[2]	滇池[5]水葫芦	滇池[5]水葫芦渣
Fe	702.50	1225.67	1948.08	2601.81	1904.85	1605.07
Mn	260.19	373.53	1011.74	644.67	913.90	556.73
Cu	9.26	13.83	24.14	32.52	11.01	7.63
Zn	49.75	83.47	123.07	138.32	35.46	28.23
Ca	30118.44	34956.82	21860.83	31238.00	16657.22	12728.62
K	85695.84	19005.63	92790.29	94702.66	13275.76	3393.66
Mg	7759.19	5203.82	6713.24	8117.76	7137.19	3456.95
Cr	1.45	1.90	16.17	21.94	—	1.03
Pb（$ng \cdot g^{-1}$）	21.46	47.14	8.27	—	—	—
As	0.69	1.06	5.04	3.19	10.07	4.41
Hg（$ng \cdot g^{-1}$）	49.15	41.68	43.71	30.60	215.25	105.28
Cd	0.63	0.61	0.67	0.69	1.21	0.53

注：1. 夏季30℃采收水葫芦样品；2. 秋季20℃采收水葫芦样品；3. "—"代表未检测出；4. 太湖地理位置（31°N×120°E）；5. 滇池地理位置（25°N×102°E）；6. 池塘地理位置（32°02′N×118°52′E）（蒋磊，2011）。

将修复常规污染水体后收获的水葫芦以不同高度、形状和翻堆时间进行发酵来制作有机肥，肥料成品中的重金属含量（表4-4）也符合中国农业部行业标准《有机肥料》（NY 525—2012）对铅、汞、砷、镉、铬的行业规定标准。但由于不同国家和地区对重金属环境质量标准的不同，需要依据不同的标准来判断有机肥料是否为重金属环境质量安全产品。

表 4-4　不同处理水葫芦堆肥中重金属含量（罗佳等，2014）

指标	铅/（mg·kg^{-1}）	汞/（mg·kg^{-1}）	砷/（mg·kg^{-1}）	镉/（mg·kg^{-1}）	铬/（mg·kg^{-1}）
处理 1[a]	1.73	0.11	1.53	0.14	42
处理 2	1.42	0.17	1.45	0.34	32
处理 3	2.43	0.25	2.31	0.26	25
处理 4	1.53	0.16	2.14	0.47	18
处理 5	1.67	0.22	1.98	0.23	40
行业标准	≤50	≤2	≤15	≤3	≤150

注：a 处理 1~5 是指水葫芦的不同堆肥高度、堆置形状和翻抛时间间隔处理。

因此，水葫芦的资源化利用需结合当地修复水体污染的类型和环境消纳能力等因素因地因需制宜地来考虑：①对于处理重金属污染水体上收获的水葫芦时，应考察重金属的累积情况，对于整个植株重金属含量均严重超标的，应在脱水进行焚烧处理，同时对脱水得到的水分进行质量检验，必要时要进行再处理；②对于茎叶积累量较小，但根系中高度富集重金属的，可将根和茎叶分开，根可在脱水后进行焚烧，灰分集中贮存或回收处理，茎叶可堆置发酵后作为花卉、苗木的栽培基质；③常规污染水体修复收获的水葫芦一般不存在重金属超标的风险，可依据不同国家和地区对重金属环境质量标准进行资源化利用，譬如作为有机肥料和各种栽培基质等；④对自然水体生长、重金属又不超标的生物质，可以优先用作饲料以提高水葫芦的经济效益。

第三节　水葫芦对去除有机污染的影响及其机制

一、水环境中有机污染物种类、来源和污染现状

随着经济尤其是工农业的迅速发展，水环境中有机污染日益增多，特别是有毒有害的有机物通过不同途径进入水体，致使水体中有机物的污染日益严重（蒋新等，2000；雷书凤等，2014；Jurado et al.，2012）。水环境中的有机污染物大致可分为两类：一类是天然有机物；另一类是人工合成有机物。目前已知的有机物种类约 700 万种之多，其中人工合成的有机物种类达 10 万种以上，且以每年 2000 种的速度递增。水样中有机污染物种类繁多，常见的主要有机污染物包括有机农药、多氯联苯（PCBs）、邻苯二甲酸酯类、烷烃类、多环芳烃类（PAHs）等，以及近年来开始颇受关注的新型有机污染物——药物与个人护理品。这些化合物虽然与常规污染物相比浓度很低，但由于常规的污水处理技术不能对其有效去除，因此微量污染物被排入湖泊、河流等地表水中，最终也会进入饮用水中。微量有机污染物在环境中的含量虽然比较低（一般在 μg·L^{-1}~ng·L^{-1}级），但大多数形态相对稳定，在水环境中需要几年乃至几十年的时间才可能降解成为无害物质（王佩华等，2011；Guo et al.，2009；Loos et al.，2010）。

（一）有机农药

有机合成农药在水体中分布最广泛，农药在促进农业生产方面起着重要作用，但由

于施用措施的局限，所施用的农药中，约 20%～70%最终通过各种途径进入环境。水中常见的农药主要为有机氯、有机磷农药和氨基甲酸酯类农药。它们通过喷施、农田土壤淋溶、地表径流及农药化工厂的废水排放进入水体。有机氯农药性质比较稳定，很难被降解，因此在环境中滞留时间很长，加上具有较低的辛醇-水分配系数（K_{ow}），在环境中很大一部分被迁移到沉积物及水生生物体内。目前，有机氯农药如六六六、滴滴涕等由于其持久性和生物可富集性，在全球已被禁用，但在一些水体和沉积物中还能检测到其残留（张明等，2010），譬如有机氯化合物在中国华北地区地下水中能普遍检出。据 2000年的报道，在中国辽河中下游水样和沉积物样品中，共检出多氯有机物 17 种，包括 13 种有机氯农药和 4 种多氯联苯，其中总六六六、总滴滴涕和多氯联苯为主要检出物（张秀芳等，2000；张秀芳和董晓丽，2002）。

（二）多氯联苯类

多氯联苯（PCBs）又称氯化联苯，是一类人工合成有机物，是联苯苯环上的氢原子被氯所取代而形成的一类氯化物。PCBs 在工业上用作热载体、绝缘油和润滑油等。由于 PCBs 利用率比较低，以 PCBs 为材料进行生产的工厂排出的废气、废水和废渣（三废）是 PCBs 的主要污染来源（Schecter et al.，1997；Sakurai et al.，2000）。如美国、日本等每年生产的 PCB 只有 20%～30%是在使用中消耗掉，其余 70%～80%排入环境。据估计，全世界已生产和应用中的 PCB 远超过 100 万 t，其中已有 1/4～1/3 进入人类环境。可见，多氯联苯在工业上的广泛使用，已造成全球性环境污染问题。据 2000 年的报道，中国长江南京段水、悬浮物及沉积物中多氯有机污染物含量均低于欧洲主要河流中的含量水平（周灵辉等，2010）。广州河段表层沉积物中多氯联苯含量（485ng·g^{-1} 干重）已经高于全球近岸表层沉积物本底参照浓度范围（2～30ng·g^{-1} 干重）上限的 16 倍（Fowler，1990；康跃惠等，2000）。

（三）酚类化合物

酚类化合物是生产环氧树脂、聚碳酸酯和聚砜树脂等高分子材料的主要工业原料。其中苯酚、硝基苯酚、二氯苯酚、五氯苯酚和辛基苯酚等酚类化合物具有雌激素的特性，在环境中难以降解，易于在生物体内蓄积，即使含量极低也能使生物体内分泌失调，另外具有致癌、致畸、致基因突变的潜在毒性（周艳玲，2011），被列入中国和美国国家环境保护局水环境优先控制有机污染物的黑名单。石油化工企业、造纸业、农药化工厂和电镀厂等工业"三废"的排放是水体环境中酚类化合物的主要来源。

（四）烷烃类

环境水中烷烃类污染物主要来自工业废水和生活污水的污染。工业废水中石油类（各种烃类的混合物）污染物主要来自原油的开采、加工、运输以及各种炼制油的使用等行业。石油类碳氢化合物漂浮于水体表面，将影响空气与水体界面氧的交换；分散于水中以及吸附于悬浮微粒上或以乳化状态存在于水中的油，它们被微生物氧化分解，将消耗水中的溶解氧，使水质恶化。

（五）多环芳烃类

多环芳烃（PAHs）是分子中含有两个以上苯环的碳氢化合物，包括萘、蒽、菲、芘等 150 余种化合物。多环芳烃主要来源于石油、煤炭等燃料以及木材、天然气、汽油、作物秸秆等碳氢化合物的不完全燃烧过程。目前，人们已从自然水体中检测到各种多环芳烃类化合物。据 2000 年的报道，在中国长江和辽河水体及沉积物中检测出的多环芳烃化合物有 17 种，其中属于美国国家环境保护局（EPA）优先控制的多环芳烃有 11 种，属于中国环境优先污染物"黑名单"的多环芳烃有 6 种（许士奋等，2000）。Jiries 等（2000）研究发现，在约旦卡拉克省的城市污水中 PAHs 的含量在 56～220ng · L^{-1} 之间，大部分超过了世界卫生组织规定的水体 PAHs 限量标准（0.05μg · L^{-1}）。综上所述，有机污染在全球水环境中的存在已受到极大关注，国际癌症研究中心（IARC）（1976 年）列出的 94 种对实验动物致癌的化合物，其中有 15 种属于多环芳烃（Harmon，2015）。

（六）药物与个人护理品

药物和个人护理品（pharmaceuticals and personal care products，PPCPs）包括各种处方药、非处方药（如抗生素、消炎药、激素、镇静剂及显影剂）、化妆品等（Daughton and Temes，1999）。20 世纪 90 年代后期，随着分析检测技术的提高和人们环境意识的增强，PPCPs 先后在污水、地表水和地下水等各类水环境中被检出，并被称为环境中一种新型的有机污染物，其对生态环境和人类健康的危害也开始受到广泛关注（Nassef et al.，2010；王丹等，2014）。PPCPs 的污染源主要来自生活污水、畜禽养殖废水和农业面源污染。此外，医疗卫生机构及合成工业产生的废水中含有较高浓度的药物与个人护理品。Lishman 等（2006）在加拿大安大略湖附近的城市污水处理厂的进水中检测出了包括布洛芬、萘普生、双氯芬酸、氯贝酸、三氯生、佳乐麝香、吐纳麝香等物质在内的 15 种 PPCPs 化合物，其中浓度最高的可达 17μg · L^{-1}。1999～2000 年在美国 30 个州的 139 条河流中检测到磺胺类、四环素类、林可霉素类、泰乐菌素类等 21 种抗生素，检出率高达 60%（Kolpin et al.，2002）。Wang 等（2010）对中国北方三大河流——黄河、海河和辽河开展的调查结果表明，萘普生的检出率仅 36%，最大浓度为 40.7ng · L^{-1}。珠江中萘普生的检出率也仅 23%，最大浓度为 328ng · L^{-1}（Peng et al.，2008）。布洛芬在中国产量较大，因而在地表水环境中的浓度水平较高，在辽河流域和珠江广州河段的最大检出浓度分别可达 246ng · L^{-1} 和 1417ng · L^{-1}（Peng et al.，2008；Wang et al.，2010）。陈永山等（2010）调查了中国浙江省苕溪流域一个规模化养猪场排放的废水中兽用抗生素的污染状况，结果表明，废水中四环素、土霉素、金霉素和强力霉素等 4 种四环素类抗生素污染最为严重，最高单体污染浓度可达 13.65μg · L^{-1}。

除此之外，水环境中还广泛存在挥发性氯代烃类、邻苯二甲酸酯类、苯系物、氯代苯类、硝基苯、苯胺类、亚硝胺类等有机污染物。大多数有机物形态稳定，在环境中需要几年乃至几十年的时间才可能降解成为无害物质。这些化合物难以被生物分解，但可富集于生物体内，使生物体内的化合物浓度大大升高，并通过食物链的作用传递，而达到可致突变、致畸变、致癌变毒性，对生态环境及人体健康存在着极大的潜在危害。水体中有机污染物含量虽低但潜在危害性较大,如何高效治理这些被各类有机毒物污染的水体一直是各国政府和科研机构广泛关注和研究的热点。

二、水葫芦对去除水环境中有机污染的影响

传统的污水处理方法是将污水收集到污水处理厂进行集中治理,在常规污染指标[如化学需氧量（COD）、生化需氧量（BOD）、TN（总氮）和 TP（总磷）等]的消减和控制方面效果比较理想,但由于普通污水处理系统是专门为去除常规污染物设计建造的,而没有专门设置针对各种有机污染物的去除工艺。此外,虽然有一些针对有机污染物的物理化学方法如絮凝沉淀法（Choi et al.,2008）、吸附法（Rivera-Utrilla et al.,2009）、膜技术法（Koyunc et al.,2008）、化学氧化法（李文君等,2011）等,但普遍存在操作复杂,运行成本较高,比较适用小型高污染废水的治理,但对大面积微量有机物污染水域的修复则难以实施。植物修复技术直接利用绿色植物系统通过转移、降解或固定的方式修复有机污染水体,这种技术不需要将污染水体转移到别处进行集中专门处理,而是通过在污染水体中有计划和针对性地种植一些水生植物,在受污染区域进行原位修复,具有经济、高效、容易实施且无二次污染等优点,可在原位永久性地解决有机物的污染问题。因此,自 20 世纪 80 年代以来,植物修复技术已经成为有机污染水体修复领域的一个重要研究方向（周启星和宋玉芳,2001）。

在有机污染水体修复中常用的水生植物包括挺水植物、沉水植物、浮叶植物和漂浮植物。研究表明,水生植物水葱（*Scirpus validus*）、宽叶香蒲（*Typha latifolia*）和石菖蒲（*Acorus tatarinowii*）可以加速水溶液中乐果（一种农药）的去除,且三种植物间存在显著差异,去除效果由大到小依次为水葱>香蒲>石菖蒲,而且污染物的去除效果与植物的生长状况密切相关（傅以钢等,2006）。Huesemann 等（2009）采用大叶藻（*Zostera marina*）对 PAHs 和 PCBs 进行原位修复研究,发现 PAHs 和 PCBs 去除率分别为 73%和 60%,而对照处理的低于 25%,且根系污染物富集系数超出地上部 4 倍。陈小洁等（2012）研究了抗生素污染水体的植物修复效果,发现大藻（*Pistia stratiotes*）、水葫芦（*Eichhornia crassipes*）对抗生素去除率分别达 80%和 90%以上,且在不同抗生素试验浓度下水葫芦修复效果均优于大藻。夏会龙（2002）研究了水葫芦（*Eichhornia crassipes*）、美人蕉（*Canna indica* L.）、垂柳（*Salix babylonica*）和茶树（*Camellia sinensis*）对马拉硫磷污染废水的净化效果,结果发现不同植物对相同农药的植物修复效率为水葫芦>美人蕉>柳树>茶树。以上研究表明,植物修复技术在各类有机污染水体治理中已得到广泛应用,修复效果非常明显。由于水葫芦自身的生物学特性造就了它超强的水质净化能力,因此作为一种能修复污染水体的廉价、高效的水生植物,用水葫芦净化有机污染的水体方面已做了大量工作,涉及水体中含酚、有机农药、多环芳烃（PAHs）、苯胺、甲萘胺、多氯联苯、石油烃类和抗生素等多种有机污染物的去除（凌婉婷等,2007）。

水葫芦能使除酚过程加快,在 0.6～10mg·L^{-1} 酚浓度范围内,植物净化速率为一般自然净化速率的 2～3 倍（王崇效等,1986）。在 17～37℃,水葫芦均能明显加速酚水的净化,且随温度升高净化加快。水葫芦修复水体农药的效应表现在 10～11g 水葫芦（干重）可使 250mL 1mg·L^{-1} 的乙硫磷、三氯杀螨醇和三氟氯氰菊酯消解速度分别提高

260.20%、80.06%和357.37%，其中水葫芦的直接吸收积累与降解起主要作用，水葫芦吸收的有机农药中有70%以上富集于植物根系中（夏会龙，2002）。de Casabianca 和 Laugier（1995）的研究表明，水葫芦可以去除石化废水中石油烃类和总有机碳的含量。Granato（1993）证实，水葫芦能降解游离氰化物，可以与其他措施联合处理含氰废水。Lu 等（2014）的研究表明，在较大的四环素类抗生素浓度范围内（0.2～5mg·L^{-1}），种植水葫芦20d后养殖废水中四环素的含量降低了96%以上。水葫芦对其他药物及个人护理品（PPCPs）如三氯生、对乙酰氨基酚以及直链烷基苯磺酸盐（LAS）等也具有良好的去除效果，水葫芦放养5d后去除率高达98%以上（Yamamoto et al.，2014）。

袁蓉等（2004）试验发现，水葫芦对不同浓度（4.3～13.2mg·kg^{-1}）的萘污水净化率达到84.2%～92.0%，在水葫芦根、茎叶中未检测到萘，表明萘难以在水葫芦体内富集。根系微生物在净化过程中起着非常重要的作用。同样，水葫芦对多环芳烃也有相当的去除效果。Nesterenko-Malkovskaya 等（2012）研究发现，在不灭菌的情况下，种植水葫芦9d 内污水中萘的去除率达到100%；而在没有根际细菌的存在下，水葫芦7d 内萘的去除率为45%；水葫芦对萘的吸附可以分为两个阶段：首先快速完成第一个吸附阶段，耗时2.5h，其主要过程是周围环境中的萘快速向水葫芦根表面通过扩散作用聚集；接着以相当慢的速度完成第二个向根细胞内转移和积累的阶段，耗时2.5～225h。

王忠全和温琰茂（2009）利用水培试验研究了6 种常见水生植物在处理含苯胺废水中的效果。结果表明，不同植物对水体苯胺的修复效率在50.7%～97.3%之间，依次为水葫芦>水浮莲>美人蕉>水花生>香蒲，水葫芦对苯胺的修复能力高于其他植物。陶大钧等（1998）采用水葫芦净化被甲萘胺和苯胺类化合物污染的水体，发现甲萘胺浓度在3mg·L^{-1} 左右时净化1d 后，净化率可达100%；苯胺浓度在2mg·L^{-1} 左右时净化2d 后，水体中检不出苯胺，表明水葫芦的净化速度相当快，污染物大部分被吸收蓄积于根部，茎叶部蓄积量约为根部的10%左右。

与重金属污染物不同，有机污染物在水葫芦体内的蓄积量少，很大一部分在水葫芦根际分泌物和微生物等的作用下被彻底分解，从而使水体得以净化。以上研究结果表明，与不种植水葫芦相比，种植了水葫芦的同样的污染水体中有机污染物净化效率提高1 倍以上；每平方米水面上只需种植一季水葫芦就可使水中大多数有机污染物消减50%以上。此外，通过定期打捞收割和复种，可以进一步提高水葫芦的治理效率，这为水葫芦治理有机污染水体工程化提供了理论依据。

三、水葫芦对有机污染物的净化（修复）机理

水葫芦体内含有多种酶，与其根系上附着的微生物共同作用可分解净化多种有机化合物，根系是水葫芦净化有机污染物的关键。水葫芦主要通过两种机制去除环境中的有机污染物，一方面，植物能通过根系从环境中吸附PCBs、PAHs 等有机污染物，并将污染物积累或转移至植株各个部位，然后将吸收的有机污染物降解为代谢产物、水和CO_2；另一方面，植物根系还为各种微生物提供栖息场所，并释放分泌物和酶，刺激根区微生物的活性和生物转化作用，增强根区的矿化作用，使一些吸附在根部的难降解、有毒有机物在各种微生物的协同作用下得到降解（Voudrias and Assaf，1996；夏会龙等，2003），

所以根系微生物在净化过程中也发挥着非常重要的作用。此外，根系产生并释放的有机酸和酶等分泌物的直接降解作用或促进环境中生物化学反应也是一个重要的机制。

Xia 和 Ma（2006）研究表明，水葫芦对废水中乙硫磷具有显著的去除效果，其修复机理主要是水葫芦的直接吸收（69%）和微生物降解（12%），且污染物多蓄积于根系部位。水葫芦对 PCBs 污染水体也具有良好的修复潜力，研究表明，种植水葫芦 15d 后即可使水中的 PCBs 浓度从 $15\mu g \cdot L^{-1}$ 降低到 $0.42\mu g \cdot L^{-1}$，而在较低浓度处理中（$\leqslant 10\mu g \cdot L^{-1}$）种植水葫芦 15d 后 PCBs 浓度均降至检测限以下，而且 PCBs 主要蓄积部位是根系（Auma，2014）。

水葫芦发达的根系为其大量、快速地吸收和吸附污染物质提供了条件。由于其根部细胞壁属生物半透膜，所以营养盐等离子类物质可以直接被水葫芦吸收。而其他不能被直接吸收的大分子有机污染物被吸附在水葫芦的根表面，在微生物的协同作用下被分解为可以被吸收的小分子物质。萘、酚等有机物无法直接进入植物体内，所以分子量较大、离子化合物和胶体无法透过，而是被吸附在根部（袁蓉等，2004）。

与重金属不同，修复植物根部对有机污染物的吸收量仅占去除量的极少一部分（刘建武等，2003；Zhang et al.，2011；Lu et al.，2014）。水葫芦对有机污染物的吸收包括主动吸收和被动吸收两种形式，绝大部分有机污染物，特别是非离子型的有机污染物通过被动扩散的形式进入植物根系，只有很少一部分（如内吸性农药）通过主动运输的方式进入植物根系，吸收动力主要来自叶片的蒸腾拉力（夏会龙，2002；Paraíba，2007；El-Queny and Abdel-Megeed，2009）。水中的有机污染物首先吸附于根系外部组织中的"表观自由空间"，这部分空间占了植物根系体积的 10%～20%（Nye and Tinker，1977），在这一系列迁移过程中，存在两种有机污染物的迁移通道（Wild et al.，2005）：一种是共质体传输通道（symplastic pathway），即有机污染物不断地进出一个个连续的植物细胞；另一种是质外体传输通道（apoplast pathway），即有机污染物不进入细胞，而是在细胞之间的细胞壁组织中迁移（图 4-1）。随后，有机污染物向根系内部扩散，穿过充满软木脂的不透水的凯氏带向内皮层迁移，到达导管和筛管并向植物其他部位运输（Pilon-Smits，2005）。在此过程中，有机污染物可能被吸附于植物组织中，也可被代谢后在植物体内传输或与植物组织结合。

有机污染物在植物体中的迁移能力与化合物的自身理化性质有密切的关系。目前，植物对内吸性农药吸收代谢的研究报道很多，并在此基础上开发了以通过作物种子发芽后吸收转移到地上茎叶部位而达到防治茎叶病虫为目的的种子处理剂，如高灭磷、内吸磷、克百威、递灭威和吡虫啉（Westwood et al.，1998），这些典型的内吸性杀虫剂能迅速被植物根系吸收并转移到茎叶，最终被代谢为高极性的化合物、水和 CO_2。

水葫芦对内吸性农药的吸收和积累能力较强，利用水葫芦净化被有机磷内吸杀虫剂乐果污染的水体时，乐果主要分布在植物的叶片中，其叶片/根系的浓度比约为 5 左右，根系吸收的化合物向地上部转移的能力与植物的蒸腾量呈正相关（夏会龙，2002；El-Queny and Abdel-Megeed，2009）。除此之外，水葫芦根系也能在一定程度上吸收根系吸附的非内吸性农药三氯杀螨醇、乙硫磷、DDT 和拟除虫菊酯农药，并且能或多或少地将其向茎叶转移，但这类物质在水葫芦根系中的分配量远高于叶片。夏会龙（2002）研

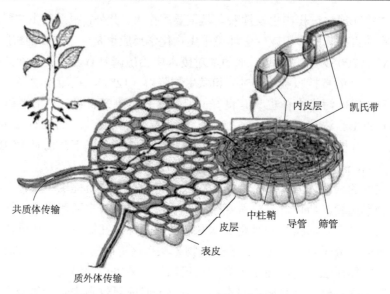

共质体传输

内皮层　　凯氏带

中柱鞘　导管　筛管

皮层

表皮

质外体传输

图 4-1　有机污染物在植物细胞间的传输方式（Wild et al.，2005）

究表明，三氯杀螨醇、乙硫磷、DDT 和拟除虫菊酯等非内吸性农药在水葫芦体内浓度与培养液中浓度的比值（即生物浓缩系数 BCF）远低于 1，其中根系高达 74～3838 倍，茎叶约为 31～918 倍，根系是非内吸性农药的主要富集器官。

　　植物不仅能通过根系吸收转移和代谢同化大多数的有机污染物（戴树桂，1996；Schwab et al.，1998），并且由于植物向根际分泌氨基酸等低分子有机物而刺激微生物的大量繁殖，从而间接促进了有机污染物的根际微生物降解作用（Aken et al.，2009）。水葫芦具有发达的须根系，根须长达 40～200cm，漂散在水中，成为各种微生物理想的栖息场所。此外，水葫芦的根系会分泌一些物质，为根际微生物生长提供所需的养分，促进根际微生物的生长和活动，从而使根际周围及吸附在水葫芦根部的有机污染物可在多种根际微生物的协同作用下得到降解（袁蓉等，2004；Kurzbaum et al.，2010）。此外，水葫芦可以把氧气从叶片和茎转移到根系，并在根区根系周围形成好氧区，为好氧细菌的生长提供条件，从而保持细菌的活性和反应的效率（马涛等，2014）。

　　Nesterenko-Malkovskaya 等（2012）分别采用无菌水葫芦植株和正常水体生长的水葫芦（含根际微生物）植株对含萘污染水体进行净化，证实了根际微生物在有机污染物降解中的重要作用。Sandmann 和 Loos（1984）研究证明，许多植物根际区的农药降解速度快，降解率与根际区微生物数量的增加呈正相关，而且发现多种微生物联合的群落比单一群落对化合物的降解具有更广泛的适应范围。温度与水葫芦及其根区微生物的净化效能成正相关，且根区细菌数始终高于真菌总数，在污水净化中表现为主导作用。在水葫芦净化水体过程中，微生物发挥了很重要的作用，主要表现为对有机物进行氧化分解或者促进根系的吸收（刘灵芝等，2007；Prikryl and Vancura，1980）。

　　根系产生并释放出具有降解作用或促进环境中生物化学反应的酶等分泌物。植物释放到根际环境中的酶系统可直接降解有关化合物，这已被一些研究证实。植物的根和茎本身具有一定的代谢活性，而且这些活性是可以被诱导的，植物释放到根际环境中的酶等根系分泌物可以直接降解有机污染物，而且酶对不同有机污染物在植物细胞中的降解过程也起着十分重要的作用（Sandermann，1992；Macek et al.，2000）。比如，Li 等（1995）认为水葫芦能够耐受并去除污染物与根系所分泌的超氧化物歧化酶有关。袁蓉等（2004）利用水葫芦处理多环芳烃（萘）有机废水时发现，根系分泌物在降解高分子有机物上发挥着非常重要的作用，并指出多环芳烃苯环的降解取决于其产生加氧酶的能力。

此外，有机污染物在植物体内的降解过程也是一种酶促过程，具体而言是属于酶的氧化分解过程。根据功能分类，氧化酶主要有两类：一种是催化酶、过氧酶；另一种是还原型辅酶 NADH 型和 NADPH 型的抗坏血酸氧化酶、单氧化酶和酚氧化酶。例如，细胞色素 P450 是一种多功能酶，由构建膜和可溶态物质组成，能催化氧化反应和过氧化反应，一般位于细胞质和分离的细胞器上，这种分布大大增加了植物的脱毒能力（Waterston et al.，2005）。污染物在植物体内的氧化降解过程一般通过多步反应实现，其中 P450 在每一步氧化降解反应都很重要，但相对而言，随着时间推移氧化降解作用受细胞色素 P450 的影响会逐渐降低（Boutet et al.，2004）。几乎所有外源污染物对细胞色素 P450 都有诱导作用，如六六六和滴滴涕等。总的来说，外源污染物均能诱导水葫芦体内细胞色素 P450 含量的增加，但每一种污染物的诱导能力具有差异，这主要取决于污染物的理化性质、中间代谢产物的浓度及理化特性（周启星和宋玉芳，2001；Boutet et al.，2004）。在多种酶的作用下，水葫芦体内吸收的有机污染物最终被氧化降解而失去活性。

与重金属不同，水葫芦虽然对有机污染水体具有良好的净化和修复效果，但植物对大多数有机污染物的吸收和富集能力比较弱（袁蓉等，2004；Lu et al.，2014），且有机污染物被植物体吸收后在体内各种酶的作用下进一步降解（夏会龙等，2001；Nesterenko-Malkovskaya et al.，2012；Xian et al.，2010）。此外，将修复有机污染水体后收获的水葫芦进行资源化利用时，须经过一定发酵时间（4～7 周），确保其中的有机物如 PAHs、PCBs、激素以及抗生素等被有效去除，即降解率达到 80%以上，或环境标准允许值以下时才可利用；而额外添加硫酸钙、过磷酸钙、草炭、竹炭和菌剂还可显著提高有机物的降解率（张树清等，2006；董芬等，2013；Arikan et al.，2007；Ho et al.，2013）。由此可见，对于修复有机污染水体收获的水葫芦而言，资源化利用的安全性是比较高的，但由于不同国家和地区对环境质量标准的不同，需要依据不同的标准来采用不同的发酵技术。

参 考 文 献

蔡成翔. 2005. 水葫芦对 Zn^{2+}、Cd^{2+} 和 Fe^{3+} 的去除速率. 云南环境科学, 24(1): 10-12.

蔡成翔, 王华敏, 张宗明. 2004. 凤眼莲对铜、铅、镉、锌、铁等离子的短期净化机制研究. 乐山师范学院学报, 19: 69-72.

蔡青, 雷泽湘, 胡宏伟, 等. 2009. 凤眼莲净化含铜废水的效果研究. 长江大学学报 (自然科学版农学卷), 6(2): 68-71, 106.

陈小洁, 李凤玉, 郝雅宾. 2012. 两种水生植物对抗生素污染水体的修复作用. 亚热带植物科学, 41(4): 1-7.

陈兴. 2011. 水葫芦适应不同生长条件的生理生化特性研究. 福州: 福建农林大学.

陈瑛, 金叶飞, 王秀琴, 等. 2004. 水葫芦各部位富集能力的研究. 环境保护科学, 30(3): 31-34, 37.

陈永山, 章海波, 骆永明, 等. 2010. 典型规模化养猪场废水中兽用抗生素污染特征与去除效率研究. 环境科学学报, 30(11): 2205-2212.

戴全裕, 张玉书. 1988. 凤眼莲对重金属的吸收与其喂鱼后二次富集状况的初步研究. 水产学报, 12(2): 135-144.

戴树桂. 1996. 环境化学. 北京: 高等教育出版社: 313.

丁翔, 王文清, 姜剑, 等. 1993. 凤眼莲重金属螯合肽的分离纯化及快速鉴定. 中国科学, 23(4): 365-370.

董芬, 李晓亮, 林爱军, 等. 2013. 添加剂对堆肥降解多环芳烃的影响. 环境工程学报, 7(5): 1951-1957.

傅以钢, 黄亚, 张亚雷, 等. 2006. 植物对水溶液中乐果的降解作用. 农业环境科学学报, 25(1): 90-94.

胡朝华. 2007. 以凤眼莲为主体的水生植物对铜污染与富营养化水体生物修复. 武汉: 华中农业大学.

华建峰, 胡李娟, 张垂胜, 等. 2010. 3 种水生植物对锰污染水体修复作用的研究. 生态环境学报, 19(9): 2160-2165.

黄本胜, 徐红辉. 2008. 水葫芦灾害及其水生态修复功能. 广东水利水电, (3): 1-3, 11.

蒋磊. 2011. 水葫芦渣高水分青贮营养价值及动物组织中重金属安全性评价. 南京: 南京农业大学.

蒋新, 许士奋, Martens D, 等. 2000. 长江南京段水、悬浮物及沉积物中多氯有毒有机污染物. 中国环境科学, 20(3): 193-197.

康跃惠, 麦碧娴, 盛国英, 等. 2000. 珠江三角洲河口及邻近海区沉积物中含氯有机污染物的分布特征. 中国环境科学, 20(3): 245-249.

雷书凤, 王海燕, 苑泉, 等. 2014. 水节霉发生地河水中主要有机污染物种类研究. 环境工程技术学报, 4(5): 385-392.

李然, 李嘉. 1997. 水环境中重金属污染研究概述. 四川环境, 16(1): 18-22.

李卫平, 王军, 李文, 等. 1995. 应用水葫芦去除电镀废水中重金属的研究. 生态学杂志, 14(4): 30-35.

李文君, 蓝梅, 彭先佳. 2011. UV/H$_2$O$_2$ 联合氧化法去除畜禽养殖废水中抗生素. 环境污染与防治, 33(4): 25-28.

凌婉婷, 任丽丽, 高彦征, 等. 2007. 毛茛对富营养化水中多环芳烃的修复作用及机理. 农业环境科学学报, 26(5): 1884-1888.

刘建武, 林逢凯, 王郁, 等. 2003. 水生植物根系对多环芳烃(萘)吸附过程研究. 环境科学与技术 26(1): 32-34, 65.

刘灵芝, 陈志刚, 陈玉玲. 2007. 污水净化过程中凤眼莲根区微生物的变化. 安徽农业科学, 35(2): 510-511.

卢晓梅, 杨毅, 王万贤. 2007. 利用凤眼莲除去镉和锌研究. 安徽农学通报, 13(15): 16-18.

罗佳, 刘丽珠, 王同, 等. 2014. 葫芦和猪粪混合堆肥发酵条件的研究. 江苏农业科学, 42(6): 336-339.

马涛, 易能, 张振华, 等. 2014. 凤眼莲根系分泌氧和有机碳规律及其对水体氮转化影响的研究. 农业环境科学学报, 33 (10): 2003-2013.

孙瑞莲, 周启星. 2005. 高等植物重金属耐性与超积累特性及其分子机理研究. 植物生态学报, 29: 497-504.

谭彩云, 林玉满, 陈祖亮. 2009. 凤眼莲净化水中重金属的研究. 亚热带资源与环境学报, 4(1): 47-52.

陶大钧, 黄永顺, 薛燕. 1998. 凤眼莲净化水体中甲萘胺、苯胺的研究. 江苏环境科技, (2): 4-7.

王崇效, 徐赛兰, 王志香, 等. 1986. 凤眼莲净化含酚污水的研究——Ⅰ. 盆栽和氧化塘试验及几种环境条件对除酚的影响. 环境科学学报, 6(2): 207-215.

王丹, 隋倩, 赵文涛, 等. 2014. 中国地表水环境中药物和个人护理品的研究进展. 科学通报, 59(9): 743-751.

王剑虹, 麻密. 2000. 植物修复的生物学机制. 植物学通报, 17(6): 504-510.

王佩华, 赵大伟, 聂春红, 等. 2011. 水环境中持久性有机污染物的污染现状. 贵州农业科学, 39(2):

221-224.

王英彦, 熊燚, 铁锋, 等. 1994. 用凤眼莲根内金属硫肽检测水体的重金属污染的初步研究. 环境科学学报, 14(4): 431-438.

王忠全, 温琰茂. 2009. 水体苯胺、N 和 P 生物修复研究. 农业环境科学学报, 28(3): 570-574.

吴涛, 兰昌云. 2004. 环境中的钒及其对人体健康的影响. 广东微量元素科学, 11(1): 11-15.

夏会龙. 2002. 植物对有机农药的吸收与污染修复研究. 杭州: 浙江大学.

夏会龙, 吴良欢, 陶勤南. 2001. 凤眼莲加速水溶液中马拉硫磷降解. 中国环境科学, 21(6): 553-555.

夏会龙, 吴良欢, 陶勤南. 2002. 凤眼莲植物修复水溶液中甲基对硫磷的效果与机理研究. 环境科学学报, 22(3): 329-332.

夏会龙, 吴良欢, 陶勤南. 2003. 有机污染环境的植物修复研究进展. 应用生态学报, 14(3): 457-460.

徐小清, 丘昌强, 邓冠强, 等. 1999. 三峡库区汞污染的化学生态效应. 水生生物学报, 23(3): 197-203.

许秋瑾, 金相灿, 颜昌宙. 2006. 中国湖泊水生植被退化现状与对策. 生态环境, 15: 1126-1130.

许士奋, 蒋新, 王涟生, 等. 2000. 长江和辽河沉积物中的多环芳烃类污染物. 中国环境科学, 20(2): 125-131.

杨居荣, 薛纪渝, 夸田共之. 1999. 日本公害病发源地的今天. 农业环境保护, 18(6): 268-271.

叶雪均, 邱树敏. 2010. 3 种草本植物对 Pb-Cd 污染水体的修复研究. 环境工程学报, 4(5): 1023-1026.

袁蓉, 刘建成, 成旦红, 等. 2004. 凤眼莲对多环芳烃 (萘) 有机废水的净化. 上海大学学报 (自然科学版), 10(3): 272-276.

张明, 花日茂, 李学德, 等. 2010. 巢湖表层水体中有机氯农药的分布及其组成. 应用生态学报, 21(1): 209-214.

张树清, 张夫道, 刘秀梅, 等. 2006. 高温堆肥对畜禽粪中抗生素降解和重金属钝化的作用. 中国农业科学, 39(2): 337-343.

张秀芳, 董晓丽. 2002. 辽河中下游水体中有机氯农药的残留调查. 大连轻工业学院学报, 21(2): 102-104.

张秀芳, 全燮, 陈景文, 等. 2000. 辽河中下游水体中多氯有机物的残留调查. 中国环境科学, 20(1): 31-35.

张志杰, 王志盈, 吕秋芬, 等. 1989. 凤眼莲对铅镉废水净化能力研究. 环境科学, 10(2): 14-17.

张宗明, 蔡成翔, 王华敏, 等. 2004. 凤眼莲对铜、铅、镉离子的耐性及短期富集机制研究. 宜春学院学报 (自然科学版), 26(2): 7-9.

郑家传. 2010. 利用水葫芦根系去除水中重金属的效率和机理研究. 合肥: 中国科学技术大学.

郑建初, 常志州, 陈留根, 等. 2008. 水葫芦治理太湖流域水体氮磷污染的可行性研究. 江苏农业科学, (3): 247-250.

周灵辉, 胡恩宇, 杭维琦, 等. 2010. 长江南京段重点污染源有机污染物的定性分析. 环境监控与预警, 2(6): 39-40.

周启星, 宋玉芳. 2001. 植物修复的技术内涵及展望. 安全与环境学报, 1(3): 48-53.

周文兵, 谭良峰, 刘大会, 等. 2005. 凤眼莲及其资源化利用研究进展. 华中农业大学学报, 24(4): 423-428.

周艳玲. 2011. 酚类化合物检测方法研究进展. 环境监测管理与技术, S1: 70-77.

Agunbiade F O, Olu-Owolabi B I, Adebowale K O. 2009. Phytoremediation potential of *Eichornia crassipes* in metal-contaminated coastal water. Bioresour Technol, 100(19): 4521-4526.

Aken B V, Correa P A, Schnoor J L. 2009. Phytoremediation of polychlorinated biphenyls: new trends and promises. Environ. sci. technol., 44(8): 2767-2776.

Ali H, Khan E, Sajad M A. 2013. Phytoremediation of heavy metals—concepts and applications. Chemosphere, 91(7): 869-881.

Andersen H V, Kjølholt J, Poll C, et al. 1998. Environmental risk assessment of surface water and sediments in Copenhagen harbour. Water Sci. Technol., 37: 263-272.

Arikan O A, Sikora L J, Mulbry W, et al. 2007. Composting rapidly reduces levels of extractable oxytetracycline in manure from therapeutically treated beef calves. Bioresour. Technol., 98(1): 169-176.

Auma E O. 2014. Phytoremediation of polychlorobiphenyls (PCB's) in landfill e-waste leachate with water hyacinth (*E. crassipes*). MSc Thesis, Nairobi: University of Nairobi.

Bliss C I. 1939. The toxicity of poisons applied jointly. Ann. of appl. biol., 26(3): 585-615.

Boutet I, Tanguy A, Moraga D. 2004.molecular identification and expression of two non-P450 enzymes, monoamine oxidase A and flavin-containing monooxygenase 2, involved in phase I of xenobiotic biotransformation in the Pacific oyster, Crassostrea gigas. Biochim. Biophys. Acta (BBA)-Gene. Structure and Expression, 1679: 29-36.

Choi K J, Kim S G, Kim S H. 2008. Removal of antibiotics by coagulation and granular activated carbon filtration. J. Hazard. Mater., 151(1): 38-43.

Chunkao K, Nimpee C, Duangmal K. 2012. The King's initiatives using water hyacinth to remove heavy metals and plant nutrients from wastewater through Bueng Makkasan in Bangkok, Thailand. Ecol. Eng., 39: 40-52.

Cordes K B, Mehra A, Farago M E, et al. 2000. Uptake of Cd, Cu, Ni, and Zn by the water hyacinth, *Eichhornia crassipes* (Mart.) Solms from pulverised fuel ash (PFA) leachates and slurries. Environ. Geochem. Health, 22(4): 297-316.

Cornwell D A, Zoltek Jr J, Patrinely C D, et al. 1977. Nutrient removal by water hyacinths. J. Water Pollut. Control. Fed., 49(1): 57-65.

Daughton C G, Temes T A. 1999. Phammceuticals and personal care products in the environment: Agents of subtle change? Environ. Health. Persp., 107: 907-938.

de Casabianca M L, Laugier T. 1995. *Eichhornia crassipes* production on petroliferous wastewaters-effects of salinity. Bioresour. Technol., 54(1): 39 - 43.

El-Gendy A S, Biswas N, Bewtra J K. 2006. Municipal landfill leachate treatment for metal removal using water hyacinth in a floating aquatic system. Water Environ Res, 78(9): 951-965.

El-Queny F, Abdel-Megeed A. 2009. Phytoremediation and detoxification of two organophosphorous pesticides residues in Riyadh area. World Appl. Sci. J., 6: 570-578.

Espinoza-Quiñones F R, Módenes A N, de Oliveira A P, et al. 2013. Influence of lead-doped hydroponic medium on the adsorption/bioaccumulation processes of lead and phosphorus in roots and leaves of the aquatic macrophyte *Eicchornia crassipes*. J. Environ. Manage., 130: 199-206.

Flores-Cáceres M L, Hattab S, Hattab S, et al. 2015. Specific mechanisms of tolerance to copper and cadmium are compromised by a limited concentration of glutathione in alfalfa plants. Plant Sci, 233: 165-173.

Fowler S W. 1990. Critical review of selected heavy metal and chlorinated hydrocarbon concentrations in the marine environment. Marine. Environ. Res., 29(1): 1-64.

Granato M. 1993. Cyanide degradation by water hyacinths, *Eichornia crassipes* (Mart.) Solms. Biotechnol. Lett., 15(10): 1085-1990.

Grill E, Winnacker E L, Zenk M H. 1985. Phytochelatins: the principal heavy-metal complexing peptides of higher plants. Science, 230: 674-676.

Guo W, He M, Yang Z, et al. 2009. Distribution, partitioning and sources of polycyclic aromatic hydrocarbons in Daliao River water system in dry season, China. J. Hazard. Mater., 164(2-3): 1379-1385.

Gupta M, Rai U N, Tripathi R D, et al. 1995. Lead induced changes in glutathione and phytochelatin in Hydrilla verticillata (lf) Royle. Chemosphere, 30(10): 2011-2020.

Gupta M, Tripathi R D, Rai U N, et al. 1998. Role of glutathione and phytochelatin in Hydrilla verticillata (If) royle and Valusneria spiraus L. under mercury stress. Chemosphere, 37(4): 785-800.

Harmon S M. 2015. The toxicity of pollutants to aquatic organisms. Comprehen. Anal. Chem., 67: 587-613.

Ho Y B, Zakaria M P, Latif P A, et al. 2013. Degradation of veterinary antibiotics and hormone during broiler manure composting. Bioresour. technol., 131: 476-484.

Huesemann M H, Hausmann T S, Fortman T J, et al. 2009. In situ phytoremediation of PAH-and PCB-contaminated marine sediments with eelgrass (Zostera marina). Ecol. Eng., 35(10): 1395-1404.

Jiries A, Hussain H, Lintelmann G. 2000. Determination of polycyclic aromatic hydrocarbons in wastewater, sediments, sludge and plants in Karak Province, Jordan. Water, Air, Soil Pollut., 121(1-4): 217-228.

Jurado A, Vàzquez-Suñé E, Carrera J, et al. 2012. Emerging organic contaminants in groundwater in Spain: a review of sources, recent occurrence and fate in a European context. Sci. Total Environ., 440(3): 82-94.

Kamal M, Ghaly A E, Mahmoud N, et al. 2004. Phytoaccumulation of heavy metals by aquatic plants. Environ. Int., 29(8): 1029-1039.

Kim Y, Kim W J. 2000. Roles of water hyacinths and their roots for reducing algal concentration in the effluent from waste stabilization ponds. Water Res., 34(13): 3285-3294.

Kolpin D W, Furlong E T, Meyer M T, et al. 2002. Pharmaceuticals, hormones and other waste water contaminants in US streams 1999-2000. Environ. Sci. Technol., 36: 1202-1211.

Koyunc U I, Arikan O A, Wiesner M R, et al. 2008. Removal of hormones and antibiotics by nanofiltration membranes. J. Membrane. Sci., 309(1-2): 94-101.

Küpper H, Zhao F J, McGrath S P. 1999. Cellular compartmentation of zinc in leaves of the hyperaccumulator Thlaspi caerulescens. Plant Physiol, 119(1): 305-312.

Kurzbaum E, Kirzhner F, Sela S, et al. 2010. Efficiency of phenol biodegradation by planktonic Pseudomonas pseudoalcaligenes (a constructed wetland isolate) vs. root and gravel biofilm. Water Res., 44(17): 5021-5031.

Lazzari L, Sperni L, Bertin P, et al. 2000. Correlation between inorganic (heavy metals) and organic (PCBs and PAHs) micropollutant concentrations during sewage sludge composting processes. Chemosphere, 41(3): 427-435.

Lewis S, Donkin M E, Depledge M H. 2001. Hsp70 expression in Enteromorpha intestinalis (Chlorophyta) exposed to environmental stressors. Aquat Toxicol, 51(3): 277-291.

Li X B, Wu Z B, He G Y. 1995. Effects of low temperature and physiological age on superoxide dismutase in water hyacinth. Aquat. Bot., 50: 193-200.

Lishman L, Smyth S A, Sarafin K, et al. 2006. Occurrence and reductions of pharmaceuticals and personal care products and estrogens by municipal wastewater treatment plants in Ontario, Canada. Sci. Total Environ., 367(2-3): 544-558.

Lissy P N M, Madhu G. 2011. Removal of heavy metals from waste water using water hyacinth. ACEEE Int. J. Trans. Urban. Develop., 1: 48-52.

Loos R, Locoro G, Contini S. 2010. Occurrence of polar organic contaminants in the dissolved water phase of the Danube River and its major tributaries using SPE-LC-MS 2 analysis. Water Res., 44(7): 2325-2335.

Lu X, Gao Y, Luo J, et al. 2014. Interaction of veterinary antibiotic tetracyclines and copper on their fates in water and water hyacinth (Eichhornia crassipes). J. Hazard. Mater., 280: 389-398.

Macek T, Mackova M, Káš J. 2000. Exploitation of plants for the removal of organics in environmental remediation. Biotechnol. Adv., 18(1): 23-34.

Maitani T, Kubota H, Sato K, et al. 1996. The composition of metals bound to class III metallothionein (phytochelatin and its desglycyl peptide) induced by various metals in root cultures of Rubia tinctorum.

Plant Physiol, 110(4): 1145-1150.

Malar S, Sahi S V, Favas P J, et al. 2015. Mercury heavy-metalinduced physiochemical changes and genotoxic alterations in water hyacinths [*Eichhornia crassipes* (Mart.)]. Environ. Sci. Pollut. R., 22(6): 4597-4608.

Malik A. 2007. Environmental challenge vis a vis opportunity: the case of water hyacinth. Environ., 33(1): 122-138.

Margoshes M, Vallee B L. 1957. A cadmium protein from equine kidney cortex. J. Am. Chem. Soc., 79(17): 4813-4814.

Mazen A M A, El Maghraby O M O. 1997. Accumulation of cadmium, lead and strontium, and a role of calcium oxalate in water hyacinth tolerance. Biol. Plantarum., 40(3): 411-417.

Megateli S, Semsari S, Couderchet M. 2009. Toxicity and removal of heavy metals (cadmium, copper, and zinc) by Lemna gibba. Ecotox. Environ. Safe., 72(6): 1774-1780.

Miretzky P, Saralegui A, Cirelli A F. 2004. Aquatic macrophytes potential for the simultaneous removal of heavy metals (Buenos Aires, Argentina). Chemosphere, 57(8): 997-1005.

Mishra V K, Tripathi B D. 2009. Accumulation of chromium and zinc from aqueous solutions using water hyacinth (*Eichhornia crassipes*). J. Hazard. Mater., 164(2-3): 1059-1063.

Murphy A, Taiz L. 1995. Comparison of metallothionein gene expression and nonprotein thiols in ten Arabidopsis ecotypes (Correlation with copper tolerance). Plant. Physiol., 109(3): 945-954.

Nassef M, Matsumoto S, Seki M, et al. 2010. Acute effects of triclosan, diclofenac and carbamazepine on feeding performance of Japanese medaka fish (Oryzias latipes). Chemosphere, 80(9): 1095-1100.

Nawirska A. 2005. Binding of heavy metals to pomace fibers. Food Chem., 90(3): 395-400.

Nesterenko-Malkovskaya A, Kirzhner F, Zimmels Y, et al. 2012. *Eichhornia crassipes* capability to remove naphthalene from wastewater in the absence of bacteria. Chemosphere, 87(10): 1186-1191.

Nguyen T H H, Masayuki S, Sakae S. 2009. Phytoremediation of Sb, As, Cu, and Zn from contaminated water by the aquatic macrophyte Eleocharis acicularis. Clean-Soil, Air, Water, 37(9): 720-725.

Nye P H, Tinker P B. 1977. Solute Movement in the Soil-root System. California: University of California Press.

Paraíba L C. 2007. Pesticide bioconcentration modelling for fruit trees. Chemosphere, 66(8): 1468-1475.

Peng X Z, Yu Y Y, Tang C M, et al. 2008. Occurrence of steroid estrogens, endocrine-disrupting phenols and acid pharmaceutical residues in urban riverine water of the Pearl River Delta, South China. Sci. Total Environ., 397(1-3): 158-166.

Pilon-Smits E. 2005. Phytoremediation. Annu. Rev. Plant. Biol., 56: 15-39.

Prikryl Z, Vancura V. 1980. Root exudates of plants VI. Wheat root exudation as dependent on growth, concentration gradient of exudates and the presence of bacteria. Plant Soil, 57(1): 69-83.

Rai P K, Tripathi B D. 2009. Comparative assessment of Azolla pinnata and Vallisneria spiralis in Hg removal from G. B. Pant Sagar of singrauli industrial region, India. Environ. monit. assess., 148(1-4): 75-84.

Raskin I, Ensley B D. 2000. Phytoremediation of toxic metals. New York: John Wiley and Sons.

Raskin I, Smith R D, Salt D E. 1997. Phytoremediation of metals: using plants to remove pollutants from the environment. Curr. Opin. Chem. Biol., 8(2): 221-226.

Rezania S, Ponraj M, Talaiekhozani A, et al. 2015. Perspectives of phytoremediation using water hyacinth for removal of heavy metals, organic and inorganic pollutants in wastewater. J. Environ. Manage. 163: 125-133.

Rivera-Utrilla J, Prados-Joya G, Sánchez-Polo M, et al. 2009. Removal of nitroimidazole antibiotics from aqueous solution by adsorption/ bioadsorption on activated carbon. J. Hazard. Mater., 170(1): 298-305.

Rodríguez M, Brisson J, Rueda G, et al. 2012. Water quality improvement of a reservoir invaded by an exotic macrophyte. Invas. Plant. Sci. Mana., 5(2): 290-299.

Sakurai T, Kim J G, Suzuki N, et al. 2000. Polychlorinated dibenzo-p-dioxins and dibenzofurans in sediment, soil, fish, shellfish and crab samples from Tokyo Bay area, Japan. Chemosphere, 40: 627-640.

Salt D E, Smith R D, Raskin I. 1998. Phytoremediation. Annu. Rev. Plant. Biol., 49: 643-668.

Sandermann H. 1992. Plant metabolism of xenobiotics. Trends. Biochem. Sci., 17: 82-84.

Sandmann E, Loos M A. 1984. Enumeration of 2, 4-D-degrading microorganisms in soils and crop plant rhizospheres using indicator media; high populations associated with sugarcane (*Saccharum officinarum*). Chemosphere, 13(9): 1073-1084.

Schecter A, Cramer P, Boggess K, et al. 1997. Levels of dioxins, dibenzofurans, PCB and DDE congeners in pooled food samples collected in 1995 at supermarkets across the United States. Chemosphere, 34(5-7): 1437-1447.

Schwab A P, Al-Assi A A, Banks M K. 1998. Adsorption of naphthalene onto plant roots. J. Environ. Qual., 27(1): 220-224.

Singh W R, Pankaj S K, Kalamdhad A S. 2015. Reduction of bioavailability and leachability of heavy metals during agitated pile composting of Salvinia natans weed of Loktak lake. International J. Recycl Org. Waste Agri., 4(2): 143-156.

Smolyakov B S. 2012. Uptake of Zn, Cu, Pb, and Cd by water hyacinth in the initial stage of water system remediation. Appl. Geochem., 27(6): 1214-1219.

Soltan M E, Rashed M N. 2003. Laboratory study on the survival of water hyacinth under several conditions of heavy metal concentrations. Adv. Environ. Res., 7(2): 321-334.

Tchobanoglous G, Maitski F K, Thomson K, et al. 1989. Evolution and performance of city of San Diego pilot scale aquatic wastewater treatment system using water hyacinth. J. Water Pollut. Control. Fed., 61(11/12): 11-20.

Thornton G J P, Walsh R P D. 2001. Heavy metals in the waters of the Nant-y-Fendrod: change in pollution levels and dynamics associated with the redevelopment of the Lower Swansea Valley, South Wales, UK. Sci. Total Environ., 278(1-3): 45-55.

Voudrias E A, Assaf K S. 1996. Theoretical evaluation of dissolution and biochemical reduction of TNT of phytoremediation of contaminated sediment. J. Contam. Hydrol., 23(3): 245-261.

Wang L, Ying G G, Zhao J L, et al. 2010. Occurrence and risk assessment of acidic pharmaceuticals in the Yellow River, Hai River and Liao River of north China. Sci. Total. Environ., 408(16): 3139-3147.

Wang Z, Zhang Z Y, Zhang J Q, et al. 2012. Large-scale utilization of water hyacinth for nutrient removal in Lake Dianchi in China: The effects on the water quality, macrozoobenthos and zooplankton. Chemosphere, 89(10): 1255-1261.

Waterston R H, Bao Z R, Murray J I. 2005. Interpreting the human and C-elegans genomes. J. Biotechnlo., 118(1Suppl): S1-S2.

Westwood F, Bean K M, Dewar A M, et al. 1998. Movement and persistence of [14C] imidacloprid in sugar‐beet plants following application to pelleted sugar-beet seed. Pestic. Sci., 52(2): 97-103.

Wild E, Dent J, Thomas G O, et al. 2005. Direct observation of organic contaminant uptake, storage, and metabolism within plant roots. Environ. Sci. Technol., 39(10): 3695-3702.

Wollgiehn R, Neumann D. 1999. Metal stress response and tolerance of cultured cells from Silene vulgaris and Lycopersicon peruvianum: role of heat stress proteins. J. Plant. Physiol., 154(4): 547 -553.

Xia H, Ma X. 2006. Phytoremediation of ethion by water hyacinth (*Eichhornia crassipes*) from water. Bioresour. Technol., 97(8): 1050-1054.

Xian Q M, Hu L X, Chen H C, et al. 2010. Removal of nutrients and veterinary antibiotics from swine wastewater by a constructed macrophyte floating bed system. J. Environ. Manage., 91(12): 2657-2661.

Yadav S K. 2010. Heavy metals toxicity in plants: An overview on the role of glutathione and phytochelatins in heavy metal stress tolerance of plants. S. Afr. J. Bot., 76(2): 167-179.

Yamamoto H, Kagota K, Hiejima A, et al. 2014. Removal of selected pollutants in household effluent by solidified coal ash and water lettuce. J. Water Environ. Technol., 12(4): 389-406.

Yapoga S, Ossey Y B, Kouamé V. 2013. Phytoremediation of zinc, cadmium, copper and chrome from industrial wastewater by *Eichhornia Crassipes*. Int. J. Conserve. Sci., 4(1): 81-86.

Zaranyika M F, Ndapwadza T. 1995. Uptake of Ni, Zn, Fe, Co, Cr, Pb, Cu and Cd by water hyacinth (*Eichhornia crassipes*) in mukuvisi and manyame rivers, Zimbabwe. J. Environ. Sci. Health. Part A, 30(1): 157-169.

Zhang Z H, Rengel Z, Meney K, et al. 2011. Polynuclear aromatic hydrocarbons (PAHs) mediate cadmium toxicity to an emergent wetland species. J. Hazard. Mater., 189(1): 119-126.

Zhang Z H, Rengel Z, Meney K. 2010. Cadmium Accumulation and Translocation in Four Emergent Wetland Species. Water. Air. Soil Poll., 212(1-4): 239-249.

Zhou C, An S, Jiang J, et al. 2006. An in vitro propagation protocol of two submerged macrophytes for lake revegetation in east China. Aquat Bot, 85(1): 44-52.

Zhu Y L, Zayed A M, Qian J H, et al. 1999. Phytoaccumulation of trace elements by wetland plants: II. Water Hyacinth. J. Environ. Qual., 28(1): 339- 344.

第五章　水葫芦拦截蓝藻及藻体养分的分解与转化

第一节　概　　述

蓝藻水华的频繁暴发是富营养化的重要表征之一，近年来有害蓝藻水华已成为普遍的环境难题（Zhang et al.，2014），对水生态系统和人类健康造成潜在的风险（Ou et al.，2012）。由于大多数蓝藻细胞自身具有伪空胞（gas vesicle），在水浮力的作用下，蓝藻上浮至水体表面，获得丰富的光照、营养盐等资源，形成藻斑。在适当的水文气象条件下，蓝藻藻斑在风场和湖流驱动下，漂移至下风向区域大量聚集。如果多个湖区的蓝藻大量聚集在同一个特定水域，则会形成覆盖大片水域的蓝藻水华，使水质严重恶化，影响其他水生生物生存。从水体营养物质转化、迁移角度来看，蓝藻快速繁殖富集了水体中大量氮磷等加重水体富营养化的营养物质，随波浪和湖流迁移等特性就形成了富营养化水体的养分的迁移富集。如果能在藻华聚集水域将蓝藻打捞分离出来，可以直接消减水体中营养物质。然而由于蓝藻个体较小，直接打捞分离技术难度大，且费用太高。

目前有关蓝藻水华的控制和去除技术有物理的（Wu et al.，2012）、化学的（Barrington et al.，2013）和生物的（Xie and Liu，2001），但效果都不尽人意。因此，亟需寻找经济、环保、高效的蓝藻控制与移除技术，同时还能够消减水体氮磷浓度，遏制蓝藻水华的再次暴发（Li et al.，2007）。水葫芦凭借其浓密、发达的发状根系可以截获水体中蓝藻等颗粒物体（Kim and Kim，2000），并通过其茎叶的遮阴效果和化感作用降低藻类活性，进而导致藻细胞裂解释放细胞内存储的养分，然后水葫芦凭借其高效的吸收能力，实现藻类分解释放的氮磷等营养物质在植株内的同化富集，最终通过收获植物体，移除水体氮磷等污染物质，消减水体污染负荷。

云南滇池外海是富营养化较为严重的高原湖泊，蓝藻常年暴发，带来严重的生态问题和社会问题。江苏省农业科学院研究团队在滇池外海建立了一套以水葫芦为大型修复植物的治理富营养化和拦截蓝藻的体系，野外观测和室内分析数据表明，蓝藻能够被水葫芦高效地拦截，拦截之后蓝藻出现不同程度的凋亡，但是水质指标并未恶化，也未出现异常臭味。同时，Qin 等（2016）对滇池外海拦截区域的水葫芦总氮（TN）进行了测定，发现拦截区域水葫芦体内的 TN 含量有显著提升，这表明蓝藻降解之后产生的氮等养分很有可能被水葫芦很快吸收和同化。张维国等用 ^{15}N 标记蓝藻，在生长了稳定性氮同位素标记蓝藻的富营养化水体中种植水葫芦的研究，证明了这一现象。

在水葫芦拦截区域内，可以观察到水葫芦根系表面附着大量的蓝藻和悬浮颗粒（图5-1）。水葫芦庞大的根系与其表面附着的悬浮颗粒同时又为微生物的大量繁殖提供了良好的微域环境，在该生境内水葫芦根系-蓝藻-微生物存在着强烈、错综复杂的交互作用，共同调节着环境内部的营养元素循环过程，最终表现为蓝藻体内存储的氮磷元素通过植物吸收及微生物转化（如硝化、反硝化脱氮）过程从水体中移除。

图 5-1 滇池水葫芦根系吸附大量蓝藻

第二节 水葫芦拦截蓝藻的效率与效果

Kim 和 Kim（2000）研究了水葫芦对蓝藻的拦截作用，表明水葫芦主要是通过植物根系的吸附、加速藻类沉降、抑制藻类生长等途径对水体中藻类的生物量起到显著控制作用。但实际拦截蓝藻净化水质效果和拦截量定量研究未见报道。为了定量研究水葫芦对蓝藻的拦截作用，作者所在研究团队在富营养化水塘中进行了塘内原位水槽流水蓝藻拦截试验。实验池塘位于江苏省农业科学院内，面积约 10500m²，水深 1.9～3.2m，水塘水中度富营养化。实验用水葫芦为温室内正常越冬的苗种，5 月中旬转移至实验池塘，适应池塘环境，达到实验材料需求后移入实验水槽。

实验用不锈钢水槽长 10.0m×宽 1.0m×深 0.5m [示意图和效果图分别见图 5-2(a)和图 5-2(b)]，使用不锈钢板焊接而成。通过在水槽两侧绑定泡沫浮球调节槽体在水下的位置，使槽内水深维持在 0.40m，槽体通过尼龙绳固定于附近的钢桩。槽体两端设有进出水口，其中，进水口置于距槽底 0.25m 处，直径 0.05m，并在进水管口外侧包裹尼龙滤网（孔径 1.3cm×1.3cm），以防止大型悬浮物堵塞进水管；出水口置于距槽底 0.40m 处，直径 0.05m，出水管一端连于抽水泵，抽水泵固定于水槽出水端，并通过泡沫浮球悬浮与水面，工作效率 5m³·d⁻¹，24h 连续均匀向水槽内泵水，出水管另一端置于槽体内水面下，且用尼龙滤网（孔径 1.5×1.5cm²）包裹以防止大型杂物抽入泵内。由于进水口一直处于开启状态，水泵从实验水槽泵出的水量会及时得到塘水补充。

在原位水槽实验中，每天监测水质理化指标变化情况。从实验全程连续 21d 水质指标分析数据平均数来看，水葫芦对 TN、TP、COD$_{Mn}$、藻密度和水体叶绿素 a 浓度去除率分别达到了 82.08%、55.22%、46.86%、91.80%、91.30%（表 5-1）。漂浮植物对水体中藻类的去除主要有根系吸附与拦截、化感作用抑制、遮光控生长等几个途径（Kim and Kim，2000），尤其对于具有发达根系的水生植物，庞大的根系拥有巨大的表面积，其过

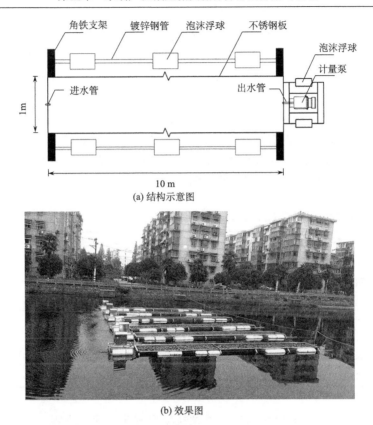

(a) 结构示意图

(b) 效果图

图 5-2　水槽结构示意图和效果图

滤藻类和附着藻类的效果甚为显著（Polprasert and Khatiwada，1997）。池塘原位水槽定量研究表明，水葫芦发达的根系对水体中浮游藻类去除的贡献率确实很大，每平方米水葫芦 24h 可使 0.5m³ 蓝藻含量高达 12×10⁷cells·L⁻¹ 的富藻水蓝藻浓度和叶绿素 a 含量降低超过 90%。也有研究表明，水葫芦和水浮莲均有一定的化感作用（Shanab et al.，2010），可以抑制藻类生长，但在本实验中水力停留时间 0.8d（水槽内水储存量约 4m³，水泵控水流量 5m³·d⁻¹），在如此短的时间内，通过其化感作用除去藻类的量是有限的。综合上述分析，在流动水体中，水葫芦根系对水体藻类的拦截吸附去除作用十分显著。

表 5-1　水葫芦的水质净化效果

项目	TN / （mg·L⁻¹）	TP / （mg·L⁻¹）	COD$_{Mn}$ / （mg·L⁻¹）	藻密度 / （×10⁷ cells·L⁻¹）	叶绿素 a / （μg·L⁻¹）
进水口	2.97±0.81	0.49±0.10	8.67±2.08	12.62±2.91	251.87±57.19
出水口	0.51±0.11	0.20±0.04	4.45±0.63	0.99±0.11	19.19±2.32
去除率/%	82.08±1.90	55.22±0.13	46.86±3.32	91.80±2.25	91.30±2.04
消减量/（g·m⁻²·d⁻¹）	1.23±0.10	0.15±0.01	2.11±0.14	—	—

注：数据以 21d 采样分析平均数±标准差的形式呈现，后面所示数据形式与此相同；去除率（%）=100%×（进水口浓度−出水口浓度）mg·L⁻¹/进水口浓度 mg·L⁻¹；消减量（g·m⁻²·d⁻¹）=（进水浓度−出水浓度）mg·L⁻¹÷1000g×流量（5000 L·d⁻¹）÷10m²。

利用流式细胞仪绝对计数法测定种养水葫芦之后，比较水槽进水口和出水口水体浮游藻类的数量，实验结果显示，水葫芦对藻类总量的平均拦截率约为 80.74%，其中对粒径>6μm 的藻类拦截效果最佳，平均拦截率为 87.16%；对粒径在 3～6μm 的藻类拦截效果次之，平均拦截率为 74.7%；对粒径 1～3μm 的藻类的拦截效果最差，平均拦截率为68.3%（表 5-2）。当然，这些拦截率并不是绝对的，因为藻细胞的繁殖时间较短，7 月中旬自然湖泊水体中富有藻类密度翻倍的时间仅为 26 d，而温度越高，这个时间可能会更短（程曦和李小平，2011）。由此可见，不同粒径的藻类拦截率的差别不仅跟水葫芦根系拦截能力有关，同时还可能跟藻细胞的繁殖速度有关。

表 5-2　水葫芦对浮游藻类总的拦截率及不同粒径藻类的拦截率　（单位：%）

日期	浮游藻类总拦截率	直径 3～6μm 藻类拦截率	直径 1～3μm 藻类拦截率	直径<1μm 藻类拦截率	直径>6μm 藻类拦截率
7 月 05 日	74.28±5.73	56.82±13.93	37.44±14.09	45.29±25.63	81.57±4.02
7 月 10 日	73.00±9.04	64.57±9.89	72.44±3.13	82.86±13	84.26±14.25
7 月 16 日	80.46±0.24	77.78±2.90	62.38±5.9	42.86±16.98	85.21±0.46
7 月 22 日	79.12±1.10	75.73±3.15	78.8±7.66	83.61±7.13	79.54±2.7
7 月 29 日	88.58±3.08	84.68±5.60	85.4±8.76	90.14±4.32	91.36±6.98
8 月 02 日	89.00±6.70	88.37±7.94	73.3±15.18	71.64±17.28	95.14±3.27

同时，对水葫芦截留和吸附水体悬浮颗粒物的规律进行了监测。水槽进水口悬浮颗粒物的浓度每天有一定的差异性，这主要受上游排水量及污染源的影响，在晴好天气条件下颗粒物浓度在 25mg·L^{-1} 上下波动，在阴雨天气条件下则会有一定的下降，其浓度在 15mg·L^{-1} 上下波动。在种养水葫芦之后，出水口水体颗粒物浓度显著下降：在晴好天气条件下，种植水葫芦的水槽出水口浓度在 13mg·L^{-1} 上下波动；在阴雨天气条件下，出水口颗粒物浓度均在 5mg·L^{-1} 左右波动。这些结果表明，水葫芦对水体中的悬浮颗粒物具有较好的拦截效果，能有效降低水体中的颗粒物，提高水体透明度。不难理解，水葫芦发达的根系与庞大的表面积，能形成一道密集的过滤层和吸附面，能有效截留去除水体中的悬浮颗粒物和减缓水利负荷，提高水体的透明度（Zimmels et al.，2006）。Rodríguez 等（2012）研究发现，种养水葫芦后，种植区的悬浮颗粒物浓度升高，从而使得非种植区的悬浮颗粒物浓度得以降低，提高了水体透明度。结合 Donabaum 等（1999）和 Fang 等（2007）的研究结果，并通过实验验证，表明水葫芦在修复污水过程中对提高水体透明度具有难以比拟的优势。

第三节　富营养化湖泊中水葫芦拦截蓝藻的效果

滇池位于我国西南部的云贵高原（24°29′～25°28′N，102°29′～103°01′E），海拔1886m，面积 320km^2，是我国面积最大的高原内陆湖。近 20 年来，滇池水体富营养化严重，蓝藻水华频发。由于湖流和季风的影响，滇池外海北部蓝藻大量堆积，不仅使外海北部水质恶化，蓝藻腐败散发恶臭还对居民和游客产生严重影响。如何治理蓝藻，减轻其对周边环境的影响，是滇池治理工作面临的一大难题。2011 年 7 月，经云南省政府研究同意，在滇池外海及草海开展水葫芦治理污染试验性工程项目的实施，该项目试验期为三年，至 2013 年底结束。江苏省农业科学院、云南大学、昆明生态研究所等参加单位在滇池水葫芦治理污染试验性工程等项目的支持下，在外海北部龙门至盘龙江段铺设围网，控养水葫芦，以期将蓝藻高效拦截。

一、水葫芦对蓝藻的拦截作用

基于气象学和水文学相关规律，外海西北部是蓝藻水华随风漂移集聚的主要区域，也是著名风景区和市民居住区。科研团队决定在此建造 1.33km² 的水葫芦蓝藻拦截带。在水葫芦生长期间取样分析蓝藻拦截转化情况，结果如图 5-3 所示。由图 5-3(a)可以看出，水体中 90%以上的藻类为微囊藻。受风向的影响，水葫芦围栏内下风向微囊藻不断堆积，其中十月份下风向蓝藻生物量高达 4.95×10^{10} cells·L^{-1}，高出下风向拦截带外侧（0.16×10^{10} cells·L^{-1}）30 倍以上[图 5-3(b)]。水葫芦根系对蓝藻也有显著吸附效果，十

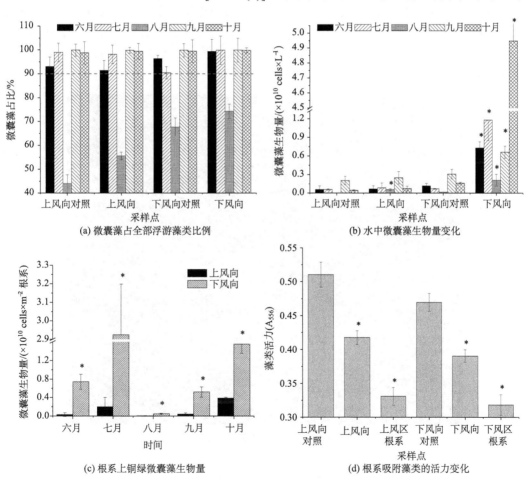

图 5-3　水体中和根系上吸附藻类的变化

月份下风向水葫芦根系吸附微囊藻达 1.55×10^{10} cells·m^{-2} 根系[图 5-3(c)]。根系上吸附的蓝藻活力显著降低[图 5-3(d)]。可见,水葫芦凭其庞大的根系吸附拦截大量的蓝藻,由于遮光和化感作用等因素的作用,拦截的蓝藻活性降低,加速了其死亡过程,蓝藻释放的营养被水葫芦快速高效吸收(吸收效率将在后一章节阐述),通过水葫芦的机械化采收,带走了水体的营养,消减了营养负荷(Qin et al., 2016)。室内研究表明,水葫芦的存在可以加速微囊藻的衰亡和分解,加速营养盐的释放,其主要原因是水葫芦对藻蓝蛋白造成损伤,影响了能量的捕获和传递过程(Zhou et al., 2014)。蓝藻可以产生藻毒素,随着藻细胞的死亡,细胞内的藻毒素就会大量释放到水体中(Daly et al., 2007)。水葫芦的胁迫加速了铜绿微囊藻细胞的衰亡,也必然导致胞内大量藻毒素的释放,藻毒素对水生动植物有毒害作用,然而并未影响水葫芦的正常扩繁,可见水葫芦对蓝藻的耐受性很强。周庆等(2014)的研究表明,短期内水葫芦可显著促进水体藻毒素的降解,降低了藻毒素的危害。

二、水葫芦对蓝藻的拦截量

云南大学的研究表明,水葫芦种养对蓝藻的阻隔作用在湖流、风向及地形等因素的共同影响下,大量的蓝藻水华集中分布于滇池外海北部从三个半岛以西至西山湖岸线的近岸带,面积约 12km^2,其中近岸约 100m 范围内的蓝藻数量最多(引自:《滇池水葫芦治理污染试验性工程监测评估报告》,未发表数据)。

图 5-4 水葫芦种养区蓝藻分布监测点位图

为了定量测定水葫芦对蓝藻的阻隔作用,晖湾种养区被选作为进一步监测研究水葫芦种养区富集、阻隔蓝藻情况的样点。晖湾种养区岸边到种养区边界直线距离约为

1000m，在从种养区边界向岸边方向每隔 100m 设置一个样点，取样测定水葫芦阻挡蓝藻数量的梯度变化（图 5-4），一共设置 6 个点，分别是种养区边界、100m 处、200m 处、300m 处、400m 处和 500m 处。在各个样点处取样测定单位体积藻类（蓝藻）数量。监测结果如图 5-5 所示。

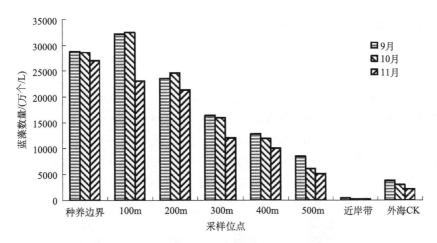

图 5-5　晖湾种养区水葫芦阻隔蓝藻情况

从监测结果可以看出，种养区边界向岸边方向延伸 100m 处水体中的蓝藻数量在 3 亿个·L^{-1} 左右，到 500m 处蓝藻数量在 6000 万个·L^{-1} 左右，与对照点的蓝藻量相当（图 5-5）。从图 5-6 可以看出，种养区边界向岸边方向延伸 100m 处水葫芦平均富集的藻量在 900 亿个·m^{-2} 左右，到 500m 处降至 60 亿个·m^{-2} 左右。监测结果说明，水葫芦种养区纵深 500m 可以有效"困"住蓝藻。同时发现，以往藻类岸边堆积散发浓烈异味，在水葫芦控养以后，游客和周边居民反映该状况得到明显改善，岸边难闻异味消失。

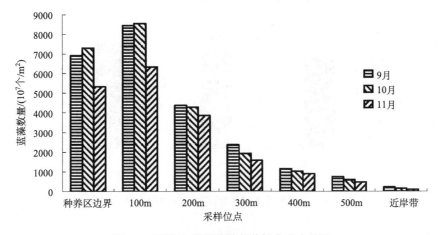

图 5-6　晖湾水葫芦种养蓝藻纵向分布情况

多年来，滇池外海北部蓝藻规律呈现出强烈的季节性变化特征及趋岸性分布的显著特点，即离岸越近蓝藻越多。水葫芦的规模化控养虽然没有改变蓝藻的季节性变化特征，却通过水葫芦的控养改变了蓝藻的分布特点。水葫芦根系附近松散地吸附了大量的蓝藻，致使由于风力、湖流等因素进入水葫芦养殖区域的蓝藻被富集和固着在水葫芦根系周围，难以向外扩散，大量的蓝藻被"困"在水葫芦种养区，而近岸带水体中蓝藻数量甚至比种养区边界水体中低 100 倍。

三、水葫芦根系对蓝藻的吸附情况

项目实施期间，对水葫芦种植区域和对照区域不同季节分别进行了浮游植物定量采集，在显微镜下进行了数量统计，结果如图 5-7 和图 5-8 所示。

从图 5-7 和图 5-8 可以看出，在不同季节条件下，水葫芦根系固定浮游植物数量远远高于对照水体区域。通过监测数据统计分析，水葫芦根系附近固着的浮游植物的数量约为对照区浮游植物数量的 30～60 倍。由此可见，水葫芦根系可固定吸附大量的浮游植物，致使因为风力影响进入水葫芦养殖区域的浮游植物或在该区域生长的浮游植物被富集和松散地固着在水葫芦根系表面，难以向外扩散，从而导致对照区水域中蓝藻数量减少。

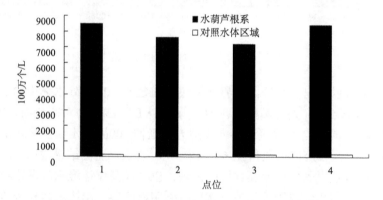

图 5-7　夏季水葫芦根系蓝藻数量和对照水体比较图

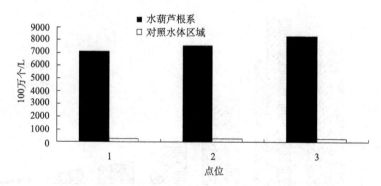

图 5-8　冬季水葫芦根系蓝藻数量和对照水体比较图

四、项目实施期间滇池外海北部水域蓝藻变化状况

监测数据显示，2011～2013 年水葫芦治污项目实施期间，滇池外海北部水域水体叶绿素 a 的年均浓度总体略呈下降趋势，叶绿素 a 浓度与水葫芦控养面积之间存在明显的

负相关。2011 年水体叶绿素 a 的年均浓度为 221μg·L^{-1}，2012 年水体叶绿素 a 年均浓度仅为 180μg·L^{-1}，为近几年最低浓度水平。但因水葫芦种植面积下降，2013 年略有反弹，叶绿素 a 年均浓度为 213μg·L^{-1}（表 5-3）。

表 5-3　叶绿素 a 浓度和外海水葫芦种植面积关系

项目	2011 年	2012 年	2013 年
叶绿素 a 浓度/（μg·L^{-1}）	221	180	213
水葫芦种养面积/亩	5600	12000	8000

滇池水葫芦治污试验性工程大面积控制种养水葫芦对蓝藻拦截效果研究表明：①成片的水葫芦有效拦截了蓝藻水华，外海北部水域平均蓝藻浓度为 3.5×10^8 个·L^{-1}，而在水葫芦种植区内，距离围栏边界 100m 处的蓝藻浓度高达 3.3×10^9 个·L^{-1}；②外海北部水域蓝藻浓度（叶绿素 a）随种植面积增加而下降；③因种植水葫芦，滇池北岸蓝藻堆积和蓝藻腐败发臭现象消失。

第四节　水葫芦-蓝藻-微生物交互作用对水体氮归趋的影响

浮游藻类生命周期较短，具有循环周期快、通量大的特点，是水环境中最重要的初级生产力。事实上，富营养化水体在藻类大量繁殖和生长期间，能够快速吸收和同化水中的无机氮素，从而将氮素主要以生物态形式贮存于藻细胞内，这也是藻类暴发期间水体中无机氮素比较低的原因（Gentilhomme and Lizon，1998；Cottingham et al.，2015；曾巾等，2007）。刘从玉等（2007）调查了惠州南湖藻类大量生长期间水体氮素的主要存在形式，发现总氮（TN）为 2.03mg·L^{-1}，其中有机氮为 1.28mg·L^{-1}，主要以浮游藻类和有机碎屑存在，而其中无机游离态氮仅为 0.75mg·L^{-1}。夏季蓝藻暴发期间，太湖蓝藻对于氮素的原初生产力为 6.29g·m^{-2}·d^{-1}。鲜蓝藻含氮可达 10kg·t^{-1}，全太湖水面在夏季 120d 内蓝藻生长可吸收氮 17.64 t（濮培民等，2011）。因此，对于藻型的富营养化水体，在藻类大量生长和繁殖期间，无机氮素被很快吸收和固定，以生物氮素的形式贮存在藻细胞当中。如果不能及时打捞微藻，暂时贮存在细胞当中的氮、磷等营养元素就会随着细胞凋亡释放矿物氮磷到水体中，继续参与水体养分循环。因此，及时去除蓝藻是治理藻型富营养化水体的关键。由于蓝藻个体小，从水体中打捞分离蓝藻不但技术难度大，打捞成本也极其高昂，很难在实践中大面积推广应用。通过水葫芦拦截，吸收转化，再经打捞处置水葫芦就简单实用得多。

一、蓝藻被水葫芦拦截后生物量以及细胞形态变化

水葫芦拦截蓝藻的效果在第一、第二节中已作了阐述，本节着重讨论蓝藻被水葫芦拦截后的转化与养分的释放与水葫芦吸收。作者基于室内微宇宙模拟实验，采用 SEM 扫描电镜技术和 ^{15}N 同位素标记技术，对水葫芦种植条件下，蓝藻细胞形态的变化以及藻细胞降解之后产生的氮素归趋途径进行了系统研究。如图 5-9 所示，培养 28d 以后，种

植水葫芦水体的蓝藻生物量表现为明显下降，是未种植对照组生物量的 1.6 %。如图 5-10 所示，种植水葫芦水体中蓝藻细胞绝大部分呈现出细胞裂解（图 5-10B），未种植水葫芦的对照组大部分蓝藻保持比较完整的细胞结构（图 5-10A）。Almeida 等（2006）发现，葡萄牙湖泊中，水葫芦的存在选择性地抑制了一些藻类的生长。Bicudo 等（2007）研究发现，当移除水葫芦之后，巴西浅层水库的蓝藻生物量开始出现上升。同样地，在墨西哥两处水库中发现，当水葫芦大量生长时，水库里的藻类数量很少；移除水葫芦之后，藻类开始恢复生长（Lugo et al.，1998；Mangas-Ramirez and Elias-Gutierrez，2004）。

图 5-9　实验 28d 后种植水葫芦和非种植水葫芦水体中藻类生物量变化

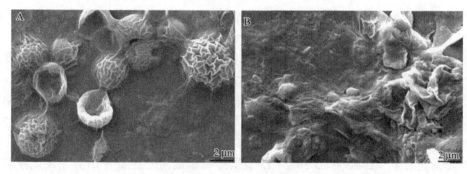

图 5-10　培养 28d 后非种植水葫芦对照组和种植水葫芦的处理组蓝藻细胞形态扫描电镜照片

二、蓝藻被水葫芦拦截降解后细胞氮素归趋途径

培养 28d 后，未种植水葫芦的对照组和种植水葫芦的处理组蓝藻降解之后 ^{15}N 的归趋，如图 5-11 所示。对于未种植水葫芦的对照组，40.2 % 的 ^{15}N 通过微生物驱动的硝化、反硝化作用释放，33.9 % 存在于水体中，26.0 %留存于蓝藻和其他微生物中；对于种植水葫芦的对照组，67.0 %的 ^{15}N 被水葫芦吸收利用，21.6 % 通过反硝化作用释放，5.9 % 存在于水体中，5.5 % 留存于蓝藻和其他微生物中。对于水葫芦根系拦截蓝藻的机制，推测为物理、化学等多种吸附作用的结果（Kim and Kim，2000），对于水葫芦加速蓝藻细胞裂解的机制尚不清楚，但是研究资料表明，水葫芦和降解后的植株能够分泌和释放化感类物质，可能通过化感作用对藻细胞产生不利影响。水葫芦植株降解产生的某些化学物质能够对斜生栅藻（*Scenedesmus obliquus*）产生急性毒性（Sharma et al.，1996），水葫芦的 5 种粗提取成分均抑制了小球藻（*Chlorella* sp.）和 *Scenedesmus obliquus* 的生长（Jin et al.，2003）。另外水葫芦引起的遮阴效应、pH、DO 以及水体中无机营养

的变化都会对藻类的生长产生消极影响（Kim and Kim，2000；Qin et al.，2016）。水葫芦对于铵态氮和硝态氮的适应范围相当广泛，其吸收和同化机制也比较高效（Gopal，1987；Fang，2006；Wang et al.，2008），再加上繁密冗长的根系，这就保证了水葫芦对于水体中氮素快速高效的吸收，这是蓝藻降解产物被水葫芦快速吸收的原因。

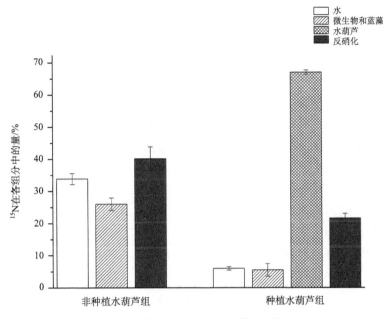

图 5-11　蓝藻降解释放氮素 ^{15}N 归趋途径

　　在蓝藻暴发的情况下，另一个值得关注的氮归趋途径是微生物驱动的硝化、反硝化脱氮过程。前面借助稳定性同位素示踪技术已显示，无论在种植还是未种植水葫芦的水体当中，反硝化脱氮过程对氮从系统中移除均起到了举足轻重的作用。蓝藻聚集成团的特性使其能够为异养原核微生物的繁殖提供潜在的生态位和物理支持。蓝藻向环境释放了大量的有机物质，使藻团表面及藻细胞周围形成了一种独特的可称之为藻际（phycosphere）的微环境，在这种环境中聚集着大量的细菌，形成了具有独特结构与功能的藻际细菌群落（Bell and Mitchell，1972；Rashidan and Bird，2001）。同时，藻际环境中繁殖的微生物通过分解有机物质，释放出养分供蓝藻生长。这就形成了蓝藻-微生物相互适应、相互依存、相互影响的进化关系。在水葫芦根系的介入下，则形成了根系-蓝藻-微生物三者之间更为复杂的交互作用，调节着养分的归趋和循环。

　　水葫芦根系及其拦截的颗粒物质也为水体中微生物的繁殖提供了良好附着界面。并且，水葫芦根系还能够泌氧、释放有机碳（马涛等，2014），加上其拦截且存活的藻类会进行光合作用，均可提高根区水体中的 DOC 和 DO 含量，从而在水葫芦根际周围形成一个区别于其外围水体环境的根际区域，促进细菌的生长繁殖（Barbosa et al.，2001；Yi et al.，2014），同时也为硝化、反硝化细菌的生长和繁殖创造了良好的条件（Sooknah and Wilkie，2004；Wei et al.，2011），提高根际表面反硝化细菌的多样性和数量丰度（Yi et al.，2014），从而加快藻类死亡分解之后释放的有机氮等养分的去除和消解。通过对滇池及其入湖河流中种植的水葫芦根系反硝化细菌多样性和丰度的分析，发现即使在不同的水域条件下，受不同环境因子影响，甚至农业废水、生活污水以及重金属等工业污染严重的水体中，水葫芦根系根际反硝化细菌种群多样性和丰度均能显著高于其外围水体（易能，2013），这可能也是因为水葫芦能利用其自身的富集有害物质，从而重新构建起区别与附近水体的特有根系坏境，提高反硝化细菌等微生物的群落多样性及细菌丰度，促进反硝化作用脱氮等微生物代谢过程。

第五节　小　　结

　　藻类在水体内广泛分布，高效利用水中营养盐进行光合作用和生长代谢。当水体中营养盐达到一定浓度时，在适宜的温度条件下藻类就会迅速增殖，甚至形成藻华，影响其他水生生物的生长、生存。但藻类大量生长和繁殖期间，正是无机氮磷等营养元素被大量吸收、富集和固定之时。如果能将藻类从水体中分离，那么藻类就是很好的富营养化水的净化生物。遗憾的是目前科学技术水平还不能高效率、低成本地进行藻水分离。蓝藻形成藻华时，会大量聚集浮在水面上，向下风向漂移，形成富集了养分的藻类随湖流风向迁移的现象，为生物拦截清除蓝藻创造了条件。通过相关研究揭示了水葫芦拦截蓝藻、促进藻细胞分解和对释放出的营养物质吸收同化及促进硝化、反硝化脱氮作用的机制，为富营养化湖泊蓝藻生物治理提供了新的思路和技术攻关的方向。

参 考 文 献

程曦, 李小平. 2011. 淀山湖浮游藻类群落的早期增长. 环境科学, 32(11): 3215-3222.

李合生, 2000. 植物生理生化实验原理和技术. 北京: 高等教育出版社: 134-138.

刘从玉, 李传红, 陈青, 等. 2011. 草型湖泊与藻型湖泊水体中氮的组成和循环方式——以惠州南湖为例. 中国湖泊论坛.

马涛, 易能, 张振华, 等. 2014. 凤眼莲根系分泌氧和有机碳规律及其对水体氮转化影响的研究. 农业环境科学学报, 2014, 33(10): 2003-2013.

濮培民, 王国祥, 李正魁, 等. 2001. 氮素在湖泊中的去向和降减资源化技术. 氮素循环与农业和环境学术研讨会.

魏复盛, 2002. 水和废水监测分析方法. 北京: 中国环境科学出版社.

易能, 2013. 凤眼莲 (*Eichhonia crassipes*) 及根际微生物在治理富营养化水体中的脱氮特征及作用机制研究. 南京: 南京农业大学.

曾巾, 杨柳燕, 肖琳, 等. 2007. 湖泊氮素生物地球化学循环及微生物的作用. 湖泊科学, 19(4): 382-389.

张宪政, 谭桂茹, 黄元极, 1994. 植物生理学实验技术. 沈阳: 辽宁科学技术出版社: 51-75.

张志勇, 郑建初, 刘海琴, 等. 2010. 凤眼莲对不同程度富营养化水体氮磷的去除贡献研究. 中国生态农业学报, 18(1): 152-157.

周庆, 韩士群, 严少华, 等. 2014. 凤眼莲对铜绿微囊藻生长及藻毒素与营养盐释放的影响. 环境科学, 35(2): 597-604.

Almeida A S, Goncalves A M, Pereira J L, et al. 2006. The impact of *Eichhornia crassipes* on green algae and cladocerans. Fresenius Environmental Bulletin, 15(12): 1531-1538.

Barbosa A B, Galvaoa H M, Mendes P A, et al. 2001. Short-term variability of heterotrophic bacterioplankton during upwelling off the NW Iberian margin. Progress in Oceanography, 51(2-4): 339-359.

Barrington D J, Reichwaldt E S, Ghadouani A. 2013. The use of hydrogen peroxide to remove cyanobacteria and microcystins from waste stabilization ponds and hypereutrophic systems. Ecological Engineering, 50(2): 86-94.

Bell W, Mitchell R. 1972. Chemotactica and growth responses of marine bacteria to algal extracellclar products. Biological Bulletin, 143: 265-277.

Bicudo D D, Fonseca B M, Bini L M, et al. 2007. Undesirable side-effects of water hyacinth control in a shallow tropical reservoir. Freshwater Biology, 52(6): 1120-1133.

Cottingham K L, Ewing H A, Greer M L, et al. 2015. Cyanobacteria as biological drivers of lake nitrogen and phosphorus cycling. Ecosphere, 6(1): 1-19.

Daly R I, Ho L, Brookes J D, et al. 2007. Effect of chlorination on *Microcystis aeruginosa* cell integrity and subsequent microcystin release and degradation. Environmental Science & Technology, 41(12): 4447-4453.

Donabaum K, Schagerl M, Dokulil M T. 1999. Integrated management to restore macrophyte domination. Hydrobiologia, 395/396: 87-97.

Fang Y, 2006. Efficiency and mechanism of uptaking and removing nitrogen from eutrophicated water using aquatic macrophytes. Ph. D. Dissertation, College of Environment and Resources, Zhejiang University.

Fang Y Y, Yang X E, Chang H Q, et al. 2007. Phytoremediation of nitrogen-polluted water using water hyacinth. Journal of Plant Nutrition, 30(11): 1753-1765.

Gentilhomme V, Lizon F. 1997. Seasonal cycle of nitrogen and phytoplankton biomass in a well-mixed coastal system (Eastern English Channel). Hydrobiologia, 361(1-3): 191-199.

Gopal B. 1987. Water Hyacinth (Aquatic Plant Studies). Amsterdam, Netherlands: Elsevier Science Ltd. Press.

Jin Z H, Zhuang Y Y, Dai S G, et al. 2003. Isolation and identification of extracts of *Eichhornia crassipes* and their allelopathic effects on algae. Bulletin of Environmental Contamination and Toxicology, 71(5): 1048-1052.

Kim Y, Kim W. 2000. Roles of water hyacinths and their roots for reducing algal concentration in the effluent from waste stabilization ponds. Water Research, 34(13): 3285-3294.

Li M, Liu D Q, Shen S D, et al. 2007. The researching process of ecological restoration of eutrophication lake in China. Research of Soil and Water Conservation, 14: 374-376.

Lugo A, Bravo-Inclán L A, Alccer J, et al. 1998. Effect on the planktonic community of the chemical program used to control water hyacinth (*Eichhornia crassipes*) in Guadalupe Dam, Mexico. Aquatic Ecosystem Health & Management, 1(3-4): 333-343.

Mangas-Ramírez E, Elías-Gutiérrez M. 2004. Effect of mechanical removal of water hyacinth (*Eichhornia crassipes*) on the water quality and biological communities in a Mexican reservoir. Aquatic Ecosystem Health & Management, 7(1): 161-168.

Ogutu O R, Hecky R E, Cohen A S, et al. 1997. Human impacts on the African Great Lake. Environmental Biology of Fishes, 50(2): 117-131.

Ou H, Gao N, Deng Y, et al. 2012. Immediate and long-term impacts of UV-C irradiation on photosynthetic capacity, survival and microcystin-LR release risk of Microcystis aeruginosa. Water Research, 46(4): 1241-1250.

Polprasert C, Khatiwada N R. 1997. Role of biofilm activity in water hyacinth pond design and operation //Proceedings of 6th IAWQ Asia-Pacific Regional Conference, Seoul, Korea.

Qin H J, Zhang Z Y, Liu H Q, et al. 2016. Fenced cultivation of water hyacinth for cyanobacterial bloom control. Environmental Science and Pollution Research, 23(17): 17742-17752.

Rashidan K K, Bird D F, 2001. Role of predatory bacteria in the termination of a cyanobacterial bloom. Microbiology Ecology, 41(2): 97-105.

Rodríguez M, Brisson J, Rueda G, et al. 2012. Water quality improvement of reservoir invaded by an exotic macrophyte. Invasive Plant Science and Management, 5(2): 290-299.

Shanab S M M, Shalaby E A, Lightfoot D A, et al. 2010. Allelopathic effects of water hyacinth (*Eichhornia crassipes*). PLoS One 5: e13200.

Sharma A, Gupta M K, Singhal P K. 1996. Toxic effects of leachate of water hyacinth decay on the growth of *Scenedesmus obliquus* (Chlorophyta). Water Research, 30(30): 2281-2286.

Skinner K, Wright N, Porter-goff E. 2007. Mercury uptake and accumulation by four species of aquatic plants. Environmental Pollution, 145(1): 234-237.

Sooknah R. 2000. A review of the mechanisms of pollutant removal in water hyacinth systems. Science and Technology Research Journal 6: 49-57.

Sooknah R D, Wilkie A C. 2004. Nutrient removal by floating aquatic macrophytes cultured in anaerobically digested flushed dairy manure wastewater. Ecol. Eng., 22(1): 27-42.

Wang C, Yan X, Wang P, et al. 2008. Interactive Influence of N and P on their uptake by four different hydrophytes. African Journal Of Biotechnology, 7(19): 3480-3486.

Wei B, Yu X, Zhang S, et al. 2011. Comparison of the community structures of ammonia-oxidizing bacteria and archaea in rhizoplanes of floating aquatic macrophytes. Microbiological Research, 166(6): 468-474.

Wu X, Joyce E M, Mason T J. 2012. Evaluation of the mechanisms of the effect of ultrasound on *Microcystis aeruginosa* at different ultrasonic frequencies. Water Research, 46(9): 2851-2858.

Xie P, Liu J K. 2001. Practical success of biomanipulation using filter-feeding fish to control cyanobacteria blooms: a synthesis of decades of research and application in a subtropical hypereutrophic lake. The Scientific World Journal, 1: 337-356.

Xie Y H, Yu D. 2003. The significance of lateral roots in phosphorus (P) acquisition of water hyacinth (*Eichhornia crassipes*). Aquatic Botany, 75(4): 311-321.

Yi N, Gao Y, Long X, et al. 2014. *Eichhornia crassipes* cleans wetlands by enhancing the nitrogen removal and modulating denitrifying bacteria community. CLEAN-Soil, Air, Water, 42(5): 664-673.

Zhang H, Yang L F, Yu Z L, et al. 2014. Inactivation of *Microcystis aeruginosa* by DC glow discharge plasma: Impacts on cell integrity, pigment contents and microcystins degradation. Journal of Hazardous Materials, 268(3): 33-42.

Zhou Q, Han S Q, Yan S H, et al. 2014. Impacts of *Eichhornia crassipes* (Mart.) Solms stress on the physiological characteristics, microcystin production and release of Microcystis aeruginosa. Biochemical Systematics and Ecology, 55: 148-155.

Zimmels Y, Kirzhner F, Malkovskaja A. 2006. Application of *Eichhornia crassipes* and *Pistia stratiotes* for treatment of urban sewage in Israel. Journal of environmental management, 81: 420-428.

第六章　水葫芦对水域生物群落的影响概述

第一节　概　　述

淡水生态系统是水生生物群落与水环境构成的生态系统,即生物和非生物两大成分。非生物成分主要是指生物生活栖息的水体与水底,它包括能源和各种非生命因子,如光照、无机物和有机物等,为生态系统生物成分提供必要能量与物质来源。生物成分是淡水生态系统的主体,包括生态系统中一切有生命活性的有机体,按生物在生态系统中的功能分为生产者、消费者和分解者。生产者主要是指水中具有叶绿素的大型水生维管束植物和浮游植物(藻类);分解者主要由细菌、真菌等微生物组成,它们专门将有机物分解成无机物;水中的所有水生动物则总称为消费者,主要包括浮游动物、底栖动物和鱼类等。

水葫芦作为一种大型漂浮植物,在条件(温度、营养与光照)适宜时,其大量繁殖过程中对水面的大面积覆盖会降低水下光照强度,同时阻碍水面的大气覆氧,从而给水生态系统产生不利影响(Fontanarrosa et al.,2010);但是,另一方面由于水葫芦能吸收水体污染物,并且其发达的根系能为水生动物及微生物提供避难场所和栖息地,因而可能给水生动物群落结构带来有利影响(Wang et al.,2012);除了这些直接影响外,水葫芦还会通过改变水生态系统能量流动而对生态系统产生间接影响(Villamagna and Murphy,2010)。在没有完全理解现有生态系统和水葫芦对生态系统各组成成分影响的情况下,由于水生态系统内部生物群落之间强烈的相互依存与竞争关系,我们很难预测水葫芦对水体生态系统的影响(Villamagna and Murphy,2010)。本章主要论述水葫芦对淡水水体生物群落的影响,从生产者藻类、水生维管束植物,消费者浮游动物、底栖动物与鱼类,分解者微生物等方面具体论述水葫芦对其的影响。

第二节　水葫芦对浮游植物(藻类)的影响

浮游植物是水体生态系统中最重要的初级生产者,在水域生态系统的能量流动、物质循环和信息传递中发挥着至关重要的作用。浮游植物的生长受到温度、光照、营养盐、化学物质等非生物因子的直接影响,同时其他生物对其的捕食、竞争等也会对浮游植物群落动态产生重要影响。水葫芦对浮游植物产生影响的主要机理为:①水葫芦由于覆盖水面生长,能阻断或减少水面光照,会抑制水下浮游植物的光合作用,从而影响浮游植物生长与繁殖;②水葫芦能高效吸收水体的营养物,与浮游植物间形成营养竞争,从而抑制浮游植物的生长与繁殖;③有研究报道,水葫芦能分泌化感物质,从而抑制藻类生长;④水葫芦发达的根系,对浮游植物具有捕获作用,能吸附捕获游离浮游植物。

　　由于水葫芦漂浮生长于水体表面吸收水体氮磷营养物质，使得水体浮游植物不能很好地利用光能及营养物质，从而使水体浮游植物数量减少或消失（McVea and Boyd，1975）。除了能通过营养和光照的竞争控制藻类生长外，更主要的原因是其根系能分泌化感物质抑制藻类生长。从 20 世纪 60 年代初到 80 年代初，有许多研究报道了从水葫芦根系提取的物质对水稻（*Oryza* spp.）、鹰嘴豆（*Cicer arietinum*）（Sircar and Ray，1961；Sircar and Chakraverty，1962）、真菌和酵母（Sheikh et al.，1964）的生长具有刺激影响，而对浮游植物的影响相对不明。后来，研究人员证实，这些物质是由水葫芦释放的类赤霉素物质，促进了水稻和小麦（*Triticum* spp.）的发芽和生长，以及其他植物，比如茄子（*Solanum melongena*）、西红柿（*Lycopersicon esculentum*）和黑豆（*Phaseolus mungo*）（Gopal and Goel，1993）。因此，有一种假说认为，赤霉类的生长促进物质可能会促进水葫芦的生长和形态变化适应性，从而反过来又会对浮游植物产生影响。从水葫芦中提取的一些生物化合物在表 6-1 中列出。

表 6-1　水葫芦（*Eichhornia crassipes*）植物提取的生物活性物质

化感物质	分子式	参考文献
Gibberellins 或 Gibberellic Acid	$C_9H_{22}O_6$	Sircar and Ray, 1961; Sircar and Chakraverty, 1962
4α-methyl-5α-ergosta-8,14,24（28）-triene-3β,4β-diol	$C_{29}H_{46}O_2$	
4α-methyl-5α-ergosta-8,24（28）-diene-3β,4β-diol	$C_{29}H_{48}O_2$	Greca et al., 1991
4α-mehtyl-5α-egrosta-7,24（28）-diene-3β,4β-diol	$C_{29}H_{46}O_2$	
N-phenyl-2-naphthylamine	$C_{16}H_{13}N$	
Linoleic acid（omega-6 fatty acid）	$C_{18}H_{32}O_2$	杨善元等，1992
1,3-dihydroxy-2-propanyl（9Z,12Z）-9,12-octadecadienoate	$C_{21}H_{38}O_4$	
β-D dehydrated pyranose	未知	
Isocyanoethyl acetate	$C_3H_8O_2N$	
2-2-dimethyl cyclopentanone	$C_7H_{12}O$	Jin et al., 2003
Propanamide	C_3H_7NO	
Pelargonic acid	$C_9H_{18}O_2$	
18,19-secoyohimban-19-oic acid, 16,17,20,21-teradehydro-16-（hydroxymethyl）methyl ester	$C_{21}H_{24}N_2O_3$	
1,2-benzenedicarboxylic acid, mono（2-ethylhexyl）ester	$C_{16}H_{22}O_4$	
1,2-benzenedicarboxylic acid, diisooctyl ester	$C_{24}H_{38}O_4$	Shanab et al., 2010
1,2-benzenedicarboxylic acid, dioctyl ester	$C_{24}H_{38}O_4$	
Diamino-dinitro-methyl dioctyl phthalate	$C_{33}H_{50}N_4O_{10}$	
9-（2,2-dimethyl propanoilhydrazono）-2,7-bis-[2-（diethylamino）-ethoxy] fluorine		
（3-methylphenyl）-phenyl methanol	未知	Aboul-Enein et al., 2014
4-（diethylamino）-alpha-[4-（diethylamino）phenyl]		
Isooctyl phthalate		

　　孙文浩等（1988，1989）较早地利用上海环浜野外藻样（主要为栅列藻），通过模拟遮光与添加营养实验，在排除了水葫芦与藻类对光和矿质营养的竞争这两个原因的条件下发现水葫芦仍有极为显著的抑制藻类生长的作用，暗示了其对藻类化感作用的存在；随后，他们又进一步利用种植水葫芦后的水体，经 0.45μm 滤膜过滤后添加适量营养液培养藻类，发现藻类的生长受到严重抑制，说明了水葫芦的根系能分泌某些化感物质，从而抑制藻类的生长。随后，有关水葫芦化感物质的分离、鉴定与抑制效应受到广泛的关注。Greca 等（1991）将水葫芦根系用乙酸乙酯提取，通过一系列的光谱数据分析其具有化感效应的物质为一组 4-甲基化固醇类物质[4α-methyl-5α-ergosta-8,14,24（28）-triene-3β,4β-diol、4α-methyl-5α-ergosta-8,24（28）-diene-3β,4β-diol、4α-mehtyl-5α-egrosta-7,24（28）-diene-3β,4β-diol]。杨善元等（1992）通过硅胶柱层析、高效液相色谱和核磁共振等方法，从水葫芦根系丙酮提取物中，分离纯化到 3 个抑藻活性较强的化合物分别为 N-苯基-2-萘胺（N-phenyl-2-naphthylamine）、亚油酸（linoleic acid）和亚油酸甘油脂（glyceryllinoleate），并且他们在水葫芦种植水中也分离到化合物 N-苯基-2-萘胺。Jin 等（2003）通过硅胶柱层析、高效液相色谱质谱联用方法鉴定水葫芦根系丙酮提取物成分分别为壬酸（pelargonic acid）、丙酰胺（propionamide）、脱水 β-D 吡喃葡萄糖（β-D dehydrated pyranose）、2,2-二甲基环戊酮（2,2-dimethyl cyclopentanone）和乙酸异氰酸乙酯（isocyanoethyl acetate）。

　　关于水葫芦化感物质抑藻的研究，目前主要有两个方面。一是在整体水平上通过水葫芦水培液或植株（主要是根系）萃取液的抑藻研究。如胡廷尖等（2010）利用水葫芦种植水抽滤液、活体水葫芦和干体水葫芦不同部位的甲醇和丙酮提取物，研究了其对铜绿微囊藻的化感抑制作用，发现水葫芦种植水抽滤液及不同部位的提取液均对铜绿微囊藻产生一定的化感抑制作用，并降低了稳定期的铜绿微囊藻产量。二是利用已分离鉴定的水葫芦主要化感物质，如 N-苯基-2-萘胺、亚油酸、亚油酸甘油脂和壬酸等，研究其对纯培养藻类的抑制效果与机理。例如，刘洁生等（2006）对比分析了水葫芦根系丙酮提取物中不同物质的抑藻效果，结果表明，浓度高于 5mg·L^{-1} 的 N-苯基-2-萘胺，3d 后能保持对塔玛亚历山大藻大于 50%的抑制率；浓度为 70μL·L^{-1} 的亚油酸对塔玛亚历山大藻的抑制率约为 40%，而相同浓度的壬酸第 3 天的抑藻率可达 85%，但随后藻密度有所反弹；实验浓度范围内（10～70μL·L^{-1}）的亚油酸甘油酯和丙酰胺对塔玛亚历山大藻的抑制作用不明显。耿小娟等（2009）的研究表明，水葫芦化感物质 N-苯基-2-萘胺对铜绿微囊藻的抑制效果非常明显，7d 的 EC_{50} = 5mg·L^{-1}；叶绿素 a 的含量随着培养液中 N-苯基-2-萘胺浓度的升高而降低，在 10mg·L^{-1} 的培养液中，培养时间 8h 和 24h 的藻叶绿素 a 的含量与对照相比分别降低了 67.4%和 75.9%。这些事实均说明了水葫芦能对水体藻类产生化感效应，从而抑制藻类生长。

　　然而，在自然水体中的化感物质浓度远远低于各类物质 EC_{50} 浓度，大型水生植物分泌的化感物质浓度似乎不太可能达到室内毒理实验中的抑藻浓度（鲁志营等，2013）。而在自然水体和实验室模拟中，在排除了光照与营养竞争的条件下，水葫芦化感抑藻现象普遍存在（孙文浩等，1988，1989；Zhou et al.，2014）。作者认为，这可能是水葫芦根系作用的综合结果：①水葫芦根系能分泌多种化合物，这些化合物共同作用，对藻类产生协同效应。例如，章典（2012）以铜绿微囊藻为实验材料，证明了两种化感物质亚油酸与壬酸的联合协同抑藻效应。②某些高效的抑藻物质由于提取方法、鉴定技术或者稳定性差而未被发现。③水葫芦发达的根系形成的表面积非常巨大。据周庆等（2012）的测定发现，太湖竺山湾生长的水葫芦单株根系表面积平均为 $29.95m^2$，最高达 $60.23m^2$。其发达的根系犹如一个巨大的捕获器，能捕获水体悬浮藻类与其他固体颗粒物。水葫芦根系把悬浮藻类快速吸附至其产生化感物质浓度极高的根际微界面，从而达到抑藻结果。但其具体作用机制还需要进一步地研究。

在自然水体中，水葫芦一方面通过光照、营养竞争及化感等作用，抑制或减少水体浮游植物生物量，改变群落结构；另一方面，由于根系的捕获吸附作用，会加大水葫芦根系水体浮游植物生物量。在不同的水体环境下，水葫芦根系对水体浮游植物的影响结果会存在差异。例如，在葡萄牙某一浅水湖泊，水葫芦被证实能选择性地抑制水体绿藻的数量与生长（Almeida et al.，2006）。Bicudo 等（2007）对巴西一浅水湖泊的研究发现，当水葫芦从水体中移除后，浮游植物总量有一个明显的上升过程。此外，Lugo 等（1998）及 Mangas-Ramirez 和 Elias-Gutierrez（2004）分别在墨西哥的两个水库也发现类似现象。在我国，蔡雷鸣（2006）对于福建闽江水口库区水环境状况进行调查监测表明，漂浮植物 [水葫芦和大藻（*Pistia stratiotes*）] 的大量繁殖造成水口库区水体浮游植物数量减少，生物多样性降低，并且主要种类呈现小型化。然而，Brendonck 等（2003）在乌干达 Chivero 湖的调查发现，水葫芦根系能捕获水体浮游植物以及碎屑等，从而造成水葫芦区域浮游生物生物量的显著增加，在水葫芦生长区域浮游植物的密度是无水葫芦区域水体的 10～30 倍。

第三节　水葫芦对水生维管束植物的影响

水葫芦对水生维管束植物的影响机理与对浮游植物的影响机理类似。一方面，水葫芦的漂浮生长影响水下光照强度；另一方面，其生长过程对水体营养物质的高效吸收会对其他水生植物带来营养竞争。此外，水葫芦分泌化感物质也会影响水生植物的生长。

赵月琴等（2006）通过盆栽实验，比较了三个营养水平的模拟富营养条件下水葫芦的生长特征和对当地种黄花水龙（*Ludwigia peploides* ssp. *stipulacea*）和黑藻（*Hydrilla verticillata*）两个不同生长型的影响。水葫芦生长上的优势导致了竞争上的优势，对黄花水龙和黑藻的生长都具有明显的抑制效应。迅速繁殖的水葫芦覆盖大比例的水面，通过排挤作用显著抑制了黄花水龙的生长，II水平处理（N：$1mg \cdot L^{-1}$，P：$0.2mg \cdot L^{-1}$）和 III水平处理（N：$2mg \cdot L^{-1}$，P：$0.4mg \cdot L^{-1}$）中，水葫芦的存在使黄花水龙的生物量分别下降了 57%和 73%。而沉水植物黑藻则因缺乏光照，正常光合作用受阻，水葫芦对其抑制效应更加显著，I（N：$0mg \cdot L^{-1}$，P：$0mg \cdot L^{-1}$）、II和III处理中黑藻的生物量分别下降了 8.45%、81.3%和 77.7%。研究结果也说明，随着水体营养水平的提高，水葫芦对其他水生植物的抑制效应越强，这主要是由于水体营养水平越高，水葫芦较其他水生植物生长就越快，其竞争优势也就越强所造成的。

吴富勤等（2011）开展了水葫芦对沉水植物影响的原位试验。他们于 2010 年 4～12

月在滇池海口选取 5 个封闭式水葫芦种植围隔为试验样地，样地外围 3 个无水葫芦种植区为对照，每隔 2 个月采集试验区和对照区浮游植物及沉水植物（篦齿眼子菜，*Potamogeton pectinatus* L.），测定其叶绿素含量。结果表明，试验区篦齿眼子菜的叶绿素含量均低于对照区，表明水葫芦生长对篦齿眼子菜的生长具有一定的抑制作用。

现有的证据表明，水葫芦能对水生植物尤其是沉水植物的生长造成一定的影响。但目前的研究主要探讨了水葫芦对沉水植物的短期效应。在水葫芦的长期作用下，沉水植被是否会遭到毁灭性破坏，而使沉水植物消失或者水葫芦采收移除之后，水生植物能否恢复生长，目前还没有这方面的报道。不过，作者在对滇池水葫芦种养区的实际观察中，发现在水葫芦采收后，沉水植物如篦齿眼子菜、黑藻等仍能大面积生长；此外，在水葫芦区外围，由于水体透明度提高，先前无沉水植物的区域生长出沉水植物。遗憾的是，作者没有详细跟踪研究这些现象。

第四节 水葫芦对浮游动物的影响

浮游动物是水生生态系统的初级消费者，是水域生态系统中重要的生物组成部分，它们在物质转化、能量流动、信息传递等生态过程中起着至关重要的作用。浮游动物终生生活在水中，对水体的环境变化具有高度的敏感性，常常被用来研究水体的生态系统结构（Chen et al.，2012）。水体浮游动物的分布主要受水体透明度、光照、温度、叶绿素以及溶解氧、食物资源等因素的影响（Villamagna and Murphy，2010）。水葫芦一方面能改变以上几个因素而影响水体浮游动物的丰度及多样性，另一方面其具有发达的根系，能为浮游动物提供食物及避难场所。在自然环境中，水葫芦对水体浮游动物群落及多样性的影响往往是多种因素相互作用的综合结果。水葫芦对浮游动物的影响，在不同水域（不同的环境背景条件）、不同水葫芦覆盖面积下，其结果常常存在差异。

Arora 和 Mehra（2003）对印度亚穆纳河德里段回水区域的研究发现，在水葫芦生长的水体中，轮虫尤其是附生轮虫的生物量及多样性要显著高于槐叶苹（*Salvinia natans*）的区域，如十架形蒲氏轮虫（*Beauchampia crucigera*（Dutrochet））、巨冠轮虫属（*Sinantherina* sp.）和胶鞘轮虫属（*Collotheca* sp.）仅出现在水葫芦根系区域。他们分析认为，其主要原因是水葫芦强大的根系能为轮虫提供更多的食物来源和避难场所。然而，Meerhoff 等（2003）对乌拉圭一小型湖泊（Lake Rodó）的调查发现，在水葫芦生长区域，桡足类、轮虫的密度明显低于空白水域和沉水植物眼子菜水域；虽然尖额蚤（*Alona* sp.）仅出现在水葫芦区域，但总体来看，枝角类丰度和多样性指数在水葫芦区域、空白水域及眼子菜水域之间没有显著性差异。Brendonck 等（2003）通过对津巴布韦 Chivero 湖的采样分析发现，水体小型甲壳动物种类、密度与多样性指数在水葫芦区域均低于无水葫芦区域。Wang 等（2012）通过对滇池 70hm^2 水葫芦生长区内外浮游动物的采样分析，发现水葫芦的短期作用（5 个月）对水体枝角类和桡足类的密度、多样性指数等影响较小，但是其能显著降低轮虫的生物量与种类；Chen 等（2012）在对太湖竺山湾的研究中也得出类似结论。这些结果说明，水葫芦对浮游动物群落结构的影响存在差异，这可能与水葫芦在自然水域中的覆盖面积相关：当水葫芦覆盖面积较小时，水葫芦根系作为食物来源与避难场所的作用占主导；当水葫芦覆盖面积过大时，其对水体光照与溶解氧的影响占主导。

王智等（2013）通过模拟试验的方法，探讨了水葫芦对人工模拟微宇宙系统中浮游生物的影响，发现在水葫芦种养后的不同时间内（不同的水葫芦覆盖面积），其对水体浮游动物的影响存在差异。在水葫芦种养后的初始阶段，由于其对水体的覆盖度较小（约15%），其对水体浮游动物群落产生积极的影响，水葫芦处理组生物多样性与均匀度指数均高于对照组；而在水葫芦生长较长时间后（水葫芦覆盖度达 90%），水葫芦对水体浮游动物产生了不利影响，说明水葫芦覆盖面积在水体浮游动物群落动态变化中发挥了重要作用。

在自然水体中，蔡雷鸣（2006）以福建省中部闽江干流上的水口水库为研究对象，调查了该水域在水葫芦入侵前和大量生长后（水葫芦覆盖度达 100%）浮游动物群落结构，发现漂浮植物泛滥后，库区浮游动物中食性以细菌、有机碎屑为主的原生动物（如纤毛虫）比例增加，枝角类和桡足类比例大幅下降，轮虫中食性以有机碎屑和细菌为主的裂痕龟纹轮虫、螺形龟甲轮虫成为轮虫的优势种，而原先以大型藻类为食的臂尾轮虫和以原生动物或其他轮虫为食的晶囊轮虫已经消失，浮游动物总体数量大幅下降，种群结构发生变化，原生动物所占比例增大、大型浮游动物数量比例均明显减少，浮游动物种群结构整体呈现小型化。

以上研究说明，水葫芦对水体浮游动物群落结构可能由于水体的不同环境条件、水葫芦的不同覆盖面积等原因而造成不同影响。此外，有研究表明，浮游动物在水体中存在水平和垂直迁移运动，温带水体中，其迁移运动比亚热带水体显著。温带水体中浮游动物可能由于具有更强烈的水平迁移运动，而使得其更容易在水葫芦区域内外转移而避免不利条件（如低溶解氧和食物缺乏）（Meerhoff et al.，2007；Villamagna and Murphy，2010）。

第五节　水葫芦对大型无脊椎动物的影响

水葫芦作为一种漂浮性水生植物，其发达的根系及茎叶能为大型无脊椎动物，尤其是附生型无脊椎动物提供良好的栖息环境。如 Brendonck 等（2003）通过对 Chivero 湖的采样分析，发现水葫芦区域出现大量无脊椎动物，如腹足类及蜘蛛类；Rocha-Ramirez 等（2007）对墨西哥 Alvarado 潟湖系统的调查也发现，水葫芦根系区域大型无脊椎动物具有较高的丰度与多样性，他们共鉴定了 96 个大型无脊椎动物分类单元，其中物种丰富度较高的类别为蜱螨目（15 类）、十足目（14 类）、软体动物（12 类）、端足目（9 类）和等足目（7 类）。Marco 等（2001）通过功能摄食类群分析表明，与水葫芦具有明显关联的无脊椎动物主要为腐食者，包括寡毛类、涡虫及腹足类，他们认为其主要原因是水葫芦根系提供了大量可供腐食者食用的碎屑。

大型无脊椎动物在水生植物区域尤其是水葫芦根系区域较无植被区具有更高的丰度。O'Hora（1967）调查了佛罗里达州 Okeechobee 湖水葫芦根系大型无脊椎动物，发现水葫芦根系出现的大型无脊椎动物为该区域典型底栖动物，其根系大型无脊椎动物丰度明显高于其他植物根系区域及底质样品。在乌干达 Victoria 湖的研究表明，与敞开水域和根生挺水植物纸莎草（*Cyperus papyrus*）相比，大型无脊椎动物在水葫芦草垫边缘具有更高的丰度与多样性（Masifwa et al.，2001）。此外，Villamagna（2009）在墨西哥 Chapala 湖的研究也表明，水葫芦根系较挺水植物具有更丰富的物种多样性。这些研究均表明，水葫芦尤其是水葫芦根系，能为大型无脊椎动物提供理想的栖息场所，从而具有较高的物种丰度与多样性。

事实上，无脊椎动物丰度与多样性还受到多种因素的制约，水体理化性质也是其主要影响因素之一。如 Marco 等（2001）的研究表明，水葫芦根系区域无脊椎动物密度与水体溶解氧显著正相关；Rocha-Ramírez 等（2007）的研究表明，水体无脊椎动物丰度与多样性不仅受到水葫芦根系的影响，而且与水体温度、溶解氧、浊度和盐度密切相关。溶解氧可能是影响大型无脊椎动物分布与丰度的主要理化因子。与所有高等植物一样，水葫芦根系具有一定的泌氧能力（Laskov et al.，2006；马涛等，2014），但这种泌氧能力不足以弥补由于水葫芦作用所减少的溶解氧，在自然水体或模拟实验中水葫芦的大量存在常常显著降低水体溶解氧水平。在水葫芦生长水域，水体溶解氧从水葫芦草垫边缘向内，溶解氧呈逐步降低的趋势（Bailey and Litterick，1993；Villamagna and Murphy，2010）。相应地，大型底栖动物密度从水葫芦区域草垫边缘至中心逐步降低，如在尼罗河苏德沼泽（Sudd Swamps）的研究中发现，大型无脊椎动物的最大密度出现在距水葫芦边缘 6m 内的区域（Bailey and Litterick，1993）。

一般来说，水体底栖动物属于大型无脊椎动物，它是水体生态系统多样性的重要组成部分，在水体生态系统物质循环和能量代谢中具有不可替代的作用。由于其具有生活周期长，活动场所比较固定，易于采集、鉴定，且不同种类对不同生境的敏感性差异大等优点，故常作为重要的指示生物，被广泛应用于水质评价及环境监测上（Morse et al.，2007）。那么，水葫芦的存在对水体大型无脊椎底栖动物的影响如何呢？

Midgley 等（2006）研究了水葫芦对底栖动物群落结构的影响。他们利用网袋装入一定质量的均匀细石，悬挂于水面下约 1.5m 深，每隔约 6 周采集基质上底栖动物的方法，对南非同一河流系统中两个蓄水库（一个水库有水葫芦长期覆盖生长，一个水库无水葫芦作为对照）的比较研究表明，水葫芦区域基质样品上底栖动物群落结构与对照基质存在明显不同，水葫芦的长期存在显著降低了基质上底栖动物的种类、数量以及多样性指数。Coetzee 等（2014）采用与 Midgley 等类似的方法，在水葫芦区域内外设置成对挂样点，探讨了水葫芦长期入侵对南非 Enseleni 自然保护区（Nseleni 河）底栖动物的影响，结果表明，水葫芦显著改变了区域底栖动物群落的结构，其样点底栖动物物种数、密度、多样性指数均显著低于水葫芦区外。

而在中国重富营养化湖泊——滇池，水葫芦生长区域内外，Wang 等（2012）利用彼得森采泥器直接采集湖泊原位底栖动物，比较了水葫芦区、近水葫芦区和远水葫芦区的底栖动物群落结构特征。他们的调查发现，椭圆萝卜螺、螃蟹、米虾及钩虾仅出现在水葫芦区，水葫芦区底栖动物功能摄食类群较近水葫芦区及远水葫芦区复杂，并且具有较高的生物多样性；Zhang 等（2016）通过对滇池龙门村 1.5 km² 的水葫芦控养区域内外为期 1 年的调查研究表明，在水葫芦区域共采集到 38 种大型无脊椎底栖动物，而在水葫芦区域外，仅采集到 17 种；虽然底栖动物总密度在水葫芦区域内要低于其在水葫芦区域外，但是其生物多样性指数在水葫芦区域内显著高于水葫芦区域外。在中国的另一重要湖泊——太湖的调查结果表明，人工控养水葫芦后，底泥中软体动物的生物量及密度要高于种养区外围，水葫芦区多样性指数高于近水葫芦区和远水葫芦区（刘国锋等，2010，2014）。

在我国（刘国锋等，2010，2014；Wang et al.，2012；Zhang et al.，2016）和南非（Midgley et al.，2006；Coetzee et al.，2014），水葫芦对底栖动物的影响表现出不同结果，这可能是由于以下原因：①不同的采样方法。在南非调查中，研究人员通过人工基质挂样后采集基质上的底栖动物；而在中国的研究中，研究人员直接采集原位底泥鉴定其底栖动物。②研究区域水葫芦覆盖面积不同。在南非，水葫芦为长期的几乎全覆盖生长，而在中国，其覆盖面积仅占湖泊水域的 0.08%～0.25%，且在冬季几乎全部采收，覆盖时间短。③水域背景条件不同。在南非，研究区域一个为河流筑坝形成的水库，另一个为河流自然保护区，其背景底栖动物物种丰富，功能类群完整，而在中国，研究区域为两个重污染富营养化湖泊，其主要为耐污种，功能类群已受到破坏。

第六节　水葫芦对鱼类的影响

鱼类是重要的水产资源，为人类提供了重要的蛋白来源。在生态系统中，鱼类作为较高级别的消费者，对于维持水生态系统的平衡与稳定具有重要作用。鱼类群落结构，主要受到水体食物可利用性、被捕食压力及水体理化条件等的影响。在水质适宜、食物充足及无被捕食威胁的条件下，鱼类种群数量增加；但是当其数量增加至一定程度后，会引起食物的短缺、水质的恶化，从而又会抑制鱼类种群的增长。

水葫芦入侵水体后，会从多个方面影响水体环境特征与生态系统食物网结构，如浮游植物、浮游动物、大型无脊椎动物群落结构与丰度在水葫芦作用下会发生变化，这些变化可能会通过"上行效应"影响着鱼类的种群结构与丰度。正如前文所述，水葫芦对水体浮游植物、浮游动物、大型无脊椎动物等的影响受多种条件（如水葫芦覆盖面积、密度以及水体背景条件等）的制约。因此，有关水葫芦对鱼类的影响很难一概而论。

水葫芦的存在，能改变鱼类的饮食结构。如在萨克拉门托-圣华金河三角洲（Sacramento-San Joaquin Delta）的调查中发现，在接近水葫芦的边缘根系区域（near the edge of water hyacinth mats），其大型无脊椎动物并不是区域鱼类常见的捕食食物；无脊椎动物在水葫芦区和本土湿生植物积雪草区存在明显差异，他们推测水葫芦驱导的大型无脊椎动物群落的改变可能会导致鱼类饮食结构的变化（Toft et al.，2003）。Njiru 等（2004）在乌拉圭 Victoria 湖的研究中也发现了类似现象，他们发现，尼罗河鲈鱼（Nile perch）的饮食结构发生了明显变化，其捕食对象包含了某些特定的与水葫芦密切相关的水生昆虫。鱼类饮食结构的改变，可能会最终导致水体食物网结构的改变（Villamagna and Murphy，2010），进而影响整个水体生态系统。

一般来说，沉水植物和漂浮植物根系能为水体小型鱼类和幼鱼提供栖息地和避难场所，从而提高鱼类多样性（Johnson and Stein，1979）。此外，水葫芦根系丰富的附生无脊椎动物能为鱼类，尤其是杂食性鱼类提供丰富的食物来源。如 Brendonck 等（2003）通过对津巴布韦 Chivero 湖的调查发现，水葫芦区域鱼类多样性显著高于无水葫芦区，并且他们认为由于其采样方法的限制而低估了这种差异。在美国 St. Marks 河含沉水植物的水体中，鱼类生物量和丰度在有无水葫芦覆盖的情况下均不存在明显差异，但食虫性鱼类仅出现在水葫芦覆盖区域（Bartodziej and Leslie，1998）。

相对沉水植物和挺水植物而言，水葫芦能为水体表层提供更加复杂的生境，这种改变可能对鱼类种群与密度产生影响（Meerhoff et al.，2007；Villamagna and Murphy，2010）。但先前的研究表明，鱼类物种丰度与密度的最大值出现在中等复杂程度的生境中（Miranda and DeVries，1996；Grenouillet et al.，2002）。Meerhoff 等（2003）在乌拉圭 Rodo 湖的研究中也得出类似结论，他们发现鱼类丰度在沉水植物区>水葫芦区>无植被区。此外，Troutman 等（2007）通过对阿查法拉亚河流域（Atchafalaya River Basin）的调查也发现，虽然水体鱼类总生物量在不同类型水生植物区[沉水植物黑藻（*Hydrilla verticillata*）、挺水植物泽泻慈姑（*Sagittaria lancifolia*）和漂浮植物水葫芦（*Eichhornia crassipes*）]不存在明显差异，但鱼类组成明显不同，尤其是水葫芦区和黑藻区；比较而言，沉水植物区具有更高的鱼类多样性与密度。他们认为，黑藻区具有较高的多样性主要是由于其具有较好的水质（尤其是溶解氧水平），较适宜的生境复杂性等。

水体的溶解氧（DO）是影响水生动物包括鱼类生长与生存的一个重要限制因子。水葫芦的存在能显著降低水体的 DO 水平。水体 DO 的降低，对鱼类生长甚至生存产生直接危害。根据美国国家环境保护局（US EPA）水质标准，水体 DO < 4.8mg·L^{-1} 时即可能对鱼类生长带来不利影响，而当 DO < 2.3mg·L^{-1} 时将直接威胁鱼类的生存（Chapman，1986）。水葫芦对水体 DO 的影响程度，将取决于水葫芦在水面的覆盖面积，水体交换特征等。例如在模拟试验中，水葫芦全覆盖生长时期（水葫芦未开始大量腐烂），水体 DO 可以最低降至 2.3mg·L^{-1}（王智等，2013）；在滇池开放性湖湾，水葫芦覆盖面积仅为滇池水域面积的 0.08%，水葫芦区域水体平均 DO 为 5.3mg·L^{-1}（Wang et al.，2012）；而在水体交换频繁的动水湖泊滇池草海中，水葫芦覆盖面积达 50%的情况下，水体 DO 仍然保持在 4.9mg·L^{-1} 以上的水平（Wang et al.，2013）。事实上，对 DO 敏感性鱼类可能会规避低 DO 的水葫芦区域，而对 DO 不敏感的鱼类可能会受益于水葫芦根系提供的丰富的食物与栖息环境（Villamagna and Murphy，2010），当然，如果水葫芦全覆盖生长，那么鱼类这种规避低 DO 的行为就很难发生。

那么，究竟多大盖度的水葫芦能对鱼类产生积极影响呢？或者说，多大盖度的水葫芦能对鱼类产生不利影响呢？先前的文献表明，鱼类丰度、生长与水生植物覆盖度间存在一个抛物线的关系，即中等盖度的水生植物适宜鱼类的生存（Miranda and DeVries，1996；Brown and Maceina，2002；Villamagna and Murphy，2010）。当然，他们研究区域的主要水生植物为挺水植物和沉水植物。针对水葫芦对鱼类的影响，McVea 和 Boyd（1975）在奥本大学利用 12 个 0.04hm^2 的实验塘，探讨了覆盖度分别为 0、5%、10%和 25%的水葫芦对罗非鱼产量的影响。他们发现，5%覆盖度的水葫芦对其产量没有造成明显影响，但是覆盖度大于 10%时，能明显降低其产量；他们分析认为，10%和 25%覆盖度的池塘中 DO 仍维持在较高水平，鱼类产量的降低主要是由于水葫芦抑制了水体浮游植物的生长，进而影响了鱼类的食物来源。

第七节　水葫芦对细菌和真菌的影响

微生物是生态系统中的分解者，驱动着生态系统中物质循环和能量流动。水葫芦具有复杂的根系系统，它既能通过径向泌氧作用释放氧气改变根际环境，又能释放分泌物（有机酸和其他化感物质），同时其复杂的根系表面结构，能为微生物提供天然载体。因此，水葫芦根系能显著影响水体微生物群落。

郑师章和何敏（1990）探讨了水葫芦根系分泌物对几种细菌的影响效应。他们通过2d 的实验发现，水葫芦培养液对金黄色葡萄球菌（Staphylococcus aureus）产生明显抑菌作用，对藤黄八叠球菌（Sarcina lutea）具有增殖作用，而对枯草芽孢杆菌（Bacillus subtilis）和假单胞菌（Pseudomonadaceae）的生长没有明显影响。Shanab 等（2010）利用水葫芦萃取液，并采用薄层层析法（thin layer chromatography）分离出 5 个片段，研究了提取液及各片段物质对细菌、真菌的影响，发现它们均对枯草芽孢杆菌（Bacillus subtilis）、乳酸粪链球菌（Streptococcus faecalis）、大肠杆菌（Escherichia coli）及金黄色葡萄球菌（Staphylococcus aureus）产生了明显抑制，而对黄曲霉（Aspergillus flavus）和黑曲霉（Aspergillus niger）的生长没有产生任何影响。这些现象说明，水葫芦分泌物本身会对水体微生物产生直接的化学效应。

野外实际水体中，郑师章等（1987）比较了异养细菌在水葫芦根系和水体中的种类与数量。他们在水葫芦根系中共鉴定到 73 个菌株，而在相应的水体中仅鉴定到 6 个菌株，并且这 6 个菌株均在水葫芦根系中存在；他们进一步比较了菌落数，发现根系菌落数在 $10^8 \sim 10^9$ 个·g^{-1} 鲜重水平，而水样中仅为 $10^4 \sim 10^5$ 个·g^{-1}，说明水葫芦根系细菌数量和种类要远远高于相应水体。相似的结果随后在詹发萃等（1993）的研究中也有所报道，他们从水葫芦根区分离到 14 株优势菌，经鉴定有 10 个属。其中以气单胞菌属、微球菌属、假单胞菌属、土壤杆菌属和芽孢杆菌属为主要菌属。水葫芦鲜株根际、根面以及无水葫芦水体的异养细菌数量分别为 $10^8 \sim 10^{11}$ 个·g^{-1} 鲜重、$10^5 \sim 10^7$ 个·g^{-1} 鲜重和 $10^3 \sim 10^6$ 个·g^{-1} 鲜重。在生活污水处理塘中，Loan 等（2014）发现水葫芦根系附生微生物数量明显高于蕹菜（Ipomoea aquatica）根系的细菌数量。郑有坤等（2015）采用稀释平板法，分别对云南滇池紫根水葫芦（根系较普通水葫芦发达）放养区、野生型普通水葫芦放养区、未放养水葫芦对照区水体中的细菌进行分离，并对其 16S rRNA 序列进行分析，结果表明，紫根水葫芦放养区、野生型普通水葫芦放养区和对照区分别分离得到 54、49、40 株菌落形态差异的细菌，对应的 Shannon-Wiener 多样性指数分别为 3.17、3.07、2.73，细菌数量分别为 1.35×10^7、8.35×10^6、2.70×10^6 CFU·L^{-1}；在属的水平上，3 种水体仅 10 个属的细菌为共有菌属。说明水葫芦提高了富营养化湖泊水体中可培养细菌的多样性，改变了细菌的群落结构。

在一些功能微生物上的研究表明，水葫芦能增加水体氮循环相关的硝化-反硝化细菌丰度与多样性。高岩等（2012）测定了种植水葫芦的富营养化水体中硝化与反硝化细菌的数量，发现未种植水葫芦的富营养化水体中硝化细菌的数量为 $0.85 \sim 3.52 \times 10^6$

MPN·L^{-1}（MPN 法表示细菌数量的标准单位），反硝化细菌数量为 $0.34\sim1.5\times10^7$ MPN·L^{-1}；而种植水葫芦水体中硝化、反硝化细菌的数量分别为 $0.14\sim1.98\times10^7$ MPN·L^{-1} 和 $0.78\sim7.92\times10^7$ MPN·L^{-1}，均显著高于未种植水葫芦水体细菌数量（$p<0.05$）；他们进一步分析发现，水葫芦根系共生的硝化、反硝化细菌数量远远高于水体中，分别为 $0.56\sim1.95\times10^9$ MPN·L^{-1} 和 $2.25\sim3.74\times10^9$ MPN·L^{-1}。Yi 等（2014）采用 DGGE 的方法测定了水葫芦根系及水体中亚硝酸盐还原酶基因（$nirK$，$nirS$）和氧化亚氮还原酶功能基因（$nosZ$）型反硝化细菌的物种多样性，其结果表明，种植水葫芦的水体中 $nirK$，$nirS$ 和 $nosZ$ 型反硝化细菌的丰度显著高于未种植水葫芦的富营养化水体，并且水葫芦根系上附着的 $nirK$、$nirS$ 和 $nosZ$ 型反硝化细菌的物种多样性要显著高于其生长的水体。相似结论在 Gao 等（2014）的研究中进一步得到证实。

第八节　小　　结

　　水体生态系统是一个复杂的体系，各生物群落间存在着相互依存、相互竞争，任何一个群落的改变，将会直接或间接地影响着其他生物的群落结构。目前，虽然有文献报道水葫芦区域水体浮游植物密度显著高于水葫芦区域外围，这主要是由于水葫芦根系的捕获作用。在一般情况下，水葫芦由于其覆盖水面生长，能阻断水下光照，竞争水体营养，分泌化感物质，从而会对水下初级生产者浮游植物和沉水植物带来不利影响。水体初级生产者的改变，可能会通过"上行效应"对水体消费者等产生影响。如浮游植物的减少可能会对以浮游植物为食物来源的浮游动物、鱼类等产生不利影响。但是，另一方面，水葫芦具有复杂的根系结构，能增强水体尤其是表层水体的异质性，能为水体浮游动物、大型无脊椎动物（尤其是附生动物）、鱼类、微生物等提供良好的生境。

　　水葫芦的生长特性决定了水葫芦对自然水体动物群落产生正或负的效应。在正效应方面，主要是水葫芦复杂的根系本身能为水生动物提供复杂的生境与避难场所；而在负效应方面，取决于其对水体理化环境（如 DO）、食物来源等的影响，这种改变程度是否达到了影响水生动物的阈值，与水葫芦在水体的密度与覆盖面积显著相关。当水葫芦密度与覆盖面积较小时，其正效应可能占主导作用，而当密度与覆盖面积较大时，其负效应可能得以显现。此外，水葫芦对水体水生动物群落的影响还与其入侵前的背景条件相关，如其入侵前的水体生态系统严重受损，其对水生动物可能会产生积极作用，反之亦然。

　　在分解者微生物方面，水葫芦分泌的化感物质对水体不同微生物产生不同的影响，或促进或抑制；在野外或者模拟实验中，目前的研究表明水葫芦能增加富营养化水体微生物群落结构与多样性，这可能是由于水葫芦根系具有泌氧、提供栖息地与有机物等功能，使其成为微生物的一个良好载体。

参　考　文　献

蔡雷鸣. 2006. 福建闽江水口库区漂浮植物覆盖对水体环境的影响. 湖泊科学, 18(3): 250-254.

高岩, 易能, 张志勇, 等. 2012. 凤眼莲对富营养化水体硝化、反硝化脱氮释放 N_2O 的影响. 环境科学学报, 32 (2): 349-359.

耿小娟, 范勇, 王晓青, 等. 2009. 水葫芦化感物质 *N*-苯基-2-萘胺对铜绿微囊藻生长的影响. 四川大学学报(自然科学版), 46 (5): 1493-1496.

胡廷尖, 王雨辰, 陈丰刚, 等. 2010. 凤眼莲对铜绿微囊藻的化感抑制作用研究. 水生态学杂志, 31 (6): 47-51.

刘国锋, 韩士群, 何俊, 等. 2014. 水葫芦生态净化工程对竺山湖底栖动物群落结构变化的影响. 生态环境学报, 23 (8): 1311-1319.

刘国锋, 刘海琴, 张志勇, 等. 2010. 大水面放养凤眼莲对底栖动物群落结构及其生物量的影响. 环境科学, 31 (12): 2925-2931.

刘洁生, 陈芝兰, 杨维东, 等. 2006. 凤眼莲根系丙酮提取物抑制赤潮藻类生长的机制研究. 环境科学学报, 26 (5): 815-820.

鲁志营, 高云霓, 刘碧云, 等. 2013. 水生植物化感抑藻作用机制研究进展. 环境科学与技术, 36 (7): 64-69.

马涛, 易能, 张振华, 等. 2014. 凤眼莲根系分泌氧和有机碳规律及其对水体氮转化影响的研究. 农业环境科学学报, 33 (10): 2003-2013.

孙文浩, 俞子文, 余叔文. 1988. 水葫芦对藻类的克制效应. 植物生理学报, 14 (3): 294-300.

孙文浩, 俞子文, 余叔文. 1989. 城市富营养化水域的生物治理和凤眼莲抑制藻类生长的机理. 环境科学学报, 9 (2): 188-195.

王智. 2012. 水葫芦对湖泊水生态系统的影响研究. 江苏省农业科学院.

王智, 张志勇, 张君倩, 等. 2013. 两种水生植物对滇池草海富营养化水体水质的影响. 中国环境科学, 33 (2): 328-335.

吴富勤, 刘天猛, 王祖涛, 等. 2011. 滇池凤眼莲生长对水生植物的影响. 安徽农业科学, 39 (15): 9167-9168.

杨善元, 俞子文, 孙文浩, 等. 1992. 凤眼莲根系中抑藻物质分离与鉴定. 植物生理学报, 18 (4): 399-402.

詹发萃, 邓家齐, 夏宜, 等. 1993. 凤眼莲根区异养细菌的群落特征与异养活性的研究. 水生生物学报, 17 (2): 150-156.

章典. 2012. 复合化感物质抑藻效应及其对微囊藻毒素生物合成影响的研究. 芜湖: 安徽师范大学.

赵月琴, 卢剑波, 朱磊, 等. 2006. 不同营养水平对外来物种凤眼莲生长特征及其竞争力的影响. 生物多样性, 14 (2): 159-164.

郑师章, 何敏. 1990. 水葫芦根部分泌物对若干细菌作用的研究. 生态学杂志, 9 (5): 56-57.

郑师章, 黄静娟, 何敏. 1987. 异养细菌在凤眼莲根系和水体中的大类和数量比较研究. 生态学杂志, 6 (4): 30-32.

郑有坤, 刘凯, 熊子君, 等. 2015. 大水面放养水葫芦对富营养化湖泊水体可培养细菌群落结构的影响. 微生物学通报, 42 (1): 42-53.

周庆, 韩士群, 严少华, 等. 2012. 富营养化湖泊规模化种养的水葫芦与浮游藻类的相互影响. 水生生物学报, 36 (4): 783-791.

Aboul-Enein A M, Shanab S M, Shalaby E A, et al. 2014. Cytotoxic and antioxidant properties of active pricepals isolated from water hyacinth against four cancer cells lines. BMC Complementary and Alternative Medicine, 14(1): 397.

Almeida A S, Goncalves A M, Pereira J L, et al. 2006. The impact of *Eichhornia crassipes* on green algae and cladocerans. Fresenius Environmental Bulletin, 15 (12): 1531-1538.

Arora J, Mehra N K. 2003. Species diversity of planktonic and epiphytic rotifers in the backwaters of the Delhi segment of the Yamuna River, with remarks on new records from India. Zoological Studies, 42 (2):

239-247.

Bailey R, Litterick M. 1993. The macroinvertebrate fauna of water hyacinth fringes in the Sudd swamps (River Nile, southern Sudan). Hydrobiologia, 250 (2): 97-103.

Bartodziej W, Leslie A. 1998. The Aquatic Ecology and Water Quality of the St. Marks River, Wakulla County, Florida, with Emphasis on the Role of Water-Hyacinth: 1989-1995 Studies. Florida Department of Environmental Protection, Tallahassee, TSS: 98-100.

Bicudo D, Fonseca B, Bini L, et al. 2007. Undesirable side-effects of water hyacinth control in a shallow tropical reservoir. Freshwater Biology, 52 (6): 1120-1133.

Brendonck L, Maes J, Rommens W, et al. 2003. The impact of water hyacinth (*Eichhornia crassipes*) in a eutrophic subtropical impoundment (Lake Chivero, Zimbabwe). II. Species diversity. Archiv für Hydrobiologie, 158 (3): 389-405.

Brown S, Maceina M. 2002. The influence of disparate levels of submersed aquatic vegetation on largemouth bass population characteristics in a Georgia reservoir. Journal of Aquatic Plant Management, 40 (1): 163-165.

Chapman G. 1986. Ambient water quality criteria for dissolved oxygen (freshwater aquatic life). Washington D C: US EPA.

Chen H G, Peng F, Zhang Z Y, et al. 2012. Effects of engineered use of water hyacinths (*Eicchornia crassipes*) on the zooplankton community in Lake Taihu, China. Ecological Engineering, 38 (1): 125-129.

Coetzee J A, Jones R W, Hill M P. 2014. Water hyacinth, *Eichhornia crassipes* (Pontederiaceae), reduces benthic macroinvertebrate diversity in a protected subtropical lake in South Africa. Biodiversity and Conservation, 23 (5): 1319-1330.

Fontanarrosa M, Chaparro G, de Tezanos Pinto P, et al. 2010. Zooplankton response to shading effects of free-floating plants in shallow warm temperate lakes: a field mesocosm experiment. Hydrobiologia, 646 (1): 231-242.

Gao Y, Yi N, Wang Y, et al. 2014. Effect of *Eichhornia crassipes* on production of N_2 by denitrification in eutrophic water. Ecological Engineering, 68: 14-24.

Gopal B, Goel U. 1993. Competition and allelopathy in aquatic plant communities. The Botanical Review, 59 (3): 155-210.

Greca M D, Lanzetta R, Mangoni L, et al. 1991. A bioactive benzoindenone from *Eichhornia crassipes* solms. Bioorganic & Medicinal Chemistry Letters, 1 (11): 599-600.

Grenouillet G, Pont D, Seip K L. 2002. Abundance and species richness as a function of food resources and vegetation structure: juvenile fish assemblages in rivers. Ecography, 25 (6): 641-650.

Jin Z, Zhuang Y, Dai S, et al. 2003. Isolation and identification of extracts of *Eichhornia crassipes* and their allelopathic effects on algae. Bulletin of Environmental Contamination and Toxicology, 71 (5): 1048-1052.

Johnson D L, Stein R A. 1979. Response of fish to habitat structure in standing water. Amer Fisheries Society.

Laskov C, Horn O, Hupfer M. 2006. Environmental factors regulating the radial oxygen loss from roots of Myriophyllum spicatum and Potamogeton crispus. Aquatic Botany, 84 (4): 333-340.

Loan N T, Phuong N M, Anh N. 2014. The role of aquatic plants and microorganisms in domestic wastewater treatment. Environmental Engineering and Management Journal, 13 (8): 2031-2038.

Lugo A, Bravo-Inclán L, Alcocer J, et al. 1998. Effect on the planktonic community of the chemical program used to control water hyacinth (*Eichhornia crassipes*) in Guadalupe Dam, Mexico. Aquatic Ecosystem Health & Management, 1 (3-4): 333-343.

Mangas-Ramírez E, Elías-Gutiérrez M. 2004. Effect of mechanical removal of water hyacinth (*Eichhornia crassipes*) on the water quality and biological communities in a Mexican reservoir. Aquatic Ecosystem Health & Management, 7 (1): 161-168.

Marco P, Reis Araújo M A, Barcelos M K, et al. 2001. Aquatic invertebrates associated with the water-hyacinth (*Eichhornia crassipes*) in an eutrophic reservoir in tropical Brazil. Studies on Neotropical Fauna and Environment, 36 (1): 73-80.

Masifwa W F, Twongo T, Denny P. 2001. The impact of water hyacinth, *Eichhornia crassipes* (Mart) Solms on the abundance and diversity of aquatic macroinvertebrates along the shores of northern Lake Victoria, Uganda. Hydrobiologia, 452 (1-3): 79-88.

McVea C, Boyd C E. 1975. Effects of waterhyacinth cover on water chemistry, phytoplankton, and fish in ponds. Journal of Environmental Quality, 4 (3): 375-378.

Meerhoff M, Iglesias C, De Mello F T, et al. 2007. Effects of habitat complexity on community structure and predator avoidance behaviour of littoral zooplankton in temperate versus subtropical shallow lakes. Freshwater Biology, 52 (6): 1009-1021.

Meerhoff M, Mazzeo N, Moss B, et al. 2003. The structuring role of free-floating versus submerged plants in a subtropical shallow lake. Aquatic Ecology, 37 (4): 377-391.

Midgley J M, Hill M P, Villet M H. 2006. The effect of water hyacinth, *Eichhornia crassipes* (Martius) Solms Laubach (Pontederiaceae), on benthic biodiversity in two impoundments on the New Year's River, South Africa. African Journal of Aquatic Science, 31 (1): 25-30.

Miranda L E, DeVries D R. 1996. Multidimensional Approaches to Reservoir Fisheries Management: Proceedings of the Third National Reservoir Fisheries Symposium: Held at Chattanooga, Tennessee, USA, 12-14 June 1995. American Fisheries Society.

Morse J C, Bae Y J, Munkhjargal G, et al. 2007. Freshwater biomonitoring with macroinvertebrates in East Asia. Frontiers in Ecology and the Environment, 5 (1): 33-42.

Njiru M, Okeyo-Owuor J, Muchiri M, et al. 2004. Shifts in the food of Nile tilapia, *Oreochromis niloticus* (L.) in Lake Victoria, Kenya. African Journal of Ecology, 42 (3): 163 – 170.

O'Hara J. 1967. Invertebrates found in water hyacinth mats. Quarterly Journal of the Florida Academy of Science, 30: 73-80.

Rocha-Ramírez A, Ramírez-Rojas A, Chávez-López R, et al. 2007. Invertebrate assemblages associated with root masses of *Eichhornia crassipes* (Mart.) Solms-Laubach 1883 in the Alvarado lagoonal system, Veracruz, Mexico. Aquatic Ecology, 41 (2): 319-333.

Shanab S M, Shalaby E A, Lightfoot D A, et al. 2010. Allelopathic effects of water hyacinth [*Eichhornia crassipes*]. PloS one, 5 (10): e13200.

Sheikh N, Ahmed S, Hedayetullah S. 1964. The effect of root extraction of water hyacinth (*Eichhornia crassipes*) on the growth of microorganisms and mash kalai (Phaseolus mungo var. Roxburghii) and on alcoholic fermentation. Pakistan Journal of Scientific and Industrial Research, 7: 96-102.

Sircar S M, Chakraverty R. 1962. The effect of gibberellic acid and growth substances from the root extract of water hyacinth, *Eichhornia crassipes*, on rice and gram. Indian Journal of Plant Physiology, 5: 1-2.

Sircar S M, Ray A. 1961. Growth substances separated from the root of water hyacinth by paper chromatography. Nature, 190 (4782): 1213-1214.

Toft J D, Simenstad C A, Cordell J R, et al. 2003. The effects of introduced water hyacinth on habitat structure, invertebrate assemblages, and fish diets. Estuaries, 26 (3): 746-758.

Troutman J P, Rutherford D A, Kelso W. 2007. Patterns of habitat use among vegetation-dwelling littoral fishes in the Atchafalaya River Basin, Louisiana. Transactions of the American Fisheries Society, 136

(4): 1063-1075.

Villamagna A M. 2009. Ecological effects of water hyacinth (*Eichhornia crassipes*) on Lake Chapala, Mexico. Virginia Polytechnic Institute and State University.

Villamagna A, Murphy B. 2010. Ecological and socio‐economic impacts of invasive water hyacinth (*Eichhornia crassipes*): a review. Freshwater Biology, 55 (2): 282-298.

Wang Z, Zhang Z, Zhang J, et al. 2012. Large-scale utilization of water hyacinth for nutrient removal in Lake Dianchi in China: the effects on the water quality, macrozoobenthos and zooplankton. Chemosphere, 89 (10): 1255-1261.

Wang Z, Zhang Z, Zhang Y, et al. 2013. Nitrogen removal from Lake Caohai, a typical ultra-eutrophic lake in China with large scale confined growth of *Eichhornia crassipes*. Chemosphere, 92 (2): 177-183.

Yi N, Gao Y, Long X, et al. 2014. *Eichhornia crassipes* cleans wetlands by enhancing the nitrogen removal and modulating denitrifying bacteria community. CLEAN–Soil, Air, Water, 42 (5): 664-673.

Zhang Z, Wang Z, Zhang Z, et al. 2016. Effects of engineered application of *Eichhornia crassipes* on the benthic macroinvertebrate diversity in Lake Dianchi, an ultra-eutrophic lake in China. Environmental Science & Pollution Research, 23 (9): 8388-8397.

Zhou Q, Han S, Yan S, et al. 2014. Impacts of *Eichhornia crassipes* (Mart.) Solms stress on the physiological characteristics, microcystin production and release of Microcystis aeruginosa. Biochemical Systematics and Ecology, 55 (2): 148-155.

第二部分　水葫芦治污工程及水葫芦的处置利用

第七章　水葫芦治污工程示范实例

第一节　概　　述

　　水葫芦是世界上生长、繁殖最快，最丰产的水生植物之一。虽然水葫芦被视为世界上危害最严重的水生杂草（Montoya et al.，2013），但因其对无机养分、重金属以及持久性有机污染物都有超强的吸收、积累、分解和转化能力，也得到了世界广泛的接受和认同（Brix，1993；Tchobanoglous et al.，1989；Fox et al.，2008），成为污水净化和富营养化水体修复的优势植物。

　　水葫芦对水体污染的耐受能力很强，在水体中能够忍受高浓度的氮、磷（Mahujchariyawong and Ikeda，2001；Hu et al.，2010）和多种重金属污染（Soltan and Rashed，2003；Mishra and Tripathi，2009）。水葫芦对氮、磷等营养物质的吸收能力依其生长环境的不同而不同。例如，水葫芦净化总氮（TN）、总磷（TP）初始浓度分别为 $2.06\sim20.08\mathrm{mg\cdot L^{-1}}$ 和 $0.14\sim1.43\mathrm{mg\cdot L^{-1}}$ 的 4 种富营养化水体时，每吨新鲜水葫芦对总氮、总磷的吸收量分别为 $1.05\sim1.51\mathrm{kg}$ 和 $0.21\sim0.35\mathrm{kg}$（张志勇等，2010b）；在水力负荷为 $0.14\sim1.0\mathrm{m^3\cdot m^{-2}\cdot d^{-1}}$，营养化水体总氮、总磷浓度分别为 $4.85\mathrm{mg\cdot L^{-1}}$ 和 $0.50\mathrm{mg\cdot L^{-1}}$ 试验条件下，每吨新鲜水葫芦对氮、磷的吸收总量分别为 $0.94\sim1.35\mathrm{kg}$ 和 $0.20\sim0.31\mathrm{kg}$（张志勇等，2011b）；而在规模化控养水葫芦治理滇池草海试验性工程中，每吨新鲜水葫芦吸收的总氮、总磷量高达 $1.70\mathrm{kg}$ 和 $0.42\mathrm{kg}$（张迎颖等，2011）。

　　很多研究报道水葫芦对水中的重金属有很强的富集能力（周泽江和杨景辉，1984；Zhou，2000；王谦和成水平，2010）。在重金属含量较高的水体中，水葫芦植株体内能够积累大量的重金属，但由于重金属胁迫，其处理效率也随之降低（Malar et al.，2014）。

第二节　水葫芦对水体的净化功能研究

一、净化生活污水和工业废水

　　近 40 年来，以水葫芦为基础的污水处理生物塘和人工湿地技术在环境领域发展迅速，与典型的化学处理方法相比，其具有投资少、能耗低、见效快和环境美等优点（Koottatep and Polprasert，1997）。早在 1971 年，Wooten 和 Dodd（1976）利用 5 个以管道串联的池塘（每个池塘面积 $465\mathrm{m^2}$，深 0.8m，总容积 $370\mathrm{m^3}$）放养水葫芦来处理城镇污水处理厂二级尾水。结果表明，在进水流量为 $480\mathrm{L\cdot min^{-1}}$ 条件下，水葫芦在各个塘中生长旺盛，生长季（105d）平均生物累积量达 $64.5\mathrm{kg\cdot m^{-2}}$；尾水流经净化塘后，出水中的铵态氮和硝态氮快速消失，总磷浓度明显下降。Sinha 和 Sinha（2000）将水葫芦与浮萍和蓝绿藻组合后处理生活污水取得了良好的污染物去除效果，对重金属和 BOD 的去除率分别为 20%～100%和 97%，硝酸盐和磷酸盐的去除率均在 90%以上。Sajn 等（2005）利用水葫芦表面流人工湿地处理污水处理厂二级尾水，一年的中试试验结果表明，人工湿地对悬浮物（SS）、TN、COD 和 BOD 等污染的去除效果优于以藻类为主的废水稳定塘系统，对各污染物的去除率分别为 SS 64.6%、TN 38%、COD 67.2%和 BOD 72.1%。

　　水葫芦也被成功应用于各类工业废水处理。Jayaweera 和 Kasturiarachchi（2004）报道了水葫芦处理不同浓度人工模拟工业废水的效果，并探讨了水葫芦去除 TN 和 TP 的机理。研究发现，在水力停留时间为 21d，工业废水 TN、TP 浓度分别为 7.0～56.0mg·L^{-1} 和 1.92～15.4mg·L^{-1} 条件下，经过 9 周后，水葫芦对所有浓度的工业废水的 TN、TP 去除率均达到 100%，并指出，植物吸收和反硝化作用是废水中 TN 去除的主要机制，而植物吸收和吸附作用是 TP 去除的主要机制。Kulkarni 等（2007）进行了水葫芦处理纺织废水的研究，结果表明，处理 18d 后，废水中 COD 和重金属的去除率分别为 80.0%和 25%～45%。

　　此外，因水葫芦具有极高的亲和力和积累重金属的能力，还能够有效地去除造纸废水、食品加工废水和屠宰废水中的 Cd、Zn、Hg、Ag、Co、Cr、Cu、Ni、Pb 和 As 等（Zhu et al.，1999；Dellarossa et al.，2001；李军等，2003）。

二、处理畜禽养殖废水

　　畜禽养殖废水中含有大量残留的兽药、抗生素、重金属和氮、磷等物质，成为水体环境污染的主要污染源之一，针对畜禽养殖废水国内外已开发出多种处理技术，对畜禽养殖废水都有很好的处理效果。其中，对以水葫芦为核心的人工湿地和氧化塘处理系统的研究较多。Polprasert 等（1992）探讨了水葫芦塘处理养猪场废水的小试和中试试验，结果显示，水葫芦塘处理养猪场废水的最佳 COD 负荷为 200kg·hm^{-2}·d^{-1}，最佳水力滞留时间为 10～20d；小试试验中水葫芦塘对 COD 的去除率为 74%～93%，而中试试验中 COD 的去除率为 52%～72%；养猪场废水中 TN 的去除效果接近于 COD；同时指出，为获得更理想的废水处理效果，水葫芦塘数量最好在两个以上，并串联在一起。Lu 等（2008）将面积为 688m^2 的集约化养鸭场建于以水葫芦为核心植物的湿地上，考察水葫芦湿地对养鸭场废水的净化能力，研究表明，COD 的去除率为 64.44%，TN 的去除率为 21.78%，TP 的去除率为 23.02%，并且废水中的溶解氧和透明度都得以明显改善。Alex 等（2014）利用水葫芦表面流人工湿地处理罗非鱼、白鲳鱼的养殖池塘废水，结果表明，在水力停留时间为 1.6d 条件下，人工湿地对养鱼废水的氮化合物、TP 和 BOD_5 均具有良好的去除效果，NH_4^+-N、NO_3^--N、NO_2^--N、TP 和 BOD_5 的去除率分别为 32.1%、16.7%、27.0%、23.0%和 67.9%。

　　深圳万丰猪场（年产肉猪 10 万头）在废水处理工程项目中的后处理部分采用了水葫芦生物系统处理废水；厌氧发酵后的猪场废水经兼性氧化塘自然氧化后进入水葫芦生物处理系统，先经增氧氧化塘氧化，然后进入一级水葫芦吸收塘；出水经自然氧化塘氧化后进入二级水葫芦吸收塘，再经沙滤床流入氧化塘达到净化废水的目的；在废水 COD 浓度为 800mg·L^{-1}，TN 浓度为 600mg·L^{-1}，水葫芦覆盖面积占总面积 70%，水葫芦对猪场废水 COD 及 TN 的去除效果分别为 69%和 75%，达到了废水净化的目的（余远松和邓润坤，2000）。

三、净化地表径流水

就全球范围来看，由地表径流产生的非点源污染是当前所有河流水污染的基本来源，是河流 70%氮素的来源（US Enviornmental Protection Agency，2000）。国内外学者对以水葫芦为主的生态工程技术控制地表径流污染的效果进行了研究。Reddy 等（1982）开展了为期 1 年的水葫芦塘处理农田灌溉排水的现场试验，研究表明，水力滞留时间为 3.6d 条件下，水葫芦塘对输入的 NO_3^- 和 NH_4^+ 的去除率达 78%～81%，对 TP 的去除率为 54%。Polomski 等（2009）采用室内模拟试验方法研究了水葫芦、水浮莲和狐尾藻三种人工湿地修复苗圃径流的效果，结果显示，为期 8 周的试验期内，三种植物人工湿地接纳的地表径流水的 TN、TP 浓度分别为 $0.39～36.81mg \cdot L^{-1}$ 和 $0.07～6.77mg \cdot L^{-1}$，三种植物组织内氮、磷的含量随地表径流水的 TN、TP 浓度增加而升高，并与接纳的 TN、TP 负荷正相关；水葫芦和水浮莲对 TN 的回收率接近 100%，自身吸收的总氮量与接纳的 TN 负荷量正相关；三种植物对苗圃径流水中 TP 的回收率相近，但均低于接纳的 TP 负荷量；试验结论指出，水葫芦等三种水生植物均可被用于人工湿地净化苗圃径流。

为减少或控制稻田排放水体对外河水体的污染，夏小江（2012）构建了稻田-水葫芦塘水循环系统，研究了水葫芦对不同氮磷养分浓度的稻田排放水体的净化效果和系统对稻田氮磷等养分径流流失的控制作用。研究结果表明，水葫芦对 3 种不同浓度的稻田排放水总氮的去除率分别为 62.04%、76.75%、88.46%；对总磷的去除率分别为 93.52%、88.46%、78.57%，其对水体中氮、磷养分的净化效果与水体中氮、磷养分浓度具有显著的相关性，对氮的去除率是随着水体氮素浓度的升高而降低，但对磷的去除率则随着水体中总磷浓度的升高而不断上升；整个稻季，水葫芦塘截留的稻田径流氮量为 $8.13kg \cdot hm^{-2}$，径流磷量为 $0.57kg \cdot hm^{-2}$；此外，由于水葫芦塘对雨水具有拦蓄作用，整个稻季，拦截雨水中氮、磷的能力分别达 $1.49kg \cdot hm^{-2}$ 和 $0.03kg \cdot hm^{-2}$。

四、修复富营养化河流、湖泊、水库

水体富营养化已成为当今世界性难题，是全球范围内普遍存在的环境问题（Heisler et al.，2008；Ansari et al.，2011）。利用水葫芦来净化富营养化水体在国内外报道很多。水葫芦在生长过程中能吸收水体中大量的氮、磷等营养元素（齐玉梅和高伟生，1999），因此，不仅能在池塘、港渎、小型湖荡的湖湾或氧化塘内生长去污，而且在湖泊等开阔水域放养方法得当，也可实施净化水质的生态工程（窦鸿身等，1995）。20 世纪 90 年代，Hu（1998）等在太湖-五里湖内采用毛竹桩、不透水材料建设围隔，围隔内放养水葫芦、水花生和蕹菜等水生植物，进行了物理-生态工程（PEE）修复水体的研究。为期 1 年的工程试验结果显示，PEE 能有效除藻和净化水质，工程对水的浊度、NH_4^+-N、NO_2^--N 和色度的降解效果较好，去除率分别为 82%、69%、69%和 46%。

Mariana 等（2012）调查研究了美国哥伦比亚 Tominé 水库在自然生长了 300ha 水葫芦前后的水体水质变化情况，结果表明，整个水库水体水质得到改善，水体中 NO_3^--N 和 NH_4^+-N 浓度显著低于水葫芦生长之前，特别是水体透明度，由水葫芦生长之前的 0.3m

增加到了水葫芦生长后的 2.0m。

　　泰国实施了水葫芦修复他金河（Tha-chin River）富营养化水体生态工程，Mahujchariyawong and Ikeda（2001）在持续收获水葫芦获取最高生物产量的基础上，研究了水葫芦潜在的生物产量和对水体中营养物质的去除效果，建立了雨季和旱季长期控制河流水质的水葫芦收获模型；通过获得最高收获量的方法，水葫芦对他金河水体中的 TN 和 TP 消减速率分别达到 $0.42g \cdot m^{-2} \cdot d^{-1}$ 和 $0.09g \cdot m^{-2} \cdot d^{-1}$。

　　江苏省农业科学院于 2011～2013 年作为"滇池水葫芦治理污染试验性工程"的技术支撑单位，在滇池草海开展了安全控制性种养水葫芦修复滇池水体的生态工程；利用管架泡沫浮球围栏设施规模化控养 $4.3km^2$ 水葫芦，草海湖体的 TN、NH_4^+-N 和 NO^{3-}-N 浓度由河道入湖口的 $13.8mg \cdot L^{-1}$、$4.7mg \cdot L^{-1}$ 和 $5.8mg \cdot L^{-1}$ 分别降低到出湖口的 $3.3mg \cdot L^{-1}$、$0.02mg \cdot L^{-1}$ 和 $0.8mg \cdot L^{-1}$；对草海湖体氮素输入-输出平衡估算结果显示，水葫芦吸收作用是草海湖体氮去除的主要途径，水葫芦吸收的总氮量对湖体入湖氮负荷量的去除贡献率为 52%；生态工程实践结果表明，规模化控养水葫芦消减富营养化湖泊水体氮污染负荷效果显著且具有可行性（Wang et al.，2013）。

　　现有文献报道充分证实了水葫芦在治理各类污染水体方面的净化优势。但利用水葫芦修复污染水体，特别是河流、湖泊、水库等公共性质的水体时，无论其控养工程规模多大，在规划、设计、实施以及后期生物量的打捞和处置等方面均面临诸多的挑战和风险。

第三节　水葫芦规模化应用在污水治理面临的挑战

　　水葫芦在污染水体治理中具有突出的生态修复功能，但在世界各国高度关注污染治理和环境保护的今天，却鲜见有关水葫芦在污水治理生态工程中规模化应用的报道。主要存在以下原因。

一、潜在的生态安全性问题

　　水葫芦繁殖速度惊人，在适宜生长环境下，每年每公顷累积的生物干物质量可高达 140t（Abdelhamid and Gabr，1991），并且具有在湖泊和河流中随风力或水流漂移的能力（Gettys et al.，2009）。因此，针对水葫芦治理污染水体的生态修复工程，人们首先考虑的是其生态安全性问题，担心一旦对生态工程缺乏科学的管理和控制，水葫芦会逃逸到下游湖、河、水库等水域，覆盖水面后会导致一系列生态问题，诸如，阻碍水上交通，堵塞灌溉、水电、供水系统，影响行洪，引发疾病威胁人类健康，增加蒸散量造成地表水损失，影响渔业生产，减少生物多样性等（Paul，1998）。此外，如不能将生态工程中所产生的水葫芦定期收获上岸，残留在水体中的植株死亡分解后会降低溶解氧浓度和改变水体的营养和碳平衡（Greenfield et al.，2007）；而且较低的溶解氧可促使沉积物向水体释放磷元素，从而加速水体的富营养化，甚至导致后续水葫芦生物量或藻类数量增加（Perna and Burrows，2005；Bicudo et al.，2007）。也有研究者担心，水葫芦能够吸收一定量的污染物，特别是重金属，动物再食用收获的水葫芦，随着食物链的生物富集作用，重金属在生物体中的浓度将急剧上升，从而威胁人类健康（李博等，2004）。

因此，利用水葫芦生态修复污染水体时，必须要考虑水体生态系统的安全问题，诸如，水葫芦的控养水域位置、水葫芦的控养规模以及如何避免水体溶解氧降低和如何解决水葫芦的打捞、处置和利用等问题（Bicudo et al.，2007）。

二、水葫芦收获难度大、成本高

人工和机械收获是目前国际控制水葫芦最常用、最有效的方法之一。人工收获是劳动密集型的工作，强度大、效率低、成本高。当水葫芦靠近岸边时，一个人用轻松和可承受的速度，每小时大约只能收获 200kg 的水葫芦（Gunnarsson and Mattsson，1997）。据悉，中国的多个省份每年都要组织人工收获水葫芦，仅浙江温州市和福建莆田市每年用于人工收获水葫芦的费用分别为 1000 万元和 500 万元（江洪涛和张红梅，2003）。人工收获仅适用较小规模的水葫芦群体；并且在一些地区，收获工作中还可能存在严重的健康风险（Paul，1998）。相比而言，机械化收获效率高、见效快、成本低，是短期内清除水葫芦的最佳方法。

利用重型机械来打捞和控制水葫芦始于 1937 年的美国陆军工程师团（Little，1979）。机械收获通常使用陆基"抓斗式"起重机、挖掘机或者水基机械，如切割船、破碎机、水草收割船等，同时还需要配备一支具备水、陆机械设备的队伍专门负责将数量巨大的水葫芦转移、运输上岸（Paul，1998）。机械收获虽然见效快，但水葫芦生物量巨大，其收获成本极其昂贵，每公顷约需 600~1200 美元，而且处理收获的水葫芦也要额外的费用（Malik，2007；Villamagna and Murphy，2010）。来自欧洲环境局的资料显示，2005~2008 年，采用机械收获葡萄牙–西班牙边境瓜迪亚纳河流域沿岸 75km 范围内的 20 万 t 水葫芦，总费用达 14 680 000 欧元；中国每年用于收获水葫芦的费用约达 10 亿欧元（EEA，2012）；再如西非的马里每年机械收获水葫芦的费用大约为 80 000~100 000 美元（Dagno et al.，2007）。

此外，在分析机械打捞水葫芦所需投入的费用时，除要考虑水葫芦植株含水量高达 93%~95%（Cifuentes and Bagnall，1976），还必须考虑收获后的水葫芦是否像大田作物那样具有商业市场价值。要破解这些难题，目前有两个办法：①在水葫芦打捞期间或打捞上岸后减少其体积和植株体内的含水量；②找到使水葫芦具备经济价值的商业利用途径，从而弥补机械打捞的高成本（Babourina and Rengel，2011）。因此，为了使水葫芦生物量得以资源化利用（如产甲烷或青贮饲料），必须有一套高效率、低成本的脱水技术（Cifuentes and Bagnall，1976）。

三、水葫芦处置、利用困难，商业化生产可行性小

在过去的几十年里，为了控制水葫芦，世界各地开展了大量有关水葫芦处置和利用方面的研究（Ndimele and Jimoh，2011）。但水葫芦利用面临的一个基本问题就是水葫芦的处置难以解决（Malik，2007）。尤其处置机械化收获后的水葫芦是一件耗资大和十分棘手的事情（Gettys et al.，2009）。水葫芦自身含水量高达 95%以上（Malik，2007），且含有丰富的海绵组织，其密度只有 $0.3g \cdot cm^{-3}$ 左右。这意味着每立方米的新鲜水葫芦生

物量只有 300kg，并且其中约 285kg 是水。低密度和高含水量阻碍了水葫芦的运输并制约了其作为资源被开发（NAS，1977）。

Mathur 和 Singh（2004）设计了一个岸基式破碎机，可以将新鲜水葫芦的体积减少64%，即每立方米水葫芦的生物量增加到了 830kg。该机械每小时可破碎处理 1t 新鲜水葫芦。然而，在大型湖泊或大水面，如在东非的胜利湖或西非的拉各斯湖，每年要打捞和处理的水葫芦生物量多达几百万吨，即相当于 1000~2000hm² 水面自然生长满水葫芦的生物量，如果利用此类效率的破碎机就不切合实际了。我们可以简单地计算一下，比如水葫芦现存生物量为 100.0 万 t，每天植株生长新增加的生物量则可达 7.0 万 t，即使每台破碎机每天不间断地工作 8h，每天也需要 9000 台这样的破碎机来同时工作，才能将新增长的水葫芦生物量处理掉，而原来 100 万 t 水葫芦现存量却并未减少。因此，要处理数量巨大的水葫芦，关键是必须具备先进的处理技术和高效运行的专用装备（Mathur and Singh，2004）。

水葫芦要被利用，首先应对其进行脱水处理，以获得合适的水分含量（Carina and Cecilia，2007）。目前，国内外关于水葫芦脱水技术的报道相对较少。小规模利用水葫芦时，最佳的脱水处理办法就是将其晒干，但据 Solly（1984）报道，将初始含水量为 95.8%的水葫芦在温度和湿度分别为 25℃和 68%的环境下处置 15d 后，水葫芦含水量仅可降至72%。因此，要将水葫芦含水量降至一定水平，必须考虑采用机械脱水的方法。

Akendo 等（2008）为了设计适合的烘干设备，开展了水葫芦烘干脱水特性研究。结果表明，随着烘干温度的升高，其烘干率相应提高；虽然采用自然晾干与机械直接烘干等方式，可以有效降低水葫芦水分，但因其脱水时间长或成本高，均难在实践中大规模应用。Cifuentes 和 Bagnall（1976）设计了一种螺旋压榨脱水方法，并测试了该方法对水葫芦的脱水效果，得出在最优限压 600kPa 时（压力即使再升高也不能脱除更多的水分），水葫芦残渣中的含水量为 84%。但含水量 84%的水葫芦残渣无法满足制作有机肥、饲料和固态发酵的要求，必须进一步降低含水量（蒋磊等，2011；施林林等，2012）。杜静等（2010）以人工控制性放养的水葫芦为试验材料，比较了不同挤压方式的脱水效果，并对水葫芦粉碎粗细程度、挤压筛孔孔径等工艺参数进行了筛选。试验结果表明，以螺旋式挤压方式对水葫芦脱水的效果最佳，出渣含水率由 95.38%降至 86.23%，脱水率达 69.67%；若采用螺旋挤压方式对酸化处理一周后的水葫芦进行脱水，则出渣含水量可降到76.77%，脱水率达到 82.61%，此脱水效果可完全达到后续资源化利用的基本目标。

综上，解决制约水葫芦规模化生态治理富营养化水体和资源化利用商业化的难题，规避生态风险是前提，突破打捞、运输、脱水等瓶颈技术和专用装备则是关键，可实现大幅提高打捞、运输和脱水效率，降低成本。

第四节　规模化控养水葫芦修复富营养化水体的技术方案

一、种养安全控制工程

水葫芦生长速度快，且易随水漂流，在非控制条件下易繁殖泛滥引起生态灾害。因此，在水葫芦修复大水面湖泊富营养化的工程实践中，必须解决水葫芦种养的安全性问题，即保证水葫芦安全生长在控制水域。

江苏省农业科学院针对湖泊水域水文特征，开展了抗风浪、防逃逸控养围栏的设计、材料筛选与构建技术方面的研究。结合大水面控制性种养工程实践，筛选出"锚基管架浮球围网"（深水区）、"桩基围网"（浅水区）等围栏作为水葫芦的安全控养设施，两种控养围栏设施构建技术示意图如图 7-1、图 7-2、图 7-3 所示。其中，"锚基管架浮球围网"适宜水深超过 2.0m 的水域，主要由镀锌管（ϕ33.7mm×3.2mm×L6000mm）、泡沫浮筒（ϕ500mm×L800mm，K25）、网片（孔径 25mm，W200～300cm）和尼龙绳（ϕ14mm）等制成；每个围栏单元面积控制在 50～100 亩，并用钢管（ϕ50mm）、铁锚和沉子固定，每隔 12～18m 设置一根钢管，每隔 2.0～3.0m 设置一个 2.0～3.0kg 的沉子，每隔 25m 设置 1 个 50.0kg 铁锚，整个围栏单元能随水位变化自动升降。"桩基围网"适用于水深小于 2.0m 的水域，由钢管（ϕ50mm）或木桩、竹桩（>ϕ50mm）、网片（孔径 25mm，W200～300cm）、尼龙绳（ϕ3.0～4.0mm）和沉子等制成，为确保牢固与安全，每间隔 5.0m 左右设桩，钢管或木桩需插入底泥 2.0～3.0m 以下，水面上下方网片宽度各需超过 1.0m，并用尼龙绳牢系于桩上，同时水面下方网片底部需按一定间隔安装沉子。

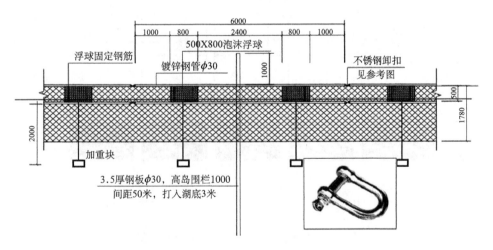

图 7-1　"锚基管架浮球围网"构建技术示意图（单位：mm）

为了减少大水面风浪对水葫芦生长的影响，同时研究水葫芦的消波防浪能力，在试验和控养工程实践基础上，制定了《水葫芦控制性种养技术规程》（朱普平等，2011），指出大水面水葫芦控养区四周应设置不小于 60m 宽的消浪带，消浪带内水葫芦种苗初始投放量要占围栏水域面积的 1/4～1/3，在大风季节来临前能长成较大规模的水葫芦群体，以减小风浪对设施和水葫芦生长的影响。在太湖、滇池应用 5 年的工程实践表明，"锚基管架浮球围网"和"桩基围网"牢固可靠，抗风浪能力强，种养的水葫芦被安全控制在围栏之内，没有出现逃逸现象。

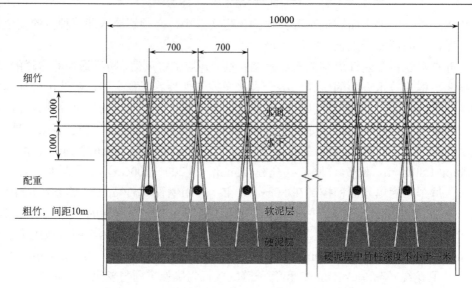

图 7-2　"竹桩围网"构建技术示意图（单位：mm）

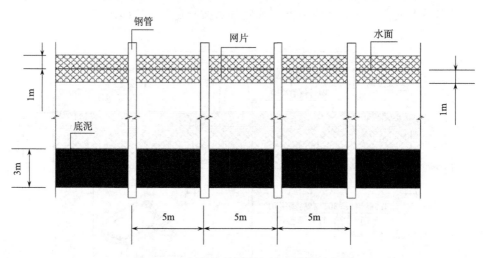

图 7-3　"钢管桩基围网"构建技术示意图

二、水葫芦收获

机械收获水葫芦具有见效快，不会破坏水体生态系统的特点，也是资源化利用的基础。用水葫芦治污或修复富营养化水体，必须制定好机械收获方案，配置足够能力的装备，保证生长的水葫芦高效率、低成本的及时收获上岸。

由于现有多数水葫芦收获机械存在功能单一、收获和转运效率低、成本高等问题，为了解决大规模控养水葫芦治理富营养化湖泊的需要，江苏省农业科学院和有关机械设备制造企业合作，研发出适用于水葫芦收获的低成本、高效的大型一体化装备。

（一）收获减容一体化船

水葫芦含有大量海绵组织，其容重仅有 0.3t・m^{-3}。常见收获船的货仓容积一般不足 10m^3，满载量不超过 3t，每次满载收获需时 3min，而与运输船衔接卸载也需耗时 10min 以上，运输船只装载量也仅有核定吨位的 50%，严重影响了装备作业效率，增加了收获转运成本。针对这一问题，张志勇等（2010a）研发出专利产品"漂浮植物高效减容装置"，如图 7-4 所示。经该装置破碎后，水葫芦的体积减少 70% 以上，减容后水葫芦的容重达到 0.9t・m^{-3}；改进了船载收获装置，增加了收获装置与水面接触面积，提高了水葫芦收获效率；研制了水葫芦汁液回收装置，避免了水葫芦减容过程中汁液渗漏引起次生污染。在上述研发工作基础上，严少华等（2010）研制出专利产品——"全自动水葫芦收获、减容一体化船"，如图 7-5 所示，其性能参数见表 7-1。在与运输船只合理配置的条件下，单船日（8h）收获水葫芦生物量可达 350t，与常见的水葫芦收获船相比，其收获运输效率提高了 50%，收获、运输每吨水葫芦的成本低于 10 元。

图 7-4　漂浮植物高效减容装置

表 7-1　水葫芦收获、减容一体化船主要尺度、性能和参数

主要尺度、性能指标	参数
浮体长度	13.8m
装置总长	22.60m
型深	1.6m
装置总高	3.90m
总宽	5.92m
空载吃水	0.86m
收集宽度	2.50m
收集深度	1.5m
收集线速度	15m・min^{-1}

续表

主要尺度、性能指标	参数
满载吃水	1.2m
发动机功率	120kW
工作航速	3.5km·h^{-1}
自由航速	7 km·h^{-1}
航行等级	A 级航区
装载量	17t

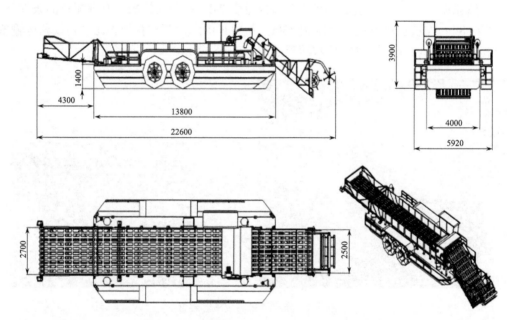

图 7-5　水葫芦收获、减容一体化船平面结构示意图（单位：mm）

（二）定点收获

为进一步提高采收效率，利用水葫芦随风漂移的特性，严少华等（2011）发明了整体拖运、定点收获的方法，并研制出定点收获传输装备，如图 7-6 所示。该方法首先通过围网圈围水葫芦，机动船将水葫芦拖运至码头水域后，采用船只推动、人工辅助，结合水上带式传输装置，将水葫芦直接传送上岸与处置设备衔接。整体拖运、定点收获方法的发明极大提高了水葫芦的收获效率、降低了成本；单套定点收获、传输装备日可收获水葫芦鲜草量达 600t，设备的投入只有同生产能力"全自动水葫芦收获、减容一体化船"的 1/3，收获每吨水葫芦生产成本降低到 5 元。

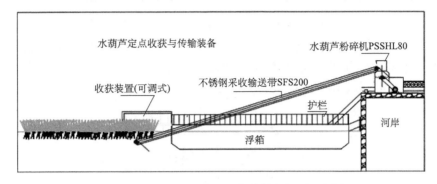

图 7-6　水葫芦定点收获与传输装备剖面示意图

（三）水葫芦脱水处置

水葫芦含水量高达 95%，脱水难度大，突破高效率脱水技术难题是水葫芦用于治污和资源化利用实现商业化运行的关键。针对这一问题，江苏省农业科学院与有关企业合作，开展了水葫芦脱水特性研究、脱水方式筛选、专用固液分离设备设计、改进以及脱水工艺参数的优化等工作。通过比较条带式压滤、压榨式压滤以及螺旋式挤压等不同脱水方式的脱水效果、机械作业的持续性和功效，选定螺旋式挤压方法作为水葫芦脱水的最佳途径。相继研制出水葫芦专用螺旋挤压脱水机等系列专用装备（常志州等，2012；张志勇等，2011a；杜静等，2011；杨新宁等，2011），将各专用装备有效配套衔接后，组装成水葫芦专用"粉碎、传输、挤压"脱水处置生产线（图 7-7）。单套脱水生产线装备日处置水葫芦鲜草量 300t，脱水率可达 80%以上，挤压渣干物质含量达到 20%，每吨水葫芦脱水处置费用低于 15 元。新型脱水生产线装备的研发有效解决了水葫芦脱水难、成本高的难题。

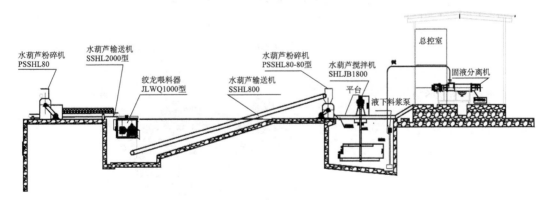

图 7-7　螺旋挤压脱水生产线

虽然螺旋挤压装备脱水质量较好，但在大规模水葫芦处置工程中，仍会出现筛孔被纤维堵塞和运行稳定性差等现象。针对这一问题，江苏省农业科学院进一步研发出"三辊式压榨脱水机"装备，如图 7-8 所示，将其与"高效喂料分配器"（张志勇等，2011a）、"水葫芦粉碎机"（杜静等，2011）和传输带等设备衔接配套，组装成"粉碎、传输、压榨脱水"处置水生产线，如图 7-9 所示，"三辊式压榨脱水机"的研发进一步提高了水葫芦的脱水效率，降低了脱水成本；单套压榨脱水生产线日处理水葫芦能力达到 600t，通过两道连续压榨，水葫芦的脱水效率可达 80%以上，挤压渣干物质含量提高至 30%左右，脱水处置每吨水葫芦成本低于 15 元，为后续利用进一步创造了条件。

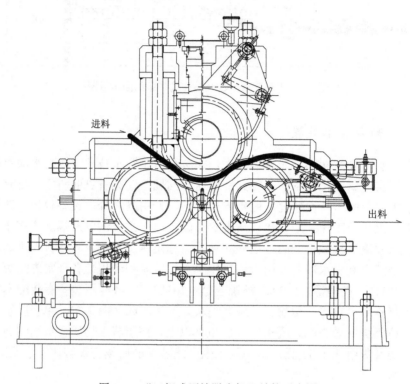

图 7-8　　"三辊式压榨脱水机"结构示意图

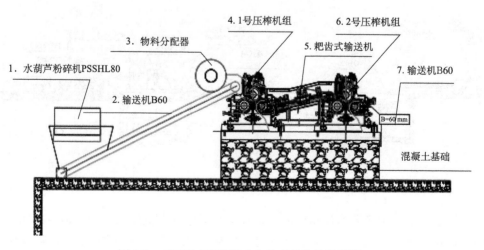

图 7-9　　"三辊式压榨脱水"生产线装备示意图

（四）水葫芦的资源化利用

水葫芦的利用是充分发挥水葫芦治污生态功能的重要环节。水葫芦营养丰富，除含有一定量的氮、磷、钾、钙、镁及铁等一些微量元素外，干基水葫芦含有粗蛋白质 20%、粗脂肪 3.47%、粗纤维 18.9%、无氮浸出物 31.9% 及许多必需的氨基酸，具有极高的利用价值（Poddar et al.，1991；Abdelhamid and Gabr，1991）。通过资源化利用，将湖泊富营养化修复生态工程中产出的水葫芦自身潜在利用价值开发出来，通过大量利用水葫芦，创造价值，使其变害为利、变废为宝。

对水葫芦高效率、低成本的机械化收获和脱水处置，为商业化利用创造了条件。特别是脱水技术难题的突破使得水葫芦挤压渣含水量达到了有机肥和青贮饲料生产的要求。江苏省农业科学院创新了水葫芦制作商品有机肥和生产青贮饲料技术，同时开发了水葫芦渣和水葫芦汁液干、湿发酵的两相沼气生产工艺，实现了水葫芦用于沼气、有机肥、青贮饲料等规模化、产业化生产。

第五节　水葫芦生态修复富营养化水体示范工程

通过大量的基础研究、试验示范和关键技术攻关，江苏省农业科学院将相关研究成果应用于规模化控养水葫芦修复富营养化湖泊水体和深度净化生活污水尾水的生态工程中，已取得初步成效。下面着重介绍水葫芦控养修复太湖、滇池和治理生活污水处理厂尾水生态工程的进展情况。

一、规模化控养水葫芦修复太湖水体示范工程

（一）示范工程基本情况

2007 年太湖蓝藻藻华事件暴发，导致无锡市水源地水质污染，严重影响了当地近百万群众的正常生活，更是引起了中共中央、国务院的高度重视以及社会各界的广泛关注。为根治太湖水污染问题，江苏省农业科学院承担了国家科技支撑计划项目"水葫芦控制性种养和资源化利用技术集成与示范"。该项目针对主要由氮磷污染所引起的水体富营养化问题，以生物富集氮磷和资源化利用为目标，建立了以水葫芦为载体的水体氮磷等养分生物富集及农田回用的技术体系，解决了水葫芦安全控养、高效收获、快速脱水处置、后续利用等一系列关键技术，在太湖竺山湖湾控制性种养水葫芦 200hm²，建设了包括日处理水葫芦鲜草总能力 600t 的高效"收获、转运、粉碎、挤压"一体化脱水处置生产线，日产沼气 2000m³ 厌氧发酵装置，年产 10000t 有机肥厂以及面积为 2050 亩水蜜桃与 1150 亩蔬菜的沼液农田施用示范田等水葫芦生物修复湖泊与资源化利用综合示范基地。

（二）水葫芦安全控养工程

2009 年，国家科技支撑计划项目"水葫芦控制性种养和资源化利用技术集成与示范"正式启动，江苏省农业科学院针对太湖竺山湖湾水域环境条件特征，采用"锚基管架浮

球围网"设施作为水葫芦修复太湖富营养化水体的安全控养设施，每年控养水葫芦 200hm²，现场图如图 7-10 所示。在初始水葫芦种苗覆盖度约占控养水域 1/3、种苗投放 生物量约为 30.0t·hm⁻² 的条件下，每年可生产水葫芦鲜草生物量约为 450t·hm⁻²；2009~2014 年，共计在太湖竺山湖湾水域安全控养水葫芦 1200hm²（18000 亩），累计产出生物量总计 54.0 万 t。近 6 年的水葫芦修复太湖生态工程实践表明，"锚基管架浮球围网"可将水葫芦安全控制在围栏水域之内，未出现逃逸和破坏水体生态系统的现象。

图 7-10   太湖水葫芦控制性种养现场图

（三）水葫芦机械化收获

太湖竺山湖湾每年控制性种养水葫芦 200hm²，年累计生产水葫芦鲜草量约 10 万 t。根据水葫芦种群生长规律和扩繁特征，为获取最大生物量和水体氮、磷等污染物去除量，同时避免冬季低温导致水葫芦枯萎、死亡而破坏湖泊水体生态系统，每年自 9 月下旬至 12 月底必须对水葫芦进行持续的机械化收获，以确保产出的水葫芦及时上岸。每年机械化收获水葫芦的时间约为 100d，每天收获的生物量约为 1000t。自主研发的型号为 HF226B-GP:FS 的水葫芦收获、减容一体化船日可收获水葫芦鲜草量达 350t，通过配备 3 艘水葫芦收获、减容一体化船和 6 艘载重量为 200t 的运输船，成功地保证了太湖生态修复工程中生长的水葫芦及时收获上岸，现场收获、转运作业如图 7-11 所示。与常见的水草收割船相比，其收获运输效率提高了 50%，每吨水葫芦的收获、运输成本低于 10 元。根据江苏省农业科学院有关水葫芦富集氮磷能力的研究结果，每控养 1hm² 水葫芦，每年可从太湖水体中带走的氮、磷总量分别为 1.29t 和 0.19t；2009～2014 年，通过机械化收获水葫芦累计从太湖水体中带走的氮、磷总量分别达 1548t 和 230t。

图 7-11　经破碎减容的水葫芦由采收船转驳至运输船

（四）水葫芦挤压脱水生产线

为有效处置机械化收获的大量水葫芦，以期为后续资源化利用创造条件，江苏省农业科学院在常州市武进区太湖竺山湖建立了水葫芦脱水处置与利用示范基地，建设了两套由"高效喂料分配器"（张志勇等，2011a）、"水葫芦粉碎机"（杜静等，2011）、"水葫芦浆料抽提泵"（杨新宁等，2011）和"9SF-400 型螺旋挤压脱水机"（常志州等，2012）等专用装备组装成的水葫芦挤压脱水生产线（图 7-12），日处置水葫芦能力达 800t。水葫芦经挤压脱水生产线处理后，脱水率可达到 80%以上，挤压渣干物质含量达到 20%，每吨水葫芦脱水处置费用低于 15 元。2009～2014 年，利用螺旋挤压脱水生产线圆满完成了生态修复工程生产的水葫芦脱水处置工作，累计处置水葫芦生物量达 54.0 万 t。

图 7-12　水葫芦"粉碎、传输、脱水"一体化生产线

（五）水葫芦的资源化利用

水葫芦脱水技术的突破,使水葫芦挤压渣含水量达到了有机肥和青贮饲料生产要求。江苏省农业科学院创新了以水葫芦渣为主要原料的有机肥生产技术、水葫芦渣添加不同

物料配比来青贮发酵，产出营养价值高的水葫芦商品饲料等技术（张浩等，2012；白云峰等，2009，2010，2011a，2011b，2013）。这些内容将在第九章和第十章中介绍。

二、滇池水葫芦治理污染试验性工程

（一）滇池概况

滇池是中国西南地区最大的高原湖泊，被誉为"高原明珠"，地处长江、珠江和红河三大水系分水岭地带，流域面积 2920km²，湖泊面积 311.34km²；滇池湖体形状略呈弓形，有 20 多条主要入湖河流呈向心状注入滇池，多年平均入湖水资源量为 9.74 亿 m³，扣除湖面蒸发量 4.44 亿 m³，多年平均实际入湖水量为 5.3 亿 m³；人工修筑的海埂大堤将滇池湖泊分隔为南北两片区，北部片区即称草海，面积 10.67 km²；南部片区即称外海，面积约 300 km²，滇池湖泊水域区位图如图 7-13 所示。20 世纪 80 年代以来，滇池富营养化日趋严重，水体功能受到极大损害。云南省和昆明市对滇池开展了大量的治理与保护工作，滇池的外源污染被有效控制，水质继续恶化的趋势得到了遏制，但水质并未发生根本好转。特别是草海，水面面积虽然只占滇池的3%，但由于每年接纳昆明市第一、第三污水处理厂尾水《城镇污水处理厂污染物排放标准》（GB 18918—2002 一级 A 标准）

图 7-13　滇池湖泊区位图

的入湖量超 1.0 亿 t，是其库容量（2500 万 m³）的 4 倍，全年的入湖污染物负荷量约占滇池湖泊总量的 30%。目前，草海湖体水质已达到异常富营养化程度。据昆明市环境检测中心国控监测点位数据显示，2006～2009 年，草海湖体总氮、氨氮和总磷的平均浓度分别达 15.32mg·L⁻¹、11.87mg·L⁻¹ 和 1.38mg·L⁻¹。因此，草海一直被列为滇池治理的重点和难点。

（二）示范工程基本情况

要实现滇池水质的根本好转，必须清除滇池内源污染、减少污染存量。滇池水污染治理的重点已由"侧重于外源性污染控制"向"外源性污染控制和内源性污染消减并重"阶段转变。2011 年 5 月，昆明市正式启动"滇池水葫芦治理污染试验性工程"项目，项目采用的技术路线如图 7-14 所示。该项目以江苏省农业科学院为技术依托单位，引进水葫芦"控制性种养—机械化收获、转运—脱水处置—资源化利用"技术体系和科技成果，在滇池污染严重水域，特别是草海，开展规模化控制性种养水葫芦生态修复工程，配套建设相应规模的水葫芦机械化收获、转运、脱水处置和资源化利用工程。2011～2014 年项目实施年内，在滇池草海和外海共计实现控制性种养水葫芦 2920hm²（43800 亩）；累计水葫芦鲜草收获量达 130 万 t，脱水处置后生产商品有机肥约 5 万 t；通过项目的实施，从滇池水域带走的氮磷污染物总量分别为 1446.3t 和 130.3t。项目的实施推进了滇池流域水污染治理进程，有效消减了滇池水体内源氮磷污染负荷，改善滇池水质效果显著。

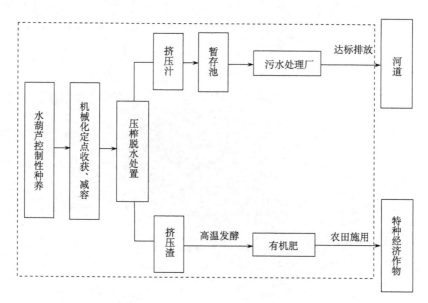

图 7-14　"滇池水葫芦治理污染试验性工程"项目技术路线图

（三）水葫芦控制性种养工程

为充分发挥水葫芦高产、高效拦截滇池入湖污染物和吸附、截留蓝藻的功效，选择在滇池风浪小、污染程度较高、入湖河道相对集中和蓝藻易发区等水域控养水葫芦。综合考虑草海和外海水域的水文特征和控养围栏构建成本等因素，针对草海湖面小、水浅、风浪小的特点，采用"竹桩围网"作为水葫芦安全控养设施；外海湖体面积大、水深、风浪大，采用"钢管桩基围网"安全控养水葫芦。种养水域的控养围栏均由多组控养单元组成，控养单元组合间保留航道，以方便机械化采收和水葫芦的转运。2011～2014年项目实施年内，在滇池草海北部、西部和外海北部水域共计实现控制性种养水葫芦29.2km² (43800 亩)，其中草海 12.2km² (18300 亩)，外海 17.0km² (25500 亩)，水葫芦控养现场图如图 7-15 所示，控养水域遥感分布图如图 7-16 所示。在初始种苗投放量为30t·hm⁻² 的条件下，滇池草海水域年平均生产水葫芦鲜草量达 550t·hm⁻²，滇池外海水域年平均生产水葫芦鲜草量约为 375t·hm⁻²；滇池水葫芦控制性种养工程累计生产水葫芦生物量达 130 万 t。在种养工程实施期间，项目实施主体组建了专门的水上管养维护队伍，每天按时巡查控养围栏和水葫芦生长情况，对受损围栏或网片等及时维修或更换；对遇大风浪逃逸的水葫芦植株及时围捕，这一措施成功地防止了水葫芦逃逸，在改善滇池水质的同时确保了水体环境的生态安全。

图 7-15 滇池水域水葫芦控制性种养实景图

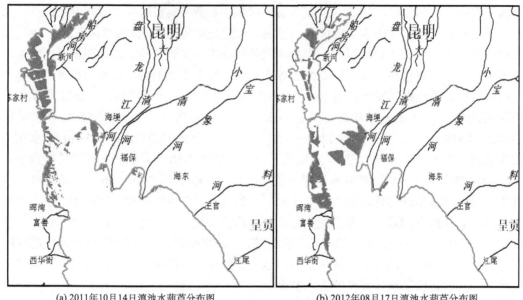

(a) 2011年10月14日滇池水葫芦分布图　　　　　　　(b) 2012年08月17日滇池水葫芦分布图

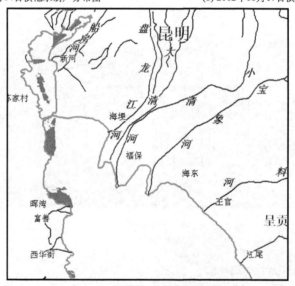

(c) 2013年08月17日滇池水葫芦分布图

图 7-16　2011～2013 年滇池水域水葫芦控养遥感分布图

（四）水葫芦定点收获工程

"滇池水葫芦治理污染试验性工程"平均每年需从滇池水域收获水葫芦鲜草量高达 40 万 t。江苏省农业科学院利用水葫芦群体随风漂移的特性，发明了"整体拖运、定点收获"的方法，并研制出定点收获与传输装备（严少华等，2011），如图 7-17 所示。利用围网圈围水葫芦，机动船只拖运水葫芦至码头水域后，采用前端装有钢铲的船只推动、人工辅助的办法，将水葫芦送至水上带式传输装置，水葫芦传送上岸后直接与脱水处置设备衔接。单套定点收获传输装备日可收获水葫芦鲜草量达 600t，设备的投入只有同生产能力"收获、减容一体化船"（严少华等，2010）的 1/3，收获每吨水葫芦的成本低于 5 元。为确保水葫芦及时全量地收获上岸，项目实施主体在草海水葫芦控养区下风向的湖岸边建立了水葫芦定点收获上岸码头，配置了 5 套定点收获与传输装备，日收获水葫芦鲜草能力达 3000t。2011～2013 年项目实施期间生产出的 130 万 t 水葫芦均按计划被及时收获上岸，累计从滇池水域带走的氮磷污染物总量分别为 1446.3t 和 130.3t。

围网拖运　　　　　　　　　　　　　　　定点收获

图 7-17　滇池水葫芦整体拖运、定点收获现场图

（五）水葫芦压榨脱水处置生产线

江苏省农业科学院与相关企业合作研发出"三辊式压榨脱水机"，如图 7-18 所示，将其与水葫芦物料分配（张志勇等，2011b）、粉碎（杜静等，2011）、传输等设备衔接配套，组装成"粉碎、传输、压榨"脱水处置生产线，单套"压榨"脱水生产线日处理水

图 7-18　三辊式压榨脱水机实物图

葫芦能力达 600t。为了满足收获水葫芦脱水处置能力的要求,在草海湖岸边建设了 5 套"压榨"脱水生产线,与水葫芦定点收获和传输装备配套衔接,日脱水处置水葫芦能力达 3000t,如图 7-19 所示。收获的水葫芦经压榨脱水处置后,脱水效率可达 80%以上,水葫芦渣干物质含量 30%左右,每吨水葫芦脱水处置成本低于 15 元。"三辊式压榨脱水机"

图 7-19　滇池草海"压榨机脱水"生产线与示范基地

的研发进一步提高了水葫芦的脱水效率，降低了脱水成本，为后续资源化利用创造了
条件。

（六）水葫芦的资源化利用

收获水葫芦脱水处理后产生水葫芦汁液和水葫芦渣，其中，水葫芦压榨汁液经污水
管道输入昆明市第三污水处理厂处理后，一级 A 标准达标排放；水葫芦渣含水量满足生
产有机肥的要求，在与农作物秸秆、清淤底泥和蓝藻藻泥等辅料混合后，制作成品有机
肥。2010～2014 年，利用"滇池水葫芦治理污染试验工程"项目收获、处置后的水葫芦
累计生产有机肥约 5 万 t，同时在滇池流域周边建立了 10000 亩特种经济作物的水葫芦
有机肥施用示范基地。

（七）规模化控养水葫芦治理滇池污染水体的效果

2011～2014 年，"滇池水葫芦治理污染试验性工程"项目实施期内，累计在草海控
养水葫芦 12.22km^2，收获水葫芦 75.2 万 t，从草海水体中带走的氮、磷总量分别为 738.0t
和 71.6t；昆明市环境监测中心数据显示，与 2006～2009 年平均水质指标相比，草海湖
体国控监测点水体总氮下降了 7.23mg·L^{-1}（47.2%）、氨氮下降了 9.1mg·L^{-1}（76.6%），
总磷下降了 0.96mg·L^{-1}（69.6%）。"滇池水葫芦治理污染试验性工程"项目的实施，推
进了草海水污染治理进程，改善水质效果显著。

三、水葫芦深度净化生活污水处理厂尾水生态工程

目前，太湖水质虽总体改善，但氮、磷浓度仍居高不下，水质未实现根本好转。根
据东南大学编制的《十五条主要入湖河流水环境现状评估及整治建议》，江苏省太湖流域
15 条主要入湖河流中 9 条总磷浓度、12 条总氮浓度未达到国家治太总体目标要求；太
湖上游流域内共有污水处理厂 35 家，年排放尾水近 400 亿方，一级 A 标准排放的尾水
中总氮浓度仍高达 15.0mg·L^{-1}，总磷浓度 1.0mg·L^{-1}，比地表 V 类水总氮（限值标准
2.0mg·L^{-1}）、总磷（限值标准 0.20mg·L^{-1}）浓度分别高出 6.5 倍和 4.0 倍。尾水经河道
汇入太湖后对湖体氮、磷负荷的贡献率分别高达 51.0%和 40.0%，为第一大污染源。对
污水处理厂尾水进行深度净化，从源头消减氮、磷污染入河，是太湖治理的重点和难点。

常见的污水处理厂尾水氮、磷深度净化方法在应用过程中存在一定的缺陷，如物理
过滤或吸附法，再生成本高，出水水质较差；化学沉淀或氧化剂氧化法，运行费用高，
推广难度大，容易造成产生二次污染，且费用相对较高，目前对大多数深度处理厂都很
难维持长期运行（常会庆和王浩，2015）；超滤或反渗透法，对膜压控制要求高，因膜容
易阻塞和污染，对预处理要求严格，反渗透法会产生大量的副产物（占处理尾水的 25%～
50%）——RO 浓水难以处理（孙迎雪等，2014，2015）；人工湿地法，基质易堵塞，植
物腐败会产生二次污染（李宁，2009）。利用水葫芦深度净化污水处理厂尾水，并回收氮
磷和再利用，成本低、见效快，对减轻太湖氮、磷负荷具有重要意义。

（一）示范工程基本情况

2014 年，江苏省农业科学院承担中央财政农业技术推广项目"农业面源养分流失植物回收再利用技术"和江苏省科技自主创新项目"污水处理厂尾水深度净化与氮磷回收利用"，在南京市高淳区东坝镇针对村镇生活污水处理厂一级 A 标准排放尾水，以削减源头污染物为根本，以养分循环再利用为目标，开展水葫芦深度净化尾水与回收养分再利用生态工程技术示范。通过项目的实施，分别建设了水葫芦深度净化与养分回收示范工程，水葫芦高效采收、脱水处置示范工程，水葫芦渣有机肥堆制示范工程和水葫芦有机肥农田施用示范工程。东坝镇生活污水处理厂区位如图 7-20 所示，该污水处理厂污水

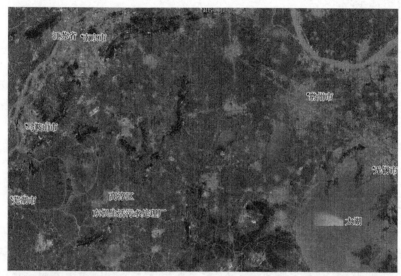

图 7-20　江苏省南京市高淳区东坝镇生活污水处理厂区位图

来源于东坝镇及附近的生活污水，采用 A_2O 工艺，一期设计日处理能力为 2500t，示范工程运行期间日均处理生活污水 1024.5t。未改造前，生活污水经污水处理厂后，尾水直接排入临近连通太湖的胥河；改造后，尾水经深度净化生态工程处理后再排入胥河。自2014 年至 2016 年，水葫芦深度净化生态工程累计处理生活污水尾水 60 余万吨，出水水质均优于地表Ⅴ类水标准排放，有效消减了入河污染负荷。

（二）水葫芦深度净化塘示范工程

依据前期水葫芦消减尾水氮磷能力的研究数据，结合生活污水处理厂实际生产能力和生态工程治污目标，采用三级串联方式，在东坝镇污水处理厂北侧建设深度净化塘工程，如图 7-21 所示。各级净化塘长度均为 105m、深 1.2m，其中第一级净化塘宽为 25m，

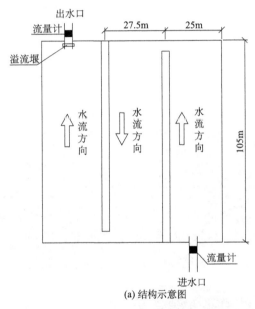

(a) 结构示意图

（b）现场实景图

图 7-21　水葫芦深度净化生态工程结构示意图与现场实景图

第二、三级深度净化塘宽均为 27.5m，各级净化塘之间采用土夯方式隔开，净化塘底部和岸堤均铺设防水布防止渗漏，出水口设置溢流堰使深度净化塘水深保持 1m。深度净化塘总占地面积 8400m²，总有效容积为 7500m³。深度净化塘的进水口和出水口处均设置流量计监测尾水进出流量。污水处理厂尾水通过预先铺设的通道排入三级净化塘。项目实施年内的 5 月份为水葫芦种苗投放、扩繁期，水葫芦种苗初始投放量为 0.6kg·m⁻²；6 月～11 月为生态工程运行期，11 月～12 月为水葫芦打捞和脱水处置期。

（三）小型可移动式水葫芦打捞与脱水处置生产线

针对规模化污水处理厂尾水深度净化生态工程，江苏省农业科学院在前期湖泊大水域生态治污专用装备的基础上，研发了小型化、可移动、便于运输和灵活组装的打捞、传输、破碎、脱水专用生产线装备（图 7-22），单套小型化水葫芦"采收—脱水"一体化生产线日处理能力为 80t，加工 1t 水葫芦可获渣 300kg、汁 700kg，处理费用低于 15 元·t⁻¹。

图 7-22　小型化水葫芦"采收—脱水"一体化生产线装备

（四）水葫芦的资源化利用

通过项目的实施，每年可产生约 200t 的水葫芦鲜草，全部打捞上岸并脱水处置后，水葫芦压榨汁液直接输入东坝镇污水处理厂处理，水葫芦渣则与畜禽粪便或农作物秸秆等辅料混合后制作有机肥。项目每年生产的有机肥约 20t，代替化肥施用到周边稻田，可缓解稻田面源污染入河负荷（图 7-23）。

图 7-23　有机肥制作与农田回用

（五）水葫芦深度净化生活污水尾水效果

示范工程运行效果表明，水葫芦深度净化生态工程改善尾水效果显著。尾水中总氮、总磷浓度平均分别由 12.05mg·L^{-1} 和 0.40mg·L^{-1} 降低至 1.42mg·L^{-1} 和 0.10mg·L^{-1}；通过工程的实施，尾水中总氮浓度下降超过 10mg·L^{-1}，尾水总氮、总磷的去除率分别达 88.2%、75.2%；水葫芦对尾水总氮、总磷的消减能力沿水流流程方向逐渐降低，在一级净化塘中，每平方米水葫芦每天平均消减尾水总氮、总磷量高达 2.48g 和 0.12g，而在三级净化塘中仅分别为 0.21g 和 0.0g。水葫芦深度净化生态工程运行的实践结果为生活污水尾水的生态治理提供了技术支撑与理论依据，每种养 4～5m^2 水葫芦即可将 1t 一级 A 标准尾水净化为水质优于地表 V 类水标准。

参 考 文 献

白云峰, 蒋磊, 高立鹏, 等. 2013. 水葫芦青贮日粮对扬州鹅生长性能、屠宰性能及消化道发育的影响. 江苏农业学报, 29(5): 1107-1113.

白云峰, 周卫星, 严少华, 等. 2010. 水葫芦青贮饲喂羊的育肥效果. 江苏农业学报, 26(5): 1108-1110.

白云峰, 周卫星, 严少华, 等. 2011. 水葫芦青贮条件及水葫芦复合青贮对山羊生产性能的影响. 动物营养学报, 23(2): 330-335.

白云峰, 周卫星, 张志勇, 等. 2009. 凤眼莲的饲料资源化利用. 家畜生态学报, 30(4): 103-105.

白云峰, 朱江宁, 严少华, 等. 2011. 水葫芦青贮对肉鹅规模养殖效益的影响. 中国家禽, 33(7): 49-50, 52.

常会庆, 王浩. 2015. 城市尾水深度处理工艺及效果研究. 生态环境学报, (3): 457-462.

常志州, 杜静, 叶小梅, 等. 2012. 即时处理水葫芦的装置: 中国, ZL201220550659. 0.

窦鸿身, 濮培民, 张圣照, 等. 1995. 太湖开阔水域凤眼莲的放养实验. 植物资源与环境, 4(1): 54-60.

杜静, 常志州, 黄红英, 等. 2010. 水葫芦脱水工艺参数优化研究. 江苏农业科学, (2): 267-269.

杜静, 杨新宁, 常志州, 等. 2011. 一种专用于水生植物的粉碎机: 中国, ZL201120099076.

江洪涛, 张红梅. 2003. 国内外水葫芦防治研究综述. 中国农业科技导报, 5 (3): 72-75.

蒋磊, 白云峰, 严少华, 等. 2011. 水葫芦渣和不同添加物高水分复合青贮的效果研究. 江苏农业科学, 39(6): 337-340.

李博, 廖成章, 高雷等. 2004. 入侵植物凤眼莲管理中的若干生态学问题. 复旦学报 (自然科学版), 43(2): 267-274.

李军, 张玉龙, 黄毅, 等. 2003. 凤眼莲净化北方地区屠宰废水的初步研究. 沈阳农业大学学报, 34(2): 103-105.

李宁. 2009. 小城镇污水生物处理方法的比较研究. 扬州: 扬州大学.

齐玉梅, 高伟生. 1999. 凤眼莲净化水质及其后处理工艺探讨. 环境科学进展, 7(2): 136-140.

施林林, 沈明星, 常志州, 等. 2012. 水分含量对水葫芦渣堆肥进程及温室气体排放的影响. 中国生态农业学报, 20(3): 337-342.

孙迎雪, 胡洪营, 高岳, 等. 2014. 城市污水再生处理反渗透系统 RO 浓水处理方式分析. 给水排水, (7): 36-42.

孙迎雪, 胡洪营, 汤芳, 等. 2015. 城市污水再生处理反渗透系统 RO 浓水的水质特征. 环境科学与技术, 38(1): 72-79.

王谦, 成水平. 2010. 大型水生植物修复重金属污染水体研究进展. 环境科学与技术, 33(5): 96-102.

夏小江. 2012. 太湖地区稻田氮磷养分径流流失及控制技术研究. 南京: 南京农业大学.

严少华, 刘海琴, 张志勇, 等. 2010. 全自动水葫芦打捞减容一体船: 中国, ZL20102010681. 6.

严少华, 张志勇, 张迎颖, 等. 2011. 一种漂浮植物定点采收系统: 中国, ZL201120373563. 7.

杨新宁, 张志勇, 张迎颖, 等. 2011. 一种漂浮植物浆料抽提转移系统: 中国, ZL201120374548. 4.

余远松, 邓润坤. 2000. 凤眼莲水生生物系统处理大型养猪场废水的应用研究. 农业环境保护, 19(5): 301-303.

张浩, 白云峰, 严少华, 等. 2012. 不同水葫芦青贮日粮对山羊消化代谢率的影响. 畜牧与兽医, 44(10): 43-46.

张迎颖, 张志勇, 王亚雷, 等. 2011. 滇池不同水域凤眼莲生长特性及氮磷富集能力. 生态与农村环境学报, 27(6): 73-77.

张志勇, 刘海琴, 刘国峰, 等. 2010a. 漂浮植物高效减容装置: 中国, ZL201020100683. 5.

张志勇, 杨新宁, 刘国峰, 等. 2011a. 一种漂浮植物破碎物料高效喂料分配器: 中国, ZL201120372034. 5.

张志勇, 郑建初, 刘海琴, 等. 2010b. 凤眼莲对不同程度富营养化水体氮磷的去除贡献研究. 中国生态农业学报, 18(1): 152-157.

张志勇, 郑建初, 刘海琴, 等. 2011b. 不同水力负荷下凤眼莲对富营养化水体氮磷去除的表观贡献. 江苏农业学报, 27(2): 288-294.

周泽江, 杨景辉. 1984. 水葫芦在污水生态处理系统中的作用及其利用途径——Ⅰ. 水葫芦的生物学特征及环境因子对其生长的影响. 生态学杂志, (5): 36-40.

朱普平, 郑建初, 盛婧. 2011. 水葫芦控制性种养技术规程: 江苏省地方标准. DB32/T 1874—2011.

Abdelhamid A M, Gabr A A. 1991. Evaluation of water hyacinth as feed for ruminants. Archives of Animal Nutrition, 41(7/8): 745-756.

Alex D C, Víctor A G, Sandra P C. 2014. Assessment of an artificial free-flow wetland system with water hyacinth (*Eichhornia crassipes*) for treating fish farming effluents. Revista Colombiana de Ciencias Pecuarias, 27(3): 202-210.

Ansari A A, Gill S S, Khan F A. 2011. Eutrophication: threat to aquatic ecosystems//Ansari A A, Gill S S, Lanza G R, et al. Eutrophication: Causes, Consequences and Control. Netherlands: Springer Netherlands: 143-170.

Babourina O, Rengel Z. 2011. Nitrogen removal from eutrophicated water by aquatic plants//Ansari A A, Gill S S, Lanza G R, et al. Eutrophication: Causes, Consequences and Control. Dordrecht, Netherlands: Springer Netherlands: 355-372.

Bicudo D D, Fonseca B M, Bini L M, et al. 2007. Undesirable side-effects of water hyacinth control in a shallow tropical reservoir. Freshwater Biology, 52(6): 1120-1133.

Brix H. 1993. Macrophytes mediated oxygen transfer in wetlands: Transport mechanism and rate//Moshiri G A. Constructed Wetlands for Water Quality Improvement. London: Lewis.

Carina C G, Cecilia M P. 2007. Water hyacinths as a resource in agriculture and energy production: A literature review. Waste Management, 27(1): 117-129.

Cifuentes J, Bagnall L O. 1976. Pressing characteristics of water hyacinth. Journal of Aquatic Plant Management, 14: 71-75.

Dagno K, Lahlali R, Friel D, et al. 2007. Review: problems of the water hyacinth, *Eichhornia crassipes* in the tropical and subtropical areas of the world, in particular its eradication using biological control method by means of plant pathogens. Biotechnology, Agronomy, Society and Environment, 11(4), 299-311.

Dellarossa V, Céspedes J, Zaror C. 2001. *Eichhornia crassipes*-based tertiary treatment of Kraft pulp mill effluents in Chilean Central Region. Hydrobiologia, 443(1-3): 187-191.

EEA. 2012. The Impacts of Invasive Alien Species in Europe. http://www.eea.europa.eu/publications/ impacts-of-invasive-alien-species. EEA Technical Report No.16. Luxembourg: Publications Office of the European Union.

Fox L J, Struik P C, Appleton B L, et al. 2008. Nitrogen phytoremediation by water hyacinth (*Eichhornia crassipes* (Mart.) Solms). Water, Air, and Soil Pollution. 194: 199-207.

Gettys L A, Haller W T, Bellaud M. 2009. Biology and Control of Aquatic Plants: A Best Management Practices Handbook, 2nd ed. Aquatic Ecosystem Restoration Foundation, USA: Marietta GA.

Greenfield B K, Siemering G S, Andrews J C, et al. 2007. Mechanical shredding of water hyacinth (*Eichhornia crassipes*): effects on water quality in the Sacramento-San Joaquin River Delta, California. Estuaries and Coasts, 30(4): 627-640.

Akendo L C O, Gumbe L O, Gitau A N. 2008. Dewatering and drying characteristics of water hyacinth (*Eichhornia crassipes*) Part II. Drying characteristics. Agricultural Engineering Internationa, 3(6): 7-33.

Gunnarsson C, Mattsson C. 1997. Water hyacinth-trying to turn an environmental Problem into an agricultural resource, MFS-Report No. 25. Swedish University of Agriculture, Uppsala.

Heisler J, Glibert P M, Burkholder J M, et al. 2008. Eutrophication and harmful algal blooms: a scientific consensus. Harmful Algae, 8 (1): 3-13.

Hu L, Hu W, Deng J, et al. 2010. Nutrient removal in wetlands with different macrophyte structures in eastern Lake Taihu, China. Ecological Engineering, 36 (12): 1725-1732.

Hu W P, Salomonsen J, Xu F L, et al. 1998. A model for the effeets of water hyacinths on water quality in an experiment of physico-biological engineering in Lake Taihu, China. Eeological Modeling, 107(2-3): 171-188.

Jayaweera M W, Kasturiarachchi J C. 2004. Removal of nitrogen and phosphorus from industrial wastewaters by phytoremediation using water hyacinth (*Eichhornia crassipes* (Mart.) Solms). Water Sci. Technol., 50(6): 217-225.

Koottatep T, Polprasert C. 1997. Role of plant uptake on nitrogen removal in constructed wetlands located in the tropics. Water Science and Technology, 36 (12): 1-8.

Kulkarni B V, Ranade S V, Wasif A I. 2007. Phytoremediation of textile process effluent by using water hyacinth-a polishing treatment. Journal of Industrial Pollution Control, 23 (1): 97-101.

Little E C S. 1979. Handbook of Utilization of Aquatic Plants. Rome, Italy: Food and Agriculture Organization of The United Nations.

Lu J B, Fu Z H, Yin Z Z. 2008. Performance of a water hyacinth (*Eichhornia crassipes*) system in the treatment of wastewater from a duck farm and the effects of using water hyacinth as duck feed. Journal of Environmental Sciences, 20(5): 513-519.

Mahujchariyawong J, Ikeda S. 2001. Modelling of environmental phytoremediation in eutrophic river-the case of water hyacinth harvest in Tha-chin River, Thailand. Ecological Modelling, 142(1-2): 121-134.

Malar S, Sahi S V, Favas P J C, et al. 2014. Mercury heavy-metal-induced physiochemical changes and genotoxic alterations in water hyacinths [*Eichhornia crassipes* (Mart.)]. Environmental Science and Pollution Research, 22 (6): 4597-4608.

Malik A. 2007. Environmental challenge vis a vis opportunity: the case of water hyacinth. Environment International, 33(1), 122-138.

Mariana R G, J acques B, Guillermo R, et al. 2012. Water quality improvement of a reservoir invaded by an exotic macrophyte. Invasive Plant Science and Management, 5(2): 290-299.

Mathur S, Singh P. 2004. Development and performance evaluation of a water hyacinth chopper cum crusher. Biosystems Engineering, 88(4): 411-418.

Mishra V K, Tripathi B D. 2009. Accumulation of chromium and zinc from aqueous solutions using water hyacinth (*Eichhornia crassipes*). Journal of Hazardous Materials, 164(2-3): 1059-1063.

Montoya J E, Waliczek T M, Abbott M L. 2013. Large scale composting as a means of managing water hyacinth (*Eichhornia crassipes*). Invasive Plant Science and Management, 6(2): 243-249.

National Acadamy of Sciences (NAS). 1977. Making Aquatic Weeds Useful: Some Perspectives for Developing Countries. NAS, Washington D. C: 174.

Ndimele P, Jimoh A. 2011. Water hyacinth (*Eichhornia crassipes* [Mart.] Solms.) in phytoremediation of heavy metal polluted water of Ologe lagoon, Lagos, Nigeria. Research Journal of Environmental Sciences, 5 (5): 424-433.

Paul C. 1998. water hyacinth control and possible uses Kingdom. http://Practicalaction. org/Practicalanswers/ our-resources/item/water-hyacinth. Practical Action, 1-11.

Perna C, Burrows D. 2005. Improved dissolved oxygen status following removal of exotic weed mats in important fish habitat lagoons of the tropical Burdekin River floodplain, Australia. Marine Pollution Bulletin, 51(1-4): 138-148.

Poddar K, Mandal L, Banerjee G C. 1991. Studies on water hyacinth (*Eichhornia crassipes*) – Chemical composition of the plant and waterfrom different habitats. Indian Veterinary Journal, 68(9): 833-837.

Polomski R F, Taylor M D, Bielenberg D G, et al. 2009. Nitrogen and phosphorus remediation by three floating aquatic macrophytes in greenhouse-based laboratory-scale subsurface constructed wetlands. Water Air Soil Pollut. 197(1-4): 223-232.

Polprasert C, Kessomboon S, Kanjanaprapin W. 1992. Pig wastewater treatment in water hyacinth ponds. Water Science & Technology, 26(9-11): 2381-2384.

Reddy K R, Campbell K L, Graetz D A, et al. 1982. Use of biological filters for treating agricultural drainage effluents. J. Environ. Qual., 11(4): 591-595.

Sajn S A, Bulc T G, Vrhovsek D. 2005. Comparison of nutrient cycling in a surface-flow constructed wetland and in a facultative pond treating secondary effluent. Water Sci. Technol., 51(12): 291-298.

Sinha A K, Sinha R K. 2000. Sewage management by aquatic weeds (water hyacinth and duckweed): economically viable and ecologically sustainable biomechanical technology. Environ. Educ. Inf., 19(3): 215-226.

Solly R K. 1984. Integrated Rural Development with Water Hyacinth//Thyagarajan G. Proceedings of the International Conference on Waterhyacinth. UNEP, Nairobi: 70-78.

Soltan M E, Rashed M N. 2003. Laboratory study on the survival of water hyacinth under several conditions of heavy metal concentrations. Advance in Environmental Research, 7(2): 321-334.

Tchobanoglous G, Maitski F K, Thomson K, et al. 1989. Evolution and performance of city of San Diego pilot scale a quatic waste water treatment system using water hyacinth. J. WPCF, 61: 11-20.

US Enviornmental Protection Agency. 2000. National Management Measures to Control Nonpoint Source Pollution from Agriculture.

Villamagna A M, Murphy B R. 2010. Ecological and socio-economic impacts of invasive water hyacinth (*Eichhornia crassipes*): a review. Freshw. Biol., 55(2): 282-298.

Wang Z, Zhang Z Y, Zhang Y Y, et al. 2013. Nitrogen removal from Lake Caohai, a typical ultra-eutrophic lake in China with large scale confined growth of *Eichhornia crassipes*. Chemosphere, 92(2): 177-183.

Wooten J W, Dodd J D. 1976. Growth of Water Hyacinths in Treated Sewage Effluent. Economic Botany, 30(1): 29-37.

Zhou H Y. 2000. Mercury accumulation in freshwater fish with emphasis on dietary influence. Water Research, 34(17): 4234-4242.

Zhu Y L, Zayed A M, Qian, et al. 1999. Phtoaccumulation of trace elements by wetland plants: Ⅱ. water hyacinth. Journal of Environmental Quality, 28(1): 339-344.

第八章 水葫芦修复富营养化湖泊试验工程的水体环境效应

第一节 概 述

目前，在亚太地区，54%的湖泊水体富营养化（Chorus and Bartram，1999）；在我国，富营养化湖泊及水库达 66%以上（金相灿和胡小贞，2010）。湖泊富营养化不仅对湖泊水质有严重影响，而且影响到周边水环境和人文景观，甚至通过给水系统危害到公众的健康，因此，水体富营养化治理是当前世界的热点。水生植物修复技术由于具有投资成本低、操作简单、不易产生二次污染且能有效去除有机物、氮磷等多种元素等优点，已成为世界各国控制水体富营养化的主要措施之一。在实际湖泊修复过程中，大范围的沉水植物或挺水植物恢复还鲜有先例（秦伯强等，2011），这主要是由于：①沉水植物或挺水植物的生长受到水深制约；②沉水植物或挺水植物吸收的营养物质主要来自底泥；③沉水植物或挺水植物较难采收，如果未采收或采收不及时，其同化吸收来自底泥的营养物又释放进入水体，可能会加速水体的富营养化（Wang et al.，2012）。

水体富营养化主要是由于氮磷等营养元素含量过多所引起的水质污染现象。水体富营养化治理的首要任务是消减水体氮磷营养元素（Elser et al.，2007）。水葫芦具有极强的氮、磷吸收能力以及重金属富集能力。采用漂浮的水葫芦净化水质，不仅可以省去浮床建设费用，也无需曝气或搅拌等能源消耗，并且不需要反复播种或移栽，其繁殖速度快，打捞相对于其他水生植物更容易，因此，其被认为是一种优良的水体污染治理备选方案。然而，这些结论几乎都来自小规模的模拟实验研究。大规模利用水葫芦治理污水或者富营养化水体将面临如下挑战：①如何将水葫芦控制在特定区域生长？②水葫芦在实践工程中的生长繁殖动态如何？③何时和如何大规模采收水葫芦以及水葫芦如何脱水减容？④如何处置与利用采收后的水葫芦？⑤作为一种生物入侵种，其在治污的同时对水体生物多样性的影响或生态风险如何？

太湖和滇池为我国水体污染严重、重点治理的两大湖泊，它们与巢湖一并称为我国湖泊重点治理的"三湖"。太湖是我国第三大湖。近年来因太湖水体富营养化而产生的大量蓝藻暴发及由蓝藻聚集死亡引起的藻源性黑水团等水污染事件使得其对水质污染产生了质的变化，如何快速、有效地修复污染水体已经成为当前水环境保护的迫切需求。针对这种情况，目前已采取了多种治理方式，如底泥疏浚、引江济太工程、种植水生植物修复水体等在一定范围内取得相应效果；然而，针对太湖水体（特别是在北部，如梅梁湾、竺山湾等水体污染较重、水体流动性较差、污染物去除较为缓慢的湖湾中，迫切需要一种更为快捷有效的修复受损水体、原位恢复水体生态功能的生态治理方法（刘国锋等，2011）。滇池，曾经的"高原明珠"，近 30 年来，由于当地经济的快速发展和人口的剧增，滇池水体污染严重，蓝藻水华频发。近些年来，各类水环境保护工程措施在滇池实施，如环湖截污、底泥疏浚、生物修复等，虽然已取得良好效果，但是滇池水体的营养盐与有机污染并未达到理想水平。在国家科技支撑计划与地方政府的支持下，于2009年和 2010 年分别在太湖和滇池开展了"水葫芦控制性种养—机械化采收—资源化利用"的大规模试验性工程（刘国锋等，2011；Wang et al.，2012，2013），期望客观评价水葫芦水体治理利用过程中遇到的上述挑战。

　　本章以2010年滇池北山湾0.7km²、2011年滇池草海5.3km²、2010年太湖竺山湖2km²的水葫芦控制性种养试验区为研究区域，探讨水葫芦对水体理化性质、底栖动物与浮游动物的影响，旨在结合区域实际、全面科学地评价水葫芦修复富营养化湖泊试验工程的水体环境效应与生态风险。

第二节　水葫芦种植对滇池水体理化性质的影响

一、滇池北山湾

　　北山湾位于滇池西南岸，如图 8-1 所示。面积约 0.7km²，平均水深约 2.5m，水体富营养化，蓝藻水华频发。由于受湾外风浪的影响，北山湾水体藻类密度较大。2010 年春夏，云南省社会发展项目"滇池水葫芦富集氮磷及资源化利用研究与示范"利用泡沫浮球、不锈钢钢管及围网在北山湾控制性种养水葫芦约 0.7km²，由于受风向等因素的影响，水葫芦密集分布于工程区内侧（图 8-1）。

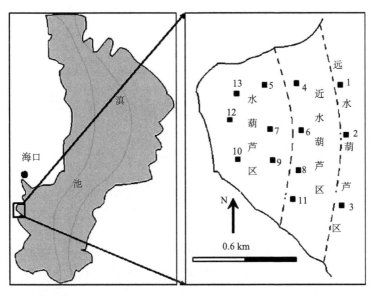

图 8-1　采样点分布图

　　为了评价大水域种养水葫芦对水质的影响，于北山湾水葫芦区域内外设置 13 个采样点，根据水葫芦分布特征将采样区分为 3 个区域（图 8-1），水葫芦区（样点 5、7、9、10、12 和 13 号）、近水葫芦区（过渡对照区，样点 4、6、8 和 11 号）以及远水葫芦区

（外围对照区，样点 1、2 和 3 号）。水葫芦于 7 月份种养完毕。本研究于水葫芦种植后生长旺盛期至水葫芦打捞前（2010 年 8～10 月），以每月两次的频率对 13 个样点进行采样。

（一）水温

在水葫芦种植后至打捞前（8～10 月），采样区域平均水温从 8 月份的 24.0℃缓慢降至 10 月份的 20.2℃。方差分析显示，不同采样区域的水温差异不显著（$p > 0.05$）。

（二）溶解氧、pH 及透明度

水葫芦区、近水葫芦区及远水葫芦区的 DO、pH 及透明度动态变化如图 8-2 所示。三个区域中，在水葫芦种养后生长旺盛期至打捞前，水体 DO 表现出一种先下降后逐步增加的趋势。方差分析表明，三个区域水体 DO 组间差异显著（$p < 0.05$）。进一步分析表明，水葫芦区 DO 水平显著性低于近水葫芦和远水葫芦区（$p < 0.05$），而近水葫芦区和远水葫芦区水体 DO 不存在显著性差异。

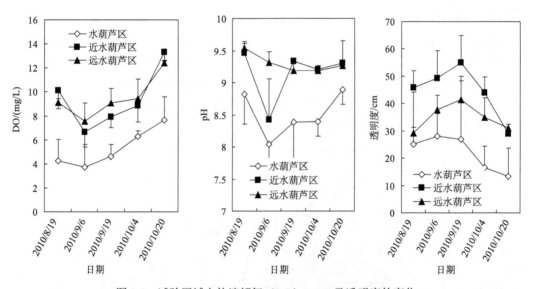

图 8-2　试验区域水体溶解氧（DO）、pH 及透明度的变化

水体 pH 在水葫芦区及近水葫芦区表现为先降低后上升的趋势，而在远水葫芦区水体 pH 基本稳定在 9.3 的水平。统计分析表明，水葫芦区水体 pH 显著性低于近水葫芦区和远水葫芦区（$p < 0.05$）。

采样区域透明度呈现出先缓慢上升后逐步下降的趋势。从整个采样周期来看，水葫芦区透明度显著低于近水葫芦区及远水葫芦区（$p < 0.05$），近水葫芦区和远水葫芦区透明度不存在显著性差异（$p > 0.05$）；而从 8 月 19 日至 10 月 4 日的采样比较来看，发现各采样区域透明度均存在显著性差异（$p < 0.05$），其透明度从高到低依次为近水葫芦区、远水葫芦区及水葫芦区。近水葫芦区透明度在 8 月 19 日至 10 月 4 日期间显著高于远水葫芦区（$p < 0.05$），而到了 10 月 20 日近水葫芦区透明度迅速下降至远水葫芦区水平，其原因是 10 月 20 日，采样区域风浪较大（现场即时风速达 6m·s⁻¹），风浪搅动使近水

葫芦区和远水葫芦区水体充分混合。

（三）总磷及正磷酸盐

试验区不同区域水体 TP 及 PO_4^{3-} 的浓度变化如图 8-3 所示。三个采样区域水体 TP 均表现为先下降后上升的趋势，尤其是水葫芦区。这可能是由于水葫芦区水体受水葫芦的直接影响，在初始阶段，水体 TP 下降主要是由于水葫芦的生长吸收，而后期迅速上升主要是由于水葫芦的衰亡释放营养盐的缘故。比较三个区域水体 TP 发现，近水葫芦区 TP 显著性低于水葫芦区及远水葫芦区（$p < 0.05$），表明水葫芦对其周围水体水质的改善具有积极作用。

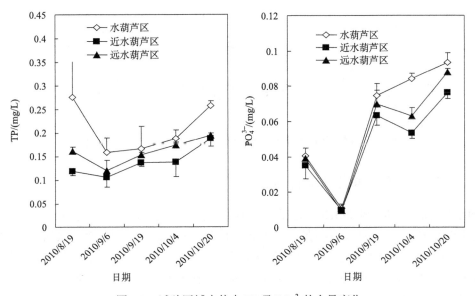

图 8-3 试验区域水体中 TP 及 PO_4^{3-} 的含量变化

三个区域正磷酸盐浓度与 TP 类似，均表现为先降低后升高的趋势。比较各区域，发现水体 PO_4^{3-} 在初始阶段差异不明显，而在后期表现出与 TP 类似的近水葫芦区 < 远水葫芦区 < 水葫芦区的现象。

（四）总氮、氨氮及硝酸盐氮

三个不同区域水体中 TN、NH_4^+-N 及 NO_3^--N 的含量如图 8-4 所示。9 月 19 日后，三个采样区域 TN 表现出一种升高的趋势，可能是由于水葫芦的衰亡腐败释放出 N 营养盐以及风浪造成底泥营养盐释放的缘故。统计学分析表明，在采样初期（8 月 19 日～9 月 19 日），近水葫芦区 TN 显著性低于水葫芦区和远水葫芦区（$p < 0.05$），而在采样后期，其差异不显著。采样后期的 TN 在各个区域差异较小，可能主要是由于风浪的搅拌混合作用所致。

三个区域中，NH_4^+-N 与 TN 类似，在 9 月 19 日之后表现出一种明显的增加趋势，可能与水葫芦的衰败及风浪导致的底泥营养盐释放有关。从三个区域比较来看，水葫芦区和近水葫芦区水体 NH_4^+-N 低于远水葫芦区。NO_3^--N 的含量在 9 月 19 日之后表现出一种明显的增加趋势。比较三个区域 NO_3^--N 的含量，发现近水葫芦区略高于水葫芦区，水葫芦区略高于远水葫芦区。

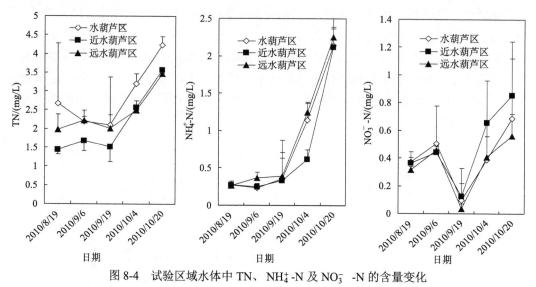

图 8-4　试验区域水体中 TN、NH_4^+-N 及 NO_3^--N 的含量变化

（五）叶绿素 a 与高锰酸盐指数

三个区域水体中 Chla 及 COD_{Mn} 含量如图 8-5 所示。在近水葫芦区和远水葫芦区，叶绿素 a 在 8 月 19 日至 9 月 6 日存在一个明显的升高，之后趋于稳定；而在水葫芦区，叶绿素 a 含量处于一个上升的趋势。叶绿素 a 在水葫芦区持续上升，可能是由于水葫芦根系对蓝藻的拦截捕获所致。方差分析表明，近水葫芦区 Chla 浓度显著性低于水葫芦区和远水葫芦区（$p < 0.05$）。

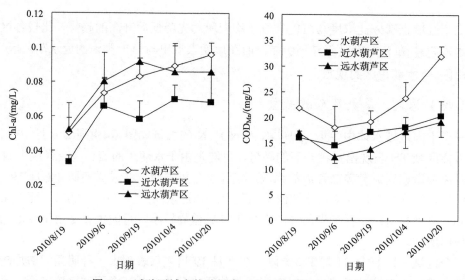

图 8-5　试验区域水体叶绿素 a（Chla）及 COD_{Mn} 含量

三个采样区域，COD_{Mn} 在初始阶段呈下降趋势，后期呈上升趋势，尤其是水葫芦区。比较三个区域 COD_{Mn} 平均值，发现水葫芦区 > 近水葫芦区 > 远水葫芦区，其中水葫芦区显著高于近水葫芦区及远水葫芦区（$p < 0.05$）。

二、滇池外海

滇池北山湾水葫芦控养面积为 70hm²，仅占整个滇池外海水域面积的 0.24%，总体而言，很难对整个滇池水域带来明显影响。在滇池北山湾水葫芦控养的实际经验上，2011～2013 年在滇池北部（蓝藻水华污染严重区域）和滇池草海继续扩大了水葫芦控养面积。在 2012 年和 2013 年，滇池外海水葫芦最大覆盖面积分别为 556.39hm² 和 257.87 hm²（张志勇等，2015），分别占整个外海水域的 1.91% 和 0.88%。2012 年 8 月 17 日，滇池外海水葫芦分布区域如图 8-6 所示。

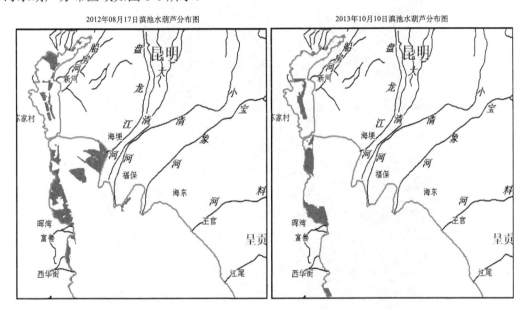

图 8-6 滇池水葫芦分布卫星影像图

左图摄于 2012 年 8 月 17 日；右图摄于 2013 年 10 月 10 日

通过对水葫芦植株体内积累的氮磷含量的计算，通过对其采收共计从外海水体带走氮 691.9t、磷 57.4t。为了分析滇池外海水葫芦控养工程对滇池水质可能带来的影响，于 2011～2013 年对滇池外海 8 个国控点（晖湾中、罗家营、观音山西、观音山中、观音山东、白鱼口、海口西和滇池南）以 1 次/月的频率采集水样，分析外海全湖水质状况。采样点如图 8-7 所示。

通过对滇池外海 8 个国控采样点的水质监测及结合昆明市环境监测站的数据（表 8-1）分析发现：工程实施期间，外海全湖水质得到一定的改善，水体 TP 平均浓度始终维持在较低水平，水体 TN 平均浓度显著下降，尤其是 2012 年，外海湖体 TN 平均质量浓度由 2011 年的 2.80mg·L⁻¹ 以及 2006～2010 年的 2.62mg·L⁻¹ 显著下降至 1.96mg·L⁻¹，同比下降幅度达 25%～30%。2012 年水体 TN 略优于 2013 年，这可能是由于 2012 年水葫芦覆盖面积远高于 2013 年的缘故。有趣的是，水体 NH_4^+-N 出现一定程度的增加，这可能是由于水葫芦根系捕获大量的蓝藻，蓝藻在与水葫芦竞争中死亡释放出大量 NH_4^+-N 所致（张志勇等，2015）。

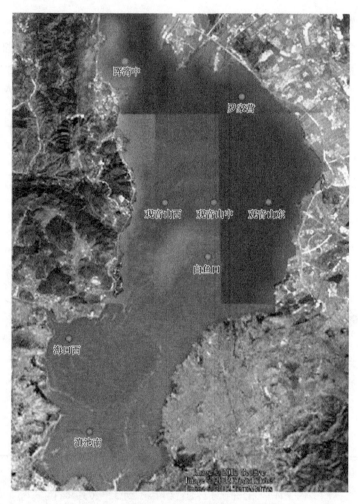

图 8-7　滇池外海国控点采样点分布图

表 8-1　滇池外海全湖水质年际变化

水质指标	2006～2010 年均值 [a]	2011 年均值 [b]	2012 年均值 [b]	2013 年均值 [b]
透明度/m	—	0.44	0.41	0.44
DO/（mg·L^{-1}）	—	6.86	6.97	8.05
pH	—	8.97	9.18	9.51
COD_{Mn}/（mg·L^{-1}）	—	10.66	10.05	10.65
TP/（mg·L^{-1}）	0.21	0.16	0.17	0.15
TN/（mg·L^{-1}）	2.62	2.80	1.96	2.12
NH_4^+-N/（mg·L^{-1}）	0.26	0.29	0.28	0.31

注：a 数据来自于昆明市环境监测站；b 数据来自于工程监测；—表示无数据。

三、滇池草海

滇池由草海与外海组成，由海埂大坝将其隔离。滇池草海属滇池内湖，位于滇池北部（24°59′N，102°38′E），总面积约 10.5km²，平均水深约 2.5m，蓄水量约 2500 万 m³。草海主要由东风坝（约 2.4km²）、内草海（约 1.8km²）、外草海（约 5.8km²）及老干鱼塘（约 0.5km²）四部分组成，其中东风坝和老干鱼塘水体基本与内外草海隔离。草海有 6 条入湖河道分别是新运粮河、老运粮河、乌龙河、大观河、西坝河及船房河。此外，昆明市第一、第三污水处理厂尾水通过运粮河及西坝河等入湖河道排入草海。西园隧道是草海的出水通道。2011 年通过西园隧道排水 9409.81 万 m³。草海是滇池污染最严重的水域，属于重度富营养化水体。2007～2009 年，湖体水质总氮含量为 12～20 mg·L⁻¹，总磷含量 1.2～1.6mg·L⁻¹，年入湖氮、磷总量估计分别达 2000t 和 200t。

实施滇池水葫芦试验性工程的基本原则是"控制性种养—机械化采收—资源化利用"，即充分利用水葫芦高效富集氮磷及其他污染物的优势，在湖泊污染严重的区域控制性分围格种养水葫芦，待水葫芦生长至一定生物量时，采用机械化采收上岸，从而带走水体氮磷等污染物，并且将采收上岸的水葫芦制作有机肥及沼气而实现水葫芦的资源化利用。至 2011 年 10 月，在滇池草海共控制性种养水葫芦约 5.3km²，其中，东风坝约 0.7km²，内草海约 1.5km²，外草海约 2.8km²，老干鱼塘 0.3km²。滇池草海水葫芦控养照片如图 8-8 所示。

图 8-8　滇池草海水葫芦控养照片（摄于 2011 年 8 月 13 日）

由于东风坝及老干鱼塘为相对封闭水体，在本次讨论中我们仅关注草海入湖河道、内草海及外草海。由于污染水体主要从河道入湖经由内草海—外草海—西园隧道排出，水样采样点分布如图 8-9 所示。采样点为 6 条入湖河道（R1～R6）、内草海（C5，C4）、外草海（C3，C2，C1），其中，R1～R6 分别为新运粮河、老运粮河、乌龙河、大观河、西坝河及船房河；C5 位于内草海中心；C4 位于内草海断桥，为国控点位；C3 位于外草海靠近内草海处；C2 为草海中心，为国控点位；C1 为西园隧道出水口。

　　水葫芦于 5 月份种养完毕。水样采集于水葫芦种养初始至水葫芦打捞前（2011 年 5 ～ 11 月），以每月 1～3 次的频率对 11 个样点进行采样。采用有机玻璃采水器分层采取水样，每个点分表层（距表层 0～0.5 m）、中层（距表层 1.0～1.5 m）、底层（湖底上 0.5m 处）3 层次进行采集，混合后装于已洗净的 1 L 采样瓶中，带回实验室尽快分析各水质指标。同时，每月采集水葫芦植株样品，用于测定植株氮磷含量。2011 年 5 月之前水体主要理化数据由昆明市环境监测站提供，西园隧道排水量数据由昆明市滇池西园隧道工程管理处提供。

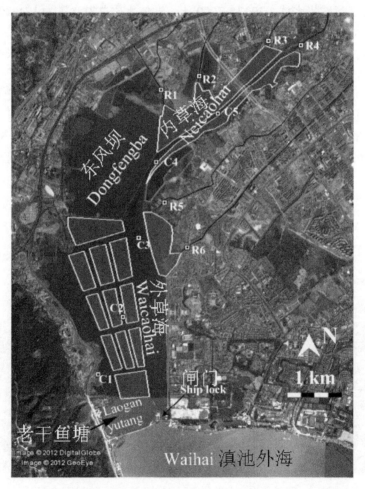

图 8-9　滇池草海水葫芦控养区域（仅显示内外草海）及采样点分布图

（一）2007～2011 年草海水体氮磷浓度变化

2007～2011 年滇池草海入湖河道、内草海及外草海水体中 DO、TN、NH_4^+-N 及 TP 含量变化如图 8-10 所示。

　　由于昆明市加强对城市河道的整治力度，草海入湖河道水体 DO 由 2007 年的 1.8mg·L^{-1} 缓慢增加至 2011 年的 4.5mg·L^{-1}；在内草海，2007~2011 年水体 DO 基本稳定在 4.1~5.2mg·L^{-1}（$p > 0.05$）；在外草海，水体 DO 在 5.5~7.9mg·L^{-1} 范围波动，2011 年水体 DO 较 2010 年高 33.3%（图 8-10A），可见水葫芦种养后并未对水体 DO 造成明显的不利影响。先前有大量研究表明，水葫芦能降低水体的 DO（Rommens et al.，2003；Villamagna and Murphy，2010）。在本研究中，通过历年草海水体 DO 对比发现，水葫芦种养后并未降低草海水体的 DO，甚至 DO 水平略有回升。该现象可能是由于：①在滇池草海，其属于滇池污染最严重的区域，水体有机污染物严重，从 2007 年至 2009 年，其在内外草海的 DO 本底值较低（4~6mg·L^{-1}），在水葫芦种植后，虽然水葫芦一方面消耗水体的 DO，但是另一方面它能加速去除水体的污染物，从而减少了水体污染物的分解耗氧；②由于特殊原因，2011 年 5 月份有一定量的水华蓝藻从滇池外海由船闸进入草海，而蓝藻的光合作用能释放大量的氧气；③昆明市加大了草海入湖河道的整治，2010 年后入湖河道水体的 DO 水平较 2007~2009 年高（图 8-10A）。

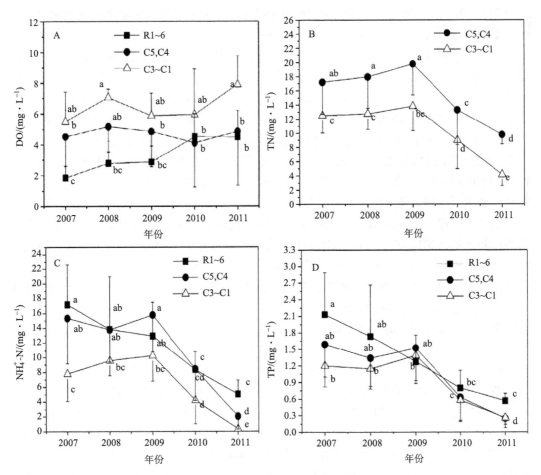

图 8-10　2007~2011 年滇池草海入湖河道（R1~6）、内草海（C5，C4）及外草海（C3~C1）水体溶解氧（DO，A）、总氮（TN，B）、氨氮（NH$_4^+$-N，C）以及总磷（TP，D）含量变化
图中不同字母代表在统计学上存在显著性差异，$p < 0.05$

由于缺乏 2007～2010 年入湖河道 TN 数据，在此未讨论入湖河道 TN 浓度的历年变化。2010 年内草海和外草海水体 TN 浓度（分别为 13.3mg·L^{-1} 和 9.0mg·L^{-1}）较 2007～2009 年均值（分别为 18.3mg·L^{-1} 和 13.0mg·L^{-1}）分别显著性下降 27.3%和 30.8%（$p<0.05$）（图 8-10B），这可能一方面与 2010 年滇池草海自然生长 3000 亩水葫芦而吸收大量氮素有关，另一方面与草海周边污水处理厂（昆明市第一和第三污水处理厂）处理效能在 2009 年底至 2010 年初的提升有关。2011 年，由于水葫芦控制性种养工程的实施，在滇池内外草海共计控养水葫芦 6400 亩，内外草海水体 TN 在 2010 年基础上大幅度下降至 9.8mg·L^{-1} 和 4.1mg·L^{-1}，较 2010 年分别显著性下降 26.3%和 54.4%（$p<0.05$）。

2007～2011 年水体 NH_4^+-N 的变化趋势与 TN 一致（图 8-10C）。入湖河道 NH_4^+-N 浓度从 2007 年之后逐步下降，2010 年出现明显的拐点，这可能与昆明市提高了污水处理厂处理能力以及加强了河道整治有关。可能由于 2011 年在草海入湖河道放养水葫芦，致使入湖河道水体 2011 年的 NH_4^+-N 浓度比 2010 年低 39.6%。而在内草海及外草海，2011 年 NH_4^+-N 浓度比 2010 年分别低 66.7%和 89.2%。与未采用水葫芦治理污水措施之前相比，水葫芦的放养对草海氮的去除有显著的作用。

2007～2008 年，由于昆明市加强了对河道的整治，入湖河道 TP 呈现略微下降的趋势（$p>0.05$），到 2009 年之后，入湖河道 TP 较 2007 年显著性下降（图 8-10D）。在内草海和外草海，2007～2009 年水体 TP 浓度差异较小，到 2010 年显著性下降，至 2011 年进一步降低（图 8-10D）。入湖河道 2010 年 TP 浓度较 2009 年下降 37%，2011 年较 2010 年下降 28.8%；由于 2010 年自然生长的 3000 亩和 2011 年人工控养的 6400 亩水葫芦的存在，在内草海 2010 年 TP 浓度较 2009 年均值下降 58.6%，2011 年较 2010 年下降 60.3%；外草海 2010 年 TP 浓度较 2009 年均值下降 58.3%，2011 年较 2010 年下降 55.2%，其下降幅度要大于入湖河道 TP 的下降幅度。

水体 TN 沿"入湖河道—内草海—外草海"到排水口方向呈逐步降低的趋势。在水葫芦种养之初（2011 年 5 月），水体 TN 均值由入湖河道的 12.3mg·L^{-1} 降至西园隧道出水口 7.5mg·L^{-1}，减少 4.8mg·L^{-1}，消减率为 39%，说明水体自净在起作用。而在水葫芦种养后（6～11 月），水体 TN 均值从入湖河道的 13.8mg·L^{-1} 逐步降低至西园隧道出水口的 3.3mg·L^{-1}，减少 10.5mg·L^{-1}，消减率达 76.1%（图 8-11A）。统计分析显示，总氮在 R1～6（入湖河道）、C5 和 C4（内草海）点位的浓度与 C3、C2（外草海）和 C1（隧道出口）点位的浓度存在显著差异（图 8-11A）。

在水葫芦种养初期，水体 NH_4^+-N 值（图 8-11B）由入湖河道的 3.3mg·L^{-1} 降低至西园隧道出水口 C1 点位的 0.8mg·L^{-1}，消减率为 79%。而在水葫芦种养后，水体 NH_4^+-N 均值由入湖河道的 4.7mg·L^{-1} 降低至西园隧道出水口的 0.2mg·L^{-1}，消减率为 96%。统计分析显示，在水葫芦种养初始，R1～6、C5 和 C4 点位的 NH_4^+-N 浓度显著性高于 C3、C2 和 C1 点位。而在水葫芦种养后，NH_4^+-N 浓度沿着"入湖河道—内草海—外草海"方向逐步降低，入湖河道 R1～6 浓度显著性高于内草海 C5 和 C4 点位，显著性高于外草海 C3、C2 和 C1 点位。

在水葫芦种养初期，NO_3^--N 浓度沿着"入湖河道—内草海—外草海"方向逐步降低

（图 8-11C），统计分析显示，R1～6、C5 和 C4 点位的 NO_3^--N 浓度显著性高于 C3、C2 和 C1 点位。而在水葫芦种养后，NO_3^--N 浓度在 C5 点位显著性高于入湖河道 R1～6，后沿着 C5 至 C1 点位逐步下降，统计分析 C5 和 C4 点位的 NO_3^--N 浓度显著性高于 C3、C2 和 C1 点位。由图可知，在水葫芦种养后水体 NO_3^--N 变化规律与水葫芦种养初始存在明显的差异。

在水葫芦种养初期，可能由于外草海大量的蓝藻水华，导致外草海水体 TP 浓度较入湖河道和内草海高（图 8-11D）。在水葫芦种养后，水体 TP 沿着"入湖河道—内草海—外草海"逐步降低，TP 浓度在外草海 C3、C2 和 C1 点位显著性低于入湖河道和内草海 C5 点位。

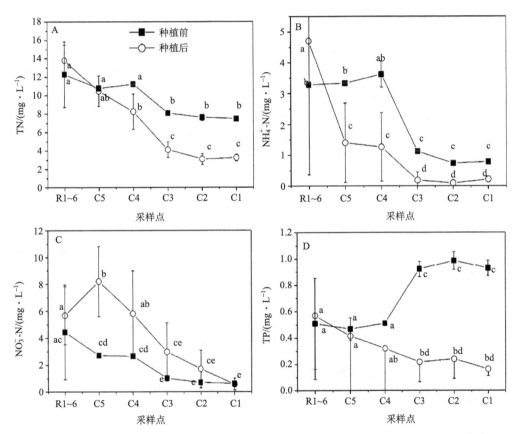

图 8-11　各采样点水体总氮（TN，A）、氨氮（NH_4^+-N，B）、硝态氮（NO_3^--N，C）及总磷（TP，D）含量

图中不同字母代表在统计学上存在显著性差异，$p < 0.05$

（二）2011 年水葫芦生长季节草海水体氮浓度变化

由氮浓度空间变化的统计分析，C1～C3 可归为一类，此点分布于外草海；C4、C5 归为一类，分布于内草海；入湖河道 R1～6 为一类。分析基于入湖河道、内草海及外草海展开。2011 年，控养水葫芦后，水体氮磷浓度的变化如图 8-12 所示。

从 5 月至 11 月，入湖河道水体 TN 浓度在 11.7～14.3mg·L^{-1} 范围波动，各月份间差异不显著。内草海经过 2200 亩水葫芦种养区域水体 TN 从 5 月至 8 月逐步下降，之后缓慢上升，可能是由于 8 月之后水葫芦生长速度减缓，其对水体 TN 的净化效率小于入湖河道的污染负荷。在外草海水体 TN 由 5 月的 7.7mg·L^{-1} 迅速降低至 6 月的 3.5 mg·L^{-1}，至 8 月降低至最低的 2.6mg·L^{-1}，之后波动上升。

入湖河道 NH$_4^+$-N 浓度从 5 月的 3.3mg·L^{-1} 上升至 11 月的 6.7mg·L^{-1}。在近入湖河道主要区域的内草海，NH$_4^+$-N 浓度在 5 月为 3.5mg·L^{-1}，而至 8 月基本降低至 0.0 mg·L^{-1}，至 9 月和 10 月，NH$_4^+$-N 浓度略有回升，而至 11 月迅速回升至 2.1mg·L^{-1}。在外草海，水葫芦种养后（6～10 月），NH$_4^+$-N 浓度迅速降低，其波动范围为 0.02～0.30mg·L^{-1}，可见水葫芦对水体 NH$_4^+$-N 消减效果特别显著。

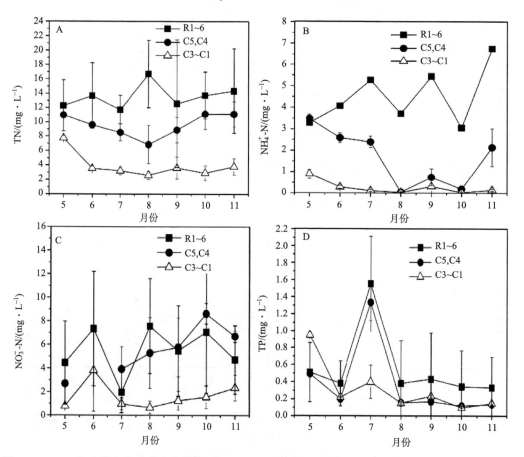

图 8-12　2011 年水葫芦控养后水体总氮（TN，A）、氨氮（NH$_4^+$-N，B）、硝态氮（NO$_3^-$-N，C）及总磷（TP，D）含量变化

入湖河道 NO$_3^-$-N 浓度呈现波动变化的规律，而在内草海其 NO$_3^-$-N 水平呈逐步增加的趋势，这可能与内草海水葫芦的硝化作用有关；至 11 月，内草海水体 NO$_3^-$-N 浓度显著降低，这种现象一方面是由于 11 月入湖河道 NO$_3^-$-N 浓度的降低，另一方面可能是由于水葫芦处于枯萎期，其硝化作用减弱的缘故。外草海 6 月水体 NO$_3^-$-N 较 5 月迅速上

升，而后在 8 月降至最低，之后缓慢上升。总体来看，经过水葫芦净化后区域 NO_3^--N 浓度明显降低。

水葫芦种植后，TP 在入湖河道、内草海和外草海的变化如图 8-12D 所示。在入湖河道，TP 除 7 月较高外，其余月份基本稳定在 $0.4mg \cdot L^{-1}$；内草海 TP 在 7 月后迅速下降，之后趋于稳定在约 $0.15mg \cdot L^{-1}$，最低值出现在 10 月，为 $0.12mg \cdot L^{-1}$，11 月有所回升；外草海水体 TP 从 5 月的 $0.94mg \cdot L^{-1}$ 迅速下降至 6 月的 $0.22mg \cdot L^{-1}$，下降 76.6%，之后波动下降，最低出现在 10 月的 $0.10mg \cdot L^{-1}$。

（三）2011 年水葫芦种养后草海水体氮磷消减量分析

草海水体为流动性水体，每年来自入湖河道的的水量约 1 亿 m^3，主要由西园隧道西排出。草海水体对氮磷的消减总量可以用如下公式计算：削减量 ＝（入湖总量–排出总量）＋（2011 年 5 月湖体库存量–2011 年 11 月湖体库存量）。入湖总氮（磷）量根据入湖径流氮（磷）平均浓度与入湖径流总量的乘积计算。由于无法获得入湖径流流量准确、连续的监测数据，我们以"西园隧道排出水量＋草海蒸发量–草海降水量"来反推入湖径流量。排出总氮（磷）量根据"西园隧道排出水量×排水氮（磷）浓度"来计算。水葫芦吸收氮（磷）量根据"11 月植株氮（磷）浓度×11 月水葫芦生物量"计算。湖体库存量根据"当月水体总氮（磷）浓度×草海水体体积"来计算。11 月，内外草海水葫芦共计 21.1 万 t，含水率为 94.4%，干物质含氮为 4.11%，含磷为 0.28%。

经计算，草海（内外草海）水体氮的消减总量与水葫芦吸收量分别为 761.3t 和 485.6t，水葫芦吸收量占总消减量的 63.8%（表 8-2）。在自然水体中过量的氮主要通过水体或者沉积物中微生物驱动的硝化、反硝化反应转化为气态产物 N_2O、N_2 进入大气中（Risgaard-Petersen and Jensen，1997；Zhao et al.，1999）。草海水体由于水葫芦的作用，其氮素的消减主要受水葫芦的吸收和水体硝化、反硝化脱氮两方面的影响。我们的研究发现，水葫芦吸收占草海水体氮素消减量的 63.8%，说明水体硝化、反硝化脱氮可能取得了一定的作用。我们的研究也证实了这一点，草海未种养水葫芦前水体 TN 均值由入湖河道的 $12.3mg \cdot L^{-1}$ 降至西园隧道出水口的 $7.5mg \cdot L^{-1}$，减少 $4.8mg \cdot L^{-1}$ 消减率为 39%（图 8-11A）。先前，张志勇等（2010）在水葫芦对不同程度富营养化水体氮去除贡献的研究中也暗示在水葫芦修复的水体中，氮的硝化反硝化脱氮也起着一定的作用。张志勇等（2010）的结果显示，在氮负荷较高的水体，如水体 TN 浓度为 $6.22 \sim 12.08$ $mg \cdot L^{-1}$ 的富营养化水体中，水葫芦吸收的氮量占水体总氮消减的贡献为 42.3%～82.7%，并且随着水体 TN 浓度升高，其吸收量的贡献比例减小。此外，高岩等（2012）通过模拟实验研究了水葫芦对富营养化水体硝化、反硝化脱氮中间产物 N_2O 的影响表明，水葫芦可以促进富营养化水体的硝化、反硝化、成对硝化-反硝化反应过程，水葫芦种植水体在整个培养期内释放的 N_2O 气体浓度累积较对照显著性增大。

由于水体中磷的消减主要由生物体的吸收、沉降等因素引起。而在本研究中发现，水葫芦吸收的总磷量占草海湖体削减总量的 139%（表 8-3），说明水葫芦可能吸收了一部分底泥释放的磷。化学物质在底泥-上覆水界面的吸附与释放过程主要由浓度差支配（Lerman，1977）。当上覆水氮磷营养物浓度降低时，则底泥向上覆水的释放加大。在本

表 8-2　水葫芦生长期（5~11 月份）水葫芦吸收量与草海氮消减量

月份	西园隧道排水量/万 t	西园隧道排水 TN 浓度/(mg·L⁻¹)	西园隧道排出氮量/t	蒸发量减降水量ᵃ/万 t	入湖水量/万 t	入湖 TN 浓度ᵇ/(mg·L⁻¹)	入湖氮量/t	5 月湖体存氮量/t	11 月湖体存氮量/t	氮消减量/t	水葫芦吸收量/tᵈ	水葫芦吸收量/总消减量/%
5	1210.4	3.48	42.1	31.5	1241.9	12.3	152.6					
6	1401.8	5.2	72.9	31.5	1433.3	13.7	195.8					
7	1113.5	3.3	36.7	31.5	1145.0	11.7	134.2					
8	598.7	2.94	17.6	31.5	630.2	16.7	105.2					
9	1416.8	1.99	28.2	31.5	1448.3	12.6	182.1					
10	607.1	2.22	13.5	31.5	638.6	13.7	87.5					
11	519.2	2.6	13.5	31.5	550.7	14.3	79.0					
共计	6867.5		224.5	220.5			936.4	157.6	108.2	761.3	485.6	63.8

注：a. 年蒸发量以 1380 mm 计算，2011 年降水量为 590 mm（http://roll.sohu.com/20120217/n335031920.shtml）。假设蒸发量每月近似相等，则每月蒸发量为 115mm，降水发生在雨季 5~11 月，则每月降水量为 84mm，则每月蒸发量减降水量为 30mm，相当于每月差值为 31.5 万 t，实际上蒸发量与降水量差值的比例很小，仅为 3%，所以此处的假设不会对草海水体氮的消减贡献分析造成较大的影响；b. 此处为 6 条入湖河道 TN 均值，其值与 3 条主要入湖河道 TN 均值差异较小，见附表；c. 消减量=（入湖总量-排出总量）+（2011 年 5 月湖体库存量-2011 年 11 月湖体库存量）；d. 水葫芦吸收量根据 211000t（水葫芦鲜重）×5.6%（干物质含量）×4.11%（含氮率）计算。

附表：6 条入湖河道与 3 条主要入湖河道水体 TN 均值

（单位：mg·L⁻¹）

项目	5 月	6 月	7 月	8 月	9 月	10 月	11 月
A（R1~6）	12.29	13.66	11.72	16.70	12.57	13.73	14.34
B（老运粮河、大观河、船房河）	12.07	12.75	12.35	17.70	12.22	13.35	12.38
A/B 比值	1.02	1.07	0.95	0.94	1.03	1.03	1.16

表 8-3　水葫芦生长期（5～11 月份）水葫芦吸收量与草海磷消减量

月份	西园隧道排水量/万 t	西园隧道排水 TP 浓度/(mg·L⁻¹)	西园隧道排出磷量/t	蒸发量减降水量/万 t[a]	入湖水量/万 t	入湖 TP 浓度[b]/(mg·L⁻¹)	入湖磷量/t	5 月湖体存磷量/t	11 月湖体存磷量/t	磷消减量[c]/t	水葫芦吸收量/t[d]	水葫芦吸收量/总削减量/%
5	1210.4	0.335	4.05	31.5	1241.9	0.58	7.19					
6	1401.8	0.718	10.07	31.5	1433.3	0.48	6.95					
7	1113.5	0.362	4.03	31.5	1145.0	0.51	5.85					
8	598.7	0.214	1.28	31.5	630.2	0.53	3.34					
9	1416.8	0.122	1.73	31.5	1448.3	0.58	8.46					
10	607.1	0.128	0.78	31.5	638.6	0.53	3.37					
11	519.2	0.082	0.43	31.5	550.7	0.89	4.91					
共计	6867.5		22.36	220.5			40.05	7.72	1.61	23.8	33.08	139

注：表中 a、b、c、d 的含义同表 8-2。

研究中，由于水葫芦对水体磷的吸收使上覆水磷浓度降低，而在浓度差的支配作用下，草海沉积物磷可能会大量释放进入水体而被水葫芦吸收。先前，我国学者蒋小欣等（2007）的研究也证实低浓度营养盐的上覆水有利于底泥营养盐的释放。

第三节　水葫芦控养对滇池水生生物群落与多样性的影响

一、滇池北山湾–底栖动物群落

本研究于北山湾水葫芦区域（0.7km² 水葫芦）内外设置 13 个采样点，根据水葫芦分布特征将采样区分为 3 个区域（图 8-1），水葫芦区（样点 5、7、9、10、12 和 13 号）、近水葫芦区（样点 4、6、8 和 11 号）和远水葫芦区（样点 1、2 和 3 号）于水葫芦种植后生长旺盛期至水葫芦打捞前（2010 年 8~10 月），以 1 次/月的频率，对 13 个样点利用 1/16m² 的改良彼得森氏采泥器进行大型无脊椎底栖动物的采样。采集的泥样经 450μm 的铜筛洗净后，用肉眼将动物标本从白色解剖盘中捡出，后用 10%福尔马林进行固定。在实验室将标本鉴定至尽可能低的分类单元，然后计数和称重，并换算成单位面积的含量（熊晶等，2010）。

本研究中用到的生物多样性指数选择为（Pielou，1975）

$$\text{Shannon-Wiener 指数：} H' = -\sum_{i=1}^{s} P_i \ln P_i \tag{8-1}$$

$$\text{Margalef 指数：} d = (S-1)/\ln N \tag{8-2}$$

$$\text{Simpson 指数：} D = 1 - \sum_{i=1}^{s} P_i^2 \tag{8-3}$$

$$\text{Pielou 指数：} J = H'/\ln S \tag{8-4}$$

式中，N 为所在群落所有物种的个体数之和；S 为群落总物种数；P_i 为样品中属于第 i 种的个体的比例。水葫芦区、近水葫芦区及远水葫芦区水体及底泥环境因子及底栖动物群落特征指数的差异判断采用单因素方差分析（One-way AVONA），利用 Levene's-test 进行不同组间方差齐次性检验，若方差不齐则利用 Mann-Whitney U 检验。利用逐步线性回归探讨水体及底泥环境理化因子与优势种密度及总密度的关系。数据分析使用 SPSS for Windows 16.0 统计软件处理。

（一）底栖动物物种组成及现存量

在滇池湖湾工程区的 3 次采样中，共采集到底栖动物 18 种（表 8-4）。其中，寡毛类 8 种（占物种总数的 44.4%），水生昆虫 5 种（占物种总数的 27.8%），软体动物 1 种（占物种总数的 5.6%），甲壳纲 3 种（占物种总数的 16.7%），此外线虫纲 1 种（占物种总数的 5.6%）。在水葫芦区，共采集到底栖动物 14 种，分别为寡毛类 7 种，软体动物 1 种，水生昆虫 2 种，甲壳纲 3 种及线虫纲 1 种。近水葫芦区，采集到底栖动物 10 种，分别为寡毛类 6 种，水生昆虫 3 种和线虫纲 1 种。而在远水葫芦区，仅采集到底栖动物 6

种，分别为寡毛类 4 种，水生昆虫 2 种。在 3 个区域共同出现的物种为霍甫水丝蚓、巨毛水丝蚓及正颤蚓，而软体动物椭圆萝卜螺及甲壳纲螃蟹、米虾及钩虾仅出现在水葫芦区（表 8-4）。

表 8-4　不同采样区域底栖动物物种组成

种名 Taxon	水葫芦区	近水葫芦区	远水葫芦区	种名 Taxon	水葫芦区	近水葫芦区	远水葫芦区
线虫纲 Nematoda				昆虫纲 Insecta			
1.线虫纲一种 Nematoda spp.	+	+		双翅目 Diptera			
寡毛纲 Oligochaeta				摇蚊科 Chironomidae			
仙女虫科 Naididae				11.羽摇蚊 Chironomus Plumosus	+		+
2.指鳃尾盘虫 Dero digitata	+	+		12.二叉摇蚊属一种 Dicrotendipes sp.		+	
3.特城泥盲虫 Stephensoniana trivandrana	+			13.直突摇蚊属一种 Orthocladius sp.	+	+	
颤蚓科 Tubificidae				蜉蝣目 Phemeroptera			
4.霍甫水丝蚓 Limnodrilus hoffmeisteri	+	+	+	四节蜉科 Baetidae			
5.巨毛水丝蚓 Limnodrilus grandisetosus	+	+	+	14.四节蜉属一种 Baetis sp.			+
6.水丝蚓一种 Limnodrilus sp.	+			蜻蜓目 Odonata			
7.正颤蚓 Tubifex tubifex	+	+	+	15.丽蟌科一种 Amphipterygidae sp.		+	
8.苏氏尾鳃蚓 Branchiura sowerbyi	+	+		甲壳纲 Crustacea			
9.颤蚓科一种 Tubificidae sp.		+	+	十足目 Decapoda			
腹足纲 Gastropoda				16.螃蟹 Decapoda	+		
中腹足目 Mesogastropoda				匙指虾科 Atyidae			
椎实螺科 Lymnaeidae				17.米虾一种 Caridina sp.	+		
10.椭圆萝卜螺 Radix swinhoe	+			端足目 Amphipoda			
				钩虾科 Gammaridae			
				18.钩虾科一种 Gammaridae.spp.	+		

注：+表示出现。

　　在水葫芦区、近水葫芦区及远水葫芦区，底栖动物密度分别为 295、159、261 个·m^{-2}。3 个采样区域中底栖动物主要以寡毛类（主要为霍甫水丝蚓和巨毛水丝蚓）为主，其密度分别达到 264、151 和 250 个·m^{-2}，分别占各区域底栖动物总密度的 89.6%、95% 和 95.8%（表 8-5）。

　　由于底栖动物个体重量不同，其生物量分布与密度存在一定的差异。在水葫芦区，底栖动物生物量的构成主要以寡毛类（主要为霍甫水丝蚓及巨毛水丝蚓）和水生昆虫（主要为摇蚊科）为主，其生物量分别占总生物量的 55.8% 和 29.7%；在远水葫芦区，其生物量与水葫芦区具有相似的构成，寡毛类和水生昆虫生物量分别占总生物量的 61.1% 和 38.9%；而在近水葫芦区，则主要是寡毛类，其生物量占总生物量的 99.3%（表 8-5）。

表 8-5　不同采样区域底栖动物密度（个·m⁻²）及生物量（g·m⁻²）

种类	水葫芦区				近水葫芦区				远水葫芦区			
	密度	比例/%	生物量	比例/%	密度	比例/%	生物量	比例/%	密度	比例/%	生物量	比例/%
寡毛类	264	89.6	0.364	55.8	151	95.0	0.373	99.3	250	95.8	0.246	61.1
软体动物	0.9	0.3	0.026	3.9	0	0	0	0	0	0	0	0
水生昆虫	11	3.7	0.194	29.7	5.3	3.3	0.003	0.7	11	4.2	0.157	38.9
甲壳纲	15	5.1	0.068	10.5	0	0	0	0	0	0	0	0
线虫纲	3.6	1.2	0.001	0.2	2.7	1.7	0	0	0	0	0	0
合计	295	100	0.652	100	159	100	0.375	100	261	100	0.402	100

功能摄食类群分析显示，水葫芦区的物种组成是收集者（密度：97.0%，生物量：93.3%）、寄生者（密度：1.3%，生物量：0.6%）、刮食者（密度：1.3%，生物量：1.8%）及撕食者（密度：0.6%，生物量：3.0%）；近水葫芦区物种组成是收集者（密度：97.2%，生物量：96.4%），以及少量的寄生者（密度：1.8%，生物量：2.9%）和捕食者（密度：1.0%，生物量：0.7%）；而在远水葫芦区，仅采集到收集者。

（二）优势种

在整个采样区域中，寡毛类是占绝对优势的类群，其平均密度为 259 个·m⁻²，占总密度的 92.5%。其中，霍甫水丝蚓是主要的优势种，其平均密度为 200.5 个·m⁻²，占总密度的 71.6%。霍甫水丝蚓在水葫芦区、近水葫芦区和远水葫芦区的平均密度分别为 218.7、104.0 和 281.1 个·m⁻²，分别占各自区域总密度的 68.3%、59.6% 和 86.0%。霍甫水丝蚓在 3 个采样区域 8~10 月密度的动态变化如图 8-13 所示。可以看出，种植水葫芦后，霍甫水丝蚓密度在水葫芦区和远水葫芦区先增加后降低；而在近水葫芦区，则逐步下降。生物量在 3 个采样区域的动态变化规律与密度变化规律类似。由于所采集样品中的次优势种摇蚊类个体较寡毛类大，其占较大比例的生物量，因此霍甫水丝蚓生物量占

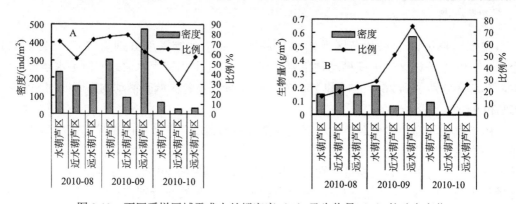

图 8-13　不同采样区域霍甫水丝蚓密度（A）及生物量（B）的动态变化

其所在区域底栖动物总生物量的比值较小。

（三）群落特征指数

不同采样区域大型底栖动物群落结构特征指数如表 8-6 所示。从时间变化来看，在水葫芦区及近水葫芦区，Shannon-Wiener、Simpson 和 Pielou 指数在 8～9 月均降低，而到了 10 月明显增加。方差分析显示，在水葫芦区及近水葫芦区，Margalef、Shannon-Wiener、Simpson 和 Peilou 指数在 8 月和 9 月间差异不显著（$p > 0.05$），但到 10 月，其多样性指数显著性增加（$p < 0.05$）。而在远水葫芦区，多样性指数 Margalef、Simpson 和 Shannon-Wiener 在 8～10 月逐步降低，且在 10 月显著低于 8 月和 9 月；均匀度指数 Pielou 在 9 月和 10 月基本一致（表 8-6）。

从不同区域比较来看，在水葫芦区多样性指数 Margalef、Simpson 和 Shannon-Wiener 显著高于远水葫芦区和近水葫芦区；而均匀度指数 Pielou 在 3 个区域差异不显著（$p > 0.05$，表 8-6）。

表 8-6　不同采样区域底栖动物群落特征指数

区域	时间	Margalef	Simpson	Shannon-Wiener	Pielou
水葫芦区	8 月	0.38 ± 0.22a	0.40 ± 0.24a	0.71 ± 0.43a	0.60 ± 0.35ab
	9 月	0.42 ± 0.29a	0.36 ± 0.21a	0.68 ± 0.42a	0.54 ± 0.34a
	10 月	0.56 ± 0.12b	0.60 ± 0.14b	1.10 ± 0.27b	0.84 ± 0.12b
	8～10 月	0.43 ± 0.23A	0.42 ± 0.22 A	0.77 ± 0.41A	0.62 ± 0.31A
近水葫芦区	8 月	0.27 ± 0.20ab	0.31 ± 0.28a	0.54 ± 0.47a	0.52 ± 0.42a
	9 月	0.18 ± 0.25a	0.18 ± 0.21a	0.38 ± 0.44a	0.39 ± 0.48a
	10 月	0.46 ± 0.03b	0.62 ± 0.01b	1.03 ± 0.02b	0.93 ± 0.02b
	8～10 月	0.27 ± 0.21B	0.32 ± 0.26 B	0.57 ± 0.45B	0.55 ± 0.43A
远水葫芦区	8 月	0.38 ± 0.20a	0.40 ± 0.23a	0.72 ± 0.44a	0.65 ± 0.20a
	9 月	0.18 ± 0.26ab	0.29 ± 0.41ab	0.49 ± 0.70ab	0.45 ± 0.63a
	10 月	0.11 ± 0.15b	0.22 ± 0.31b	0.32 ± 0.45b	0.46 ± 0.65a
	8～10 月	0.25 ± 0.21B	0.32 ± 0.26 B	0.54 ± 0.46B	0.54 ± 0.40A

注：不同的小写字母代表相同区域相同群落指数在不同月份间存在显著性差异，不同大写字母代表在采样周期内相同群落指数在不同区域间存在显著性差异，$p < 0.05$。

二、滇池北山湾–浮游动物群落

采样区域、采样时间与采样点同本章第三节一。浮游甲壳动物枝角类和桡足类的采集方法：利用有机玻璃采水器采集 0～0.5m、1～1.5m 和距底泥 0.5m 以上三层水样共 30L，混合均匀后过孔径 64μm 的浮游生物网，用 4% 的甲醛溶液固定后带回实验室待鉴定。轮虫样品为另取 1.0L 三层混合均匀的水样，加 15mL 鲁氏碘液，在实验室沉降 2d 后，小心移除上层水液，加甲醛溶液后（最终甲醛浓度 4%），定容至 50mL 后，在显微镜下进行分类、计数。在种群密度很高时，用分小样的方法抽样计数。其具体步骤是把采得的样品 50mL 充分摇匀后用宽口吸管吸取 5mL，注入浮游动物计数框中，计数 3 片取其平均值，然后乘以稀释的倍数以获得单位体积中的数量。

（一）浮游动物物种组成

本研究中，仅探讨了枝角类、桡足类以及轮虫的群落特征。在工程区内外的 3 次采样中，共采集到枝角类 6 属 15 种、桡足类 4 属 9 种、轮虫 7 属 11 种（表 8-7）。水葫芦区，共采集到浮游动物 24 种，分别为枝角类 11 种、桡足类 9 种、轮虫 4 种；近水葫芦区，共采集到 28 种，分别为枝角类 11 种、桡足类 8 种、轮虫 9 种；而在远水葫芦区，共采集到 24 种，分别为枝角类 12 种、桡足类 7 种、轮虫 5 种。3 个区域中共同出现的物种为长额象鼻蚤、简弧象鼻蚤、脆弱象鼻蚤、角突网纹蚤、矩形尖额蚤、透明蚤、僧帽蚤、广布中剑水蚤、北碚中剑水蚤、英勇剑水蚤、近邻剑水蚤、跨立小剑水蚤、强壮小剑水蚤、中型小剑水蚤和矩形龟甲轮虫，而中华窄腹剑水蚤、卵形鞍甲轮虫仅出现在水葫芦区，剪形臂尾轮虫、迈氏三肢轮虫和月形腔轮虫仅出现在近水葫芦区，角壳网纹蚤、凹尾网纹蚤、方形网纹蚤和细异尾轮虫仅出现在远水葫芦区（表 8-7）。

表 8-7　不同采样区域浮游动物物种组成

种名 Taxon	水葫芦区	近水葫芦区	远水葫芦区	种名 Taxon	水葫芦区	近水葫芦区	远水葫芦区
枝角类 Cladocera				15.短尾秀体蚤 *Diaphanosoma brachyurum*	+	+	
象鼻蚤属 *Bosmina*				**桡足类 Copepoda**			
1.长额象鼻蚤 *Bosmina longirostris*	+	+	+	中剑水蚤属 *Mesocyclops*			
2.简弧象鼻蚤 *Bosmina coregoni*	+	+	+	16.广布中剑水蚤 *Mesocyclops leuckarti*	+	+	+
3.脆弱象鼻蚤 *Bosmina fatali*	+	+	+	17.北碚中剑水蚤 *Mesocyclops pehpeiesis*	+	+	+
网纹蚤属 *Ceriodaphnia*				剑水蚤属 *Cyclops*			
4.角突网纹蚤 *Ceriodaphnia cornuta*	+	+	+	18.英勇剑水蚤 *Cyclops strenuus*	+	+	+
5.美丽网纹蚤 *Ceriodaphnia pulchella*	+			19.近邻剑水蚤 *Cyclops vicinus*	+	+	+
6.角壳网纹蚤 *Ceriodaphnia cornigera*			+	小剑水蚤属 *Microcyclops*			
7.凹尾网纹蚤 *Ceriodaphnia megalops*			+	20.跨立小剑水蚤 *Microcyclops varicans*	+	+	+
8.方形网纹蚤 *Ceriodaphnia quadrangula*			+	21.强壮小剑水蚤 *Microcyclops robustus*	+	+	+
裸腹蚤属 *Moina*				22.中型小剑水蚤 *Microcyclops intermedius*	+	+	+
9.多刺裸腹蚤 *Moina macrocopa*		+	+	23.长尾小剑水蚤 *Microcyclops longiramus*	+	+	
尖额蚤属 *Alona*				窄腹水蚤属 *Limnoithona*			
10.矩形尖额蚤 *Alona rectangular*	+	+	+	24.中华窄腹剑水蚤 *Limnoithona sinensis*	+		
蚤属 *Daphnia*				**轮虫 Rotifer**			
11.透明蚤 *Daphnia hyalina*	+	+	+	臂尾轮属 *Brachionus*			
12.僧帽蚤 *Daphnia cucullata*	+	+	+	25.角突臂尾轮虫 *Brachionus angularis*			
13.长刺蚤 *Daphnia longispina*	+	+		26.萼花臂尾轮虫 *Brachionus calyciflorus*			
14.蚤状蚤 *Daphnia pulex*	+	+		27.剪形臂尾轮虫 *Brachionus forficula*			
秀体蚤属 *Diaphanosoma*				28.镰形臂尾轮虫 *Brachionus falcatus*			

续表

种名 Taxon	水葫芦区	近水葫芦区	远水葫芦区	种名 Taxon	水葫芦区	近水葫芦区	远水葫芦区
龟甲轮属 *Keratella*				鞍甲轮属 *Lepadella*			
29.矩形龟甲轮虫 *Keratella quadrata*	+	+	+	33.卵形鞍甲轮虫 *Lepadella ovalis*			
30.曲腿龟甲轮虫 *Keratella valga*	+	+		腔轮属 *Lecane*			
单趾轮属 *Monostyla*				34.月形腔轮虫 *Lecane luna*		+	
31.尖趾单趾轮虫 *Monostyla closterocerca*		+	+	异尾轮属 *Trichocera*			
三肢轮属 *Filinia*				35.细异尾轮虫 *Trichocera gracilis*			+
32.迈氏三肢轮虫 *Filinia maior*		+					

注：+表示出现。

（二）浮游动物分布特征

采样周期内（8～10月），水葫芦区枝角类密度逐步下降；在近水葫芦区其逐步上升；而在远水葫芦区，其先上升后下降（图 8-14）。方差分析显示，彼此间的变化幅度未达到显著水平（$p > 0.05$）。桡足类密度在水葫芦区和近水葫芦区变化趋势与枝角类类似（图8-14）。方差分析显示，在水葫芦区和远水葫芦区，桡足类密度在 8～10 月间差异不显著（$p > 0.05$），而在近水葫芦区，其差异达到显著水平（$p < 0.05$）。在水葫芦区和近水葫芦区，轮虫密度在8～10月间差异不显著（$p > 0.05$），而在远水葫芦区，10月份未采集到轮虫样品。

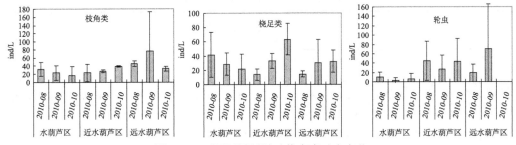

图 8-14 不同区域浮游动物密度动态变化

综合来看，枝角类总密度在水葫芦区、近水葫芦区和远水葫芦区分别为26.1±18.0、27.8±13.5 和 54.2±60.3 个·L^{-1}，方差分析显示，其密度在三个区域差异不显著（$p > 0.05$）；桡足类总密度在水葫芦区、近水葫芦区和远水葫芦区分别为33.1±24.7、31.5±21.9 和 24.8±20.8 个·L^{-1}，其密度在三个区域也未达到显著水平（$p > 0.05$）；轮虫在水葫芦区、近水葫芦区和远水葫芦区总密度分别为 7.0±9.3、37.7±34.7 和 33.7±61.1 个·L^{-1}，统计分析显示，其密度在水葫芦区和近水葫芦区差异达到显著水平（$p < 0.05$）。

（三）优势种

在水葫芦区、近水葫芦区和远水葫芦区，枝角类优势种为长额象鼻蚤，其密度分别为 9.6±11.2 个·L^{-1}（占枝角类总密度的 36.8%）、13.2±11.0 个·L^{-1}（占枝角类总密度的 47.5%）和 32.3±60.6 个·L^{-1}（占枝角类总密度的 59.6%），统计分析显示，三个区域长额象鼻蚤密度不存在显著差异（$p > 0.05$）。桡足类优势种为跨立小剑水蚤，其在水葫芦区、近水葫芦区和远水葫芦区密度分别为 25.1±22.4 个·L^{-1}（占桡足类总密度的 75.1%）、23.3±19.4 个·L^{-1}（占桡足类总密度的 74.0%）和 21.3±22.0 个·L^{-1}（占桡足类总密度的 85.9%），统计分析显示，三个区域跨立小剑水蚤密度不存在显著差异（$p > 0.05$）。轮虫的优势种在水葫芦区、近水葫芦和远水葫芦区分别是矩形龟甲轮虫（密度为 4.4±6.5 个·L^{-1}，占轮虫总密度的 67.9%）、曲腿龟甲轮虫（10.5±9.0 个·L^{-1}，占轮虫总密度的 27.7%）和尖趾单趾轮虫（15.1±20.3 个·L^{-1}，占轮虫总密度的 39.3%）。

（四）多样性指数

三个采样区域在 8～10 月的生物多样性指数如表 8-8 所示。枝角类 Shannon-Weiner（H'）、Simpson（D）和 Margalef（d）丰富度指数和在水葫芦区、近水葫芦区和远水葫芦区逐步降低，不过方差分析显示，其差异未达到显著水平（$p > 0.05$）。桡足类在远水葫芦区的 Shannon-Weiner、Simpson 多样性指数、Margalef 丰富度指数和 Pielou 均匀度指数略低于水葫芦区和近水葫芦区，方差分析显示，其在不同区域差异也未达到显著水平（$p > 0.05$）。轮虫生物多样性指数在三个区域规律与枝角类和桡足类不同，方差分析显示，在近水葫芦区，轮虫的 Shannon-Weiner、Margalef、Simpson 和 Pielou（J）指数显著性高于水葫芦区（$p < 0.05$）。

表 8-8　不同采样区域枝角类、桡足类和轮虫的多样性指数

区域		枝角类				桡足类				轮虫			
		H'	d	D	J	H'	d	D	J	H'	d	D	J
均值	水葫芦区	1.08a	1.39a	0.56a	0.68a	0.65a	0.89a	0.34a	0.51a	0.10a	0.06a	0.06a	0.11a
	近水葫芦区	0.93a	1.27a	0.48a	0.30a	0.59a	0.93a	0.33a	0.54a	0.79b	0.54b	0.42b	0.61b
	远水葫芦区	0.85a	1.03a	0.46a	0.61a	0.43a	0.51a	0.27a	0.48a	0.37ab	0.20ab	0.24ab	0.41ab
标准差	水葫芦区	0.45	0.44	0.22	0.20	0.43	0.59	0.22	0.28	0.26	0.17	0.16	0.28
	近水葫芦区	0.36	0.69	0.18	0.12	0.29	0.84	0.17	0.26	0.68	0.50	0.33	0.43
	远水葫芦区	0.42	0.44	0.23	0.28	0.30	0.40	0.21	0.39	0.43	0.23	0.28	0.45

注：表中不同小写字母代表同一多样性指数在不同区域存在显著性差异，$p < 0.05$。

（五）相关性分析

将水体主要理化指标与浮游动物枝角类、桡足类、轮虫、主要优势种以及 Shanon-Weiner 多样性指数进行相关性分析，结果如表 8-9 所示。枝角类和轮虫总密度与表中的 9 种理化指标均不存在显著相关性，桡足类密度与 TN 和 TP 显著正相关；枝角类优势种长额象鼻蚤与 Chla 显著负相关，桡足类优势种跨立小剑水蚤与 TN 和 TP 显著性正相关，而轮虫优势种与表中的 9 种理化因子不存在显著相关性；以 Shannon-Weiner 多样性指数为例，探讨了其与水体理化因子的相关性，枝角类 Shannon-Weiner 多样性指数

与 WT 显著正相关，与 NH_4^+-N 和 PO_4^{3-} 呈显著负相关；桡足类 Shannon-Weiner 多样性指数与 WT 呈显著正相关，而与 NH_4^+-N 呈显著负相关；轮虫 Shannon-Weiner 多样性指数与 DO 和 pH 呈显著性正相关。

表 8-9　工程区浮游动物密度与水体理化指标的相关性系数

浮游动物	WT	DO	pH	Chla	TN	NH_4^+-N	NO_3^--N	TP	PO_4^{3-}
枝角类	0.082	0.044	0.222	0.258	−0.008	0.028	−0.117	0.074	−0.085
桡足类	−0.047	−0.106	0.103	0.193	0.381*	0.131	0.178	0.533**	0.059
轮虫	0.123	0.164	0.104	0.034	−0.209	−0.133	−0.048	−0.129	0.065
长额象鼻蚤	−0.075	0.123	0.124	−0.440*	0.065	0.304	−0.103	0.010	0.228
跨立小剑水蚤	−0.171	−0.013	0.100	0.218	0.493*	0.264	0.240	0.581**	0.090
矩形龟甲轮虫	0.191	0.017	−0.068	−0.130	−0.193	−0.165	−0.200	−0.093	0.236
枝角类 H'	0.403*	−0.339	−0.169	−0.334	−0.156	−0.509**	−0.056	0.094	−0.434*
桡足类 H'	0.459**	−0.237	−0.257	−0.244	−0.298	−0.388*	−0.277	−0.186	−0.087
轮虫 H'	−0.038	0.359*	0.373*	0.210	−0.271	−0.167	0.285	−0.263	−0.229

注：星号表示存在显著性相关性，*表示 $p < 0.05$，**表示 $p < 0.01$。

第四节　水葫芦控养对太湖水生生物群落与多样性的影响

在太湖，我们仅评估了水葫芦生态工程区域内外水生生物多样性。有关其对太湖水体的净化我们通过采收的水葫芦带走的氮磷营养盐加以评估。

一、太湖竺山湖-底栖动物群落

（一）样品采集与分析

本研究以太湖竺山湖 2km² 水葫芦的示范区为依托，水葫芦种养区利用不锈钢钢管、围网进行控制以防水葫芦随水漂流。共设样点 33 个，其中，远离种养区 12 个（1～12号点），靠近种养区 12 个（13～24 号点），种养区内 9 个（25～33 号点）（图 8-15）。水葫芦种养区从 7 月放满，待水葫芦适应水体环境、长势较好后开始底栖动物采集。从 8 月开始至水葫芦打捞完毕采样结束，从 2009 年 8～10 月上旬以每月一次的频率按照一定顺序进行连续采集。底栖动物采样与鉴定、分析方法同本章第三节一。

（二）种类组成

在调查采样期间采集得到的 99 份样品中，共采集到 8 个分类单元，隶属于 5 科，其中，寡毛目颤蚓科有霍甫水丝蚓（*Limnodrilus hoffmeisteri*）和苏氏尾鳃蚓（*Branchiura sowerbyi*）；双翅目摇蚊幼虫科有粗腹摇蚊属一种幼虫（*Pelopia* sp.）和前突摇蚊属一种幼虫（*Procladius* sp.）；腹足纲田螺科主要是铜锈环棱螺（*Bellamya aeruginosa*）；瓣鳃纲珠蚌科有圆顶珠蚌（*Unio douglaniae*）和椭圆背角无齿蚌（*Anodonta woodiana elliptica*），这些种类在远离种养区、近种养区和种养区内都有出现，且所采集到的这些种类均是太湖中常见的种类。

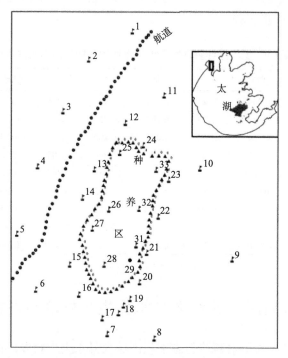

图 8-15　太湖竺山湾采样点示意图

（三）底栖动物出现率及密度变化

　　远离种养区、近种养区和种养区内底栖动物的平均密度和生物量变化如表 8-10 所示。三个区域中软体动物和摇蚊幼虫都有出现，寡毛类（以霍甫水丝蚓为主）的出现率稍有变化。从平均密度变化上来说，从远离种养区到种养区内，软体动物的密度呈现增加趋势，摇蚊幼虫类和寡毛类从远离种养区到近种养区趋于增加，而在种养区内呈现急剧下降的趋势；从其生物量变化情况来看，摇蚊幼虫类和寡毛类生物量变化类似于其密度的变化趋势，表现为近种养区要高于远离种养区，但到了种养区内，其生物量则大大降低。而软体动物因其个体较大，重量较重，因此表现为生物量比较高，但其总的变化趋势为远离种养区 ＜ 近种养区 ＜ 种养区。

表 8-10　水葫芦种养区域内外大型底栖动物平均密度及现存量

底栖动物 （主要种类）	远种养区			近种养区			种养区		
	出现率 /%	平均密度 /（个·m⁻²）	平均生物量 /（g·m⁻²）	出现率 /%	平均密度 /（个·m⁻²）	平均生物量 /（g·m⁻²）	出现率 /%	平均密度 /（个·m⁻²）	平均生物量 /（g·m⁻²）
软体动物 （主要种类）	100	277	373.2	100	371	486.6	100	440	673
寡毛类（水丝蚓）	81	4630	4.8	100	4917	5.0	81	2409	2.4
摇蚊幼虫	100	4044	7.3	100	5653	9.3	100	2058	4.6

底栖动物在各个月份平均密度的动态变化情况如图 8-16 所示。寡毛类的密度在 8～10 月呈现下降趋势，但在近种养区处呈现先增加后下降的抛物线趋势，远离种养区的从 8 月的 2207 个·m^{-2} 下降到 10 月的 663 个·m^{-2}；而在种养区内则是从 8 月的 796 个·m^{-2} 下降到 10 月的 138 个·m^{-2}。摇蚊幼虫类在远离种养区时 8～9 月呈现增加趋势，但到 10 月后表现为下降趋势；而在种养区内表现为持续下降趋势，从 8 月的 1040 个·m^{-2} 下降到 10 月的 449 个·m^{-2}。软体动物的密度变化幅度则较小，但在远离种养区和近种养区表现为下降趋势，而在种养区内表现为增加，从 8 月的 404 个·m^{-2} 增加到 9 月的 569 个·m^{-2}，而到了 10 月则有所下降，为 347 个·m^{-2}。总体上来看，底栖动物在远离种养区都表现为下降趋势，靠近种养区则是增加，而在种养区内部摇蚊幼虫和寡毛类呈现下降，软体动物的密度却是增加的变化趋势。从时间变化来看，整体变化趋势为 9 月的密度为采样期间最高值，而到 10 月均有下降。

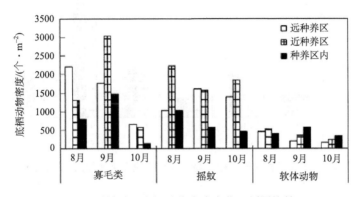

图 8-16 不同采样时间底栖动物密度变化（刘国锋等，2010）

（四）底栖动物生物量及其群落结构的变化

由于软体动物的个体较大，相对于寡毛类和摇蚊幼虫类，即使采集到少量的软体动物，其生物量也要远远高于寡毛类和摇蚊幼虫类的生物量。从图 8-17 可知，寡毛类和摇蚊幼虫类在 8～10 月生物量呈现为下降的趋势，而软体动物呈现先增加后降低的趋势。从区域比较来看，在水葫芦种植后，寡毛类和摇蚊幼虫类生物量表现为近种养区升高，

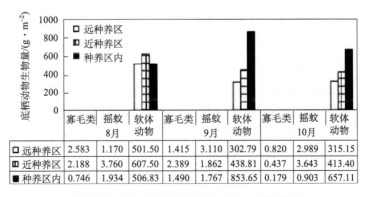

	寡毛类 8月	摇蚊 8月	软体动物 8月	寡毛类 9月	摇蚊 9月	软体动物 9月	寡毛类 10月	摇蚊 10月	软体动物 10月
远种养区	2.583	1.170	501.50	1.415	3.110	302.79	0.820	2.989	315.15
近种养区	2.188	3.760	607.50	2.389	1.862	438.81	0.437	3.643	413.40
种养区内	0.746	1.934	506.83	1.490	1.767	853.65	0.179	0.903	657.11

图 8-17 不同采样时间底栖动物生物量变化（刘国锋等，2010）

而在种养区内则是下降趋势；而软体动物的生物量则表现为从远种养区至种养区的逐步增加趋势，即从远离种养区的 373.15g·m^{-2} 到种养区内部增加为 672.53g·m^{-2}。

（五）多样性指数

从生物多样性指数变化来看，种养区内 Shannon-Wiener 和 Simpson 指数变化情况同底栖动物的密度和生物量变化趋势一致，都表现为 8～9 月呈增加趋势，而到了 10 月有所下降；比较而言，水葫芦种养区内底栖动物多样性指数变化幅度略大于远种养区和近种养区（图 8-18）。总体来看，水葫芦种养区生物多样性高于近种养区和远种养区，尤其是在 8 月和 9 月（图 8-18）。

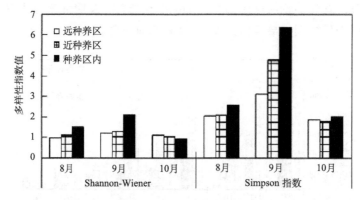

图 8-18　不同采样时间底栖动物多样性指数变化（刘国锋等，2010）

二、太湖竺山湖-浮游动物群落

（一）样品采集与分析

本研究以太湖竺山湖 2km^2 水葫芦的示范区为依托。种养区于 2009 年 7 月放满水葫芦，待水葫芦适应水体环境、长势较好后开始底栖浮游采集。从 8 月开始至水葫芦打捞完毕（10 月底）采样结束，每月两次的频率按照一定顺序进行连续采集，共采样 6 次。共设样点 33 个，采样区域与采样点设置同第八章第四节一（图 8-15）。样品采集与鉴定同本章第三节二。

（二）浮游动物物种组成

在工程区内外的 6 次采样中，共采集到 22 属浮游动物（原生动物未鉴定），其中枝角类 7 属、桡足类 5 属、轮虫 10 属（表 8-11）。在水葫芦区、近水葫芦区和远水葫芦区分别采集到浮游动物 19、20 和 19 属，其中 17 属为三个区域共有属，仅 5 个数量稀少的属呈现出不同的分布方式，三个区域浮游动物分布非常相似（表 8-11）。说明水葫芦生态工程对浮游动物群落结构的影响较小。

表 8-11　三个采样区域浮游动物组成（Chen et al.，2012）

浮游动物类群			区域			优势种丰度/%		
浮游动物	科	属	远水葫芦区	近水葫芦区	水葫芦区	远水葫芦区	近水葫芦区	水葫芦区
枝角类（Cladocera）	象鼻蚤科（Bosminidae）	象鼻蚤属（*Bosmina* Baird）	*	*	*	75	85	74
	蚤科（Daphniidae）	网纹蚤属（*Ceriodaphnia* Dana）	+	+	+			
		Daphnia（D.s. str.）	+	+	+			
		隆线蚤属[*Daphnia*（*D. carinata*）]	+	N	N			
	裸腹蚤科（Moinidae）	裸腹蚤属（*Moina* Baird）	+	+	+			
	盘肠蚤科（Chydoridae）	尖额蚤属（*Alona* Baird）	+	+	+			
	仙达蚤科（Sididae）	秀体蚤属（*Diaphanosoma* Fischer）	N	+	+			
桡足类（Copepoda）	长腹剑水蚤科（Oithonidae）	窄腹剑水蚤属（*Limnoithona* Burckhardt）	+	+	+			
	胸刺水蚤科（Centropagidae）	华哲水蚤属（*Sinocalanus* Burckhardt）	N	+	+			
	剑水蚤科（Cyclopidae）	中剑水蚤属（*Mesocyclops* Sars）	*	*	*	59	51	61
		剑水蚤属（*Cyclops* Müller）	+	+	+			
		小剑水蚤属（*Microcyclops* Claus）	*	*	*	35	28	35
轮虫（Rotifera）	腔轮科（Lecanidae）	单趾轮属（*Monostyla*）	*	*	*	22	6	20
		腔轮属 *Lecane*）	+	+	+			
	腹尾轮科（Gastropodidae）	无柄轮属（*Ascomorpha*）	+	+	+			
	柔轮科（Lindiidae）	连锁柔轮属（*Lindia*）	+	N	N			
	镜轮科（Testudinellidae）	三肢轮属（*Filinia*）	+	+	+			
	旋轮科（Philodinidae）	轮虫属（*Rotaria*）	+	+	+			
	鼠轮科（Trichocercidae）	异尾轮属（*Trichocerca*）	N	+	N			
	臂尾轮科（Brachionidae）	臂尾轮属（*Brachionus*）	*	*	*	46	57	49
		龟甲轮属（*Keratella*）	*	*	*	23	28	26
		鞍甲轮属（*Lepadella*）	+	+	+			
总计	15（5＋3＋7）	22（7＋5＋10）	19	20	19			

注：*为优势种（属）；+为出现种；N 为未检测到种。

（三）浮游动物密度变化

三个区域浮游动物密度均值如表 8-12 所示。枝角类在水葫芦区和近水葫芦区的平均丰度显著高于远水葫芦区的平均密度（$p<0.05$），而水葫芦区和近水葫芦区之间的平均丰度却没有显著性差异（$p>0.05$）。桡足类的平均密度在远水葫芦区、近水葫芦区和水葫芦区呈现出逐步增加的趋势,但是它们之间并不存在显著性差异($p>0.05$)。与枝角类和桡足类有所不同,轮虫在水葫芦区的平均密度显著低于近水葫芦区和远水葫芦区($p<0.05$)。从三类浮游动物总数来看,浮游动物丰度在水葫芦区和近水葫芦区显著高于远水葫芦区($p<0.05$)。

表 8-12　三个采样区域浮游动物平均密度 （单位:个·L^{-1})

浮游动物	水葫芦区	近水葫芦区	远水葫芦区
枝角类	57.6±4.3[a]	51.2±2.8[a]	29.5±6.3[b]
桡足类	4.5±1.2[a]	3.7±0.8[a]	3.2±0.4[a]
轮虫	15.7±1.9[b]	20.5±1.9[a]	22.8±2.6[a]
总计	77.8±5.8[a]	75.4±4.0[a]	55.5±7.8[b]

注:同一行中不同字母代表存在显著性差异($p>0.05$)。

浮游动物在三个采样区域的月变化趋势如图 8-19 所示。可以看出,在水葫芦区、近水葫芦区和远水葫芦区,枝角类、桡足类和轮虫均具有相似的变化趋势,统计分析显示,三个区域浮游动物密度均不存在显著性差异($p>0.05$)。这些数据表明,工程应用水葫芦对区域浮游动物的不利影响非常有限。

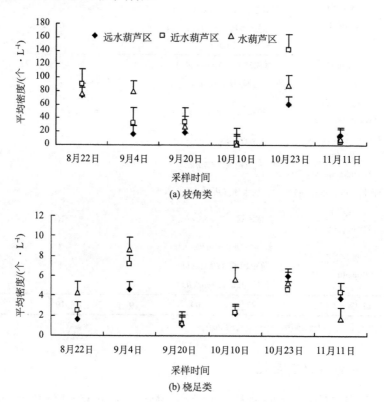

(a) 枝角类

(b) 桡足类

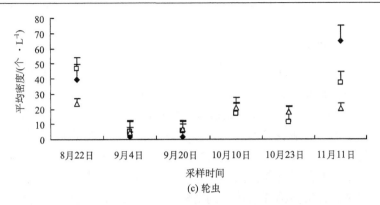

(c) 轮虫

图 8-19　不同采样时间枝角类、桡足类和轮虫在不同区域的变化趋势

（四）多样性指数

多样性指数选用 Simpson 和 Shannon-Wiener 指数（表 8-13）。结果显示，枝角类、桡足类和轮虫在三个采样区域的 Simpson 和 Shannon-Wiener 指数均不存在显著性差异。这些结果说明，该工程应用水葫芦并没有对浮游动物多样性与稳定性造成明显影响。

表 8-13　三个采样区域浮游动物多样性指数

浮游动物	Shannon-Wiener 指数（H'）			Simpson 指数（D）		
	远水葫芦区	近水葫芦区	水葫芦区	远水葫芦区	近水葫芦区	水葫芦区
枝角类	0.34	0.24	0.39	0.61	0.45	0.58
桡足类	0.40	0.46	0.29	0.60	0.79	0.48
轮虫	0.57	0.57	0.61	1.05	1.04	1.11

第五节　讨　　论

本部分介绍了水葫芦生态工程对滇池北山湾、滇池外海和滇池草海水质的影响，同时分析了生态工程实施下的滇池北山湾和太湖竺山湾底栖动物和浮游动物群落变化。滇池和太湖是我国两个重要的大型重富营养化浅水湖泊，因此，本案例的研究结果可能并不适用于深水湖泊或寡营养湖泊与水库，但是其对水体影响的基本原理是一致的。由于滇池草海水体污染严重，湖泊处于黑臭状态（2010 年以前），其水生生物群落几乎破坏殆尽，底栖动物仅采集到 1~2 种耐污种，如羽摇蚊和霍甫水丝蚓，因此我们未调查水葫芦对草海水生生物的影响。事实上，通过中国科学院水生生物研究所的调研，发现在 2010 年之后，由于各种工程措施的综合影响（如水葫芦生态工程、环湖截污、草海沉水植物扩增、牛栏江调水工程等），草海水体生物群落明显向好的方向转变（张君倩等，数据未发表）。在太湖，由于水葫芦控养面积相对太湖水域甚小（<0.1%），故我们仅从采收水葫芦带走水体氮磷来评估其对湖泊水质的净化效果，未从全湖水质监测来评估。

一、滇池北山湾水质变化

在水葫芦区，与对照区相比，DO 浓度下降，但仍高于大多数鱼类和其他水生动物的临界水平。水葫芦在富营养化水体植物修复中应用的一个重要问题是水葫芦可能会降低 DO 浓度，从而对水生生态系统造成损害。水体 DO 受水体初级生产者光合作用放氧、大气复氧及水体有机物分解耗氧的影响。水葫芦的存在，一方面阻碍了水体初级生产者对水体光能的利用，从而减少了水体初级生产者的光合放氧（Meerhoff et al.，2003）；另一方面，由于水葫芦的紧密覆盖而阻断了大气向水体复氧；此外，水葫芦根系的残体以及截获的藻类的腐烂分解要消耗水体中的溶解氧，造成水葫芦区水体 DO 较水葫芦外围低。富营养化水体的另一种情况是水体中溶解氧浓度分层，因为阳光渗透水相对较低，将光合作用限制在表层，导致水体下层缺氧。本实验结果表明，为了优化水体中 DO 浓度，避免由于水体 DO 不足而引起的生态风险，应因地制宜，将水葫芦控制在一定范围内，并且使各个水葫芦围隔间保留一定的开放空间。例如，在一个 $0.4hm^2$ 的试验池中，当水葫芦覆盖度小于 25%时，其水体 DO 未降低到对鱼类产生危害的水平（McVea and Boyd，1975）。

研究表明，水葫芦是水体良好的 pH 稳定剂（Giraldo and Garzon，2002）。富营养化的滇池水体中，pH 呈碱性[其 pH 为 8～10（Wang et al.，2010）]，水葫芦的存在对于滇池湖湾 pH 的稳定具有积极作用。水葫芦区 pH 较对照区降低的原因是：一方面，由于水生动物的呼吸作用产生 CO_2 以及腐烂死亡的水葫芦有机质中碳的最终氧化降解产生 CO_2；另一方面，由于水葫芦覆盖造成水面下可利用的光能减少，使水体中产生的 CO_2 无法通过光合作用而吸收转化。

在水葫芦区，水体的 TP、PO_4^{3-}、TN 及 COD_{Mn} 浓度均高于近水葫芦区及远水葫芦区，这可能是由于以下原因：第一，水葫芦的腐败死亡造成其残体中氮、磷及有机质等释放到水体中；第二，水葫芦根系能吸附水体中的悬浮颗粒及藻类（Kim and Kim，2000），从而造成水葫芦区水体氮、磷含量高于对照区；第三，由于水葫芦的覆盖造成水葫芦区水体 DO 降低，而低 DO 有利于水体底泥中氮、磷及 COD 向水体中释放（朱健等，2009）。近水葫芦区水体透明度、TP、PO_4^{3-}、Chla 及 TN 均低于水葫芦区及远水葫芦区，说明水葫芦对水体氮、磷以及悬浮物具有明显的去除作用。水葫芦根系对氮、磷的吸收，对悬浮物（这里包括悬浮固体颗粒物及藻类）的拦截吸附以及其根际微生物的作用，使得与水葫芦接触的近水葫芦区水体氮磷以及悬浮物含量下降。

本研究还发现一个有趣的现象，水葫芦区和近水葫芦区水体 NH_4^+-N 含量低于远水葫芦区，而 NO_3^--N 的含量高于远水葫芦区，这似乎与水葫芦区水体 DO 较低相矛盾，事实上这可能是由于水葫芦能更好地吸收利用水体中的 NH_4^+-N 的缘故。先前 Rommens 等（2003）的研究表明，水葫芦对 NH_4^+-N 的吸收能力[2.6mg·h^{-1}·kg^{-1}（氮）鲜重]高于对 NO_3^--N 的吸收能力[1.3mg·h^{-1}·kg^{-1}（氮）鲜重]；另一方面，水葫芦根际存在较多的硝化细菌，有利于 NH_4^+-N 的转化（Gao et al.，2012）。

在水葫芦应用于富营养化湖泊的生态修复中，为了减少或规避其可能产生的不利影响，一方面，必须构建围栏控制性种养，控制一定的覆盖度以及防止水葫芦逃逸；另一方面，必须加强采收，防止水葫芦在生长后期的腐烂而造成二次污染。本研究发现，在滇池的气候环境中，水葫芦区水体 TP、TN 及 COD_{Mn} 在 9 月（9 月 19 日）后出现明显的上升趋势，说明水葫芦开始腐烂。因此，利用水葫芦修复滇池水体，宜在 9 月即开始大规模采收。而在污染较重的水体如草海，由于水葫芦生长迅猛，可以适当将水葫芦的采收期提前，这样可在保证总采收量的情况下，减少水葫芦管理与设备等成本。

二、滇池北山湾底栖动物特征

在本研究的整个调查区域，共采集到底栖动物 18 种，在水葫芦区为 14 种，近水葫芦区为 10 种，而在远水葫芦区仅为 6 种；生物多样性指数表明，在水葫芦区 Margalef、Simpson 和 Shannon-Wiener 指数显著高于近水葫芦区及远水葫芦区，上述结果并未显示出水葫芦对于湖泊大型底栖动物的不利影响，其主要原因是水葫芦一方面能吸收水体有毒有害污染物质；另一方面具有复杂的根系，能在一定程度上为大型无脊椎动物提供栖息繁殖场所（Villamagna and Murphy，2010）。例如，椭圆萝卜螺、螃蟹、米虾及钩虾仅出现在水葫芦区（表 8-3）。先前也有文献报道了水葫芦对湖泊大型脊椎动物的积极影响，如对佛罗里达州欧基求碧湖水葫芦区域的大型无脊椎动物的研究发现，水葫芦区域大型无脊椎动物为典型的底栖动物，其丰度明显高于其他植物根系区域及无植物区域（O'Hara，1967）；Brendonck 等（2003）的研究发现，水葫芦区域出现大量无脊椎动物如腹足类及蜘蛛类；Villamagna（2009）对墨西哥查帕拉湖的研究也表明，在水葫芦区域由于其根系发达，大型无脊椎动物的种群密度及多样性都要高于无水葫芦区域及含沉水植被的水体；最近，我国学者刘国锋等（2010）对太湖水葫芦区域内外的底栖动物研究表明，在水葫芦区内软体动物密度及生物量明显高于水葫芦区外，水葫芦区底栖动物 Simpson 多样性指数也较高。本研究的结果与上述结果一致，也证实了水葫芦区大型无脊椎动物的生物多样性要高于水葫芦区外围。这似乎与水体 DO 降低存在矛盾，事实上，在富营养化湖泊中由于藻类的光合作用，水体的 DO 一般处于一个过饱和的状态（Wang et al.，2010；王仕禄，2010），只要控制水葫芦在一定的覆盖度，其水体 DO 能维持在一个可以接受的水平，如本工程区水葫芦区域水体 DO > 3.8mg·L^{-1}（图 8-2）。

在富营养化湖泊中，水体大型无脊椎底栖动物主要为耐污种，其对水体的 DO 要求较低（Gong and Xie，2001；王丑明等，2011）。从功能摄食类群来分析，发现在水葫芦区、近水葫芦区及远水葫芦区其主要的摄食类群均为收集者，这主要是由于收集者主要以有机碎屑为食，在整个采样区域存在一定数量的水草，水草的腐烂为这些底栖动物提供了食物。但是，在三个区域其功能摄食类群存在一定的差异，例如在水葫芦区其功能摄食类群较多，出现撕食者和刮食者，甚至出现寄生者，在近水葫芦区还出现了捕食者，而在远水葫芦区仅出现收集者，这在一定程度上说明水葫芦对于富营养化湖泊生境的改善可能存在积极作用。这种积极作用可能与湖泊污染背景、水葫芦应用时间、水葫芦覆盖面积等有关，需要将来做详细周密的原位研究。

三、滇池北山湾浮游动物特征

从三个采样区域的物种数来看，近水葫芦区为 28 种，高于水葫芦区和远水葫芦区的

24 种，这与在近水葫芦区水体水质要好于水葫芦区和远水葫芦区的结论一致。并且从浮游动物的时间分布来看，在近水葫芦区，枝角类和桡足类密度从 8～10 月逐步上升，可能是由于近水葫芦区水质好转的结果。

比较发现，枝角类和桡足类密度、Shannon-Wiener、Simpson、Margalef 和 Pielou 指数在水葫芦区、近水葫芦区和远水葫芦区间不存在显著性差异，表明短期的水葫芦生态工程对湖泊水体浮游甲壳动物的影响较小。本研究结论与 Meerhoff 等（2003）和 Chen 等（2012）的研究结果类似。Meerhoff 等（2003）对南美一湖泊的调查发现，微型甲壳类丰度和多样性指数在水葫芦区域、沉水植物眼子菜区域以及无植被区域没有显著性差异。Chen 等（2012）关于水葫芦对太湖水体浮游动物的影响研究表明，水葫芦种植后浮游甲壳动物在水葫芦区、近水葫芦区和远水葫芦区具有相似的组成、密度、优势种及多样性指数。

本研究发现，水葫芦显著影响轮虫的群落结构，表现为轮虫在水葫芦区、近水葫芦区和远水葫芦区优势种不同，轮虫密度在水葫芦区显著性低于近水葫芦区和近水葫芦区，轮虫在水葫芦区的 Shannon-Wiener、Margalef、Simpson 和 Pielou 指数显著低于近水葫芦区和远水葫芦区。本研究发现，水葫芦区域轮虫密度低于水葫芦区域外，其与 Arora 和 Mehra（2003）对 Yamuna 河的研究结果一致。大型浮游甲壳动物通过食物竞争和机械损伤能对轮虫产生抑制作用（杨桂军等，2008）。本研究中，大型甲壳浮游动物在水葫芦区略低于近水葫芦区和远水葫芦区，因此浮游甲壳动物对水葫芦区轮虫的抑制作用可能不是水葫芦区轮虫丰度较小的原因。实际上，影响浮游动物群落结构的因素还有很多，例如光照、浊度、水温、藻类、溶解氧、食物利用率（Villamagna and Murphy，2010）。水葫芦对轮虫群落结构和多样性的影响可能是以上几个方面的综合结果，具体原因还有待进一步研究。

本研究选取了水葫芦可能对水体浮游动物影响显著的时期作为研究周期（水葫芦生长旺盛期至打捞前的 8～10 月，由于 7 月之前，水葫芦为种养阶段，其生物量和覆盖度较小，对水体浮游动物的不利影响较小），探讨了水葫芦生态工程对水体浮游动物的影响，发现水葫芦对水体浮游动物影响较小。如果以浮游动物作为水体的指示生物，该研究结果说明一定面积控养的水葫芦生态工程可以作为湖泊内源治理的有效手段，但是在工程施工阶段，必须综合考虑当地的气候、水力模式、水体富营养化状态、污染来源等多种因素，因为它们都对水葫芦工程实施与管理产生直接的影响。总体而言，为了减少水葫芦对水体的生态危害，在水葫芦围隔与围隔之间留有较大的开放水域是必须的。

四、太湖竺山湾底栖动物特征

太湖竺山湾底栖动物背景值与滇池北山湾存在一定的差异，太湖软体动物数量较滇池多。从所采集到的底栖动物种类来看，寡毛类主要是以霍甫水丝蚓为主，摇蚊幼虫类主要是长足摇蚊幼虫，而软体动物则是以铜锈环棱螺为主。由于霍甫水丝蚓和摇蚊幼虫主要是在水体污染较重的环境中生存，常常为水体最严重污染区的优势种，因此常常被用来作为水体污染的指示种类（Riley et al.，2007；刘国锋等，2010）。根据实际调查结果表明，寡毛类和摇蚊幼虫类的数量在 8～9 月远离种养区及靠近种养区都较高，但到了

10 月后则出现一个明显的下降变化趋势；在种养区内则都表现为下降趋势，摇蚊幼虫类和寡毛类（主要是霍甫水丝蚓）的这种变化趋势不能说明水质的变化情况，即使在种养区内外它们的密度及生物量的变化，也不能完全证明种养区内水环境就要好于种养区外，但有一点可以表明，种养区内的水质不会比种养区外差。软体动物的生物量和密度一直增加（但在 10 月其密度也有所下降），由于铜锈环棱螺成体在水体底部生活，以底栖着生藻类为食，间食水底的一些细菌以及淤泥中的有机碎屑，其适应性较强，生态位宽（蔡永久等，2009），而大面积、高密度种植的水葫芦所具有的根系可以拦截大量的蓝藻细胞，使得种养区内因水葫芦根系拦截而滞留的蓝藻大大高于种养区外围；同时因大面积、高密度种植的水葫芦在较大水面上放养时还可以降低水体的流动性（朱红钧，2007），使得底栖动物受水流影响较小；而在采样期间温度较高，有助于软体动物的生长和活动。这些因素可以为软体动物，特别是铜锈环棱螺提供大量的可摄食的物质及机会，相应软体动物的密度及生物量都有所上升。但其生物量和密度在 10 月同霍甫水丝蚓和摇蚊幼虫一样，都是出现下降趋势，无论在远离种养区和靠近种养区还是在种养区内，这种现象有可能和 9～10 月水体环境和底栖环境变化有关。实际采样时发现，在水面上有大量的蓝藻漂浮，同时由于水葫芦根系的拦截与捕获作用而使大量的蓝藻细胞停留在水葫芦种养区内。根据现场测定的水体中部的溶氧仅为 $3.2mg \cdot L^{-1}$，则水体底部的溶氧含量会更低，到了 10 月，蓝藻开始大量腐烂、死亡，这些死亡的蓝藻细胞在水体分解过程中会消耗大量的溶解氧；同时大量的藻细胞死亡后会释放大量的氮、磷营养盐于水体中，增加水体中营养盐的含量，提高水体富营养化的程度，而在种养区内，受高密度种植水葫芦的影响，种养区内蓝藻含量要远高于种养区外围，为水葫芦的生长提供了营养盐，并能够减少营养盐向周围水体中的扩散；另一方面，由于 10 月气温较低，水葫芦生长进入衰亡期，水葫芦根系开始脱落腐烂，也在一定程度上降低了底栖动物尤其是软体动物的密度、生物量与多样性。此种现象也在一定程度上说明，在利用水葫芦治理重富营养化湖泊水体时，在水葫芦进入衰亡期前采收的重要性。

总体来看，在大型重富营养化湖泊中，以一定规模控制性种养水葫芦，由于其覆盖面积相对于湖泊面积甚少，水葫芦提供的丰富生境得以体现，其对水体底栖动物群落结构与多样性有一定的积极作用，本研究的数据证实了这一点，这与我们在北山湾研究中的结论基本一致。

五、太湖竺山湾浮游动物特征

水葫芦控养工程对太湖竺山湾浮游动物影响的调查结果与我们在滇池北山湾的研究结果一致。在水葫芦区域内外，枝角类、桡足类和轮虫均具有相似的动态变化趋势，其生物多样性指数也未表现出明显的差异。

第六节　小　　结

本章主要展示了本项目组在中国典型重富营养化湖泊中水葫芦生态工程的应用对水体水质、底栖动物与浮游动物影响的研究结果。研究结果显示，水葫芦能有效清除水体氮磷等污染物，在种植水葫芦后，水体氮磷浓度显著降低。不过，水葫芦对水体水质的影响取决于水葫芦的控养面积，如在滇池北山湾、太湖竺山湾，由于水葫芦控养面积相对较小，其对水体水质的改善不明显，我们可以从水葫芦生物质带走的污染物推测其对湖泊内源污染的清除量，但是在滇池草海，由于水葫芦相对面积较大（最大时达50%覆盖度），其对水质改善效果明显。从一定面积控制性种养的水葫芦对水体两类重要水生生物的影响来看，其对水体底栖动物、浮游动物的影响甚微，甚至产生一定的积极效应。这是由水葫芦对水生生态系统影响的两面性决定：一方面，水葫芦根系能提供丰富的生境和避难场所，有利于水生生物的生存与繁殖；另一方面，生态工程中利用的水葫芦是完全分围隔、控制性种养，并且有计划地采收与处置，因此能最大限度地减少其对水体溶解氧的不利影响。在生物群落影响的研究上，我们只关注了相对较小覆盖度的水葫芦对湖泊底栖动物和浮游动物的影响。在滇池草海，水葫芦覆盖面积曾一度达到50%，遗憾的是，我们没有这方面的数据，主要是由于滇池草海各类污染相当严重。前期调查发现，水体底栖动物几乎为零，仅零星出现耐污性强的霍甫水丝蚓和羽摇蚊两种底栖动物。

在实际工作中，可以通过优良的设计与管理而发挥出水葫芦的最大净化效率和最小的生态风险，但是构建一个优良的水葫芦利用与管理体系就意味着需要增加建设管理成本和科技的投入。一个优良的水葫芦富营养化水体修复生态工程体系可能会由于其应用背景条件的不同而发生变化，这些水体背景条件主要有水体污染特征、水动力条件、水资源功能与目标、当地气候（入射的太阳光、温度、风等）以及主要生产模式等。依据这些背景条件需要确定的工程参数有水葫芦围隔大小、围隔间间距、水葫芦种养与采收时期、采收方法、资源化处置方法与利用途径等。所有这些因素都将影响该生态工程的项目成果与投入。

从水葫芦吸收氮磷的能力与在实际污染湖泊对水生生物的风险来看，以一定规模控制性种养水葫芦，在解决好安全性控养、后续资源化利用等问题后，将是一种潜力巨大、具有应用前景和实用价值的治理方法，短期种植水葫芦将会极大改善受污染较重的湖泊等水体的水质情况，可以作为先锋物种或者作为其内源污染治理的第一步。当湖泊水体污染物降低、透明度提高至一定水平，再采用与沉水植物相结合的方式，彻底恢复湖泊生态系统的生态与服务功能。

参 考 文 献

蔡永久, 龚志军, 秦伯强. 2009. 太湖软体动物现存量及空间分布格局 (2006~2007 年). 湖泊科学, 21(5): 713-719.
高岩, 易能, 张志勇, 等. 2012. 凤眼莲对富营养化水体硝化、反硝化脱氮释放 N_2O 的影响. 环境科学学报, 32(2): 349-359.
蒋小欣, 阮晓红, 邢雅囡, 等. 2007. 城市重污染河道上覆水氮营养盐浓度及 DO 水平对底质氮释放的影响. 环境科学, 28(1): 87-91.
金相灿, 胡小贞. 2010. 湖泊流域清水产流机制修复方法及其修复策略. 中国环境科学, 30(3): 374-379.
刘国锋, 刘海琴, 张志勇, 等. 2010. 大水面放养凤眼莲对底栖动物群落结构及其生物量的影响. 环境科学, 31(12): 2925-2931.
刘国锋, 张志勇, 严少华, 等. 2011. 大水面放养水葫芦对太湖竺山湖水环境净化效果的影响. 环境科学, 32(5): 1299-1305.

秦伯强, 许海, 董百丽. 2011. 富营养化湖泊治理的理论与实践. 北京: 高等教育出版社.

王丑明, 谢志才, 宋立荣, 等. 2011. 滇池大型无脊椎动物的群落演变与成因分析. 动物学研究, 31: 1-10.

王仕禄. 2010. 太湖梅梁湾温室气体 (CO_2, CH_4 和 N_2O) 浓度的昼夜变化及其控制因素. 第四纪研究, 30(6): 1186-1192.

熊晶, 谢志才, 张君倩, 等. 2010. 傀儡湖大型底栖动物群落与水质评价. 长江流域资源与环境, (s1): 132-137.

杨桂军, 潘宏凯, 刘正文, 等. 2008. 太湖不同湖区浮游甲壳动物季节变化的比较. 中国环境科学, 28(1): 27-32.

张志勇, 徐寸发, 闻学政, 等. 2015. 规模化控养水葫芦改善滇池外海水质效果研究. 生态环境学报, (4): 665-672.

张志勇, 郑建初, 刘海琴, 等. 2010. 凤眼莲对不同程度富营养化水体氮磷的去除贡献研究. 中国生态农业学报, 18(1): 152-157.

朱红钧. 2007. 凤眼莲生态型河道水流特性试验研究. 南京: 河海大学.

朱健, 李捍东, 王平. 2009. 环境因子对底泥释放 COD、TN 和 TP 的影响研究. 水处理技术, 35(8): 44-49.

Arora J, Mehra N K. 2003. Species diversity of planktonic and epiphytic rotifers in the backwaters of the Delhi segment of the Yamuna River, with remarks on new records from India. Zoological Studies, 42(2): 239-247.

Brendonck L, Maes J, Rommens W, et al. 2003. The impact of water hyacinth (*Eichhornia crassipes*) in a eutrophic subtropical impoundment (Lake Chivero, Zimbabwe). II. Species Diversity. Archiv für Hydrobiologie, 158(3): 389-405.

Chen H G, Peng F, Zhang Z Y, et al. 2012. Effects of engineered use of water hyacinths (*Eichhornia crassipes*) on the zooplankton community in Lake Taihu, China. Ecological Engineering, 38(1): 125-129.

Chorus I, Bartram J. 1999. Toxic cyanobacteria in water: a guide to their public health consequences, monitoring, and management. London: E and FN Spon:416.

Elser J J, Bracken M E S, Cleland E E, et al. 2007. Global analysis of nitrogen and phosphorus limitation of primary producers in freshwater, marine and terrestrial ecosystems. Ecology Letters, 10(12): 1135-1142.

Gao Y, Yi N, Zhang Z, et al. 2012. Fate of $^{15}NO_3^-$ and $^{15}NH_4^+$ in the treatment of eutrophic water using the floating macrophyte, *Eichhornia crassipes*. Journal of Environmental Quality, 41(5): 1653-1660.

Giraldo E, Garzon A. 2002. The potential for water hyacinth to improve the quality of Bogota River water in the Muña Reservoir: Comparison with the performance of waste stabilization ponds. Water Science and Technology, 45(1): 103-110.

Gong Z J, Xie P. 2001. Impact of eutrophication on biodiversity of the macrozoobenthos community in a Chinese shallow lake. Journal of Freshwater Ecology, 16(2): 171-178.

Hunt R J, Christiansen I H. 2000. Understanding dissolved oxygen in streams. In Information Kit. 1st ed. Townsville Qld, Australia: CRC Sugar Technical Publication (CRC Sustainable Sugar Production).

Kim Y, Kim W. 2000. Roles of water hyacinths and their roots for reducing algal concentration in the effluent from waste stabilization ponds. Water Research, 34(13):3285-3294.

Lerman A. 1977. Migrational processes and chemical reactions in interstitial waters. The Sea, 6: 695-738.

Meerhoff M, Mazzeo N, Moss B, et al. 2003. The structuring role of free-floating versus submerged plants in a subtropical shallow lake. Aquatic Ecology, 37(4): 377-391.

McVea C, Boyd C E. 1975. Effects of waterhyacinth cover on water chemistry, phytoplankton, and fish in ponds. Journal of Environmental Quality, 4(3): 375-378.

O'Hara J. 1967. Invertebrates found in water hyacinth mats. Quarterly Journal of the Florida Academy of Sciences, 30: 73-80.

Pielou E C. 1975. Ecological Diversity. New York: John Wiley.

Riley C, Inamdar S, Pennuto C. 2007. Use of benthic macroinvertebrate indices to assess aquatic health in a mixed-landuse watershed. Journal of Freshwater Ecology, 22(4): 539-551.

Risgaard-Petersen N, Jensen K. 1997. Nitrification and Denitrification in the Rhizosphere of the Aquatic Macrophyte Lobelia dortmanna L. Limnology & Oceanography, 42(3): 529-537.

Rommens W, Maes J, Dekeza N, et al. 2003. The impact of water hyacinth (*Eichhornia crassipes*) in a eutrophic subtropical impoundment (Lake Chivero, Zimbabwe). Ⅰ. Water quality. Archiv Fur Hydrobiologie, 158(3): 373-388.

Villamagna A. 2009. The ecological effects of water hyacinth (*Eichhornia crassipes*) on Lake Chapala, Mexico. Blacksburg: Virginia Polytechnic Institute and State University.

Villamagna A M, Murphy B R. 2010. Ecological and socio-economic impacts of invasive water hyacinth (*Eichhornia crassipes*): a review. Freshwater Biology, 55(2): 282-298.

Wang Z, Xiao B, Wu X, et al. 2010. Linear alkylbenzene sulfonate (LAS) in water of Lake Dianchi - spatial and seasonal variation, and kinetics of biodegradation. Environmental monitoring and assessment, 171(1-4): 501-512.

Wang Z, Zhang Z, Zhang J, et al. 2012. Large-scale utilization of water hyacinth for nutrient removal in Lake Dianchi in China: the effects on the water quality, macrozoobenthos and zooplankton. Chemosphere, 89(10): 1255-1261.

Wang Z, Zhang Z, Zhang Y, et al. 2013. Nitrogen removal from Lake Caohai, a typical ultra-eutrophic lake in China with large scale confined growth of *Eichhornia crassipes*. Chemosphere, 92(2): 177-183.

Zhao H W, Mavinic D S, Oldham W K, et al. 1999. Controlling factors for simultaneous nitrification and denitrification in a two-stage intermittent aeration process treating domestic sewage. Water Research, 33(4): 961-970.

第九章 水葫芦的能源化利用

第一节 概　述

　　水葫芦光合能力强、生长快、生物量大，是繁殖能力最强的植物之一（Abbasi and Ramasamy，1999）。研究表明，水葫芦虽然是 C3 植物，但其最大光合速率和光饱和点均远大于典型的 C3 植物水稻（郑建初等，2011），水葫芦具有较宽的光合生态位 20.25～2458.00μmol·m^{-2}·s^{-1}，促使它能最大限度地利用太阳能合成有机物质，快速积累干物质，从而具有了比 C4 植物玉米还高的生长速率和干物质累积量。

　　在适宜条件下，水葫芦植株数量 5d 可增加一倍，每公顷生物量可达 270～720t（Patil et al.，2014）。在太湖（31°N×120°E）和南京（32°02'N×118°52'E）的放养试验结果表明，水葫芦在水中生长迅速，在初始放养量为干重 0.06kg·m^{-2} 条件下，7d 生物量就增长至 0.14kg·m^{-2}，14d 达到 0.29kg·m^{-2}，42d 生物量可达 1.22kg·m^{-2}。当密度达到 0.49～0.86kg·m^{-2} 时，水葫芦增长速率最快，达到 0.053kg·m^{-2}·d^{-1}（郑建初等，2011）。监测滇池（25°N×102°E）草海的东风坝和老干鱼塘水葫芦生长发现，在 24℃气温条件下，两个水域水葫芦最大生长速率分别为鲜重 759.3g·m^{-2}·d^{-1} 和 601.6g·m^{-2}·d^{-1}（张志勇等，2014）。这两个监测点的水葫芦生长速率之所以高于太湖生长的水葫芦，是因其初始水葫芦密度大，达到了 2.25kg·m^{-2}。

　　由于水葫芦生长速度快，吸收水体营养能力强，在水污染治理和富营养化水体生态修复工程中受到广泛关注。若用水葫芦治污，必须解决有效控制、及时打捞和资源化利用等关键技术问题。否则让其在自然水体中泛滥，会造成堵塞河道，阻碍排灌，最终腐烂变臭，污染水质，破坏水体的生态平衡，影响经济、社会发展并破坏生态。

　　水葫芦因富含纤维素、碳、氮、磷、钾及其他有机、无机养分，可以用于生产饲料、有机肥料、生物能源。Hronich 等（2008）对水葫芦作为能源原料进行了精密估算，通过改进设备功能和效率，在机械收获、转运、脱水预处理过程每吨水葫芦干物质生产成本可以控制在 40 美元左右，与其他能源作物相比，成本非常具有竞争力。这一分析表明，利用水葫芦生物质生产生物能源可能有巨大的市场潜力。

　　利用水葫芦巨量的生物质是过去半个多世纪以来无数人的美好愿望，许多研究致力于改进水葫芦资源化利用设备和技术途径，但鲜有成功的商业运作。如果我们仔细研究水葫芦的生物学、生态学，就能找出水葫芦商业化利用运作失败的主要原因：①水葫芦含水量高达 94%～95%，收获和运输难度大、效率低。从生长水域收获运输 1t 水葫芦至处置、加工厂，实际可利用部分只有 50kg，商业价值低，在商业运作过程中，原料储存是必需的生产环节，而高含水量的鲜水葫芦容易腐烂并不适宜存储。②水葫芦作为单一沼气发酵底物其物理性状与物质组成也不是最佳能源生产原料。③用水葫芦生产沼气，需实现沼气、有机肥生产工艺创新和解决沼气高值利用关键难题，完善水葫芦产沼气产业链。④作为入侵生物，由于生态安全的原因水葫芦需严格控制和管理。这需要在高效率的水葫芦收获和脱水的装备设计中取得突破，这些设备需要能够进行大规模操作，如每台机器每天处理量能达到 350t（Hronich et al.，2008），且能够以低成本进行水葫芦脱水，同时水葫芦脱水后水分含量须小于 70%，才具有作为工业生产原材料的价值。

第二节　水葫芦生物质能源开发利用技术形态适应性

水葫芦的生物特性具备了理想能源植物的特点，利用水葫芦生产能源具有非常大的优势：①在水面繁殖生长，不占用陆地资源；②管理成本低，可自然生长在热带和亚热带气候区，与生态治理及环境保护相结合，无需投入化学肥料等化学品；③繁殖快、可多次采收、生物量高（Wilkie and Evans，2010）。水葫芦生长过程是一个巨大的生物质能源生产的过程，$1hm^2$ 水葫芦生产的能量相当于 19.755kg 标准煤释放的能量，分别是水稻产能的 2.18 倍、玉米的 1.69 倍、油菜的 2.50 倍、甘薯的 2.11 倍（郑建初等，2011）。

将水葫芦作为能源作物利用的主要途径有碳化、焚烧、压块、水解发酵产乙醇与厌氧发酵产氢产甲烷。

一、碳化

碳化过程包括气化、热裂解和碳化三个阶段，最终产品是生物活性碳，其副产品气化气可作为工艺自身运行能源的补充。水葫芦碳化主要有两个问题：首先是水葫芦的高含水率使水葫芦干化的成本很高；其次，水葫芦干物质中灰分的含量较高，导致最终产品木炭的热值不高，直接影响了该技术的推广应用，加之需要较高的投资及技术要求，使该技术在发展中国家很难被接受（Thomas et al.，1990）。水葫芦脱水技术可以解决第一个问题，但第二个问题是水葫芦的生物学特性本身造成的，这使它失去了市场竞争的优势。当然，作为生物活性木炭，还可以用于土壤改良剂、堆肥添加剂或其他生长介质等方面。

二、焚烧

这个利用方式是将水葫芦晒干后直接燃烧，这在经济欠发达地区常用于补充日常生活用能。水葫芦通过太阳能进行自然晾干，水分含量难以保持一致。新鲜的水葫芦含水率在 90% 以上，即使将水葫芦的含水率降低到 15%，热值也不超过 $1.3GJ \cdot m^{-3}$（Thomas et al.，1990），与木材的热值 $9.8GJ \cdot m^{-3}$ 相比，水葫芦焚烧处理显然没有什么吸引力。同时，这种利用方式对于几亿吨巨量的水葫芦而言，显然起不了什么作用。

三、压块

压块是指将干水葫芦破碎、过筛后经机械压缩制成块状或球状的固体燃料（Thomas et al.，1990）。水葫芦压缩制成的固体燃料的热值为 $8.3GJ \cdot m^{-3}$，与木炭 $9.6GJ \cdot m^{-3}$ 相当。固化成型技术对原料的含水率有严格要求，一般要求在 10%～15%（吴创之和马隆龙，2003），而水葫芦的含水率在 90% 以上，需要相当大的晾晒场地用于晾晒，该技术一次性投资较大，且水葫芦的运输和晾晒都需要投入大量的人力和财力，增加了该技术的处理成本，也使这种方法失去了市场竞争优势。但在特殊情况下，如用于水体重金属和有机污染修复，就不失为一个好的解决方案，至于是直接碳化还是压块后碳化或焚烧，就要看最终产品的用途了。

四、水解发酵产乙醇

利用水葫芦中的纤维素作为碳水化合物原料经过水解发酵处理后，可以制得乙醇等液体燃料。利用水葫芦进行水解产乙醇的研究最早来自印度科学家 Kahlon 和 Kumar（1987）。此后，由于乙醇具有较高的商业价值，有关利用水葫芦进行产乙醇的研究逐渐增多。比如，通过木糖发酵型酵母（*Pichia stipitis* NRRL Y-7124）来利用水葫芦中的半纤维素乙酸水解产物生产乙醇，将水解后的产物煮沸配合添加过量的石灰和亚硫酸钠处理，可以极大地提高乙醇的产率（提高 84.21%）（Nigam，2002），但乙酸的存在对乙醇生产有抑制作用。在另一个发酵生产乙醇实验中，采用水解糖化一体化工艺，应用基因工程菌大肠埃希氏菌 KO11（*Escherichia coli*），以水葫芦为底物，干物质转化乙醇率达到 $0.14 \sim 0.17g \cdot g^{-1}$（TS）（Mishima et al.，2008）。

Ashish 等（2009）应用稀酸对水葫芦进行预处理，然后将获得的半纤维素进行水解产乙醇，其中来自半纤维素中 72.83% 的木糖转化为乙醇，乙醇产量达到 $0.425g \cdot g^{-1}$（固体半纤维素）。此外，Aswathy 等（2010）以水葫芦为原料，经酸与碱高温 95℃ 预处理后，在添加表面活性剂条件下，采用纤维素酶、β-葡萄糖酶进行糖化，糖化产品接种酵母菌进行产乙醇试验，结果表明，在各种优化条件下，糖化率由 57% 提高到 71%，乙醇浓度达到 $4.4g \cdot L^{-1}$。以上研究表明，水葫芦水解产乙醇，需要进行复杂的高温、强酸或强碱的预处理，这需要较大能量成本，难以获得能源平衡（Thomas et al.，1990），要实行商业化开发，仍有相当长的路要走。

五、厌氧发酵产氢

氢气燃烧的产物只有水，是理想的可再生清洁能源。藻类、细菌和古菌等生物可通过代谢活动生产氢气，所产氢气被称为生物质氢气，在自然界普遍存在。然而，生物产氢常常参与其他复杂反应活动，形成稳定的化学成分如甲烷（Kovacs et al.，2000）。生物产氢的主要过程由氢化酶完成，氢化酶遇氧容易失活（Morra et al.，2015）。氢化酶存在许多种藻类中如莱茵衣藻（*Chlamydomonas reinhardtii*）、斜生栅藻（*Scenedesmus obliquus*）和其他藻类（Hemschemeier and Happe，2005），存在于许多细菌和古菌菌株中，如球形红细菌（*Rhodobacter sphaeroides*）、沼泽红假单胞菌（*Rhodopseudomonas palustris*）和荚膜红细菌（*Rhodobacter capsulatus*）（Rakhely and Kovacs，1996；Laguna et al.，2011；Abo-Hashesh et al.，2013）。虽然通过水电解以及热化学、光化学、光催化和光电化学处理可以生产氢气（Antonopoulou et al.，2008），但最简单的氢生产过程是通过酸化的厌氧发酵（AAD）或暗发酵（Das and Veziroğlu，2001），利用有机废物包括水葫芦生物质进行生物产氢。

水葫芦中粗纤维含量高达 46.0%，粗蛋白含量达到 18.1%，并且含有多种氨基酸（谢萍等，1999），这些组分对厌氧发酵产氢非常重要。其中纤维素可降解为葡萄糖等还原糖，并可进一步通过细菌的代谢产生氢气，蛋白质和各种氨基酸也能通过细菌的代谢作用产生丙酮酸，进而发酵产生氢气。厌氧发酵产氢主要涉及两个步骤：第一步，将复杂的有机聚合物水解成简单的可溶性有机化合物；第二步，将可溶性的有机化合物转化为挥发性脂肪酸（VFAs）、氢、二氧化碳和其他中间物质（Angeriz-Campoy et al.，2015），为了提高水解效率，第一步通常需要对原料进行高温、加酸或碱等预处理。

在实验室研究条件下，水葫芦茎叶的发酵产氢能力优于整株水葫芦，采用 NaOH 的预处理方式优于稀 H_2SO_4，发酵反应温度 35℃比 55℃更有利于代谢产氢，将水葫芦茎叶经 NaOH 预处理和酶解后，控制发酵液 pH 为 6 和温度为 35℃时得到单位产氢量 49.7mL·g^{-1}，最大产氢速率为 0.48mL·h^{-1}·g^{-1}（周俊虎等，2007）。

在厌氧发酵产氢过程中，除了预处理方法、温度和 pH，其他因素如特定的菌株、底物的物理性质和化学组成（如重金属含量）也很重要。程军等（2006）在实验室条件下，在沼气池污泥底物中加入优势产氢菌株作接种物，获得单位产氢量 49.7mL·g^{-1}，H_2 含量达到了 65%，但未对加入的优势产氢菌进行生物学分类。该试验建议在利用水葫芦作发酵底物时，必须预先剔除其富含重金属的根部，以防止对产氢细菌的抑制作用。近年来，通过技术的创新以及利用基因工程菌，水葫芦生物制氢技术取得不少理想的结果（Morra et al.，2015）。由于经济和技术原因，利用水葫芦生物制氢的商业化大规模生产仍有待时日，目前利用水葫芦生物产氢报道还局限于实验室条件，而从实验室条件到规模化生产还有相当大的差距，还需要整合相关技术及配套工程，包括生产设备、贮存、运输和利用氢发电等。

第三节　水葫芦厌氧发酵产甲烷

将有机废物接种产甲烷细菌来进行厌氧发酵产甲烷是一项成熟的技术。水葫芦无论是与其他原料进行混合还是作为单一原料都是理想的甲烷发酵原料，所产生的沼气是多种气体的混合物，一般含甲烷 50%～70%，其余为二氧化碳和少量的氮、氢和硫化氢等。沼气可以作为能源直接燃烧，但工业化利用需要将沼气进行提纯。众多研究认为，制备甲烷燃料是水葫芦资源化利用的重要技术途径（Rezania et al.，2015；徐祖信等，2008）。水葫芦含水量高，富含蛋白质、纤维素、半纤维素等有机物质，C/N 比在 10∶1～30∶1 之间，与农作物秸秆相比，其木质素含量较低，生物降解性好，是理想的厌氧发酵原料。表 9-1 列出了不同文献中水葫芦的物质组成。由表 9-1 可见，不同地区来源的水葫芦组分差异较大，这可能是由于水葫芦生长的水体环境不同、水葫芦生长时期不同所致。

表 9-1　不同来源水葫芦干物质化学组分表　　　　（单位：mg·g^{-1}）

组分	文献					
	Poddar et al.，1991	Abdelhamid and Gabr，1991	Chanakya et al.，1993	Patel et al.，1993	钱玉婷等，2011	Cheng et al.，2013
有机物（VS）	836	743	835	—	—	—

续表

组分	文献					
	Poddar et al., 1991	Abdelhamid and Gabr，1991	Chanakya et al., 1993	Patel et al., 1993	钱玉婷等 2011	Cheng et al., 2013
纤维素	256	195	340	178	177～278	270
半纤维素	184	334	180	434	200～344	203
木质素	99	93	264	78	114～130	100
粗脂肪	16	35	—	—	19～29	9
粗蛋白	163	200	—	119	84～202	210
灰分	164	257	—	202	134～292	208
氮	28	—	—	—	13～32	—
磷	5	5	—	—	3～6	—
钙	23	6	—	—	—	—
镁	—	2	—	—	—	—
钾	24	—	—	—	24～43	—

一、水葫芦产甲烷潜力

以新鲜水葫芦或干水葫芦为原料进行厌氧发酵产沼气的研究已有近半个世纪。Hanisak 等（1980）最早报道了水葫芦产气潜力为 400mL・g^{-1}（VS），甲烷含量为 60%[产甲烷潜力为 240mL・g^{-1}（VS）]，生物转化率为 47%。而 Chynoweth 等（1993）同样以水葫芦为唯一底物，其获得的产甲烷潜力为 190mL・g^{-1}（VS），比 Hanisak 的报道低了 20.8%。Chanakya 等（1993）分别用鲜样与风干样水葫芦为底物，采用批次方法，常温下 21～27℃发酵 300d，所获得新鲜水葫芦的产沼气潜力为 291mL・g^{-1}（VS）、348mL・g^{-1}（VS），风干水葫芦的产沼气潜力为 245mL・g^{-1}（TS）、392mL・g^{-1}（VS）。焦彬等（1986）进行了水葫芦与秸秆产气潜力对比研究，认为水葫芦产沼气潜力高于秸秆，可达 400mL・g^{-1}（TS），但没有提供甲烷含量的数据。不同研究报道的水葫芦产甲烷潜力差异巨大，引起了研究者对水葫芦产甲烷潜力理论研究的兴趣。

Matsumura（2002）推算出水葫芦化学结构为 $C_6H_{12}O_{6.8}$，依据水葫芦的成分，进一步推算出在厌氧条件下，水葫芦产甲烷、二氧化碳的生物转化率分别为 14.8%、40.5%（质量分数），总结得出水葫芦厌氧发酵理论产沼气（包括甲烷和二氧化碳）潜力为 413mL・g^{-1}（TS），产甲烷潜力为 207mL・g^{-1}（TS）。但在实际操作中，水葫芦产气潜力很难估算，尤其是大规模工业发酵。

与其他专用能源作物玉米、甜菜、牧草等相比，水葫芦表现出了更高的产能潜力。根据报道，水葫芦年生长量为每公顷 30～60t 干物质，以平均每年每公顷水面年产水葫芦 45t，水葫芦平均产气潜力为 340mL・g^{-1} 计，每年每公顷水葫芦可产沼气 15030m^3，是能源作物玉米的 2.5 倍，远高于其他能源作物的产能效率。表 9-2 列出了几种主要能源作物的生物量单产及沼气产率。

水葫芦在生长阶段及生长环境的变化下因化学组分不同,特别是木质素含量的不同,导致沼气生产潜力之间存在较大差异。相关研究表明，处于分蘖期的水葫芦产气潜力达到 336mL·g^{-1}（TS）和 517mL·g^{-1}（VS）。

表 9-2　不同能源作物的生物量单产和沼气产率

能源作物	干物质产量 /（t·hm^{-2}）	沼气产气潜力 /（L·kg^{-1}）	沼气年产率 /（m^3·hm^{-2}·a^{-1}）	文献来源
玉米（整株青贮玉米）（*Zea mays* L.）	15	390	5 879	
大麦（*Hordeum vulgare* L.）（秸秆青贮）	4	189	720	
甜菜（*Beta vulgaris* L.）（青贮）	14	430	6173	程序等，2011
三叶草（*Trifolium* spp.）	3	335	906	
向日葵（*Helianthus annuus* L.）	22	225	5055	
水葫芦（*Eichhornia crassipes*）	45	340	15300	叶小梅等，2011

而处于越冬缓慢生长期的水葫芦产气潜力仅为 231mL·g^{-1}（TS）和 266mL·g^{-1}（VS）（叶小梅等，2009），这个研究部分解释了相关报道水葫芦产气潜力为什么存在差异，也验证了 Matsumura（2002）关于水葫芦产气潜力的理论计算。

水葫芦生长环境也影响其生产沼气的潜力。钱玉婷等（2011）比较了中国滇池白山湾、滇池草海、中国太湖（武进段水域）以及中国南京池塘四种不同富营养化水体生长的水葫芦产甲烷潜力，研究发现，水体氮磷浓度最高的滇池草海水葫芦产气量最高，为 390L·g^{-1}（TS）[498mL·g^{-1}（VS）]；而水体氮磷最低的滇池白山湾的水葫芦产气量最低，为 289mL·g^{-1}（TS）[334mL·g^{-1}（VS）]。Verma 等（2007）采集了修复铜污染水体和铬污染水体的水葫芦并进行厌氧发酵，分析了铜和铬对沼气产量的影响，结果发现，来自铜和铬污染水体的水葫芦的沼气产量分别为 1.82 和 0.89mL·g^{-1}（TS），水葫芦体内高浓度的铜和铬显著降低了沼气产量，但低浓度微量元素可促进产甲烷菌生产沼气。虽说生长在低浓度重金属污染水体的水葫芦是厌氧发酵产甲烷的良好生物质来源，但发酵后的沼液沼渣需要妥善处理。

对水葫芦进行预处理可以提高生物转化率、沼气产量和产气速率。与厌氧产氢预处理方法类似，水葫芦产甲烷预处理方法主要包括加热、加酸、加碱或是这几种方法的组合。通过预处理，可以提高纤维素和半纤维素的水解效率，特别是可以破坏木质素与纤维素、半纤维素之间的结构。Patel 等（1993）研究了水葫芦 NaOH 预处理对厌氧消化产沼气的影响，将水葫芦粉末（粒径 0.3mm）用 pH 为 11.0 的 NaOH 溶液在 121℃预处理 1h 后，沼气产量提高了 60%以上，甲烷浓度可达 62%～64%。Gao 等（2013）在 120℃下用 50g 的 1-丁基-3-甲基咪唑氯化物加上 10g 二甲基亚砜处理水葫芦 2h，与未处理的相比，沼气产量提高了 97.6%，甲烷浓度也由未处理的 53%提高至 68%。夏益华（2014）研究表明，水葫芦叶、茎、根经青贮预处理的甲烷产率均高于未青贮处理，青贮预处理可提高水葫芦与稻秸混合（1∶4 干物质比例）连续厌氧消化产气性能，累积沼气产率和甲烷产率比未青贮混合产气分别增加 67.3%和 138.5%。

以上研究说明，水葫芦或水葫芦与其他作物秸秆和其他有机废物混合物用于生物能源生产是非常可行的。各类预处理方法，如加热预处理、生物预处理（青贮）、化学预处理（碱、酸或离子液体）可以显著提高水葫芦产气量及产气速率。然而，这些方法的应用有局限性，比如加热预处理要求较高的能量投入，如果没有特别的热源，很难大规模商业生产；生物预处理方法（青贮）需要占用较大空间和相对较长的处理时间（1～4d）；化学预处理方法对化学物质的化学预处理需要消耗化学药品，还需要增加额外的处理步骤来避免投入化学品造成的二次污染。离子液体预处理是一种比较新的有前景的方法，但也存在局限性，比如离子液体的成本问题，尽管95%的离子液体在发酵过后可以回收进行循环使用（最多4次），此外，离子液体所涉及化学物质的潜在毒性还不清楚（Masten，2004），尽管许多报道声称所用的有机溶剂具有热和化学稳定性，不易挥发，是环境友好的"绿色溶剂"（Ganske and Bornscheuer, 2005）。

二、水葫芦发酵产甲烷生产工艺

作为一个成熟的生物能源生产技术，水葫芦厌氧发酵具有在世界范围内进行大规模商业化生产的潜力，但仍处于早期发展阶段。由于水葫芦的特殊物理性状，直接作为底物进行厌氧发酵，进出料困难，易堵塞反应器（Abbasi et al.，1992；Anushree，2007）。为了克服水葫芦厌氧发酵中易漂浮、易堵塞进出料管道以及进料困难的缺点，许多研究进行了工艺创新或改进来提高水葫芦厌氧发酵大规模工业化生产性能。

（一）水葫芦两相法发酵

Annachhatre 和 Khanna（1987）用碱预处理水葫芦，结合细胞固定化技术，采用两相法（酸化相与产甲烷相），获得了比批次工艺高得多的产气效率[0.44L·g^{-1}（TS）]，但仍局限于实验室规模。周岳溪等（1996）则采用了厌氧固体产酸相和上流式折板生物膜产甲烷相组成的两相厌氧工艺，该工艺运行稳定，平均产气量为 100mL·g^{-1}（鲜水葫芦），气体中甲烷含量高达 73.3%～83.4%，但仍是实验室规模，且其研究数据不具有可比性，因为不同新鲜水葫芦的干物质、水分含量差距大。

Sharma 等（1999）设计了一种 10m^3 规模的批次式发酵反应器。该反应器由三种不同功能的反应器构成，即碱预处理反应器、酸化反应器与厌氧发酵反应器，以晒干的水葫芦（70%含水量）与甘蔗渣（70%含水量）混合物为原料（3∶1混合比例），可以获得稳定的产气速率 0.31m^3·kg^{-1}·d^{-1}（甲烷含量 65%）。Abbasi 和 Ramasamy（1999）将水葫芦放在一个可连续搅拌的酸化反应器中，用部分畜禽粪便作为接种物，让水葫芦进行发酵，将发酵产生的挥发性有机酸引入上流式厌氧滤池（UAF）反应器中进行厌氧发酵，产气量为 0.38m^3·kg^{-1}·d^{-1}（甲烷含量 60%）。陈彬等（2007）设计构建了酸化池与产气池两级反应池，该工艺运行 80d，平均原料产气率为 0.305m^3·d^{-1}。以上水葫芦厌氧发酵工艺运行操作繁琐，发酵周期长，产气率低，占地面积大，投资高，难以达到规模化利用水葫芦进行商业化生产生物质能源的要求。

（二）水葫芦与其他有机废弃物混合发酵

发酵产甲烷过程中，需要优化发酵条件来获得高产量，如 pH、温度、C∶N 比，接种物以及反应器的设计，其中 C：N 比和反应器的设计是最重要的。水葫芦 C：N 比在 10：1～30：1，而最适宜的甲烷生发酵 C：N 比在 15 左右（Shanmugam and Horan，2009）。水葫芦通过与其他有机废物混合常用于调整 C：N 比率。

关于厌氧反应器设计，许多研究者致力于批式（Sharma et al.，1999）、两相或多相厌氧发酵（Kivaisi and Mtila，1998；Chanakya et al.，1992），但从工业应用上看，投资者更喜欢设计简单、投资省、操作简便的厌氧消化系统。目前欧洲 90% 的运行厌氧沼气处理工厂都采用连续单相工艺（Bonallagui et al.，2005）。水葫芦单相厌氧消化速度慢、转化率低，将水葫芦与其他挥发性固体含量较高的有机废物混合发酵，可显著提高厌氧消化速度和转化率。El-Shinnawi 等（1989）分别将水稻秸秆、玉米秸秆、棉花秸秆和水葫芦分别与牛粪混合，调节 C:N 至 30:1，在实验室 2.5L 的反应器进行发酵，结果发现，水葫芦与牛粪混合发酵原料产气量最高，达到 $0.24m^3 \cdot kg^{-1}$（VS）。

Lu 等（2010）在 $300m^3$ 反应器上比较了猪粪单独发酵和水葫芦与猪粪混合发酵，证实水葫芦混合猪粪产生的沼气量比猪粪单独发酵的高，当水葫芦混合比例达到 15%、C：N 比为 17 时沼气产量最大。朱磊（2007）在做水葫芦和猪粪混合发酵研究时也证实水葫芦的加入能提高猪粪的产气量，其中加入 15% 的水葫芦，可使产气量提高 46.1%，但该报道只提供了每日沼气产生量数据，未能给出单位生物质沼气产量，难与其他实验进行比较。陈广银等（2008）研究提出的结论是，添加猪粪对水葫芦发酵产气有促进作用，水葫芦混合猪粪的处理中 VS 产气量较水葫芦、猪粪单一处理分别提高 33.80% 和 420.05%，生物转化率达到 44%。

添加不同物料与水葫芦进行混合发酵可达到三个目的：①可调节 C：N 比进而提高甲烷产量；②改变发酵物料的流动性能，使之更易于进行发酵操作，尤其是对连续进料的设备；③实现多物料的共同产气，以确保沼气工厂的沼气产量。例如，城市固体垃圾加上 5% 水葫芦（质量分数），再经过 1.0%Ca（OH）$_2$ 预处理进行混合发酵，70d 发酵周期可以减少水力停留时间 7d，沼气产量提高 33%，甲烷含量提高 1.1%，挥发性固体（VS）降解率提高 12%（Wang，2013）。

（三）水葫芦汁、渣分开发酵工艺

江苏省农业科学院在实施水葫芦治理大水面太湖水污染的研究项目中，为了快速、高效处置生产出的数量巨大的水葫芦，开发出水葫芦先挤压脱水，再对挤压汁、渣分开进行资源化利用的新工艺思路。该工艺中，1t 水葫芦经粉碎、挤压脱水后，可以获得 COD 含量为 11.9～18.9g·L^{-1}、总氮 1.26～1.37g·L^{-1} 的水葫芦挤压汁约 0.8t，干物质含量为 25% 左右的水葫芦挤压渣 0.2t，经过挤压脱水，水葫芦减容率可达 80%。对水葫芦挤压汁和挤压渣的产气潜力测试表明，水葫芦挤压汁、挤压渣均具有良好的厌氧发酵特性，挤压汁产气潜力可达 327mL·g^{-1}（COD）（叶小梅等，2010），而经过脱水的水葫芦挤压渣原料产气率为 398mL·g^{-1}（TS）[445mL·g^{-1}（VS）]，产气潜力与新鲜水葫芦相当（叶小梅等，2011），水葫芦挤压渣直接进行干式厌氧发酵，可获得容积产气率 0.6m^3·m^{-3}·d^{-1} 的产气水平（叶小梅等，2011），远高于陈彬等（2007）以新鲜水葫芦和猪粪为原料，采用两相厌氧发酵法的产气水平。

叶小梅等（2011）对水葫芦挤压汁与新鲜粉碎水葫芦为底物在 CSTR 反应器上进行了厌氧发酵运行比较，结果表明，以新鲜粉碎水葫芦为底物直接进行厌氧发酵，原料产气率为 267mL·g^{-1}（VS），平均容积产气率为 0.61m^3·m^{-3}·d^{-1}，水力滞留时间（HRT）为 27d，平均甲烷含量为 58%；而以水葫芦挤压汁为底物，原料产气率为 231mL·g^{-1}（COD），容积产气率可达 1.4m^3·m^{-3}·d^{-1}，平均甲烷含量为 66%，水力滞留时间仅需 2.4d，两种底物发酵相比，水葫芦挤压汁水力停留时间（HRT）比以水葫芦为底物的发酵工艺缩短到 1/11 以上，且容积产气率提高了两倍，处理效率得到极大提高。

水力停留时间（HRT）和生产效率是工业化规模发酵的两个最重要的参数。譬如，以每天处理 1t 水葫芦计，直接以水葫芦为原料进行厌氧发酵，则需要 27m^3 以上的厌氧反应器，而进行固液分离后以水葫芦汁为原料，则仅需 2m^3 的反应器，这样同体积的发酵反应器可以处理更多的水葫芦，在实际应用中可以大大减少购买反应器的投资。同时，经挤压脱水后，水葫芦挤压汁厌氧发酵沼液中悬浮物浓度去除率达到 88%以上，可直接进行管道输送到农田，为后续的沼液肥利用提供了便利。而脱水后的水葫芦渣含水量降低，除可进行干式厌氧发酵生产能源，也有利于进行饲料化利用、肥料化利用等其他资源化利用方式，为水葫芦的多元化综合利用开辟了一条新途径。水葫芦与水葫芦挤压汁两种厌氧发酵工艺技术几种参数的对比分析如表 9-3 所示。

表 9-3　水葫芦与水葫芦挤压汁两种厌氧发酵工艺技术分析比较（叶小梅等，2011）

技术参数	新鲜水葫芦发酵	固液分离-水葫芦挤压汁发酵
HRT/d	27	2.4
每 m^3 反应器日处理量	37 kg	415 kg 水葫芦汁（520 kg 新鲜水葫芦固液分离所得）
日产沼气/（m^3·d^{-1}）	0.6	1.4
平均甲烷含量/%	58	66
预处理能耗	粉碎粒度＜1cm，能耗约为 8kW·t^{-1}	粉碎粒度≤5cm，粉碎能耗 6.0kW·t^{-1}，固液分离能耗约为 2.08kW·t^{-1}
搅拌能耗	能耗高	能耗低
残余物处理	处理困难，需进行固液分离	处理容易，沼液可直接进行管道输送，水葫芦挤压渣可直接进行堆肥处理

利用水葫芦生产可再生能源技术途径是唯一能实现同时解决水葫芦泛滥控制、富营养化水体修复、水资源再利用、农田淋溶养分回收利用、碳固定和封存等多个目标的综合管理途径。

第四节　水葫芦生产有机肥技术和应用

一、水葫芦直接用作绿肥

使用新鲜的水葫芦作为绿肥是一种简单的利用方式。水葫芦含有丰富的氮磷钾养分，含水量高，易腐烂，可直接作为绿肥覆盖于农田，也可将其粉碎耕翻入土（卢隆杰等，

2003）。水葫芦直接用作绿肥，具有提供养分，保持土壤水分，改进土壤结构的作用。水葫芦作为绿肥应用在茶园、果园等园艺作物中有数十年的历史，也证实其有利于水稻、高粱、洋葱、胡萝卜、玉米、豌豆、土豆、大豆等大田作物的生长。盛婧等（2009）将新鲜水葫芦在小麦播种后直接覆盖地表，施用量为每公顷 4500kg 干物质，结果表明，施用水葫芦与施用等量的化学氮、磷肥相比，可促进土壤速效氮、磷的增加。刘红江等（2011）将晒干水葫芦按每公顷 4500kg 干物质在农田施用，结果表明，农田施用水葫芦使水稻不同生育时期植株含氮率和含磷率显著提高，成熟期提早，生物产量增加 9%。有文献报道，将水葫芦作为钾肥与化学肥料混合，追施于沙质土壤中，与单独施用化学肥料相比，能增加小麦和大麦的产量，并能改善品质（矿物质和蛋白质的含量均有提高）（Mekhail et al.，1999）。水葫芦作为绿肥的推荐施用量为每公顷 20～30t 鲜重。但这种方法不适合机械化作业，因运输成本较高，效率低，不适宜应用于大规模水葫芦处置利用。

二、水葫芦堆肥

水葫芦堆置发酵生产有机肥是大规模利用水葫芦的一个切实可行的办法。脱水后的水葫芦易于运输与使用，堆肥能够保证大部分的氮、磷和钾都保留在肥料中，形成大量的腐殖质。Montoya 等（2013）用 57℃ 以上堆肥高温使水葫芦种子灭活，使得水葫芦腐熟有机肥具有生态安全性。水葫芦堆肥发酵的适宜原料含水量为 75% 左右，经过脱水后的水葫芦渣的含水量和粉碎度可以满足堆肥发酵工艺对物料物理性状的要求。适宜的水分和粉碎度为增加微生物与水葫芦接触面积和提高生物降解效率创造了条件，从而能取得较好的堆肥腐熟效果。

将脱水水葫芦和猪粪混合进行室内堆肥，堆高在 1m 左右，每两天翻抛 1 次，可获得高品质的有机肥（罗佳等，2014）。施林林等（2012）研究了水葫芦渣与水稻秸秆混合后不同水分 65%、70%、75%、80%（质量分数）的堆肥效果，结果表明 75% 含水量较为适宜，能兼顾堆肥效率（堆肥时间）和堆肥品质，减少对环境影响，如降低氨挥发和二氧化碳释放。每 100t 脱水水葫芦渣（干物质 5t）混合 9.9t 秸秆（干物质 8.41t）可生产 18.1t 有机肥。

Goyal 等（2005）监测了甘蔗渣与牛粪混合物、脱水污泥、家禽废弃物以及水葫芦四种不同原料堆肥过程中生物化学指标的变化，发现堆肥前 30d 氮含量较高的水葫芦和甘蔗渣与牛粪的混合物因氨挥发氮损失较多,提出 C/N 比可作为有机肥料堆肥腐熟度评价指标。为减少水葫芦高温堆肥过程中氮素损失，可以添加 2% 的化学保氮剂[Mg（OH）$_2$：H$_3$PO$_4$：H$_2$O]，原位控制水葫芦堆肥过程的氮素损失，具有较好效果（王海候等，2011）。相关研究发现，将 25% 的水葫芦与 75% 的牛粪（干重比）混合进行蚯蚓堆肥（vermicomposting），与水葫芦或牛粪单独进行堆肥相比，全氮、全磷、全钾的含量得到显著增加（Gupta et al.，2007；于建光等，2010）。Gajalakshmi 等（2001）研究了利用蚯蚓制作水葫芦肥料的方法：每 10d 在 3L 蚯蚓堆肥反应器中加入 950g 85% 水葫芦与 15% 牛粪（质量分数干基）混合物和 250 条健康蚯蚓，可显著提高生产效率（5.6 倍）。他们还对产生的肥料进行了蔬菜生长实验，指出该种肥料能明显增加蔬菜生长速度，提高蔬菜质量和肥料使用效果。

以上研究表明，水葫芦与畜禽粪便混合进行堆肥或蚯蚓堆肥，可以生产优质有机肥，减少堆肥过程中 CO_2 排放量，增加氮、磷、钾养分的固定量。此外，施用水葫芦有机肥可减少土壤 CO_2 排放量，增加土壤有机碳含量（施林林等，2012）。其他实验也证实施用水葫芦有机肥的稻田，产量有所提高，达到了每公顷 15t（Sharma and Mittra，1990）；能促进玉米和芝麻籽粒产量的增加及微量元素养分的吸收（Abdel-Sabour et al.，2001）。

Sahu 等（2002）用水葫芦堆肥进行印度野鲮（labeo rohita）鱼苗培育实验，与不施肥的对照相比，施用有机肥后鱼苗成活率增加了 186%。Chukwuka 和 Omotayo（2008）研究发现，水葫芦有机肥和肿柄菊绿肥以 3:1 配比施用于土壤中，不仅能有效改善土壤的营养状况，还能替代化学肥料。Oroka（2012）则报道了与蚯蚓一起堆制过的水葫芦有机肥与无机肥混施，可以显著提高花生（*Arachis hypogaea* L.）和木薯（*Manihot esculenta* Crantz）的产量。

水葫芦沼渣也是优质的有机肥料。石丽华等（2011）比较了 4 种不同水葫芦沼渣对茄子（*Solanum melongena*）产量和品质的影响，发现每亩施用 1000、1500、2000、2500 kg 水葫芦沼渣肥栽培的茄子比每亩施用 2500 kg 腐殖土种植的产量高 15%～31%，同时施用沼渣肥后的土壤有效磷和有效钾含量高于施用腐殖土的土壤。薛延丰等（2011a）研究发现，利用水葫芦沼液浸种可以显著提高芜青（*Brassica rapa*）的根系活力，青菜品质得到显著改善，粗蛋白含量增加，亚硝酸盐含量减少。用适量的水葫芦沼液替代化肥种植芜青，不仅可以提高产量，还增加了体内 AsA-GSH 代谢循环，提高了青菜的抗氧化防御能力（薛延丰等，2011b）。

水葫芦沼液也具有很好的抑菌作用。薛延丰等（2010）在室内离体情况下研究了水葫芦沼液、丁香酚（eugenol）及两者按比例互配情况下对三种植物源真菌（小麦赤霉、辣椒疫霉和菊花枯萎病）的抑制效果，研究发现，水葫芦沼液和丁香酚相混后产生协同作用，其抑菌效果显著大于单独使用丁香酚或水葫芦沼液。因此，将水葫芦沼液进行开发作为新型生物农药具有良好的发展前景。

三、脱水水葫芦生产基质

栽培基质或无土基质富含有机质及养分，可用于种子萌发、育苗或无土栽培、温室蔬菜生产。水葫芦挤压渣中含有丰富的蛋白质、纤维素以及灰分，是制备基质的良好原料。周新伟等（2014）研究发现以水葫芦为原料配制的育苗基质可以提高黄瓜（*Cucumis sativus*）根坨质量，株高、茎粗、单株鲜重、单株干重等指标均优于对照。

水葫芦更多被利用于食用菌栽培基质，Klibansky 等（1993）报道了将甘蔗渣和等量的水葫芦混合作为基质来栽培平菇（*Pleurotus ostreatus*），可提高 1 倍的产量。Nageswaran 等（2003）同样发现木屑中添加 25% 的水葫芦可以提高凤尾菇（*Pleurotus sajor-caju*）产量 20%。Chen 等（2010）将水葫芦厌氧发酵残渣替代秀珍菇（*Pleurotus geesteranus*）基质中一半锯木屑，与其他栽培基质相比可提高产量 23%。

第五节　（武进）水葫芦沼气、有机肥生产工程简介

为了实施国家科技支撑计划"水葫芦安全种养与资源化利用成套技术研究及工程示范"（2009BAC63B00），江苏省农业科学院在常州武进竺山湾建立了较大规模的水葫芦种植、打捞、处置的示范工程，技术路线如图 9-1 所示，其中能源化、肥料化利用工程较好地解决了修复富营养化水体生态工程产出的水葫芦处置利用问题。

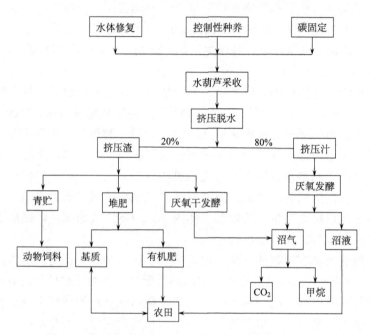

图 9-1　常州武进水葫芦综合利用工艺技术路线图

一、水葫芦固液分离和沼气生产

工程包括日处理新鲜水葫芦能力达到 800t 的固液分离设备（图 9-2）、1000 m³ 厌氧发酵反应器以及 100kW 的发电机组（图 9-3），以水葫芦挤压汁为发酵原料，可日产 2000 m³ 沼气。

二、有机肥生产

大规模生产水葫芦有机肥在江苏武进水葫芦综合利用示范基地得以成功实现，该基地已经形成年生产 1 万 t 的商品有机肥能力（图 9-4），将水葫芦，尤其是脱水后的水葫芦挤压渣与猪粪进行混合，经过 15～20℃室温下 60d 堆肥，生产有机肥料，产品质量达到中国有机肥生产行业标准（Luo et al.，2014），每吨新鲜水葫芦脱水及堆肥成本仅为 18 元。

图 9-2 武进基地水葫芦固液分离设备

图 9-3 武进基地水葫芦汁 2000m³ 沼气发酵罐以及 100kW 沼气发电设备

图 9-4 常州武进基地年产 1 万 t 水葫芦有机肥加工厂

参 考 文 献

陈彬, 赵由才, 曹伟华, 等. 2007. 水葫芦厌氧发酵工程化应用研究. 环境污染与防治, 29(6): 455-458.

陈广银, 郑正, 邹星星, 等. 2008. 添加猪粪对水葫芦中温厌氧消化过程的影响. 中国环境科学, 28(10): 898-903.

程军, 潘华引, 戚峰, 等. 2006. 污泥和水葫芦混合发酵产氢的影响因素分析. 武汉理工大学学报, 28(z1): 209-214.

程序, 朱万斌, 崔宗均. 2011. 欧盟沼气产业的新能源——能源作物. 可再生能源, 29(5): 133-136.

焦彬, 顾荣申, 张学上. 1986. 中国绿肥. 北京: 农业出版社.

刘红江, 陈留根, 朱普平, 等. 2011. 农田施用水葫芦对水稻干物质生产与分配的影响. 应用与环境生物学报, 17(4): 521-526.

卢隆杰, 苏浓, 岳森. 2003. 低投入、高产出、多用途的凤眼莲. 吉林畜牧兽医, 12: 26-27.

罗佳, 刘丽珠, 王同, 等. 2014. 水葫芦和猪粪混合堆肥发酵条件的研究. 江苏农业科学, 42(6): 336-339.

钱玉婷, 叶小梅, 常志州, 等. 2011. 不同水域凤眼莲厌氧发酵产甲烷研究. 中国环境科学, 31(9): 1509-1515.

盛婧, 郑建初, 陈留根, 等. 2009. 水葫芦富集水体养分及其农田施用研究. 农业环境科学学报, 28(10): 2119-2123.

施林林, 沈明星, 常志州, 等. 2012. 水分含量对水葫芦渣堆肥进程及温室气体排放的影响. 中国生态农业学报, 20(3): 337-342.

石丽华, 徐伟, 王蜀, 等. 2011. 水葫芦沼渣对茄子产量和品质的影响. 长江蔬菜, (14): 41-43.

汪吉东, 曹云, 常志州, 等. 2013. 沼液施用对太湖水蜜桃品质及土壤氮累积风险影响研究. 第五届全国农业环境科学学术研讨会论文文集: 802-809.

汪吉东, 马洪波, 高秀美, 等. 2011. 水葫芦发酵沼液对紫叶莴苣生长和品质的影响. 土壤, 43(5): 787-792.

王海候, 沈明星, 常志州, 等. 2011. 水葫芦高温堆肥过程中氮素损失及控制技术研究. 农业环境科学学报, 30(6): 1214-1220.

吴创之, 马隆龙. 2003. 生物质能现代化利用技术. 北京: 化学工业出版社: 82.

夏益华. 2014. 预处理对水葫芦和稻秸厌氧消化产沼气性能的影响研究. 杭州: 浙江大学.

谢萍, 周学文, 杨家雄, 等. 1999. 滇池凤眼莲饲喂肉仔鸡试验的研究. 饲料工业, 20(4): 26-28.

徐祖信, 高月霞, 王晟. 2008. 水葫芦资源化处置与综合利用研究评述. 长江流域资源与环境, 17(2): 201-205.

薛延丰, 冯慧芳, 石志琦, 等. 2011b. 水葫芦沼液对青菜生长及 AsA-GSH 循环影响的动态研究. 草业学报, 20(3): 91-98.

薛延丰, 冯慧芳, 严少华, 等. 2011a. 水葫芦沼液浸种对苗期青菜品质的影响初探. 草业科学, 28(4): 687-692.

薛延丰, 周谖, 石志琦, 等. 2010. 水葫芦沼液及丁香酚对植物源真菌抑制效果研究. 第十一届全国土壤微生物学术讨论会暨第六次全国土壤生物与生物化学学术研讨会第四届全国微生物肥料生产技术研讨会论文(摘要)集.

叶小梅, 杜静, 常志州, 等. 2011. 水葫芦挤压渣的厌氧发酵特性. 江苏农业学报, 27(6): 1261-1266.

叶小梅, 周立祥, 严少华, 等. 2009. 水葫芦厌氧发酵特性研究. 江苏农业学报, 25(4): 787-790.

叶小梅, 周立祥, 严少华, 等. 2010. 厌氧 CSTR 反应器处理水葫芦挤压汁研究. 福建农业学报, 25(1): 100-103.

于建光, 常志州, 李瑞鹏. 2010. 水葫芦渣粪便混合物蚯蚓堆制后微生物活性及物理化学性质的变化. 江苏农业学报, 26(5): 970-975.

张志勇, 秦红杰, 刘海琴, 等. 2014. 规模化控养水葫芦改善滇池草海相对封闭水域水质的研究. 生态与农村环境学报, 30(3): 306-310.

郑建初, 盛婧, 张志勇, 等. 2011. 凤眼莲的生态功能及其利用. 江苏农业学报, 27(2): 426-429.

周俊虎, 戚峰, 程军, 等. 2007. 水葫芦发酵产氢特性的研究. 中国环境科学, 27(1): 141-144.

周新伟, 王海候, 施林林, 等. 水葫芦对黄瓜育苗基质商品组分的替代效应研究. 中国农学通报, 2014, 30(25): 201-206.

周岳溪, 孔欣, 郝丽芳, 等. 1996. 水葫芦两相厌氧生物处理技术研究. 中国沼气, 14(3): 8-12.

朱磊. 2007. 入侵物种 (水葫芦(*Eichhorniacrassipes*)) 的控制与猪粪生物质能利用的综合生态工程. 杭州: 浙江大学.

Abbasi S A, Nipaney P C, Ramasamy E V. 1992. Use of aquatic weed salvinia as full partial feed in commercial digesters. Indian Jorunal of Technology, 30: 451-457.

Abbasi S A, Ramasamy E V. 1999. Biotechnological methods of pullution control. Hyderabad: University Press Ltd: 8-51.

Abdelhamid A, Gabr A. 1991. Evaluation of water hyacinth as a feed for ruminants. Archives of Animal Nutrition, 41(7-8): 745-756.

Abdel-Sabour M F, Abdel-Shafy H, Mosalem T M, et al. 2001. Heavy metals and plant-growth-yield as affected by water hyacinth compost applied to sandy soil. Environment Prot ection Engineering, 27(2): 43-53.

Abo-Hashesh M, Desaunay N, Hallenbeck P C. 2013. High yield single stage conversion of glucose to hydrogen by photofermentation with continuous cultures of *Rhodobacter capsulatus* JP91. Bioresource Technology, 128: 513-517.

Angeriz-Campoy R, Alvarez-Gallego C J, Romero-Garcia L I. 2015. Thermophilic anaerobic co-digestion of organic fraction of municipal solid waste (OFMSW) with food waste(FW): enhancement of bio-hydrogen production. Bioresource Technology, 194: 291-296.

Annachhatre A P, Khanna P. 1987. Methane recovery from water hyacinth through whole-cell immobilization technology. Biotechnology and Bioengineering, 29(7): 805-818.

Antonopoulou G, Gavala H N, Skiadas I V, et al. 2008. Biofuels generation from sweet sorghum: fermentative hydrogen production and anaerobic digestion of the remaining biomass. Bioresource Technology, 99(1): 110-119.

Anushree M. 2007. Environmental challenge vis a vis opportunity: the case of water hyacinith. Environment International, 33: 122-138.

Ashish K, Singh L K, Sanjoy G. 2009. Bioconversion of Lignocellulosic fraction of water-hyacinth (*Eichhornia crassipes*) hemicellulose acid hydrolysate to ethanol by Pichia stipitis. Bioresource Technology, 100(13): 3293-3297.

Aswathy U S, Rajeev K, Sukumaran G, et al. 2010. Bio-ethanol from water hyacinth biomass: An evaluation of enzymatic saccharification strategy. Bioresource Technology, 101(3): 925-930.

Bonallagui H, Touhami Y, Ben Cheikh R, et al. 2005. Bioreactor performance in anaerobic digestion of fruit and vegetable wastes. Process Biochemistry, 40(3-4): 989-995.

Chanakya H N, Borgaonkar S, Meena G, et al. 1993. Solid-phase biogas production with garbage or water hyacinth. Bioresouce Technology, 46: 227-231.

Chanakya H N, Borgaonkar S, Rajan M G C, et al. 1992. Two-phase anaerobic digestion of water hyacinth or urban garbage. Bioresource Technology, 42(2): 123-131.

Chen X, Jiang Z, Chen X, et al. 2010. Use of biogas fluid-soaked water hyacinth for cultivating *Pleurotus geesteranus*. Bioresource Technology, 101 (7): 2397-2400.

Cheng J, Xia A, Su H B, et al. 2013. Promotion of H_2 production by microwave-assisted treatment of water hyacinth with dilute H_2SO_4 through combined dark fermentation and photofermentation. Energy Conversion and Management, 73(4): 329-334.

Chukwuka K S, Omotayo O E. 2008. Effects of Tithonia green manure and water hyacinth compost application to nutrient depleted soil in South-Western Nigeria. International Journal of Soil Science, 3(3): 69-74.

Chynoweth D P, Turick C E, Owens J M, et al. 1993. Biochemical methane potential of biomass and waste feed stocks. Biomass and Bioenergy, 5(1): 95-111.

Das D, Veziroğlu T N. 2001. Hydrogen production by biological processes: a survey of literature. International Journal of Hydrogen Energy, 26(1): 13-28.

El-Shinnawi M M, Alaa M N, El-Shimi S A, et al. 1989. Biogas production from crop residues and aquatic weeds. Resources, Conservation and Recycling, 3(1): 33-45.

Gajalakshmi S, Ramasamy E V, Abbasi S A. 2001. Assessment of sustainable vermiconversion of water hyacinth at different reactor efficiencies employing *Eudrilus Eugeniae* Kinberg. Bioresource Technology, 80(2): 131-135.

Ganske F, Bornscheuer U T. 2005. Lipase-catalyzed glucose fatty acid ester synthesis in ionic liquids. Organic Letters, 7(14): 3097-3098.

Gao J, Chen L, Yuan K, et al. 2013. Ionic liquid pretreatment to enhance the anaerobic digestion of lignocellulosic biomass. Bioresource Technology, 150(3): 352-358.

Goyal S, Dhull S K, Kapoor K K. 2005. Chemical and biological changes during composting of different organic wastes and assessment of compost maturity. Bioresource Technology, 96(14): 1584-1591.

Gunnarsson C C, Petersen C M. 2007. Water hyacinths as a resource in agriculture and energy production: A literature review. Waste Management, 27 (1): 117-129.

Gupta R, Mutiyar P K, Rawat N K, et al. 2007. Development of a water hyacinth based vermireactor using an epigeic earthworm Eisenia foetida. Bioresource Technology, 98(13): 2605-2610.

Hanisak M D, William L D, Ryther J H. 1980. Recycling the nutrients in residues from methane digesters of aquatic macrophytes for new biomass production. Resource Recovery and Conservation, 4(4): 313-323.

Hemschemeier A, Happe T. 2005. The exceptional photofermentative hydrogen metabolism of the green alga *Chlamydomonas reinhardtii*. Biochemical Society Transactions, 33(1): 39-41.

Hronich J E, Martin L, Plawsky J, et al. 2008. Potential of *Eichhornia crassipes* for biomass refining. Journal of Industrial Microbiology and Biotechnology, 35(5): 393-402.

Kahlon S S, Kumar P. 1987. Simulation of fermentation conditions for ethanol production from water-hyacinth. Indian Journal of Ecology, 14: 213-217.

Kivaisi A K, Mtila M. 1998. Production of biogas from water hyacinth (*Eichhornia crassipes*) (Mart.) (Solms) in a two-stage bioreactor. World Journal of Microbiology & Biotechnology, 14(1): 125-131.

Klibansky M M, Mansur M, Gutierrez I, et al. 1993. Production of Pleurotus ostreatus mushrooms on sugar cane agrowastes. Acta Biotechnologica, 13(1): 71-78.

Kovacs K L, Bagyinka C, Bodrossy L, et al. 2000. Recent advances in biohydrogen research. Pflugers Arch, 439 (3 Suppl): R81-R83.

Laguna R, Tabita F R, Alber B E. 2011. Acetate-dependent photoheterotrophic growth and the differential requirement for the Calvin-Benson-Bassham reductive pentose phosphate cycle in *Rhodobacter sphaeroides* and *Rhodopseudomonas palustris*. Archives of Microbiology, 193(2): 151-154.

Lu J, Zhu L, Hu G, et al. 2010. Integrating animal manure-based bioenergy production with invasive species control: A case study at Tongren Pig Farm in China. Biomass and Bioenergy, 34(6): 821-827.

Luo J, Fang Z, Smith R L. 2014. Ultrasound-enhanced conversion of biomass to biofuels. Progress Energy and Combustion Science, 41(1): 56-93.

Masten S A. 2004. Review of Toxicological Literature for Ionic Liquids. NC, USA, Integrated Laboratory Systems Inc. Research Triangle Park.

Matsumura Y. 2002. Evaluation of supercritical water gasification and biomethanation for wet biomass utilization in Japan. Energy Conversion and Management, 43(9-12): 1301-1310.

Mekhail M M, Abdel-Mawlys S E, Zanouni I. 1999. The application of waterhyacinth as a supplemental source of K for wheat and barley grown on a sandy soil. Assiut Journal of Agricultural Sciences, 30(2): 73-82.

Mishima D, Kuniki M, Sei K, et al. 2008. Ethanol production from candidate energy crops: Water hyacinth (*Eichhornia crassipes*) and water lettuce (*Pistia stratiotes* L.). Bioresource Technology, 99(7): 2495-2500.

Montoya J E, Waliczek T M, Abbott M L. 2013. Large scale composting as a means of managing water hyacinth (*Eichhornia crassipes*). Invasive Plant Science and Management, 6(2): 243-249.

Morra S, Valetti F, Sarasso V, et al. 2015. Hydrogen production at high Faradaic efficiency by a bio-electrode based on TiO_2 adsorption of a new [FeFe]-hydrogenase from *Clostridium perfringens*. Bioelectrochemistry, 106(B): 258-262.

Nageswaran M, Gopalakrishnan A, Ganesan M, et al. 2003. Evaluation of water hyacinth and paddy straw waste for culture of oyster mushrooms. Journal of Aquatic Plant Management, 41(2): 122-123.

Nigam J N. 2002. Bioconversion of water hyacinth (*Eichhornia crassipes*) hemicelluse acid hydrolysate to motor fuel ethanol by xylose-Fermenting yeast. Journal Biotechnology, 97(2): 107-116.

Oroka F O. 2012. Water hyacinth-based vermicompost on yield, yield components, and yield advantage of cassava+ groundnut intercropping system. Journal of Tropical Agriculture, 50: 49-52.

Patel V, Desai M, Madamwar D. 1993. Thermochemical pretreatment of water hyacinth for improved biomethanation. Applied Biochemistry and Biotechnology, 42(1): 67-74.

Patil J H, AntonyRaj M A L, Shankar B B, et al. 2014. Anaerobic Co-digestion of water hyacinth and sheep waste. Energy Procedia, 52: 572-578.

Poddar K, Mandal L, Banerjee G C. 1991. Studies on water hyacinth(*Eichhornia crassipes*) － Chemical composition of the plant and water from dierent habitats. Indian Veterinary Journal, 68(9): 833-837.

Rakhely G, Kovacs K L. 1996. Plating hyperthermophilic archea on solid surface. Analytical Biochemistry, 243(1): 181-183.

Rezania S, Ponraj M, Din F M M, et al. 2015. The diverse applications of water hyacinth with main focus on sustainable energy and production for new era: An overview. Renewable and Sustainable Energy Reviews, 41(1): 943-954.

Sahu A K, Sahoo S K, Giri S S. 2002. Efficacy of water hyacinth compost in nursery ponds for larval rearing of Indian major carp, Labeo rohita. Bioresource Teehnology, 85(3): 309-311.

Shanmugam P, Horan N J. 2009. Optimising the biogas production from leather fleshing waste by co-digestion with MSW. Bioresource Technology, 100(18): 4117-4120.

Sharma A R, Mittra B N. 1990. Response of rice to rate and time of application of organic materials. The Journal of Agricultural Science, 114(3): 249-252.

Sharma A , Unnib B G, Singh H D. 1999. A novel fed-batch digestion system for biomethanation of plant biomasses. Journal of Bioscience and Bioengineering, 87(5): 678-682.

Thomas T H, Eden R D, Sayigh A A M. 1990. Water hyacinth-a major neglected resource. Material Science Wind Energy, Biomass Technology, 3: 2092-2096.

Verma V K, Singh Y P, Rai J P. 2007. Biogas production from plant biomass used for phytore mediation of industrial wastes. Biomass Technology, 98(8): 1664-1669.

Wang L, Chen L, Yan Z C, et al. 2013. Dry anaerobic co-digestion of water hyacinth and municipal solid waste. Environmental Science and Technology, 36 (6): 143-147.

Wilkie A C, Evans J M. 2010. Aquatic plants: an opportunity feedstock in the age of bioenergy. Biofuels, 1(2): 311-321.

第十章 水葫芦生物质的饲料化利用

第一节 概　　述

　　长期以来，草原退化导致载畜量低，粗饲料资源匮乏一直是限制反刍家畜养殖的瓶颈；水葫芦作为外来入侵生物，属世界十大害草之一，常因其暴发式疯长造成生态危害，但其又是水体净化的有益材料。水葫芦繁殖速度快、蛋白质和灰分含量高，作为饲料资源利用和开发，不但可以解决环境工程产出的大量水葫芦出路问题，还能解决家畜，尤其是草食家畜粗饲料资源不足的难题，同时变害为宝成为反刍家畜重要粗饲料的来源（Virabalin et al., 1993；Gunnarsson and Petersen，2007），特别是针对其蛋白含量高的特性提取叶蛋白，用作饲料添加剂，是水葫芦资源高效利用的有效途径。水生植物饲料资源化利用，饲喂家畜的研究始于 20 世纪六七十年代牛放牧采食水上浮游水葫芦，在阉牛颗粒饲粮中添加风干水葫芦，满足其维持营养需要水平的相关研究报道。另一方面，牛对水生植物相较一般牧草的采食量较低，适口性较差（Boyd，1968；Little，1968）。新鲜、青贮或者风干的水葫芦的整个植株或者剁碎和研磨均可作为饲料供给单胃和反刍动物食用。有关水葫芦饲喂动物的研究报道，主要涉及反刍动物和猪、兔、禽及水产等方面（卢隆杰和王桂泽，2003）。水葫芦、稻草、尿素和蔗糖组成的混合青贮提高了奶牛的产奶量（Chakraborty et al., 1991）。日粮中添加 0～45% 青贮或者新鲜水葫芦，对阉牛干物质的采食量没有影响，但粗蛋白的消化率随着水葫芦添加量的增加而提高（Tham，2012）。Thu 和 Dong（2009）报道了日粮中添加 60% 的水葫芦提高了肉兔的饲料利用率、生长性能和经济回报率。Saha 和 Ray（2010）的研究表明，日粮中添加 30% 肠道草芽孢杆菌 CY5 发酵的水葫芦叶粉，试验鱼的生长性能、饲料转换率和表观蛋白质净利用率有所提高。肉鸡日粮中添加水葫芦干粉 3.00%～7.00%，对采食、日增重、饲料利用率及屠宰性能指标无不良影响。肥育猪日粮中添加 5.0%～15.0% 水葫芦，对日增重、采食量无影响，在屠宰率、膘厚、眼肌面积上，与对照差异不显著（谢萍等，1999）。Lu 等（2008）研究表明，水葫芦作为鸭饲料，提高了鸭的采食量和产蛋率，且同等饲料转换效率条件下，蛋重、蛋壳强度与厚度显著提高。

　　在一个养鸭场建立的"鸭粪尿排放—人工湿地—水葫芦净化水体—水葫芦喂鸭—鸭粪尿排放"循环体系中，通过在湿地上放养水葫芦（*Eichhornia crassipes*）有效净化了鸭场养殖粪尿污水。放养水葫芦后，化学需氧量（COD）降低 64.4%，总氮去除 21.8%，总磷去除 23.0%，水体溶解氧和透明度显著提高（Lu，2008）。水葫芦青贮饲喂羊，与一般牧草俯仰马唐[Pangolagrass（*Digitaria eriantha*）]相比，干物质消化率、蛋白质消化率高，而干物质采食量略低。说明水生植物饲喂家畜，对适口性有一定影响。综合文献研究及实践认为，虽然已有猪、鸡水葫芦饲喂试验的报道，但从营养生理角度来看，单胃动物（猪、鸡）既无反刍动物（牛、羊等）纤维消化的庞大瘤胃，也无草食家畜（马、驴等）发达的盲肠，不具备消化、吸收高纤维含量的水生植物水葫芦的生理基础。所以，水葫芦饲喂猪和鸡仍有待商榷。另外，有文献报道水葫芦需加工成干粉才便于加入混合饲料中，生产应用会导致家畜饲养成本增加。

第二节　水葫芦饲料质量安全评价

一、水葫芦常规饲料营养成分及特点

研究数据表明，水葫芦蛋白质（10.0%以上）、钙、磷含量较高，品质优于稻草、秸秆等粗饲料，较羊草相当，但不及苜蓿草等优质牧草，经加工调制后，有可能达到中等牧草营养水平，但灰分和酸性洗涤纤维（acid detergent fiber, ADF）偏高，对动物消化率可能存在影响（表10-1）。

表 10-1　水葫芦营养成分　　　　　　（单位：%，干物质）

营养成分	全株	根	茎和叶	根	茎	叶
有机物（OM）	84.1					
粗灰分（ASH）	15.9	19.2	16.5	18.2	15.8	14.9
蛋白质（CP）	12.2	10.7	9.80	10.4	15.5	11.3
CP/OM	14.5					
粗纤维（CF）				29.2	20.4	28.3
酸性洗涤纤维（ADF）	43.2	38.1	23.1			
中性洗涤纤维（NDF）	72.9	67.3	55.4			
总能（GE）（Mcal·kg^{-1}）	3.80					
脂肪（Fat）				0.98	1.10	2.10
Ca	3.20	1.26	2.70	0.81	1.78	1.99
P	0.38	0.44	0.53	0.21	0.33	0.30
Mg	0.31			0.31	0.88	0.38
K	3.30			1.36	4.33	6.68
来源	Baldwin et al., 1975	李菊娣，2006	李菊娣，2006	余有成，1989	余有成，1989	余有成，1989

以往学者的研究报告表明，水葫芦饲料概略养分含量数据常存在一定差异，这与水葫芦生长水域地点和水体养分浓度、植物是固定还是漂浮、生育期及采收时机等因素有关（Poddar et al.，1991）。2009 年源自江苏省农业科学院实验室的分析数据，也可说明这一点。在太湖地区水葫芦夏季采样点分析水葫芦饲料养分总能为 13.473 MJ·kg^{-1}、灰分 19.088%、磷 0.401%、蛋白质 19.84%；而同样地区 10 月份秋季水葫芦总能下降为 12.916 MJ·kg^{-1}、灰分增加为 23.317%、磷含量 0.355%、蛋白质 15.92%，秋季采收的水葫芦较夏季采收的水葫芦饲喂价值明显下降。同样，生长在不同地区的水葫芦其饲料养分含量表现出一定差异，在相同时期采收自南京市一个池塘内的水葫芦总能为 14.339 MJ·kg^{-1}、灰分 14.835%、磷 0.447%、蛋白质含量达到 20.92%。水葫芦经过挤压脱水处

理后，能值提高为 15.151 MJ·kg^{-1}、灰分下降为 10.803%、磷含量下降到 0.187%、蛋白质 14.67%，钙含量由 2.11%降为 1.76%，说明对水葫芦的挤压脱水过程使大量可溶性养分流失。对于草食家畜具有特殊生理意义的纤维素指标，同样反映出地域差异对水葫芦饲料养分变化的影响。太湖地区水葫芦中性洗涤纤维（NDF）含量为 52.46 %、城市池塘水葫芦较低为 48.10 %，对其进行挤压脱水后的水葫芦渣 NDF 升高为 62.80 %。三者在酸性洗涤纤维（ADF）含量方面表现相同规律分布为 29.98 %、27.61 %、42.94 %。

二、水葫芦富集水体中有害重金属对饲料资源化利用的影响

水生植物对水体重金属有很强的富集作用，尤其在根部，一般根部富集作用比茎叶高 3 倍左右。水葫芦在水体中尤其在工业污染区生长，作为饲料使用是否会对动物健康及动物产品安全性产生影响，是必须考虑的问题！研究表明，水葫芦除对氮、磷、钾、钙等多种无机元素有较强的富集作用外（周文兵等，2005），还有水葫芦富集重金属镉、铬、铅、砷、汞、氟研究报道（史增奎和赵润潮，2007）。中国《饲料卫生标准》（GB 13078—2017）对配合饲料中镉、铬、铅、砷、汞最高限量作出了规定（表 10-2）。

表 10-2　配合饲料中镉、铬、铅、砷、汞最高限量标准

指标项目	Cd	Cr	Pb	As	Hg
家畜配合饲料/（mg·kg^{-1}）	0.5	5	5	2	0.1

李菊娣（2006）研究表明，水葫芦各部位镉、铅、铬、砷和氟均在《饲料卫生标准》允许剂量以下，只有根部汞含量超过了该标准，只要不采用重工业污染区等周围生长的水葫芦饲喂动物，就不会存在重金属或氟等中毒的危险。综合现有研究报道，水葫芦对水体矿物元素的富集作用强，水葫芦富集水体中的钙、磷、铁、锌、锰、铜等动物常规添加营养素，是有利的；富集的重金属元素等有害物质在一般水体中低于国家《饲料卫生标准》的最高限量水平；水葫芦用作饲料饲喂动物可以考虑去除水葫芦根部，并研究建立水体重金属浓度与水葫芦植株各部分中含量的动态数据模型，为饲料资源化提供参考。

三、不同水域来源水葫芦重金属含量及对畜产品安全影响

水葫芦植株中金属元素含量是影响水葫芦资源化综合利用的重要因素之一。若 Pb、Cr、Cd、As 等重金属含量过高，将会直接限制饲料化、基质化与材料化利用。矿物元素 Fe、Ca 等含量变化能够影响水葫芦厌氧发酵即能源化反应过程，以及反刍动物饲料日粮及食用菌基质配比。为此，有必要对不同来源水葫芦中金属元素的含量进行测定，为水葫芦的资源化利用提供科学参数。白云峰等（2010）采用火焰与氢化物原子吸收光谱法对不同产地来源的水葫芦及其挤压渣样本中铁、铜、锰、锌、钙、钾、镁、镉、铬、铅、砷及汞 12 种金属元素的含量进行测定与分析（表 10-3），结果表明水葫芦中金属元素含量，因水体来源、处理方式及采收时期不同，而呈显著差异。常量元素 Ca 等，微量元素 Fe、Cu、Mn、Zn 含量皆较高，尤其是 Fe、Mn 元素，对水葫芦饲料等利用十分有利。同时发现，在个别水域生长的水葫芦中，单一有害重金属含量偏高，即中国太湖

水域水葫芦 Cr 含量在 20mg·kg^{-1} 以上；滇池水体中生长的水葫芦 As 含量偏高，为 10.07mg·kg^{-1}，Hg 含量偏高，为 0.215mg·kg^{-1}。但水葫芦挤压渣则没有超出中国国家《饲料卫生标准》（GB 13078—2017）对配合饲料中有害重金属的最高标准：As < 10mg·kg^{-1}，Pb < 8mg·kg^{-1}，Cr < 10mg·kg^{-1}，Hg < 0.2mg·kg^{-1}。

表 10-3 FAAS 测量水葫芦 11 种金属元素含量 （单位：mg·kg^{-1}，风干基础）

元素	池塘水葫芦	水葫芦渣	太湖水葫芦[1]	太湖水葫芦[2]	滇池水葫芦	滇池水葫芦渣
Fe	702.50	1225.67	1948.08	2601.81	1904.85	1605.07
Mn	260.19	373.53	1011.74	644.67	913.90	556.73
Cu	9.26	13.83	24.14	32.52	11.01	7.63
Zn	49.75	83.47	123.07	138.32	35.46	28.23
Ca	30118.44	34956.82	21860.83	31238.00	16657.22	12728.62
K	85695.84	19005.63	92790.29	94702.66	13275.76	3393.66
Mg	7759.19	5203.82	6713.24	8117.76	7137.19	3456.95
Cr	1.45	1.90	22.21	24.81	—	1.03
Pb/（μg·mg^{-1}）	21.46	47.14	8.27	—	—	—
As	0.69	1.06	5.04	3.19	10.07	4.41
Hg/（μg·mg^{-1}）	49.15	41.68	43.71	30.60	215.25	105.28

注：1.夏季 8 月太湖采收水葫芦样品；2.秋季 10 月太湖采收水葫芦样品。

第三节　水葫芦青贮饲料的加工调制

水葫芦含水量大（约 95%），打捞后易变质，即捞即喂，费工费时。当水葫芦采收量较少时，可以直接晒干，既减少营养成分的流失，又节约劳动力成本（Virabalin et al.，1993；Gunnarsson and Petersen，2007）。但实际上，水葫芦的人工干燥处理从经济角度考虑并不合算，所以，青贮处理可能是一种最现实的选择。制作青贮饲料在家畜饲养上已有 100 多年的发展历史，根据水葫芦含水量大和可溶性糖低等特点，总结制作水葫芦青贮四个要点为厌氧、控水、调酸、调糖。青贮饲料发酵过程是乳酸菌厌氧发酵过程，所以，制作水葫芦青贮饲料首先是通过密封、压实等手段建立厌氧环境；乳酸菌发酵最佳水分条件是 60.0%～70.0%，水分过大会引起梭菌等有害菌繁衍，水分过低使发酵不易，减慢发酵过程；通过添加外源添加剂如蚁酸等，可以达到迅速降低 pH，抑制除乳酸菌外其他杂菌发酵的目的；添加含可溶性糖高的原料（如蔗糖等），以提供微生物启动水葫芦青贮发酵所需糖源，即为调糖（庄益芬等，2007）。水葫芦青贮既是一种饲料加工方法，同时也是长期贮存方法。常规青贮方式有青贮窖、青贮塔、青贮壕及袋装青贮等。研究实践适宜水生植物青贮的、便于贮藏和运输的青贮方式及相关配套设备将是未来水葫芦青贮利用实践中需要面对的重要课题。

庄益芬等（2008）在两种含水率（70.6% 和 39.6%）水葫芦中分别添加绿汁发酵液、纤维素酶以及二者混合物进行青贮试验，结果表明，绿汁发酵液和混合物能显著改善两种含水率水葫芦青贮的发酵品质。纤维素酶能提高两种含水率水葫芦青贮的可溶性碳水化合物存留量。庄益芬等（2007）设对照、添加绿汁发酵液、蔗糖、甲酸、四蚁酸铵、绿汁发酵液+蔗糖共计 6 个处理组合，调制了水葫芦青贮。结果表明，5 种添加剂均显著或极显著降低了青贮的 pH、氨态氮和中性洗涤纤维。综合各项指标，以添加绿汁发酵液+蔗糖的效果最佳。特别值得一提的是，在这两个试验中，青贮干物质回收率的平均值均高达 98%，这是玉米秸秆、苜蓿、象草等其他原料青贮较难达到的（庄益芬等，2006）。李菊娣等（2007）采用 3×3 二因子随机试验设计，研究乳酸菌和酶制剂对水葫芦茎叶青贮料发酵品质的影响。乳酸菌和酶制剂的添加水平分别为 0、1×10^6、1×10^8CFU·kg^{-1} 原料和 0、3000、6000IU·kg^{-1} 干物质。试验结果表明，未添加乳酸菌和酶制剂的青贮料中，氨态氮和丁酸含量较高，表明青贮料以丁酸发酵为主，发酵品质差。随着乳酸菌添加水平的提高，青贮料的 pH、氨态氮和丁酸含量逐渐下降，乳酸含量逐渐升高，表明添加一定量的乳酸菌对青贮乳酸发酵有促进作用。水葫芦叶子含有高达 36.59% 的粗纤维，El-Sayed（2003）研究了日粮中分别添加 10% 和 20% 的新鲜水葫芦叶粉、蔗糖、牛瘤胃内容物和酵母发酵的水葫芦叶粉的营养价值。相似地，Saha 和 Ray（2010）研究了等氮（约 30% 粗蛋白）和等能量（18.23kJ·g^{-1}）的 9 种日粮中分别添加 20%、30% 和 40% 肠道微生物发酵的水葫芦叶粉。肠道微生物草芽孢杆菌 CY5 和巨大芽孢杆菌 CI3 从实验鱼肠道中分离，此外在草芽孢杆菌 CY5 发酵的水葫芦叶粉日粮中再添加乳酸菌和嗜酸乳杆菌。试验结果表明，微生物发酵减少了水葫芦叶粉日粮中粗纤维、纤维素和半纤维素、抗营养因子、单宁和植酸的含量；增加了游离氨基酸和脂肪酸的含量。Tham 等（2013）研究了日粮中添加蔗糖、米糠或蔬菜汁对水葫芦青贮发酵质量的影响。试验结果表明，添加米糠的水葫芦青贮粗蛋白和中性洗涤纤维的含量降低；添加的蔗糖、米糠或蔬菜汁显著影响水葫芦发酵的最终产物和 pH；蔗糖和米糠都显著降低了水葫芦发酵青贮中的液态氨含量；添加蔬菜汁的水葫芦发酵青贮组中乳酸含量最高；丁酸的含量比较低，其中蔗糖、米糠和蔬菜汁混合组的水葫芦青贮中丁酸含量最高，而对照组的含量最低。概括起来，蔗糖提高了水葫芦青贮发酵质量。日粮中添加黑曲霉发酵的水葫芦叶粉，使鸭对粗纤维的平均消化率提高到 27.51%（Mangisah et al.，2010）。水葫芦青贮特别是使用添加剂的水葫芦青贮，干物质回收率高、气体损失率低。各项营养指标均优，从营养角度来看，青贮是有效保存水葫芦的适宜方法。

第四节　水葫芦青贮饲料制作及饲喂试验

水葫芦经专门的打捞船从太湖控制性种养区内打捞转驳上岸后，经螺旋挤压机脱水处理，水葫芦水分含量由 95% 左右降至 80% 以下，形成水葫芦挤压渣。水葫芦渣与部分精饲料组合，补充干物质后，水分含量控制达到青贮饲料发酵要求的 60%～70%。发酵后的饲料与部分豆粕等蛋白质饲料、矿物质添加部分等其他组合成全混合饲料（total mix ration，TMR）。由于有水葫芦青贮饲料一次性采收量大及如何解决混合均匀的问题，我们在实践中探索发现，参考有机肥的生产流程，采用翻抛机能够十分高效地单日单班、一次性完成百吨级的水葫芦青贮饲料的混合任务（图 10-1）。

图 10-1　翻抛机混合水葫芦青贮饲料

　　翻抛混合后的水葫芦渣青贮混合料，均匀且成棉絮状，玉米粉等其他辅助发酵原料可均匀地沾附到水葫芦渣表面。采用袋装青贮方式，对混合好的物料进行装袋，压实排氧，封口（图 10-2）。

图 10-2　水葫芦袋装青贮

　　水葫芦饲喂反刍动物的研究报道始于 20 世纪 70 年代前后，主要是因为当时陆生草料不足。近年来，随着社会经济发展及工业化进程加快，河道和湖区水体富营养化严重，常导致水葫芦暴发式生长，形成生态危害。通过饲料资源化利用能够大量消耗水葫芦，同时有利于发挥其水体净化与修复功能。水葫芦含有较高的纤维素和半纤维素，是反刍动物好的粗饲料（Mukherjee and Nandi，2004）。由于水生植物灰分含量比较高，羊对水葫芦青贮处理后的消化率低于优质牧草（Baldwin et al.，1975），且水葫芦集中采收和打捞比较困难，目前尚未见水葫芦作饲料应用于羊规模化生产的报道（陈鑫珠和庄益芬，2009）。

　　在净化太湖水域启动的科学和技术研究项目"水葫芦安全种养与资源化利用成套技术研究及工程示范"的实施过程中，研制出水葫芦专用打捞船及配套上岸转驳与挤压脱水设备，解决了水葫芦采收、打捞和脱水的难题，为水葫芦的饲料资源化利用提供了有力保障。项目于 2009～2011 年在太湖水域由专用水葫芦打捞船，对控养区水葫芦进行打捞，上岸破碎后，其饲料概略养分为：总能 13.473 MJ·kg^{-1}、粗灰分 19.09%、粗蛋白 19.84%、钙 1.86%、磷 0.40%、NDF 52.46 %、ADF 29.98 %。经过螺旋挤压脱水后，水葫芦含水量由95%左右下降到80%以下，形成的水葫芦渣的饲料养分依次为：总能 15.151 MJ· kg^{-1}、粗灰分 10.80%、粗蛋白 14.67%、钙 1.76%、磷 0.19%、NDF 62.80 %、ADF 42.94 %。

一、水葫芦饲喂量与山羊日粮养分利用率间关系

　　关于水葫芦饲喂量和羊日粮养分利用率的报道结果并不完全一致。Baldwin 等（1975）研究了俯仰马唐（*Digitaria eriantha*）和水葫芦（*Eichhornia crassipes*）青贮对绵羊自由采食量和营养消化率的影响。结果表明，饲喂俯仰马唐青贮的羊干物质采食量大于水葫芦青贮，干物质、有机物和粗蛋白的消化率也较高。Abdelhamid 和 Gabr（1991）指出，风干的水葫芦不能作为单一的饲料饲喂绵羊，其最高含量控制在 50%以内。Eldin（1992）研究了日粮中分别添加 0、15%、30% 和 45%风干的水葫芦植株替代饲料中的豆秸后，对育肥羊生长性能和饲料利用率的影响。结果表明，日粮中增加水葫芦不影响饲料的干物质、粗蛋白、粗纤维和粗脂肪的消化率，但无氮浸出物的消化率随着日粮中水葫芦添加量增加而升高；日粮中添加 45%的水葫芦显著降低了平均日增重和饲料利用率，说明育肥羊每公斤增重需要消耗更多的饲料。相比之下，日粮中添加 15%和 30%水葫芦的羊有较好的生长性能。Sunday（2001）的研究表明，日粮中添加 40%的水葫芦时西非矮山羊的干物质采食量、饲料利用率和生长速度都显著提高。

二、水葫芦养分及瘤胃降解率与常规粗饲料间的比较差异

　　水葫芦作为水生植物与陆地生长的饲草等常规粗饲料在养分含量上存在差异（表 10-4）。

　　Coblentz 等（1999）报道牧草 CP 含量为 6%～20%、NDF 含量为 43%～70%、ADF 含量为 30%～40%。风干水葫芦等水草与常规粗饲料在 DM 和 OM 含量上差异较大，粗蛋白质和粗纤维的含量差异也很大。水浮莲、水花生、菱角、风干水葫芦、水葫芦渣水生植物饲料干物质（DM）含量彼此接近，其粗灰分与常规饲料相比含量较高。水生植物有机物（OM）含量为 63.94%～74.73%，而羊草、玉米秸、青贮玉米秸、甘薯藤、花生秧、麦秸的有机物含量为 80.38%～86.71%，藤蔓、牧草类粗饲料 OM 含量一般为 81%～

95%（曹社会等，2009）。水葫芦等水生植物蛋白质含量高，如水葫芦为 18.28%、水浮莲为 17.67%，远高于常规粗饲料。在表 10-4 给出的 12 种典型饲料原料中，NDF 含量最高的是麦秸，为 76.8%，含量最低的是玉米秸为 51.63%，其中风干水葫芦、水葫芦渣、麦秸、稻草的 NDF 含量相互接近为 70.87%～76.80%，水浮莲、玉米秸、水花生、菱角、甘薯藤、花生秧的 NDF 含量也相互接近为 51.63%～58.57%；稻草、甘薯藤、花生秧、麦秸的 ADF 含量较高且互相接近，麦秸的 ADF 含量最高为 47.96%，其余饲料样品的 ADF 含量为 23.35%～38.82%。牧草养分含量与品种、种植方式、地理环境、收获期等有很大关系；水浮莲、水花生、菱角、风干水葫芦、水葫芦渣 5 种水生植物材料的干物质含量相互接近，且其粗灰分含量与其他常规饲料原样相比含量较高，可能由于水生植物吸附水中重金属较多，导致无机物含量较高。

表 10-4　12 种粗饲料各营养物质含量（以风干物计）　　　　（单位：%）

项目		干物质（DM）	粗灰分（Ash）	有机物（OM）	蛋白质（CP）	中性洗涤纤（NDF）	酸性洗涤纤维（ADF）
水生植物	风干水葫芦	87.54	17.09	70.45	18.28	74.01	33.33
	水葫芦渣	84.90	10.17	74.73	10.55	76.72	38.82
	水浮莲	85.70	21.75	63.94	17.67	57.78	28.27
	水花生	89.67	19.43	70.23	10.14	53.37	30.77
	菱角	86.35	15.45	70.90	15.54	53.20	23.35
秸秆类	玉米秸	92.47	5.76	86.71	6.73	51.63	27.71
	稻草	90.65	15.04	75.60	4.79	70.87	41.51
	麦秸	91.41	8.79	82.61	4.26	76.80	47.96
	玉米青贮	90.18	7.33	82.84	7.9	65.43	36.84
藤蔓类	甘薯藤	88.95	9.72	81.29	9.40	58.57	40.95
	花生秧	88.13	7.52	80.38	9.08	57.43	40.44
牧草类	羊草	89.38	6.40	82.98	6.32	61.80	32.81

　　同样地，水葫芦在羊瘤胃中养分降解特性与常规粗饲料也大不相同（表 10-5）。在干物质降解率方面，风干水葫芦、水葫芦渣 48h 瘤胃降解低于其他水生植物。风干水葫芦与稻草、玉米秸、花生秧的干物质降解率相当，但高于甘薯藤；水葫芦挤压渣与小麦秸秆接近。风干水葫芦、水葫芦渣的干物质降解率显著低于羊草。

表 10-5　水葫芦与常规粗饲料养分在瘤胃 48h 降解率比较　　　　（单位：%）

项目		DM	OM	CP	NDF	ADF
水生植物	风干水葫芦	41.21±1.32d	38.66±1.91d	50.02±2.02bc	46.27±1.62e	29.97±2.04gh
	水葫芦渣	29.22±1.44f	29.27±4.15e	39.82±1.07de	38.36±2.26f	30.35±1.66gh
	水浮莲	43.47±3.06c	46.78±3.99b	37.54±1.89efg	51.28±3.65d	35.79±4.82f
	水花生	48.02±1.23b	46.15±1.28b	35.82±2.35h	50.82±1.81d	48.44±1.89cd
	菱角	43.19±1.99c	39.25±2.13d	40.13±1.09de	57.74±1.21b	47.66±1.11d

续表

项目		DM	OM	CP	NDF	ADF
秸秆类	玉米秸	42.31±1.79d	43.14±1.95bc	33.83±1.95h	33.51±1.81g	27.09±1.31g
	稻草	41.45±2.12d	45.21±2.20b	48.53±2.07c	42.56±2.31f	434.8±2.32f
	麦秸	32.87±3.55f	25.69±2.32f	32.59±3.06h	27.64±2.06h	23.52±2.02h
	玉米青贮	48.71±1.97b	45.19±1.82b	40.93±1.99d	45.21±1.14e	32.05±1.66g
藤蔓类	甘薯藤	35.35±2.57e	38.24±2.45d	39.48±3.08def	62.12±2.57a	60.83±2.66a
	花生秧	40.89±2.19d	41.21±2.18cd	36.57±1.04fgh	53.53±1.21cd	51.42±1.12bc
羊草		46.46±1.61c	43.19±1.57bc	52.18±1.77b	52.72±2.10c	42.18±2.16e

注：同列数字具有不同字母者差异显著（$p<0.05$）。

风干水葫芦的有机物降解率高于水葫芦渣，与菱角接近；水葫芦渣 OM 降解率低于其他水草，但显著高于麦秸，而低于其他秸秆。风干水葫芦有机物降解率与藤蔓类饲料相当，但水葫芦渣显著低于藤蔓类。风干水葫芦、水葫芦渣瘤胃 OM 降解率显著低于羊草。风干水葫芦的蛋白质降解率显著高于水葫芦渣，也高于其他水草；水葫芦渣高于水花生而与其他水草差异不显著。与秸秆类相比，风干水葫芦瘤胃 48h 降解率高于其他秸秆类。

风干水葫芦 NDF 降解率高于水葫芦渣，但低于其他水草。与秸秆类相比，风干水葫芦显著高于秸秆类，而水葫芦渣高于玉米秸、麦秸。风干水葫芦、水葫芦渣显著低于藤蔓类、羊草。风干水葫芦与水葫芦渣的 ADF 降解率无显著差异，但比其他水生植物低。水葫芦渣 CP 瘤胃降解率低于稻草，与其他秸秆类差异小，比藤蔓类低。通过与其他粗饲料相比，风干水葫芦的营养价值处于中等偏上水平，经挤压脱水后，水葫芦渣的营养价值虽不及风干水葫芦，但其营养价值仍能达到中等水平。

三、水葫芦饲喂山羊的育肥效果

以水葫芦（渣）作为羊日粮粗饲料来源的研究表明，用于山羊肥育，平均日增重 100g 以上，比同等试验条件下，羊草对照组多增重 20g 以上，饲料成本节约人民币 0.2～0.3 元·头$^{-1}$·日$^{-1}$，经济效益十分明显（白云峰等，2010）。水葫芦经青贮后，能够消除水生寄生虫卵的潜在危害风险，且采食量大、增重效果明显、饲料转化效率较高，同时，可大量消耗用于太湖水域净化的水葫芦（表 10-6）。

表 10-6　各处理不同试验期单只羊日增重变化　　　　　（单位：g·d^{-1}）

组别	15d	30d	45d	60d
风干水葫芦和稻草	109.44±61.66a	98.61±44.54b	103.9±38.1a	101.9±28.9b
水葫芦渣和稻草	127.22±59.64a	110.56±34.89a	106.9±23.9a	108.8±28.7a
水葫芦渣	144.89±59.89a	104.39±23.10ab	109.4±22.3a	109.8±21.2a
羊草对照组	89.44±47.40a	80.00±11.12bc	74.2±23.0b	79.5±15.7c

以 1000 只羊饲养规模的小型羊场概算，水葫芦经挤压脱水后，干物质含量由 5%提

高到 16%，加工成青贮饲料用于养羊生产；水葫芦渣年用量约 468.4t，相当于年消化掉 2000t 以上水葫芦，等同于从水体中净化出约干物质 74.94t、能量 1135487MJ、粗蛋白 10.99t（折合氮素 1.76t）、磷 0.876t、钙 1.58t，环境生态效益潜力巨大。另外，从羊日采食干物质折算，水葫芦渣约占 1/3 以上，与羊日均粪、尿中干物质排放量基本相当，从整体上达到了养羊生产过程中，水葫芦水体净化与粪尿环境污染排放的大致平衡。

第五节　青贮水葫芦饲喂肉鹅

鹅具有与其他家禽不同的消化生理特点，能够消化、利用适量的青粗饲料。在饲粮中添加适量的粗饲料，可以降低成本，增加经济效益。鹅在人类长期驯养过程中受食物来源及生活环境的影响，逐渐形成了一套独特的消化道生理构造和消化特点。例如，鹅的喙与鸡圆锥状的喙明显不同，鹅的喙长而扁平，其尖端钝圆，上下喙粗糙的边缘形成锯齿状横褶，可截断青草，并将固体和颗粒饲料留于口中，水从两侧流出（金光明等，1994）。鹅属草食性水禽，具有喜食水草的特性；鹅长期采食低蛋白、低能量、高纤维的青粗饲料，使鹅必须通过采食大量的食物来满足自身生长发育需要。鹅对于粗纤维具有较强的利用能力，邵彩梅和韩正康（1990）试验表明，鹅对半纤维素消化率高达 41.54%，酸性洗涤纤维消化率为 21.72%，并能消化部分纤维素，粗纤维的消化率与日粮纤维水平呈正相关。党国华和王恬（2003）测得太湖公鹅对粗纤维的平均消化率为 13.00%～17.03%。因此，存在鹅消化利用水葫芦这一高纤维原料的营养学生理基础，是增加水葫芦资源化利用的又一途径。另一方面，规模化养鹅场常常由于缺乏富含粗纤维的饲料原料，而忽略了鹅对日粮纤维素营养的需求，造成鹅长期采食低纤维日粮而影响健康。将水葫芦制成青贮饲料饲喂鹅，既能解决养鹅生产粗料不足，又消纳处理了环境中水葫芦这一有害物种。水葫芦作为非常规饲料，具有粗蛋白含量高、矿物质（尤其 Ca、P）含量高、资源丰富等优点，将水葫芦进行青贮利用不失为一种有效利用途径。针对水葫芦含水量高、易腐败、适口性不好等缺陷，水葫芦青贮处理可有效保持青贮饲料的营养成分，改善饲料的适口性，提高饲料的消化利用率，延长储存时间。利用水葫芦饲喂家禽鹅，与常规饲料效果进行比较，其作为一种非常规饲料资源的应用前景广阔。

一、水葫芦饲喂量与鹅日粮养分利用率间关系

肉鹅规模养殖生产常遇到日粮纤维来源不足的问题，人工割草，耗时费工，多以日粮中添加较高比例麦麸、米糠等措施解决。鹅利用水葫芦青贮以满足规模养鹅生产中日粮纤维素营养具备一定可行性。2010 年，我们在常州市禽业有限公司进行水葫芦饲喂鹅探索，将水葫芦挤压渣青贮后，大幅度添加到鹅中后期育肥饲料（73%）中，直接与现有鹅商业颗粒育肥饲料和粉料进行对比试验。试验结果表明，在整个育肥期间，日粮添加水葫芦比例过高，平均日增重 25.9 g/（只·日），显著低于商业日粮组 35.8 g/（只·日）（白云峰等，2011）。水葫芦日粮中，因添加大量水葫芦，而使日粮含水量大幅升高，导致营养浓度降低。因试验在冬季进行，虽然动物可通过自身采食量调节，但能量水平仍偏低，致使增重速度下降。另一方面，该试验研究说明在养鹅生产中，水葫芦的饲喂量

过高会导致生产性能下降。

二、水葫芦育肥鹅方法及日粮适宜饲喂水平

文献调研发现，对水葫芦饲喂鹅方面的研究较少，尤其是青贮水葫芦饲料方式。为研究日粮添加不同水葫芦青贮含量对扬州鹅生长性能、屠宰性能和胃肠道发育的影响，白云峰等（2013）试验选用 120 只 4 周龄扬州鹅，随机分为 3 个处理，每个处理 4 个重复，每个重复 10 只，试验共 42d。对照组饲喂全精料日粮，试验组为饲喂低水平水葫芦青贮日粮（水葫芦日粮比例 5～8 周龄为 18.29%，9～10 周龄为 36.58%）和高水葫芦青贮日粮（水葫芦日粮比例 5～8 周龄为 36.58%，9～10 周龄为 54.87%）。结果显示：①育肥 5～8 周龄，水葫芦青贮两试验组平均日增重显著高于对照组（$p<0.05$），育肥 9～10 周龄，低水葫芦组和对照组差异不显著（$p>0.05$），但显著高于高水葫芦青贮组（$p<0.05$）；②高水葫芦青贮组全净膛率、半净膛率、腹脂率显著低于对照组（$p<0.05$），低水葫芦组和对照组差异不显著（$p>0.05$）；③高水葫芦组鹅胃肠道重量和长度显著高于对照组（$p<0.05$），低水葫芦组和对照组差异不显著（$p>0.05$）。这些结果表明，与对照组和高水葫芦青贮组相比，低水葫芦青贮日粮表现出了较好的饲喂效果（表 10-7）。

表 10-7　不同比例水葫芦青贮日粮对 5～10 周龄扬州鹅体重和日增重的影响　（单位：g）

组别	4 周龄体重	6 周龄体重	8 周龄体重	10 周龄体重	平均日增重
高水葫芦青贮组	1196.53±2.65	2060.11±77.03[a]	2352.54±93.25[a]	2312.53±55.43[ab]	26.57±3.19[ab]
低水葫芦青贮组	1146.21±3.54	1947.56±60.76[a]	2247.57±59.09[a]	2530.03±82.87[a]	32.95±1.22[a]
全精饲料组	1130.54±4.21	1705.35±104.08[b]	1992.58±47.96[b]	2265.02±86.28[b]	27.01±3.14[b]

注：同列数据后不同小写字母表示差异显著（$p<0.05$）。

初步研究结果表明，水葫芦经过青贮加工，可以成为现代规模鹅场纤维饲料的来源。鹅对水葫芦青贮饲料表现为喜食、采食量大。利用青贮玉米秸秆养鹅的研究表明，通过青贮、微贮方法可以将秸秆作为鹅日粮纤维来源。鹅对青贮玉米秸秆纤维消化率很高，但由于青贮玉米秸秆草酸和植酸的影响，鹅 Ca、P 的消化率受到一定的影响（王宝维等，2009）。日粮中适量补充青贮秸秆，对扬州鹅生产性能无不利影响，可节约精饲料，水葫芦营养素含量高，虽已有饲料应用报道，但有关水葫芦青贮养鹅的研究和应用尚未见报道。近年来，随着玉米等大宗饲料原料价格的日益增长，每吨鹅全价饲料达到人民币 2300～2500 元；而水葫芦青贮饲料调配成全价日粮后，每吨仅人民币 740 元左右，利用水葫芦青贮养鹅能够大幅降低养鹅生产中的饲料成本。

第六节　水葫芦叶蛋白饲料的生产技术

一、水葫芦叶蛋白的提取

水葫芦因其叶片内蛋白质含量较高（21.03%，干基计）、繁殖速度快，适宜作为提取叶蛋白的良好材料。其新鲜叶片经过压榨后从汁液中提取的绿色蛋白浓缩物即为水葫

芦的叶蛋白，提取过程主要包括打浆、压榨、过滤、沉淀、干燥等。水葫芦粗蛋白中的蛋白纯度可高达 56%，可为饲料加工、养殖业、畜牧业等提供丰富的蛋白质资源。在用水葫芦治污的环境生态治理工程中，收获的水葫芦处置利用工艺的前道工序即为打浆、压榨，可大大降低提取叶蛋白的生产成本。

水葫芦叶蛋白提取方法较多，传统的碱溶酸沉法是其叶蛋白提取的常用方法。(Abo Bakr et al.，1986) 用碱溶酸沉法提取水葫芦的叶蛋白，用 $0.01mol \cdot L^{-1}$ 的 NaOH 与切碎的叶子混匀，料液比 1:5，放入捣碎机捣 10～15min，纱布过滤后得提取液，加入 $1mol \cdot L^{-1}$ 的 HCl 调节 pH 至 4.5，最后将溶液加热到 75℃，完成蛋白质的沉淀，沉淀 3000r 离心 15min，并用水清洗后冷冻干燥，最终得到的是水葫芦叶片的粗蛋白提取物，提取物中粗蛋白含量 49.6%。该方法可以较好地提取叶蛋白，但缺点是提取步骤较为烦琐，特别是对 pH 的调节在生产应用上会带来一定的阻碍。除此之外，Adeyemi 和 Osubor（2016）收集水葫芦的叶子清洗后用 5%醋酸在加热罩中热烫 5min，用去离子水清洗并在室温下晾干。之后浸入 95%的乙醇溶液中吸收 6h 以除去脂肪，然后在 45℃保温箱中烘干获取叶蛋白，获取的叶蛋白在研磨机中磨碎并真空贮藏，提取物中粗蛋白含量为 56.38%。该法操作简单，可在获取叶蛋白的同时除去色素及酚类化合物等，缺点是对溶剂需求量较大。刘伟（2007）将在 4℃冰箱中预冷 1h 的水葫芦叶片放入打浆机中，迅速加入 4 倍质量的已预冷至-20℃的 95%的乙醇，打浆 30min，之后过 100 目筛，除去粗纤维，得到蛋白乙醇混合物，滤纸过滤后得叶粗蛋白，用 95%乙醇反复醇洗至无绿色为止，叶粗蛋白中蛋白含量为 41.61%。该法可以去除叶蛋白的色素及酚类化合物，免去了叶蛋白脱色的步骤，缺点是提取过程要在-5℃的冰箱中进行，全程低温操作，耗能较多，且对乙醇需求量大。孙艳玲（2009）分别采用水—醇法、水—醇—酸法及水—醇—酸—碱法制备水葫芦浓缩叶蛋白，通过正交试验分别得出三种方法最优条件下叶蛋白产品中蛋白质含量为 34.88%、38.16%和 39.87%。这三种方法获取的蛋白质含量相对较低，且步骤烦琐。

综合前人的研究结果，以传统的碱溶酸沉法提取水葫芦叶蛋白，考虑到提取过程相对烦琐，将 pH 调节的步骤优化为 pH 定量，即在固定体积的汁液中加入一定体积的酸，使 pH 达到提取条件，简化了叶蛋白提取的过程。优化后的具体方法如下：按料液比 1:10 的比例，在新鲜的水葫芦叶片中加入 $0.01mol \cdot L^{-1}$ 的 NaOH 溶液，放入飞利浦搅拌机中打成匀浆，分别装入 50mL 离心管中，将 50 mL 匀浆用纱布过滤后剩约 47 mL，加入 0.5 mL $1mol \cdot L^{-1}$ 的 HCl 溶液（pH 约 3.79），摇匀后 75 ℃水浴加热 1 h，冷却后 3000 r 离心 10 min，去掉上清液，蒸馏水清洗一次后将沉淀放入冷冻干燥机中干燥，即得粗蛋白。该方法获得的叶蛋白中蛋白纯度为 47.44%，提取得率为 37.84%。

此外，开发了壳聚糖絮凝法提取水葫芦叶蛋白。具体方法如下：按料液比 1:10 的比例，在新鲜的水葫芦叶片中加入蒸馏水，放入飞利浦搅拌机中打成匀浆，分别装入 50mL 离心管中，将 50 mL 匀浆用纱布过滤后剩约 47 ml，加入 2 mL $4.7g \cdot L^{-1}$ 壳聚糖溶液（1%乙酸配置），摇匀后静置 2 h，3000 r 离心 10 min，去掉上清液，蒸馏水清洗一次后将沉淀放入冷冻干燥机中干燥，即得粗蛋白。该方法获得的叶蛋白中蛋白纯度为 42.39%，提取得率为 36.72%。在此基础上又进行了优化试验，用 $0.01mol \cdot L^{-1}$ 的 NaOH 溶液代替蒸馏水，加入 4 mL 4.7g·L^{-1} 壳聚糖溶液（1%乙酸配置），其他条件同上，最终获得的叶蛋白中蛋白纯度为 41.03%，提取得率为 53.63%。

　　研究表明，碱溶酸沉优化法、壳聚糖絮凝法、壳聚糖絮凝优化法均是水葫芦叶蛋白提取的较好的方法，特别是壳聚糖絮凝优化法操作简单、成本低廉、提取得率最高，适宜叶蛋白的产业化提取。通过该法，平均 1t 新鲜的水葫芦叶片可获得约 30kg 的粗蛋白（蛋白纯度为 41.03%），按每公顷水面年产 1000t 左右水葫芦算，其粗蛋白产量不可小觑，可作为高蛋白饲料的直接来源，市场前景巨大。

二、水葫芦叶蛋白中的营养组分及重金属含量

　　水葫芦叶蛋白营养价值较高。埃及学者 T. M. Abo Bakr 等用碱溶酸沉法提取的水葫芦叶蛋白中，除含有 49.6% 的粗蛋白外，还含有 16.01% 的粗脂肪、1.70% 的粗纤维、5.81% 的灰分、26.88% 的碳水化合物。矿物质 Fe、Mg、Ca、Na 和 K 的含量也较高。针对水葫芦叶蛋白中氨基酸组分的研究表明，水葫芦中含有较为丰富的必需氨基酸和非必需氨基酸，且含量较高，其中必需氨基酸含量基本高于联合国粮食及农业组织（FAO）推荐值（表 10-8）。此外，水葫芦叶蛋白中的氨基酸含量也与其生长的环境及叶片采摘的季节有关，因此不同水体或不同季节叶蛋白中氨基酸种类及含量有一定差异。

表 10-8　水葫芦叶蛋白中氨基酸组分

氨基酸	含量/（g/100g）	FAO 标准/（g/100g）
赖氨酸	5.84±0.15	5.5
苯丙氨酸+酪氨酸	10.62±0.17	6.0
甲硫氨酸+胱氨酸	3.44±0.18	3.5
苏氨酸	5.13±0.11	4.0
亮氨酸	9.13±0.14	7.0
异亮氨酸	5.43±0.12	4.0
精氨酸	7.14±0.16	
组氨酸	2.50±0.13	
酪氨酸	4.27±0.16	
胱氨酸	1.01±0.17	
天冬氨酸	9.01±0.12	
丝氨酸	4.23±0.11	
谷氨酸	11.20±0.18	
脯氨酸	5.21±0.16	
甘氨酸	5.76±0.12	
丙氨酸	6.76±0.13	

　　水葫芦对水体中 N、P 等元素有较强的富集作用，污水中的某些重金属可能会富集在根系，进而威胁叶蛋白的食品安全。对水葫芦叶蛋白中重金属含量的检测说明，水葫芦叶蛋白中重金属含量较低，Cd、Cr、Pd 和 Hg 含量稍高，但未超出世界卫生组织（WHO）

的限制标准（表 10-9），因此提取的叶蛋白产品重金属含量较低，属于安全食用范围，可以作为膳食添加剂或饲料，供动物食用。

表 10-9　水葫芦叶蛋白中重金属含量

金属元素	含量/（mg·kg^{-1}）	上限[*]/（mg·kg^{-1}）
Cd	0.02±0.001	0.05
Cr	0.13±0.001	1.0
Pb	0.001±0.00	0.1
Pt	0.001±0.00	0.1
Pd	0.003±0.001	0.1
Sn	0.001±0.00	0.1
Hg	0.02±0.001	0.05
Fe	0.001±0.00	5.0
Mn	0.001±0.00	0.05
Cu	0.001±0.00	0.5
Zn	0.001±0.00	24.0
Ni	0.001±0.00	0.5
Co	0.001±0.00	1.0

注：*来源为 WHO（1989）。

参 考 文 献

白云峰, 蒋磊, 高立鹏, 等. 2013. 水葫芦青贮日粮对扬州鹅生长性能、屠宰性能及消化道发育的影响. 江苏农业学报, 29(5): 1107-1113.

白云峰, 周卫星, 严少华, 等. 2010. 水葫芦青贮饲喂羊的育肥效果. 江苏农业学报, 26(5): 1108-1110.

白云峰, 朱江宁, 严少华, 等. 2011. 水葫芦青贮对肉鹅规模养殖效益的影响. 中国家禽, (7): 49-50, 52.

曹社会, 张中岳, 曹仲华, 等. 2009. 西藏地区 7 种天然牧草瘤胃降解特性研究. 西北农业学报, 18(5): 75-79, 104.

陈鑫珠, 庄益芬. 2009. 水葫芦饲料资源开发利用的研究进展. 福建畜牧兽医, 31(4): 29-31.

崔立, 肖怀平, 陈鲁勇等. 2004. 淀山湖水葫芦用于饲喂生长育肥猪的效果研究. 饲料工业, 25(3): 39-40.

党国华, 王恬. 2003. 鹅对富含纤维类饲料的利用. 中国家禽, 25(3):26-28.

金光明, 王珏, 王永荣, 等.1994. 皖西白鹅消化系统的解剖学研究.安徽农业技术师范学院学报, 8(1): 54-56.

李菊娣, 刘建新, 吴跃明, 等.2007. 添加乳酸菌和酶制剂对水葫芦茎叶青贮发酵品质的影响.中国畜牧兽医杂志, 43(11): 27-30.

李菊娣. 2006. 凤眼莲的营养性评价与优化利用研究. 杭州: 浙江大学.

刘伟. 2007. 水葫芦叶蛋白功能性质评价研究. 重庆: 西南大学.

卢隆杰, 王桂泽. 2003. 低投入、高产出、多用途的凤眼莲. 江西饲料, (4): 23-25.

邵彩梅, 韩正康. 1990. 四季鹅胃肠道发育及消化酶活力的年龄性变化. 中国畜牧杂志, 26(1): 15-18.

史增奎, 赵润潮. 2007. 凤眼莲对 Cd^{2+}、Zn^{2+}富集能力的研究. 水利渔业, 27(4): 66-68.

孙艳玲. 2009. 加工方法对水葫芦叶蛋白产品食用安全性的影响. 重庆: 西南大学.

王宝维, 王巧莉, 范永存, 等. 2009. 青贮玉米秸秆对鹅纤维及 Ca、P 表观消化率的影响. 西南农业学报,

22(2): 483-486.

谢萍, 周学文, 杨家雄, 等. 1999 滇池凤眼莲饲喂肉仔鸡试验的研究. 饲料工业, 20(4): 26-28.

余有成. 1989. 水葫芦的营养成分及青贮方法. 国外畜牧学: 饲料, (1): 38-41.

周文兵, 谭良峰, 刘大会, 等. 2005. 凤眼莲及其资源化利用研究进展. 华中农业大学学报, 24(4): 423-428.

庄益芬, 曹颖霞, 张文昌, 等.2006. 绿汁发酵液对玉米秸青贮品质的影响.家畜生态学报, 27(6): 70-73.

庄益芬, 张文昌, 陈鑫珠, 等.2008. 绿汁发酵液、纤维素酶及其混合物对水葫芦青贮品质的影响.中国农学通报, 24(5): 35-38.

庄益芬, 张文昌, 张丽, 等. 2007. 添加剂对水葫芦青贮品质的影响. 中国农学通报, 23(9): 32-35.

Abdelhamid A M, Gabr A A. 1991. Evaluation of water hyacinth as a feed for ruminants. Archives of Animal Nutrition, 41(7-8): 745-756.

Baldwin J A, Hentges J F, Bagnall L O, et al. 1975. Comparison of pangolagrass and water hyacinth silages as diets for sheep. Journal of Animal Science, 40(5): 968-971.

Boyd C E. 1968. Evaluation of some aquatic weeds as possible feedstuffs. Hyacinth Control, 7: 26.

Chakraborty B, Biswas P, Mandal L, et al. 1991. Effect of feeding fresh water hyacinth (*Eichhorinia crassipes*) or its silage on the milk production in crossbred cows. Indian Journal of Animal Nutrition, 8(2): 115-118.

Coblentz W K, Abdelgadir I E, Cochran R C, et al. 1999. Degradability of forage proteins by insitu and in vitro enzymatic methods. Journal of Dairy Science, 82(2): 343-354.

Eldin A R T. 1992. Utilization of water hyacinth hay in feeding of growing sheep. Indian Journal of Animal Sciences, 62(10): 989-992.

El-Sayed A F M. 2003. Effects of fermentation methods on the nutritive value of water hyacinth for Nile tilapia *Oreochromis niloticus* (L.) fingerlings. Aquaculture, 218(1-4): 471-478.

Gunnarsson C C, Petersen C M. 2007. Water hyacinths as a resource in agriculture and energy production: a literature review. Waste Management, 27(1): 117-129.

Little E C S. 1968. Handbook of Utilization of Aquatic Plants. Rome, Italy: F. A. O. of the U. N.

Lu J B. 2008. Environmental research; Researchers from Zhejiang University report recent findings in environmental research(Abstract). Ecology, Environment & Conservation Business, Atlanta, 445.

Lu J B, Fu Z H, Yin Z Z. 2008. Performance of a water hyacinth (*Eichhornia crassipes*) system in the treatment of wastewater from a duck farm and the effects of using water hyacinth as duck feed. Journal of Environmental Sciences-China, 20(5): 513-519.

Mangisah I, Wahyuni H I, Tristiarti, et al. 2010. Nutritive value of fermented water hyacinth (*Eichornia crassipes*) leaf with aspergillus niger in Tegal duck. Animal Production, 12(2): 100-104.

Mukherjee R, Nandi B. 2004. Improvement of in vitro digestibility through biological treatment of water hyacinth biomass by two Pleurotus species. International Biodeterioration & Biodegradation, 53(1): 7-12.

Poddar K, Mandal L, Banerjee G C. 1991. Studies on water hyacinth (*Eichhornia crassipes*) chemical composition of the plant and water from different habitats. Indian Veterinary Journal, 68(9): 833-837.

Saha S, Ray A K. 2010. Evaluation of nutritive value of water hyacinth (*Eichhornia crassipes*) leaf meal in compound diets for Rohu, *Labeo rohita* (Hamilton,1822) fingerlings after fermentation with two bacterial strains isolated from fish gut. Turkish Journal of Fisheries and Aquatic Sciences, 11(2): 199-207.

Sunday A D. 2001. The utilization of water hyacinth (*Eichhornia crassipes*) by West African Dwarf (WAD) growing goats. African Journal of Biomedical Research, 4(3): 147-149.

Tham H T. 2012. Water hyacinth (*Eichhornia crassipes*) – biomass production, ensilability and feeding value to growing cattle. Swedish University of Agricultural Sciences, Uppsala.

Tham H T, Man N V, Pauly T. 2013. Fermentation quality of ensiled water hyacinth (*Eichhornia crassipes*) as affected by additives. Asian-Australasian Journal of Animal Sciences, 26(2): 195-201.

Thu N V, Dong N T K. 2009. A study of water hyacinth (*Eichhornia crassipes*) as a feed resource for feeding growing rabbits//International Conference on Livestock, Climate Change and the Environment. An Giang University, Vietnam.

Virabalin R, Kositsup B, Punnapayak H. 1993. Leaf protein-concentrate from water hyacinth. Journal of Aquatic Plant Management, 31: 207-209.

WHO. 1989. Thirty-third Report of the Joint FAO/WHO Expert Committee on Food Additives. WHO Technical Report, NO. 776. WHO, Geneva.

第十一章　国家科技支撑计划项目研究成果简介

第一节　概　　述

植物修复（生态湿地）技术是富营养水体治理的最有效途径之一。其中，漂浮性水生植物水葫芦（凤眼莲）繁殖速度快、生物产量大、吸收氮磷能力强、净化水质效率高，在国际学术界是不争的事实。但是，水葫芦修复富营养化水体仍停留在研究试验阶段，用于大规模生态治理工程未见报道，资源化利用技术也无重大进展，主要因为①存在生态风险，水葫芦繁殖迅速、易随水漂移，如水面覆盖度过大会影响覆盖区域生物多样性，若管控出现问题，可能造成漂逸泛滥；②收获处置难度大，水葫芦生物产量大、含水量高达95%，收获、运输、处置成本高；③资源化利用效益低，目前主要用途为制作有机肥、生产沼气用于发电等，产品价值低，靠产品销售收入维持水葫芦治理工程商业化运行难度很大。在国家科技支撑计划项目"水葫芦安全种养与资源化利用成套技术研究及工程示范"（2009BAC63B00）、科技部科技惠民计划"滇池水葫芦打捞与资源化利用成套技术应用及工程示范"（2013GS530202）、江苏省太湖专项"基于水体修复的水葫芦控制性种植及资源化技术研究与示范"（BS2007117）、云南省社会发展专项"滇池水葫芦富集氮磷及资源化利用研究与示范"（2009CA034）等国家和省级重点、重大科技项目及9项国家自然科学基金共19个科技项目的资助下，以江苏省农业科学院科技人员为主的研究团队在江苏太湖和云南滇池开展了水葫芦修复富营养化水体的科学研究和工程示范，取得了水葫芦生态修复技术工程化的生态风险防范、收获处置和资源化利用等关键技术难题突破和装备创新，建立了水葫芦治理富营养化水体与资源化利用有机结合的生态模式，形成了水葫芦"安全控养—机械化打捞、处置—资源化利用"的技术体系。在江苏太湖、云南滇池治理中建立试验性和示范工程，规模化应用，水体修复效果显著。截至2016年年底，相关研究获授权专利33项，制定地方标准4项，发表论文135篇，美国CRC科技文献出版社出版专著一部（*Water Hyacinth - Environmental Challenges, Management and Utilization*）。

本章主要介绍相关研究成果，旨在为读者开展水葫芦研究和在治污工程中应用提供较为丰富的文献资料和技术参数。为了方便读者了解水葫芦修复富营养化水体的科研工作情况，我们将主持完成的课题情况、授权专利、编制的标准和技术规程、发表的论文和专著等目录列出，便于资料查寻。

第二节　主要科技创新

一、水葫芦净化水体效果

研究团队阐明了水葫芦消减水体氮磷负荷和拦截、分解蓝藻的效果与机制，明确了水体净化目标与治理工程建设的规模配置方案，为富营养化水体生态治理和水质净化提供了理论依据与技术支撑。

（1）阐明了水葫芦富集水体氮磷的能力和改善水质的效果。研究发现，水葫芦光合生态位宽，光合生产能力高，氮磷吸收同化能力强，氮磷吸收速率最高达 $3.0\ g\cdot m^{-2}\cdot d^{-1}$ 和 $0.4\ g\cdot m^{-2}\cdot d^{-1}$，是消减水体氮磷的优势植物（李霞和丛伟，2011；李霞等，2010，2011a，2011b；丛伟等，2011；丛伟和李霞，2012）。在模拟净化污水处理厂一级 B 标准（TN $20.08mg\cdot L^{-1}$，TP $1.43mg\cdot L^{-1}$）尾水静态试验中，每平方米水葫芦每天可消减水体氮 $2.0\sim2.5g$、磷 $0.2\sim0.3g$，对水体氮磷的去除率分别为 55.82% 和 92.53%，水葫芦吸收对氮磷的去除贡献率分别为 42.32% 和 83.79%（张志勇等，2009，2010a，2010b，2011；朱华兵等，2012；邹乐等，2012）。在滇池草海水葫芦生态治理工程中，年均种养水葫芦 $4.0\ km^{2}$（6000 亩），工程实施前后比较，草海湖体总氮、总磷由 $2006\sim2010$ 年平均浓度 $15.3mg\cdot L^{-1}$ 和 $1.38\ mg\cdot L^{-1}$ 降至 $2011\sim2013$ 年平均浓度 $8.10mg\cdot L^{-1}$ 和 $0.42mg\cdot L^{-1}$，分别下降 47.2% 和 69.6%，水质改善效果显著（张迎颖等，2011；王智等，2013；王智等，2012a；张振华等，2014；王晶晶等，2011；张志勇等，2014a，2014b，2015a，2015b；闻学政等，2015；张迎颖等，2015a）。在生活污水尾水深度净化生态工程中，三级串联净化塘面积 $0.75km^{2}$，日接纳尾水 2000t，尾水中总氮、总磷浓度分别由 $12.05mg\cdot L^{-1}$ 和 $0.40mg\cdot L^{-1}$ 降低至 $1.42\ mg\cdot L^{-1}$ 和 $0.10mg\cdot L^{-1}$，尾水总氮、总磷的消减率分别可达 88.2% 和 75.2%，特别是总氮浓度下降幅度超过 $10mg\cdot L^{-1}$，突显水葫芦治污效果（高岩等，2014；张芳等，2015；秦红杰等，2016a；Qin et al.，2016a；Gao et al.，2014；刘国锋等，2011，2015；龚龙等，2015；刘丽珠等，2015）。

（2）阐明了水葫芦协同微生物消减水体氮磷负荷和拦截、分解蓝藻的机制。水葫芦除自身吸收同化大量氮磷并通过收获带出水体外，还协同微生物脱氮作用高效去除水体中的氮素。研究发现，水葫芦通过根系泌氧、分泌大量有机碳等根际效应促进水体硝化-反硝化脱氮作用（高岩等，2012，2017；Yi et al.，2014；马涛等，2013；Gao et al.，2013；张芳等，2017）。借助质量平衡法、^{15}N 示踪技术的研究表明，水葫芦反硝化脱氮过程对水体氮消减的相对贡献程度随富营养化水体氮浓度的升高而增强，贡献份额最高可达 50%。直接测定反硝化脱氮气态产物 N_2O 和 N_2 发现，种植水葫芦水体释放的 N_2O 是对照水体的 4.3 倍，释放 $^{15}N_2$ 的原子百分超是对照水体的 $1.1\sim2.7$ 倍（Gao et al.，2012）。分子生物学手段研究表明，水葫芦根系及种养水葫芦水体的反硝化脱氮基因（*nirK*，*nosZ* 和 *nirS*）显著高于对照水体，水葫芦促进了水体生物脱氮过程（马涛等，2014；张力等，2014；邱攀攀等，2015；Gao et al.，2016；高岩等，2015；Liu et al.，2015；Yi et al.，2015a，2015b）。在低磷浓度（$0.04mg\cdot L^{-1}$）环境中，水葫芦根部形态可塑性有助于其摄取充足的磷素，以维持正常的生理活动；在高磷浓度（$>1.0mg\cdot L^{-1}$）环境中，水葫芦的超累积性使其吸收超量磷素，形成发达的茎叶，增强生物竞争力（陈志超等，2015；王岩等，2015；张迎颖等，2015b，2016）。

水葫芦根系对蓝藻的拦截、吸附效果显著。富营养化池塘蓝藻暴发期间水葫芦治理试验结果表明，每平方米水葫芦每天可处理 $0.5m^{3}$ 富藻水（藻密度 $1.2\times10^{8}cells\cdot L^{-1}$），水葫芦对水体中藻类的拦截率高达 90% 以上（易能等，2015；Liu et al.，2016）。种养水葫芦能加速蓝藻细胞的分解，藻细胞富集的氮素通过水葫芦的吸收及微生物协同脱氮过程快速消减（周庆等，2012；吴婷婷等，2015；徐寸发等，2016；Qin et al.，2016b；刘国锋等，2016）。^{15}N 示踪技术研究发现，将预先培养富集了 ^{15}N 的蓝藻富藻水培养水葫芦，发现水葫芦处理加速蓝藻细胞分解和细胞内营养物质的释放，标记在蓝藻细胞中的 ^{15}N 有 67%被水葫芦吸收利用，存在于藻细胞中的氮与残留在水体中的 ^{15}N（5.5%、6.0%）远低于未种植水葫芦的水体（26%、34%），反硝化脱氮对消减水体氮素的贡献额度达 21.6%，也高于未种植水葫芦的水体（Zhang et al.，2015）。这一发现为水葫芦生态治理蓝藻工程提供了技术支撑，在蓝藻暴发的水域控制性种养水葫芦，利用水葫芦高效拦截、吸附大量蓝藻，同时加速蓝藻细胞分解、凋亡和吸收利用蓝藻释放的营养物质，最后通过水葫芦的收获将蓝藻清除出水体（秦红杰等，2015；杨小杰等，2016）。

（3）明确了富营养化水体净化目标与水葫芦治理工程建设的规模配置方案。连续流动态模拟水葫芦净化污水处理厂一级 B 标准尾水的研究表明，每平方米水葫芦每天消减水体中的氮磷量可高达 2.0～2.5g 和 0.2～0.4g。在 2011～2013 年"滇池水葫芦治理污染"工程实施期间，草海年均种养水葫芦约 4.0 km^2，昆明市环境监测数据显示，草海入湖口总氮、总磷年均浓度分别为 13.10mg · L^{-1} 和 0.80mg · L^{-1}，年入湖低浓度污水总量达 1 亿 t，经净化排出后，总氮、总磷平均浓度分别降至 3.33mg · L^{-1} 和 0.25mg · L^{-1}，平均每平方米水葫芦每天消减氮 2.22g。针对滇池草海水质治理确定的目标，年控养水葫芦 4.0 km^2，年生产水葫芦 30 万 t，在 100d 内收获处置完毕，建设了日处理能力为 3000t 的水葫芦收获处置基地，匹配了 5 条日处理 600t 水葫芦的收获、粉碎、脱水生产线，并配备了相应规模的有机肥生产和汁液处理设施，确保产生的水葫芦全收获、全处置、全利用（张迎颖等，2012b；严少华等，2012；Wang et al.，2013）。

在江苏省南京市高淳区实施的生活污水尾水深度净化生态工程中，三级串联水葫芦净化塘水面面积 0.75 km^2，日接纳生活污水尾水 2000t，尾水中总氮、总磷浓度分别由 12.05mg · L^{-1} 和 0.40mg · L^{-1} 降低至 1.42mg · L^{-1} 和 0.10mg · L^{-1}，总氮浓度下降幅度超过 10mg · L^{-1}（邱园园等，2017）。据此，对日处理能力为 1 万 t 的污水处理厂一级 A 标准排放尾水进行深度处理，总氮降至 2.0mg · L^{-1}，总磷降至 0.05mg · L^{-1}，只需配置水葫芦种养水面 6.0～8.0 km^2。

二、水葫芦种养采收技术

针对水葫芦净化水质面临的生态安全问题，研究团队突破了大规模种养、安全控制与收获处置的技术瓶颈，研发了水葫芦规模化种养、防漂逸设施和快速大规模采收的系列装备，解决了水葫芦控养与收获工程化的关键技术难题。

（1）研发出适宜不同水文条件的抗风浪、防漂逸围栏设施，保证了水葫芦的安全种养。针对太湖、滇池等湖泊水域水文特征，研究筛选出"锚基管架浮球围栏"（深水区）、"桩基围网"（浅水区）等抗风浪、防漂逸设施和构建技术。"锚基管架浮球围栏"由镀锌管、泡沫浮筒、网片和尼龙绳等制成，每个围栏单元面积控制在 50～100 亩，可随水位变化自动升降；"桩基围网"主要由竹桩或木桩、围网、沉子等组成，适用于水面平稳及相对封闭的水域。在太湖、滇池应用的工程实践表明，研发出的圈养设施牢固可靠，水葫芦被安全控制在围栏之内，没有出现漂逸现象（张力等，2013）。据此，本成果制定了"水葫芦控制性种养技术规程"。

（2）明确了获取最佳治理效果的水葫芦收获时间、收获量等种养管理参数。水葫芦放养及收获条件研究表明，当鲜草产量达到 20.0～25.0kg·m^{-2}时，按 2 / 3 的面积比例采收，水葫芦的累计采收量最高，对 N、P 和 K 等元素的积累量最大（盛婧等，2011a）。

（3）水葫芦覆盖度＜50%时，对水体生境无不利影响。2011～2013 年，对草海水葫芦治理工程水体生态环境监测表明，在水葫芦水面覆盖度＜50%的条件下，水体理化特性并无显著负面变化。草海水葫芦种养区水体溶解氧（DO）虽较对照区域有所下降，但均值仍超过 5.0mg·L^{-1}，对水生生物无不利影响；水葫芦种养区 pH 均值为 8.5，显著低于对照区域 9.3；草海湖体的透明度（SD）与高锰酸钾指数（COD$_{Mn}$）在水葫芦种养前、后无显著差异（王智等，2012b；朱普平等，2011；Zhang et al.，2016）。

在江苏太湖和云南滇池种养水葫芦条件下，种养区与非种养区内浮游动物无明显变化。在太湖水葫芦种养区内、种养区边缘及种养区外围三个区域采集到的 198 个样品的浮游动物密度、优势种群密度和 Shannon-Wiener 多样性指数具有高度一致性；滇池的研究结果也有相同结论（Chen et al.，2012；Wang et al.，2012）。

在太湖和滇池的研究发现，水葫芦种养区内底栖动物总密度显著高于种养区外，水污染指示生物摇蚊幼虫和霍甫水丝蚓密度和生物量显著低于种养区外。两地区研究均表明，水葫芦种养区的物种组成和底栖动物 Shannon-Wiener 多样性指数均显著高于种养区外。可见，利用种养水葫芦的生态工程净化水体对浮游动物和底栖动物群落无显著负面影响（刘国锋等，2010；王智等，2012c）。

（4）研制出全自动水葫芦收获、减容一体化船和定点采收传输生产线。水葫芦容重仅 0.3t·m^{-3}。常见打捞船货仓容积一般不足 10m^3，满载不超过 3t，每次满载收获需时 3min，而与运输船衔接卸载需时超过 10min，运输船装载量也只有核定吨位的 50%，严重影响装备的作业效率，增加收获转运成本。针对这一问题，本成果研发出水葫芦粉碎减容装置和汁液回收系统，组装成 HF226B-GP:FS 型全自动水葫芦收获、减容一体船，采收减容后容重达到 0.9t·m^{-3}，提高了打捞运输效率，降低了收获成本。每台班（8h）单船的采收量由 200t 提高到 350t，打捞运输成本下降 50%，每吨低于 10 元。

利用水葫芦随风漂移特性，在种养区下风向湖岸边建设定点采收传输生产线，采用船只推动、人工辅助，结合水上带式传输装置，将水葫芦直接传送上岸与处置设备衔接。生产线的收获效率达到 600t·d^{-1}，设备投入只有同生产能力打捞船的 1/3，打捞每吨水葫芦的生产成本进一步降低到 5 元。

三、水葫芦加工利用技术

水葫芦海绵组织丰富，含水量高达 95%，脱水难度大，是制约水葫芦能否规模化应用于水体治理和资源化利用实现商业化的主要原因。本成果研制出水葫芦物料专用螺旋挤压和三辊式挤压脱水生产装备，用于水葫芦快速脱水，脱水后水葫芦达到生产有机肥和青贮饲料的低含水量要求，实现了水葫芦生产沼气、有机肥、青贮饲料等的系列技术创新，实现了生态治理与资源化利用有机结合。

（1）研发出水葫芦专用固液分离设备及配套装备，实现了水葫芦快速脱水，破解了因水葫芦含水量高而影响利用的关键难题。研究了水葫芦粉碎程度对脱水效果的影响，发现水葫芦粉碎度为 32.92（粉碎后长度小于 5cm 的水葫芦残体达 88%以上）时，脱水率高、能耗最低，并根据水葫芦粉碎度要求研发出卧式甩刀粉碎机；根据水葫芦物料持水特性和生产需求，确定了螺旋挤压与三辊式两种挤压脱水方式，通过延长挤压通道、增加挤压通道截面直径，增设下部出水口等关键部件的改进，研制出 SHJ-400 型水葫芦专用固液分离机，单机处理能力由原来的 1.2t·h^{-1} 提高至 6～8t·h^{-1}，加工 1t 水葫芦可获渣 150kg、汁 850kg，脱水效率>85%，水葫芦渣干物质含量>30%、含水量<70%，处理费用低于 15 元（杜静等，2010a，2010b，2012；王岩等，2013）。

（2）探明了水葫芦厌氧发酵产沼气特征，首创了水葫芦汁、渣分开高效厌氧发酵的能源利用工艺。水葫芦具有较高的产气潜力，其产气潜力和水体的氮磷水平显著相关，水体氮磷浓度越高，生长的水葫芦产气量越高（钱玉婷等，2011；朱萍等，2012）；处于不同生长阶段的水葫芦产气潜力相差较大，分蘖期水葫芦的产气潜力是越冬缓慢生长期的 1.48 倍（叶小梅等，2009）。针对新鲜水葫芦直接进行厌氧发酵，存在易漂浮结壳、容积产气率低、发酵周期过长等问题，研发出水葫芦汁、渣干湿分离厌氧发酵工艺（叶小梅等，2012）。水葫芦挤压汁采用 CSTR 厌氧发酵工艺，水力滞留期仅为 2.5d，与粉碎新鲜水葫芦相比缩短 11 倍，容积产气率提高 2.0 倍（叶小梅等，2010a）；而水葫芦渣采用干式厌氧发酵原料产气率仍可达到 398mL·g^{-1} 干物质，与新鲜水葫芦相当（叶小梅等，2011）。将水葫芦汁与水葫芦渣分开进行发酵产气，所需的反应器体积是新鲜水葫芦发酵所需的 1/4，反应器投资可大大减少（何加骏等，2008；刘海琴等，2009；叶小梅等，2010b，2010c）。

（3）开发出水葫芦渣高温堆肥工艺以及水葫芦渣有机肥、沼液农田施用技术体系。研发出以脱水水葫芦为主要原料的有机肥生产工艺，以及水葫芦添加保氮剂与农作物秸秆等固体废弃物的混合堆肥技术（于建光等，2010；王海候等，2011，2012a；施林林等，2012），优化了水葫芦快速高温堆肥的工艺参数，提出了水葫芦堆肥的腐熟度指标，产品质量优于农业部有机肥产品标准。研发期间，共产销水葫芦有机肥 13.0 万 t。水葫芦沼液和有机肥施用试验阐明了水葫芦有机肥养分释放规律以及堆肥产品在水稻产量上的贡献（刘红江等，2011a，2011b；盛婧等，2011b；陈留根等，2011），施用水葫芦有机肥处理可提高小青菜 VC 含量、降低硝酸盐含量，增加土壤全氮与速效钾含量（薛延丰等，2010a，2010b，2011，2012，2013；冯慧芳等，2011；Xue et al.，2011；周新伟等，2012）。研究发现，水葫芦发酵沼肥含有丰富的植物生长所需的营养元素，在蔬菜、桃树上施用，可提高作物产量及品质，并明确沼液替代 75%化肥氮比例是最佳施用比例（盛婧等，2009，2010；施林林等，2011；汪吉东等，2011a，2011b，2013a，2013b；王海候等，2012b；Fan et al.，2015；罗佳等，2015）。本成果开发了生物有机肥的施用技术，并形成了操作技术规程。

（4）开发出水葫芦渣青贮发酵生产饲料工艺，生产出营养价值高的水葫芦饲料。饲料养分分析表明，在太湖、滇池水域生长的水葫芦，重金属检测符合饲料卫生标准，粗蛋白、钙、磷等营养物质含量高，可作为食草动物饲料原料。使用水葫芦为主要原料的青贮饲料进行肉羊、鹅育肥等试验，结果表明，山羊对水葫芦青贮日粮的采食量大，达到 1754.10g·d^{-1}，增重速度快，日增重达 100g 以上，比羊草对照组多增重 20g 以上，饲料转化率高，料肉比约为 6.6（白云峰等，2010、2011a；张浩等，2012）。鹅对水葫芦青贮饲料尤为喜食，采食量达到 744.15g/（羽·日），在日粮中添加后，增重效果好，能够大幅降低养鹅成本（白云峰等，2011b，2013）。"控养水葫芦"不仅产量高，而且不占用土地，是草食家畜潜在的大量粗饲料资源；同时，经复合青贮加工处理，其饲喂价值高，较常规饲草成本低，商业化前景广阔（白云峰等，2009，2011a，2011b；蒋磊等，2011）。

第三节　水葫芦治污运营模式

一、根据在太湖和滇池实施的水葫芦治理工程，测算了水葫芦去除氮磷成本和资源化利用收益，提出了生态补偿办法

研究团队研究了水葫芦控制性种养、机械化采收、资源化利用各个环节固定资产投入和运行成本以及水葫芦商品有机肥等收入（郑建初等，2010，2011）。每生产、处理 1t 鲜水葫芦成本为 73.2 元，折合每消减 1t 氮磷的成本为 4.1 万元，如扣除水葫芦商品有机肥等收入（每吨鲜水葫芦可形成商品有机肥 70kg 左右，价值 20 元），则每处理 1t 鲜水葫芦成本为 53.2 元，折合每消减 1t 富营养化水体氮磷的成本为 3.0 万元。根据成本收益分析，提出了基于水体氮磷去除量的生态补偿标准及政策建议，在种养水葫芦消减每吨氮磷 5 万元的生态补偿标准下，环保企业可获约 60% 的毛利（刘华周等，2011；亢志华等，2012a，2012b；Yan et al.，2016）。昆明市人民政府参照该标准出台了《滇池水体污染物去除补偿办法》，并在"滇池水葫芦治理污染试验性工程"中试行。

二、实现了水葫芦消减富营养化水体氮磷的产业化生产、企业化运行

生态补偿政策吸引了企业加入水环境治理行业。水葫芦从采收、转运、粉碎、挤压、加工等主要环节实现机械配套并环环相扣、运转顺畅，大幅度提高了劳动生产率，有利于产业化生产。在昆明，由泛亚湖泊综合治理有限公司、云南亿沣清洁能源有限公司实施了水葫芦治理水体和资源化利用项目。在江苏太湖治理中，也建立了政府主导、生态补偿、企业实施的水葫芦控养、收获、利用模式。

第四节　相关项目与成果

一、承担的项目来源、名称及编号

国家科技支撑计划项目"水葫芦安全种养与资源化利用成套技术研究及工程示范"（2009BAC63B00），严少华，2009.1～2011.12；

科技惠民计划"滇池水葫芦打捞与资源化利用成套技术应用及工程示范"（2013GS530202），张志勇，2013.4～2016.12；

国家自然科学基金"藻型水体不同水层生物脱氮排放 N_2 和 N_2O 的垂向空间异质性及驱动机制"（41471415），张振华，2015.1～2018.12；

国家自然科学基金"温室效应对水层过量氮转化的影响及漂浮植物的调节机制"（41571458），高岩，2016.1～2019.12；

国家自然科学基金"微囊藻毒素在蓝藻资源化利用中的降解和环境归宿研究"（30870452），严少华，2009.1～2009.12；

973 计划前期研究计划专项"富营养化水体的脱氮过程及漂浮植物的影响机制"（2012CB426503），严少华，2012.7～2014.6；

国家自然科学基金"凤眼莲根际效应对富营养化水体脱氮的作用机理"（31100373），高岩，2012.1～2014.12；

国家自然科学基金"规模化种养凤眼莲对底栖动物群落结构的影响及其功能响应"（41101525），刘国锋，2012.1～2014.12；

国家自然科学基金"富营养化水体凤眼莲生态修复过程中的磷去向和磷平衡研究"（41201533），张迎颖，2013.1～2015.12；

国家自然科学基金"水华蓝藻促使凤眼莲氮素富集能力升高的机理研究"（41501545），秦红杰，2016.1～2018.12；

国家自然科学基金"漂浮植物截留效应对悬浮颗粒物及污水氮转化的影响及机理研究"（41401592），易能，2015.1～2017.12；

滇池水专项"滇池水体内负荷控制与水质综合改善技术研究及工程示范课题——水生植物与内负荷控制研究"（2012ZX07102-004-6），张志勇，2012.4～2015.12；

江苏省太湖专项"基于水体修复的水葫芦控制性种植及资源化技术研究与示范"（BS2007117），郑建初，2007.1～2009.12；

云南省社会发展专项"滇池水葫芦富集氮磷及资源化利用研究与示范"（2009CA034），张志勇、刘海琴、叶小梅、杜静，2010.1～2010.12；

江苏省自然科学基金"与水华蓝藻共存的凤眼莲氮素富集能力升高的机理研究"（BK20150549），秦红杰，2015.7～2018.6；

江苏省自然科学基金"漂浮植物截留效应对悬浮颗粒物及污水氮转化的影响及机理研究"（BK20140737），易能，2014.7～2017.6；

江苏省农业科技自主创新项目"基于水葫芦原位修复与人工湿地的循环水养殖系统净化效能研究"[CX（10）429]，张志勇，2010.8～2012.12；

江苏省农业科技自主创新项目"富营养化水体生态修复及环湖有机生态农业技术体系集成研究与示范"[CX（11）2038]，张志勇，2011.7～2013.6；

江苏省农业科技自主创新项目"污水处理厂尾水深度净化与氮磷回收利用"[ZX（15）1002]，张志勇，2015.1～2017.12。

二、授权专利

盛婧，郑建初，刘国锋，郭智，张宪中. 一种用于恢复污染水体原生态的水生植物系统：中国，201310040180.1，2013-12-18；

严少华，易能，高岩，张力，张维国，刘新红，邸攀攀，奚永兰. 一种富营养化污水净化模拟系统：中国，201521119766.8，2016-08-24；

李霞，丛伟. 通过 PEPC 酶活性测定判断凤眼莲单株干重的方法及其应用：中国，200910024786.X，2013-02-13；

易能，高岩，宋伟，刘新红，张振华，严少华. 漂浮植物根系表面附着反硝化细菌中 nirK 基因的丰度实时监测方法及其应用：中国，201310363838.2，2016-06-08；

高岩，严少华，曾凯，刘新红，易能，张振华，张力. 水体垂向断面环境在线监测浮台：中国，201410624940.8，2016-08-23；

严少华，高岩，张志勇，白云峰，涂远璐. 一种水体释放气体收集装置及其采样方法：中国，201110155238.8，2016-09-06；

刘新红，胡茂俊，高岩，易能，张力，王岩，张振华，严少华. 一种适用于自然扰动下的水体释放气体的分层收集装置：中国，201520501534.2，2015-11-18；

高岩，严少华，张志勇，刘新红，刘海琴，涂远璐，郭俊尧. 一种适用于水体水柱分层的水体释放气体收集装置：中国，201220549040.8，2013-04-24；

张志勇，闻学政，宋伟，张迎颖，严少华，秦红杰，刘海琴. 污水深度净化系统：中国，201620022460.2，2016-11-23；

刘国锋，严少华，韩士群，张志勇，杨新宁. 开放性水体的漂浮植物控制性种养设施：中国，201320088916.8，2013-09-18；

刘国锋，韩士群，周庆，严少华. 复合生态净化系统水生植物的控制性种养设施：中国，201320088909.8，2013-09-18；

张志勇，刘海琴，秦红杰，闻学政，张迎颖，严少华，杨光明. 一种适用于大风浪开放水体的漂浮性水生植物安全种养设施：中国，201520097706.4，2015-09-02；

张志勇，刘海琴，刘国锋，张迎颖. 漂浮植物高效减容装置：中国，201020100683.5，2010-11-17；

严少华，刘海琴，张志勇，张迎颖，刘国锋. 全自动水葫芦打捞减容一体船：中国，201020100681.6，2010-11-07；

严少华，张志勇，张迎颖，刘海琴，刘国锋. 一种基于水体富营养化治理的漂浮植物的采集处理系统：中国，201110294438.1，2015-05-20；

严少华，张志勇，张迎颖，杨新宁. 一种漂浮植物定点采收系统：中国，201120373563.7，2012-06-13；

张志勇，刘志宏，刘海琴，张迎颖，严少华，王智. 一种漂浮植物采集运输装置：中国，2011 20369698.6，2012-06-13；

张志勇，杨新宁，刘国峰，严少华，刘海琴. 一种漂浮植物破碎物料高效喂料分配器：中国，2011 20372034.7，2012-07-25；

杜静，杨新宁，常志州，叶小梅. 一种专用于水生植物的粉碎机：中国，201120099076.6，2011-11-16；

常志州，杜静，叶小梅. 即时处理水生植物的装置：中国，201220550659.0，2013-05-01；

杨新宁，张志勇，张迎颖，刘国峰，严少华. 一种漂浮植物浆料抽提转移系统：中国，201120374548.4, 2012-06-13;

杜静，杨新宁，常志州，叶小梅. 抽取高浓度污料的立式潜污泵：中国，201120099096.3，2011-11-16;

闻学政，张志勇，王岩，严少华，宋伟，秦红杰，刘海琴. 一种应用于水生植物脱水系统的耙齿机：中国，201620644795.4，2016-11-23;

严少华，张志勇，宋伟，闻学政，张迎颖，秦红杰，刘海琴. 一种用于水生植物脱水的三辊压榨装置：中国，201620643123.1，2016-06-24;

张志勇，严少华，宋伟，张迎颖，闻学政，王岩，秦红杰，刘海琴. 一种水生植物脱水处理系统：中国，201620644861.8，2016-06-24;

闻学政，张志勇，刘海琴，宋伟，张迎颖，王岩，秦红杰. 一种应用于水体生态修复的水生植物螺旋式挤压脱水机：中国，201620638312.X，2017-01-04;

薛延丰，严少华，石志琦，郑建初. 一种基于水葫芦沼液的植物源叶面药肥及制备方法和应用：中国，201010221177.6，2012-11-07;

汪吉东，张永春，常志州，许仙菊，宁运旺. 水葫芦发酵液冲施肥及其应用：中国，201010260309.6，2012-08-22;

罗佳，张振华，严少华，王同，刘丽珠. 一种以水葫芦渣为主的蔬菜栽培基质及制备方法：中国，201410296475.X，2016-08-24;

罗佳，严少华，张振华，王同，刘丽珠. 一种以水葫芦渣为主的蔬菜育苗基质及制备方法：中国，201410324116.0，2016-06-15;

白云峰，周卫星，严少华，刘建. 水葫芦青贮饲料加工与利用的一种方法：中国，201010128717.6，2012-11-21;

周卫星，白云峰，严少华，刘建. 农业废弃物饲料资源化利用的一种方法：中国，201010183917.1，2013-01-23;

严少华，张志勇，刘海琴，刘国锋，张迎颖. 一种基于水体富营养化治理的漂浮植物的综合利用方法：中国，201110363084.1, 2016-02-03。

三、编制的地方标准

朱普平，郑建初，盛婧. 水葫芦控制性种养技术规程, DB32/T 1874—2011;

张志勇，严少华，刘海琴，张迎颖，刘国锋，黄志芳. 凤眼莲机械采收、减容一体化作业规程, DB32/T 2082—2012;

叶小梅，常志州，杜静，汪吉东，徐跃定. 水葫芦厌氧发酵与沼液还田技术规程, DB32/T 1871—2011;

徐跃定，常志州，叶小梅，沈明星，杜静，王海侯，施林林. 水葫芦高温堆肥技术操作规程，DB32/T 1872—2011。

四、发表的研究论文

Hongjie Qin, Zhiyong Zhang, Minhui Liu, Haiqin Liu, Yan Wang, Xuezheng Wen,

Yingying Zhang, Shaohua Yan. 2016. Site test of phytoremediation of an open pond contaminated with domestic sewage using water hyacinth and water lettuce. Ecological Engineering, 95:753-762.

Hongjie Qin, Zhiyong Zhang, Haiqin Liu, Dunhai Li, Xuezheng Wen, Yingying Zhang, Yan Wang, Shaohua Yan. 2016. Fenced cultivation of water hyacinth for cyanobacterial bloom control. Environmental Science and Pollution Research，23(17): 17742-17752.

Huaiguo Chen, Fei Peng, Zhiyong Zhang, Lei Zhang, Xiaodan Zhou, Haiqin Liu, Wei Wang, Guofeng Liu, Wenda Xue, Shaohua Yan, Xiaofeng Xu. 2012. Effects of engineered use of water hyacinths (*Eicchornia crassipes*) on the zooplankton community in Lake Taihu, China. Ecological Engineering，38(1): 125-129.

Neng Yi, Yan Gao, Zhenhua Zhang, Hongbo Shao, and Shaohua Yan. 2015. Water Properties Influencing the Abundance and Diversity of Denitrifiers on *Eichhornia crassipes* Roots: A Comparative Study from Different Effluents around Dianchi Lake, China. International Journal of Genomics, Ariticle ID142197.

Neng Yi, Yan Gao, Zhenhua Zhang, Yan Wang, Xinhong Liu, Li Zhang, Shaohua Yan. 2015. Response of spatial patterns of denitrifying bacteria communities to water properties in the stream inlets at Dianchi Lake, China. International Journal of Genomics, Ariticle ID572121.

Neng Yi, Yan Gao, Xiaohua Long, Zhi-yong Zhang, Junyao Guo, Hongbo Shao, Zhenhua Zhang, Shaohua Yan. 2014. *Eichhornia crassipes* cleans wetlands by enhancing the nitrogen removal and modulating denitrifying bacteria community. Clean-soil, Air, Water，42(5), 664-673.

Ruqin Fan, Jia Luo, Shaohua Yan, Tong Wang, Lizhu Liu, Yan Gao, Zhenhua Zhang. 2015. Use of Water Hyacinth (*Eichhornia crassipes*) compost as a peat substitute in soilless growth media. Compost Science & Utilization, 23(4): 237-247.

Shaohua Yan, Wei Song, Junyao Guo. 2016. Advances in management and utilization of invasive water hyacinth (*Eichhornia crassipes*) in aquatic ecosystems-a review. Critical Reviews in Biotechnology，9(8): 1-11.

Weiguo Zhang, Zhenhua Zhang, Shaohua Yan. 2015. Effects of various amino acids as organic nitrogen sources on the growth and biochemical composition of Chlorella pyrenoidosa. Bioresource Technology，197: 458-464.

Xinhong Liu, Yan Gao, Honglian Wang, Junyao Guo, Shaohua Yan. 2015. Applying a new method for direct collection, volume quantification and determination of N_2 emission from water. Science Dircet，27(1): 217-224.

Xinhong Liu, Yan Gao, Yongqiang Zhao, Yan Wang, Neng Yi, Zhenhua Zhang, Shaohua Yan. 2016. Supplemental tests of gas trapping device for N_2 flux measurement. Ecological Engineering，93: 9-12.

Yan Gao, Neng Yi, Zhiyong Zhang, Haiqin Liu, Shaohua Yan. 2012. Fate of $^{15}NO_3^-$ and

[15]NH$_4^+$ in thetreatment of eutrophic water using the floating macrophyte, *Eichhonia crassipes*. Journal of Environmental Quality, 41(5): 1653-1660.

Yan Gao, Xinhong Liu, Neng Yi, Yan Wang, Junyao Guo, Zhenhua Zhang, Shaohua Yan. 2013. Estimation of N$_2$ and N$_2$O ebullition from eutrophic water using an improved bubble trap device. Ecological Engineering, 57(8): 403-412.

Yan Gao, Neng Yi, Yan Wang, Tao Ma, Qing Zhou, Zhenhua Zhang, Shaohua Yan. 2014. Effect of *Eichhornia crassipes* on production of N$_2$ by denitrification ineutrophic water. Ecological Engineering，68: 14-24.

Yan Gao, Zhenhua Zhang Xinhong Liu, Neng Yi, Li Zhang, Wei Song, Yan Wang, Asit Mazumder, Shaohua Yan. 2016. Seasonal and diurnal dynamics of physicochemical parameters and gas production in vertical water column of a eutrophic pond. Ecological Engineering，87: 313-323.

Yanfeng Xue, Zhiqi Shi, Jian Chen. 2011. Promotion of the growth and quality of Chinese cabbage by application of biogas slurry of water hyacinth. IEEE 435-439.

Zhi Wang, Zhiyong Zhang, Junqian Zhang, Yingying Zhang, Haiqin Liu, Shaohua Yan. 2012. Large-scale utilization of water hyacinth for nutrient removal in Lake Dianchi in China: The effects on the water quality, macrozoobenthos and zooplankton. Chemosphere, 89(10): 1255-1261.

Zhi Wang, Zhiyong Zhang, Yingying Zhang, Junqian Zhang, Junyao Guo, Shaohua Yan. 2013. Nitrogen removal from Lake Caohai, a typical ultra-eutrophic lake in China with large scale confined growth of *Eichhornia crassipes*. Chemospher，92(2):177-183.

Zhiyong Zhang, Zhi Wang, Zhenghua Zhang, Junqian Zhang, Junyao Guo, Enhua Li, Xuelei Wang, Haiqin Liu, Shaohua Yan. 2016. Effects of engineered application of Eichhornia crassipes on the benthic macroinvertebrate diversity in lake Dianchi, an ultra-eutrophic lake in China. Environmental Science and Pollution Research，23(9): 8388-8397.

白云峰, 周卫星, 张志勇, 常志州, 严少华. 2009. 凤眼莲的饲料资源化利用. 家畜生态学报, 30(4): 103-105.

白云峰, 周卫星, 严少华, 刘建, 张浩, 蒋磊. 2010. 水葫芦青贮饲喂羊的育肥效果. 江苏农业学报, 26(5): 1108-1110.

白云峰, 周卫星, 严少华, 刘建, 张浩, 蒋磊. 2011. 水葫芦青贮条件及水葫芦复合青贮对山羊生产性能的影响. 动物营养学报, 23(2): 330-335.

白云峰, 朱江宁, 严少华, 王文正, 刘建, 涂远璐, 蒋磊, 张浩. 2011. 水葫芦青贮对肉鹅规模养殖效益的影响. 中国家禽, 33(7): 49-52.

白云峰, 涂远璐, 严少华, 刘建. 2011. 基于家畜单位环境承载力的农牧结合优化模型研究. 农业网络信息, (9): 41-45+59.

白云峰, 涂远璐, 郑建初, 刘春泉, 孙国锋, 刘建. 2011. 现代循环农业系统结构模型及实例分析. 江苏农业科学, 39(4): 516-519.

白云峰, 蒋磊, 高立鹏, 涂远璐, 严少华. 2013. 水葫芦青贮日粮对扬州鹅生长性能、屠宰性能及消化道发育的影响. 江苏农业学报, 29(5): 1107-1113.

陈留根, 刘红江, 孙晓强, 盛婧, 陆月明. 2011. 农田施用水葫芦对水稻钾素吸收利用的影响. 中国农学通报, 27(9): 65-71.

陈志超, 张志勇, 刘海琴, 闻学政, 秦红杰, 严少华, 张迎颖. 2015. 4 种水生植物除磷效果及系统磷迁移规律研究. 南京农业大学学报, 38(1): 107-112.

丛伟, 李霞, 盛婧, 郑建初, 严少华. 2011. 南京夏季不同叶位凤眼莲叶片的光合作用日变化及其生态因子分析. 江西农业大学学报, 33(3): 445-451.

丛伟, 李霞. 2012. 遮荫对凤眼莲生长及其生理适应机制. 西北植物学报, 32(9): 1802-1810.

邸攀攀, 张力, 王岩, 张振华, 严少华微, 易能, 高岩. 2015. 生物固定化技术对污水中微生物丰度变化的影响. 生态与农村环境学报, 31(6): 942-949.

杜静, 常志州, 黄红英, 叶小梅, 马艳, 徐跃定, 张建英. 2010. 水葫芦脱水工艺参数优化研究. 江苏农业科学, (2): 267-269.

杜静, 常志州, 叶小梅, 黄红英. 2010. 压榨脱水中水葫芦氮磷钾养分损失研究. 福建农业学报, 25(1): 104-107.

杜静, 常志州, 叶小梅, 徐跃定, 张建英. 2012. 水葫芦粉碎程度对脱水效果影响的中试. 农业工程学报, 28(5): 207-212.

冯慧芳, 薛延丰, 石志琦, 严少华. 2011. 水葫芦沼液对青菜抗坏血酸-谷胱甘肽循环的影响. 江苏农业学报, 27(2): 301-306.

高岩, 易能, 张志勇, 刘海琴, 邹乐, 朱华兵, 严少华. 2012. 凤眼莲对富营养化水体硝化、反硝化脱氮释放 N_2O 的影响. 环境科学学报, 2: 349-359.

高岩, 张力, 王岩, 罗佳, 王栋, 严少华, 张振华. 2015. 春季微生物固定化技术原位净化污染河塘的效果. 江苏农业学报, 31(2): 334-341.

高岩, 张芳, 刘新红, 易能, 王岩, 张振华, 严少华. 2017. 漂浮水生植物对富营养化水体中 N_2O 产生及输移过程的调节作用. 环境科学学报, 37(3): 925-933.

高岩, 马涛, 张振华, 张力, 王岩, 严少华. 2014. 不同生长阶段凤眼莲净化不同程度富营养化水体的效果研究. 农业环境科学学报, 3(12): 2427-2435.

龚龙, 韩士群, 周庆. 2015. 水生植物对螃蟹养殖水体原位修复及其强化净化效果. 江苏农业学报, 30(2): 342-349.

何加骏, 严少华, 叶小梅, 常志州. 2008. 水葫芦厌氧发酵产沼气技术研究进展. 江苏农业学报, 3(24): 359-362.

蒋磊, 白云峰, 严少华, 张浩, 刘建, 涂远璐. 2011. 水葫芦渣和不同添加物高水分复合青贮的效果研究. 江苏农业科学, 39(6): 337-340.

亢志华, 唐剑, 刘华周. 2012. 太湖氮磷污染物去除成本收益分析及生态补偿研究. 中国农作制度研究进展: 182-187.

亢志华, 唐剑, 袁伟, 刘华周. 2012. 构建太湖富营养化循环环保产业的可行性分析. 江苏农业学报, 28(3): 560-564.

李霞, 任承刚, 王满, 盛婧, 郑建初. 2010. 江苏地区凤眼莲叶片光合作用对光强与温度响应. 江苏农业学报, 26(5):943-947.

李霞, 丛伟. 2011. 遮阴和紫外辐射对凤眼莲株型与光合作用的影响. 水生态学杂志, 32(6): 38-45.

李霞, 丛伟, 任承钢, 盛婧, 朱普平, 郑建初, 严少华. 2011. 太湖人工种养凤眼莲的光合生产力及其碳汇潜力分析. 江苏农业学报, 27(3): 500-504.

李霞, 任承钢, 王满, 丛伟, 盛婧, 朱普平, 郑建初, 严少华. 2011. 不同生态区凤眼莲的光合生态功能型的比较以及他们的生态因子分析. 中国生态农业学报, 19(4): 823-830.

刘国锋, 刘海琴, 张志勇, 张迎颖, 严少华, 钟继承, 范成新. 2010. 大水面放养凤眼莲对底栖动物群落结构及其生物量的影响. 环境科学, 31(12): 2925-2931.

刘国锋, 张志勇, 严少华, 张迎颖, 刘海琴, 范成新. 2011. 大水面放养水葫芦对太湖竺山湖水环境净化效果的影响. 环境科学, 32(5): 1299-1305.

刘国锋, 包先明, 吴婷婷, 韩士群, 肖敏, 严少华, 周庆. 2015. 水葫芦生态工程措施对太湖竺山湖水环境修复效果的研究. 农业环境科学学报, 34(2):352-360.

刘国锋, 刘学芝, 何俊, 韩士群. 2016. 藻华聚集的环境效应对漂浮植物水葫芦 (*Eichharnia crassipes*) 抗氧化酶活性的影响. 湖泊科学, 28(1): 31-39.

刘丽珠, 张志勇, 宋伟, 刘海琴, 王岩, 张君倩, 张迎颖. 2015. 凤眼莲净化塘与人工湿地组合工艺对养殖尾水净化效能研究. 江苏农业科学, 43(10): 389-393.

刘海琴, 宋伟, 姜继辉, 韩士群, 黄建萍. 2009. 控温和添加垃圾液对水葫芦发酵效果影响的研究. 江苏农业科学, (3): 374-376.

刘红江, 陈留根, 朱普平, 盛婧, 张岳芳, 郑建初. 2011. 农田施用水葫芦对水稻干物质生产与分配的影响. 应用与环境生物学报, 17(4): 521-526.

刘红江, 陈留根, 朱普平, 盛婧, 张岳芳, 郑建初. 2011. 农田施用水葫芦对水稻氮素吸收利用的影响. 环境科学, 32(5): 1292-1298.

刘华周, 亢志华, 陈海霞. 2011. 富营养化水体治理生态补偿机制的建立. 江苏农业学报, 27(4): 899-902.

罗佳, 王同, 刘丽珠, 严少华, 卢信, 范如芹, 张振华. 2015. 葫芦有机肥与化肥配施对青椒生长、产量和氮素利用率的影响. 江西农业学报, 27(4): 19-23.

马涛, 张振华, 易能, 刘新红, 王岩, 严少华, 高岩. 2013. 凤眼莲及底泥对富营养化水体反硝化脱氮特征的影响研究, 农业环境科学学报, (12): 2451-2459.

马涛, 高岩, 易能, 张振华, 王岩. 2014. 凤眼莲根系分泌氧和有机碳规律及其对水体氮转化影响的研究. 农业环境科学学报, 33(10): 2003-2013.

钱玉婷, 叶小梅, 常志州. 2011. 不同水域凤眼莲厌氧发酵产甲烷研究. 中国环境科学, 31(9): 1509-1515.

秦红杰, 张志勇, 刘海琴, 张振华, 闻学政, 张迎颖, 严少华. 2015. 滇池外海规模化控养水葫芦局部死亡原因分析. 长江流域资源与环境, 24(4): 594-602.

秦红杰, 张志勇, 刘海琴, 刘旻慧, 闻学政, 王岩, 张迎颖, 严少华. 2016a. 两种漂浮植物的生长特性及其水质净化作用. 中国环境科学, 36(8): 2470-2479.

秦红杰，张志勇，刘海琴，王岩，张迎颖，闻学政，严少华. 2016b. 凤眼莲天敌——地老虎. 江苏农业科学，44(6): 217-219.

邱园园，张志勇，张晋华，张迎颖，闻学政，宋伟，王岩，刘海琴. 2017. 凤眼莲深度净化污水厂尾水生态工程中温室气体的排放特征. 生态与农村环境学报，33(4): 364-371.

盛婧，郑建初，陈留根，朱普平，薛新红. 2009. 水葫芦富集水体养分及其农田施用研究. 农业环境科学学报，28(10): 2119-2123.

盛婧，陈留根，朱普平，周炜，薛新红. 2010. 高养分富集植物凤眼莲的农田利用研究. 中国生态农业学报，18(1): 46-49.

盛婧，郑建初，陈留根，朱普平，周炜. 2011. 基于富营养化水体修复的凤眼莲放养及采收条件研究. 植物资源与环境学报，20(2): 73-78.

盛婧，刘红江，陈留根，朱普平，张岳芳，郑建初. 2011. 农田施用水葫芦对水稻磷素吸收利用的影响. 应用与环境生物学报，17(6): 803-808.

施林林，沈明星，常志州，陆长婴，王海候，宋浩. 2011. 施用水葫芦有机肥对土壤 CO_2 排放特征的影响. 江西农业学报，23(9): 101-103.

施林林，沈明星，常志州，王海候，陆长婴，陈凤生，宋浩. 2012. 水分含量对水葫芦渣堆肥进程及温室气体排放的影响. 中国生态农业学报，20(3): 337-342.

孙玲，朱泽生，王晶晶，刘华周. 2011. 基于遥感技术的太湖放养凤眼莲的生长模型. 生态环境学报，20(4): 623-628.

汪吉东，马洪波，高秀美，许仙菊，宁运旺，张辉，张永春. 2011. 水葫芦发酵沼液对紫叶莴苣生长和品质的影响. 土壤，43(5): 787-792.

汪吉东，张永春，戚冰洁，宁运旺，许仙菊，张辉，马洪波. 2011. 水葫芦沼液配合化肥施用对马铃薯生长及土壤硝态氮残留的影响. 江苏农业学报，27(6): 1267-1272.

汪吉东，曹云，常志州，张永春，马洪波. 2013. 沼液配施化肥对太湖地区水蜜桃品质及土壤氮素累积的影响. 植物营养与肥料学报，19(2): 379-386.

王海候，沈明星，常志州，陆长婴，陈凤生，施林林，宋浩. 2011. 水葫芦高温堆肥过程中氮素损失及控制技术研究. 农业环境科学学报，30(6): 1214-1220.88.

王海候，沈明星，常志州，陆长婴，陈凤生，施林林，宋浩. 2012. 水葫芦堆肥中 N_2O 排放特征及其影响因子研究. 中国农学通报，28(2): 296-302.

王海候，沈明星，吴进兴，常志州，陆长婴，陈凤生，施林林，宋浩. 2012. 不同肥源有机肥对白菜产量及氮素吸收利用的影响. 江苏农业科学，40(1): 130-132.

王晶晶，孙玲，刘华周. 2011. 凤眼莲植株氮含量高光谱遥感估算研究. 第四届全国农业环境科学学术研讨会论文集: 1020-1026.

王岩，张志勇，张迎颖，闻学政，王亚雷，严少华. 2013. 一种新型水葫芦脱水方式的探索. 江苏农业科学，(41): 286-288.

王岩，张迎颖，张志勇，刘海琴，秦红杰，闻学政，严少华. 2015. 不同 pH 值下底泥-水体-凤眼莲系统磷释放与迁移规律研究. 农业资源与环境学报，32(1): 66-73.

王智，王岩，张志勇，张君倩，严少华，张迎颖，刘海琴. 2012. 水葫芦对滇池底泥氮磷营养盐释放的影响. 环境工程学报，6(12): 4339-4344.

王智，张志勇，韩亚平，张迎颖，王亚雷，严少华. 2012. 滇池湖湾大水域种养水葫芦对水质的影响分析. 环境工程学报，6(11): 3827-3832.

王智，张志勇，张君倩，张迎颖，严少华. 2012. 水葫芦修复富营养化湖泊水体区域内外底栖动物群落特征. 中国环境科学，32(1): 1943-1950.

王智，张志勇，张君倩，闻学政，王岩，刘海琴，严少华. 2013. 两种水生植物对滇池草海富营养化水体水质的影响. 中国环境科学，33(2): 328-335.

王子臣，朱普平，盛婧，郑建初. 2011. 水葫芦的生物学特征. 江苏农业学报，27(3): 531-536.

闻学政，刘海琴，张迎颖，韩亚平，秦红杰，张志勇. 2015. 凤眼莲和水浮莲对滇池草海水体中氮去除效果的比较研究. 农业资源与环境学报，32(4): 388-394.

吴婷婷，刘国锋，韩士群，周庆，唐婉莹. 2015. 蓝藻水华聚集对水葫芦生理生态的影响. 环境科学，36(1): 114-120.

徐寸发，刘海琴，徐为民，秦红杰，闻学政，张迎颖，张志勇. 2016. 大水面控养条件下水葫芦与浮游藻类间的相互作用. 生态环境学报，25(5): 850-856.

薛延丰，冯慧芳，石志琦，严少华. 2010. 水葫芦沼液浸种对苗期青菜品质影响初探. 草业科学，28(4): 687-692.

薛延丰，石志琦，严少华，郑建初，常志州. 2010. 利用生理生化参数评价水葫芦沼液浸种可行性初步研究. 草业学报，19(5): 51-56.

薛延丰，冯慧芳，石志琦，严少华，郑建初. 2011. 水葫芦沼液对青菜生长及 AsA-GSH 循环影响的动态研究. 草业学报，20(6): 91-98.

薛延丰，冯慧芳，石志琦，刘海琴，严少华，郑建初. 2012. N-苯基-2-萘胺对青菜种子萌发及幼苗生理参数变化的影响. 华北农学报，27(1): 140-144.

薛延丰，冯慧芳，石志琦，严少华. 2013. N-苯基-2-萘胺对青菜生长及 AsA-GSH 循环影响研究. 华北农学报，28(2): 191-196.

严少华，王岩，王智，郭俊尧. 2012. 水葫芦治污试验性工程对滇池草海水体修复的效果. 江苏农业学报，28(5): 1025-1030.

杨小杰，韩士群，唐婉莹，严少华，周庆. 2016. 凤眼莲对铜绿微囊藻生理、细胞结构及藻毒素释放与削减的影响. 江苏农业学报，32(2): 376-382.

叶小梅，周立祥，严少华，常志州，高白茹. 2009. 水葫芦厌氧发酵特性研究. 江苏农业学报，4(25): 787-790.

叶小梅，常志州，钱玉婷，朱萍，杜静. 2012. 鲜水葫芦与其汁液厌氧发酵产沼气效率比较. 农业工程学报，28(4): 208-214.

叶小梅，周立祥，严少华，常志州，杜静. 2010. 厌氧 CSTR 反应器处理水葫芦挤压汁研究. 福建农业学报，1(25): 100-103.

叶小梅，杜静，常志州，钱玉婷，徐跃定，张建英. 2011. 水葫芦挤压渣厌氧发酵特性. 江苏农业学报，27(6): 1261-1266.

叶小梅，周立祥，常志州，杜静，徐跃定，张建英. 2010. 温度、接种量及微量元素对水葫芦产甲烷的影响. 中国沼气，2(28): 34-37.

叶小梅，常志州，杜静，严少华. 2010. 水葫芦能源利用的生命周期环境影响评价. 农业环境科学学报，29(12): 2450-2456.

易能，邸攀攀，王岩，张振华，刘新红，张力，严少华，高岩. 2015. 富氧灌溉池塘中反硝化细菌丰度昼夜垂直变化特征分析. 农业工程学报，31(15): 80-87.

于建光，常志州，李瑞鹏. 2010. 水葫芦渣粪便混合物蚯蚓堆制后微生物活性及物理化学性质的变化. 江苏农业学报，26(5): 970-975.

张芳，易能，张振华，刘新红，严少华，高岩，唐婉莹. 2015. 不同类型水生植物对富营养化水体氮转化及环境因素的影响. 江苏农业学报，31(5): 1045-1052.

张芳，易能，邸攀攀，王岩，张振华，唐婉莹，严少华，高岩. 2017. 不同水生植物的除氮效率及对生物脱氮过程的调节作用. 生态与农村环境学报，33(2): 174-180.

张浩，白云峰，严少华，蒋磊，刘建. 2012. 不同水葫芦青贮日粮对山羊消化代谢率的影响. 畜牧与兽医，44(10): 43-46.

张力，朱普平，高岩，张振华，严少华. 2013. 水葫芦控制性种养安全围栏设计及抗风浪能力. 江苏农业学报，29(6): 1367-1371

张力，张振华，高岩，严少华. 2014. 不同水生植物对富营养化水体释放气体的影响. 生态与农村环境学报，30(6): 736-743.

张迎颖，张志勇，王亚雷，刘海琴，王智，严少华. 2011. 滇池不同水域凤眼莲生长特性及氮磷富集能力. 生态与农村环境学报，27(6): 73-77.

张迎颖，吴富勤，张志勇，刘海琴，王亚雷，王智，张君倩，申仕康，严少华. 2012. 凤眼莲有性繁殖与种子结构及其活力研究. 南京农业大学学报，35(1): 135-138.

张迎颖，刘海琴，王亚雷，张志勇，严少华，何峰，宋仁斌. 2012. 滇池水葫芦控制性种养适宜区域选择研究. 江西农业学报，24(2): 140-144.

张迎颖，张志勇，严少华，李小铭，王岩，闻学政，王亚雷，刘海琴. 2013. 不同 pH 下水葫芦与紫根水葫芦生长特性与净化效能对比研究. 环境工程学报，2013(11): 146-153.

张迎颖，张志勇，刘海琴，韩亚平，何峰，王智，王亚雷，严少华. 2015. 滇池凤眼莲种养水域水体理化指标 24 小时变化规律. 环境工程学报，9(1): 137-144.

张迎颖，闻学政，刘海琴，李晓铭，严少华，秦红杰，张志勇. 2015. 水葫芦根系脱落物的氮磷含量分析. 农业资源与环境学报，32(5): 485-489.

张迎颖，张志勇，陈志超，刘海琴，闻学政，秦红杰，严少华. 2016. 凤眼莲修复系统中磷去除途径及其对底泥磷释放的影响. 南京农业大学学报，39(1): 106-113.

张振华，高岩，郭俊尧，严少华. 2014. 富营养化水体治理的实践与思考——以滇池水生植物生态修复实践为例. 生态与农村环境学报，30(1): 129-135.

张志勇，刘海琴，严少华，郑建初，常志州，陈留根. 2009. 水葫芦去除不同富营养化水体氮、磷能力的比较. 江苏农业学报，25(5): 1039-1046.

张志勇，郑建初，刘海琴，常志州，陈留根，严少华. 2010. 凤眼莲对不同程度富营养化水体氮磷的去除贡献研究. 中国生态农业学报，18(1): 152-157.

张志勇，常志州，刘海琴，郑建初，陈留根，严少华. 2010. 不同水力负荷下凤眼莲去除氮、磷效果比较. 生态与农村环境学报，26(2): 148-154.

张志勇，郑建初，刘海琴，陈留根，严少华. 2011. 不同水力负荷下凤眼莲对富营养化水体氮磷去除的表观贡献. 江苏农业学报 27(2): 288-294.

朱华兵，严少华，封克，邹乐，刘海琴，张志勇. 2012. 水葫芦和香蒲对富营养化水体及其底泥养分的吸收. 江苏农业学报，28(2):326-331.

邹乐，王岩，严少华，朱华兵，张志勇. 2012. 水葫芦净化富营养化水体效果及对底泥养分释放的影响. 江苏农业学报，28(6): 1318-1324.

张志勇，张迎颖，刘海琴，闻学政，秦红杰，严少华. 2014. 滇池水域凤眼莲规模化种养种群扩繁特征与水质改善效果. 江苏农业学报，30(2): 310-318.

张志勇，秦红杰，刘海琴，张迎颖，闻学政，严少华. 2014. 规模化控养水葫芦改善滇池草海相对封闭水域水质的研究. 生态与农村环境学报，30(3): 306-310.

张志勇，徐寸发，闻学政，张晋华，秦红杰，张迎颖，杨光明，李晓铭，刘海琴，严少华. 2015. 规模化控养水葫芦改善滇池外海水质效果研究. 生态环境学报，24(4): 665-672.

张志勇，徐寸发，刘海琴，张晋华，杨光明，张迎颖，韩亚平，李晓铭，秦红杰，闻学政，严少华. 2015. 滇池外海北岸封闭水域控养水葫芦对水质的影响. 应用与环境生物学报，21(2): 195-200.

周庆，韩士群，严少华，宋伟，黄建萍. 2012. 富营养化湖泊规模化种养的水葫芦与浮游藻类的相互影响. 水生生物学报，36(4): 783-791.

朱萍，叶小梅，常志州，刘爱民，钱玉婷. 2012. 水体氮磷浓度对水葫芦厌氧发酵特性的影响. 江苏农业科学，40(2): 256-258.

朱普平，王子臣，郑建初. 2012. 几种除草剂水体残留对水葫芦生长的影响. 江苏农业学报，28(3): 530-533.

朱普平，王子臣，盛婧，陈留根，郑建初. 2011. 不同覆盖度水葫芦对水体环境的影响. 江苏农业科学，39(2): 471-472.

郑建初，盛婧，张志勇，李霞，白云峰，叶小梅，朱普平. 2011. 凤眼莲的生态功能及其利用. 江苏农业学报，27(2): 426-429.

郑建初，陈留根. 2010. 江苏省现代循环农业发展研究. 江苏农业学报，26(1): 5-8.

周新伟，沈明星，吴进兴，陈凤生，王海候，施林林，宋浩，陆长婴. 2012. 水葫芦水浸提液及压榨液对几种蔬菜幼苗的化感作用. 江苏农业科学，40(2): 123-124.

五、出版专著

Shao Hua Yan and Jun Yao Guo. 2017. Water Hyacinth - Environmental Challenges, Management and Utilization. CRC Press.

参 考 文 献

白云峰, 蒋磊, 高立鹏, 等. 2013. 水葫芦青贮日粮对扬州鹅生长性能、屠宰性能及消化道发育的影响, 江苏农业学报, 29(5): 1107-1113.

白云峰, 涂远璐, 严少华, 等. 2011a. 基于家畜单位环境承载力的农牧结合优化模型研究. 农业网络信息, (9): 41-44.

白云峰, 涂远璐, 郑建初, 等. 2011b. 现代循环农业系统结构模型及实例分析. 江苏农业科学, 39(4): 516-519.

白云峰, 周卫星, 严少华, 等. 2010. 水葫芦青贮饲喂羊的育肥效果. 江苏农业学报, 26(5): 1108-1110.

白云峰, 周卫星, 严少华, 等. 2011b. 水葫芦青贮条件及水葫芦复合青贮对山羊生产性能的影响. 动物营养学报, 23(2): 330-335.

白云峰, 周卫星, 张志勇, 等. 2009. 凤眼莲的饲料资源化利用. 家畜生态学报, 30(4): 103-105.

白云峰, 朱江宁, 严少华, 等. 2011d. 水葫芦青贮对肉鹅规模养殖效益的影响. 中国家禽, 33(7): 49-52.

陈留根, 刘红江, 孙晓强, 等. 2011. 农田施用水葫芦对水稻钾素吸收利用的影响. 中国农学通报, 27(9): 65-71.

陈志超, 张志勇, 刘海琴, 等. 2015. 4 种水生植物除磷效果及系统磷迁移规律研究. 南京农业大学学报, 38(1): 107-112.

丛伟, 李霞. 2012. 遮荫对凤眼莲生长及其生理适应机制. 西北植物学报, 32(9):1802-1810.

丛伟, 李霞, 盛婧, 等. 2011. 南京夏季不同叶位凤眼莲叶片的光合作用日变化及其生态因子分析. 江西农业大学学报, 33(3): 445-451.

邱攀攀, 张力, 王岩, 等. 2015. 生物固定化技术对污水中微生物丰度变化的影响. 生态与农村环境学报, 31(6): 942-949.

杜静, 常志州, 黄红英, 等. 2010a. 水葫芦脱水工艺参数优化研究. 江苏农业科学, (2): 267-269.

杜静, 常志州, 叶小梅, 等. 2010b. 压榨脱水中水葫芦氮磷钾养分损失研究. 福建农业学报, 25(1): 104-107.

杜静, 常志州, 叶小梅, 等. 2012. 水葫芦粉碎程度对脱水效果影响的中试. 农业工程学报 28(5): 207-212.

冯慧芳, 薛延丰, 石志琦, 等. 2011. 水葫芦沼液对青菜抗坏血酸-谷胱甘肽循环的影响. 江苏农业学报, 27(2): 301-306.

高岩, 马涛, 张振华, 等. 2014. 不同生长阶段凤眼莲净化不同程度富营养化水体的效果研究. 农业环境科学学报, 33(12): 2427-2435.

高岩, 易能, 张志勇, 等. 2012. 凤眼莲对富营养化水体硝化、反硝化脱氮释放 N_2O 的影响. 环境科学学报, 32(2): 349-359.

高岩, 张芳, 刘新红, 等. 2017. 漂浮水生植物对富营养化水体中 N_2O 产生及输移过程的调节作用. 环境科学学报, 37(3): 925-933.

高岩, 张力, 王岩, 等. 2015. 春季微生物固定化技术原位净化污染河塘的效果. 江苏农业学报, 31(2): 334-341.

龚龙, 韩士群, 周庆. 2015. 水生植物对螃蟹养殖水体原位修复及其强化净化效果. 江苏农业学报, 30(2): 342-349.

何加骏, 严少华, 叶小梅, 等. 2008. 水葫芦厌氧发酵产沼气技术研究进展. 江苏农业学报, 3(24): 359-362.

蒋磊, 白云峰, 严少华, 等. 2011. 水葫芦渣和不同添加物高水分复合青贮的效果研究. 江苏农业科学, 39(6): 337-340.

亢志华, 唐剑, 刘华周. 2012a. 太湖氮磷污染物去除成本收益分析及生态补偿研究. 中国农作制度研究进展: 182-187.

亢志华, 唐剑, 袁伟, 等. 2012b. 构建太湖富营养化循环环保产业的可行性分析. 江苏农业学报, 28(3): 560-564.

李霞, 丛伟. 2011. 遮阴和紫外辐射对凤眼莲株型与光合作用的影响. 水生态学杂志, 32(6): 38-45.

李霞, 丛伟, 任承钢, 等. 2011a. 太湖人工种养凤眼莲的光合生产力及其碳汇潜力分析. 江苏农业学报, 27(3):500-504.

李霞, 任承刚, 王满, 等. 2010. 江苏地区凤眼莲叶片光合作用对光强与温度响应. 江苏农业学报, 26(5):943-947.

李霞, 任承钢, 王满, 等. 2011b. 不同生态区凤眼莲的光合生态功能型的比较以及他们的生态因子分析. 中国生态农业学报, 19(4): 823-830.

刘国锋, 包先明, 吴婷婷, 等. 2015. 水葫芦生态工程措施对太湖竺山湖水环境修复效果的研究. 农业环境科学学报, 34(2): 352-360.

刘国锋, 刘学芝, 何俊, 等. 2016. 藻华聚集的环境效应对漂浮植物水葫芦 (*Eichharnia crassipes*) 抗氧化酶活性的影响. 湖泊科学, 28(1): 31-39.

刘国锋, 刘海琴, 张志勇, 等. 2010. 大水面放养凤眼莲对底栖动物群落结构及其生物量的影响. 环境科学, 31(12): 2925-2931.

刘国锋, 张志勇, 严少华, 等. 2011. 大水面放养水葫芦对太湖竺山湖水环境净化效果的影响. 环境科学, 32(5): 1299-1305.

刘海琴, 宋伟, 姜继辉, 等. 2009. 控温和添加垃圾液对水葫芦发酵效果影响的研究. 江苏农业科学, (3): 374-376.

刘红江, 陈留根, 朱普平, 等. 2011a. 农田施用水葫芦对水稻干物质生产与分配的影响. 应用与环境生物学报, 17(4): 521-526.

刘红江, 陈留根, 朱普平, 等. 2011b. 农田施用水葫芦对水稻氮素吸收利用的影响. 环境科学, 32(5): 1292-1298.

刘华周, 亢志华, 陈海霞. 2011. 富营养化水体治理生态补偿机制的建立. 江苏农业学报, 27(4): 899-902.

刘丽珠, 张志勇, 宋伟, 等. 2015. 凤眼莲净化塘与人工湿地组合工艺对养殖尾水净化效能研究. 江苏农业科学, 43(10): 389-393.

罗佳, 王同, 刘丽珠, 等. 2015. 葫芦有机肥与化肥配施对青椒生长、产量和氮素利用率的影响. 江西农业学报, 27(4): 19-23.

马涛, 高岩, 易能, 等. 2014. 凤眼莲根系分泌氧和有机碳规律及其对水体氮转化影响的研究. 农业环境科学学报, 33(10): 2003-2013.

马涛, 张振华, 易能, 等. 2013. 凤眼莲及底泥对富营养化水体反硝化脱氮特征的影响研究. 农业环境科学学报, (12): 2451-2459.

钱玉婷, 叶小梅, 常志州. 2011. 不同水域凤眼莲厌氧发酵产甲烷研究. 中国环境科学, 31(9): 1509-1515.

秦红杰, 张志勇, 刘海琴, 等. 2015. 滇池外海规模化控养水葫芦局部死亡原因分析. 长江流域资源与环境, 24(4): 594-602.

秦红杰, 张志勇, 刘海琴, 等. 2016a. 两种漂浮植物的生长特性及其水质净化作用. 中国环境科学, 36(8): 2470-2479.

秦红杰, 张志勇, 刘海琴, 等.2016b. 凤眼莲天敌——地老虎. 江苏农业科学, 44(6): 217-219.

邱园园, 张志勇, 张晋华, 等. 2017. 凤眼莲深度净化污水厂尾水生态工程中温室气体的排放特征. 生态与农村环境学报, 33(4): 364-371.

盛婧, 陈留根, 朱普平, 等. 2010. 高养分富集植物凤眼莲的农田利用研究. 中国生态农业学报, 18(1): 46-49.

盛婧, 郑建初, 陈留根, 等. 2009. 水葫芦富集水体养分及其农田施用研究. 农业环境科学学报, 28(10):

2119-2123.

盛婧, 郑建初, 陈留根, 等. 2011a. 基于富营养化水体修复的凤眼莲放养及采收条件研究. 植物资源与环境学报, 20(2): 73-78.

盛婧, 刘红江, 陈留根, 等. 2011b. 农田施用水葫芦对水稻磷素吸收利用的影响. 应用与环境生物学报, 17(6): 803-808.

施林林, 沈明星, 常志州, 等. 2011. 施用水葫芦有机肥对土壤 CO_2 排放特征的影响. 江西农业学报, 23(9): 101-103.

施林林, 沈明星, 常志州, 等. 2012. 水分含量对水葫芦渣堆肥进程及温室气体排放的影响. 中国生态农业学报, 20(3): 337-342.

孙玲, 朱泽生, 王晶晶, 等. 2011. 基于遥感技术的太湖放养凤眼莲的生长模型. 生态环境学报, 20(4): 623-628.

汪吉东, 曹云, 常志州, 等. 2013. 沼液配施化肥对太湖地区水蜜桃品质及土壤氮素累积的影响. 植物营养与肥料学报, 19(2): 379-386.

汪吉东, 马洪波, 高秀美, 等. 2011a. 水葫芦发酵沼液对紫叶莴苣生长和品质的影响. 土壤, 43(5): 787-792.

汪吉东, 张永春, 戚冰洁, 等. 2011b. 水葫芦沼液配合化肥施用对马铃薯生长及土壤硝态氮残留的影响. 江苏农业学报, 27(6): 1267-1272.

王海候, 沈明星, 常志州, 等. 2011. 水葫芦高温堆肥过程中氮素损失及控制技术研究. 农业环境科学学报, 30(6): 1214-1220.

王海候, 沈明星, 常志州, 等. 2012a. 水葫芦堆肥中 N_2O 排放特征及其影响因子研究. 中国农学通报, 28(2): 296-302.

王海候, 沈明星, 吴进兴, 等. 2012b. 不同肥源有机肥对白菜产量及氮素吸收利用的影响. 江苏农业科学, 40(1): 130-132.

王晶晶, 孙玲, 刘华周. 2011. 凤眼莲植株氮含量高光谱遥感估算研究. 第四届全国农业环境科学学术研讨会论文集: 1020-1026.

王岩, 张迎颖, 张志勇, 等. 2015. 不同 pH 值下底泥—水体—凤眼莲系统磷释放与迁移规律研究. 农业资源与环境学报, 32(1): 66-73.

王岩, 张志勇, 张迎颖, 等. 2013. 一种新型水葫芦脱水方式的探索. 江苏农业科学, 41(10): 286-288.

王智, 王岩, 张志勇, 等. 2012a. 水葫芦对滇池底泥氮磷营养盐释放的影响. 环境工程学报, 6(12): 4339-4344.

王智, 张志勇, 韩亚平, 等. 2012b. 滇池湖湾大水域种养水葫芦对水质的影响分析. 环境工程学报, 6(11): 3827-3832.

王智, 张志勇, 张君倩, 等. 2012c. 水葫芦修复富营养化湖泊水体区域内外底栖动物群落特征. 中国环境科学, 32(1): 1943-1950.

王智, 张志勇, 张君倩, 等. 2013. 两种水生植物对滇池草海富营养化水体水质的影响. 中国环境科学, 33(2): 328-335.

王子臣, 朱普平, 盛婧, 等. 2011. 水葫芦的生物学特征. 江苏农业学报, 27(3): 531-536.

闻学政, 刘海琴, 张迎颖, 等. 2015. 凤眼莲和水浮莲对滇池草海水体中氮去除效果的比较研究. 农业资源与环境学报, 32(4): 388-394.

吴婷婷, 刘国锋, 韩士群, 等. 2015. 蓝藻水华聚集对水葫芦生理生态的影响. 环境科学, 36(1): 114-120.

徐寸发, 刘海琴, 徐为民, 等. 2016. 大水面控养条件下水葫芦与浮游藻类间的相互作用. 生态环境学报, 25(5): 850-856.

薛延丰, 冯慧芳, 石志琦, 等. 2010a. 水葫芦沼液浸种对苗期青菜品质影响初探. 草业科学, 28(4): 687-692.

薛延丰, 冯慧芳, 石志琦, 等. 2011. 水葫芦沼液对青菜生长及 AsA-GSH 循环影响的动态研究. 草业学报, 20(3): 91-98.

薛延丰, 冯慧芳, 石志琦, 等. 2012. N-苯基-2-萘胺对青菜种子萌发及幼苗生理参数变化的影响. 华北农学报, 27(1):140-144.

薛延丰, 冯慧芳, 石志琦, 等. 2013. N-苯基-2-萘胺对青菜生长及 AsA-GSH 循环影响研究. 华北农学报, 28(2):191-196.

薛延丰, 石志琦, 严少华, 等. 2010b. 利用生理生化参数评价水葫芦沼液浸种可行性初步研究. 草业学报, 19(5): 51-56.

严少华, 王岩, 王智, 等. 2012. 水葫芦治污试验性工程对滇池草海水体修复的效果.江苏农业学报, 28(5): 1025-1030.

杨小杰, 韩士群, 唐婉莹, 等. 2016. 凤眼莲对铜绿微囊藻生理、细胞结构及藻毒素释放与削减的影响. 江苏农业学报, 32(2): 376-382.

叶小梅, 常志州, 钱玉婷, 等. 2012. 鲜水葫芦与其汁液厌氧发酵产沼气效率比较. 农业工程学报, 28(4): 208-214.

叶小梅, 周立祥, 严少华, 等. 2009. 水葫芦厌氧发酵特性研究. 江苏农业学报, 4(25): 787-790.

叶小梅, 周立祥, 严少华, 等. 2010a. 厌氧 CSTR 反应器处理水葫芦挤压汁研究. 福建农业学报, 1(25): 100-103.

叶小梅, 杜静, 常志州, 等. 2011. 水葫芦挤压渣厌氧发酵特性. 江苏农业学报, 27(6): 1261-1266.

叶小梅, 周立祥, 常志州, 等. 2010b. 温度、接种量及微量元素对水葫芦产甲烷的影响. 中国沼气, 2(28): 34-37.

叶小梅, 常志州, 杜静, 等. 2010c. 水葫芦能源利用的生命周期环境影响评价. 农业环境科学学报, 29(12): 2450-2456.

易能, 邸攀攀, 王岩, 等. 2015. 富氧灌溉池塘中反硝化细菌丰度昼夜垂直变化特征分析. 农业工程学报, 31(15): 80-87.

于建光, 常志州, 李瑞鹏. 2010. 水葫芦渣粪便混合物蚯蚓堆制后微生物活性及物理化学性质的变化. 江苏农业学报, 26(5): 970-975.

张芳, 易能, 邸攀攀, 等. 2017. 不同水生植物的除氮效率及对生物脱氮过程的调节作用. 生态与农村环境学报, 33(2): 174-180.

张芳, 易能, 张振华, 等. 2015. 不同类型水生植物对富营养化水体氮转化及环境因素的影响. 江苏农业学报, 31(5): 1045-1052.

张浩, 白云峰, 严少华, 等. 2012. 不同水葫芦青贮日粮对山羊消化代谢率的影响. 畜牧与兽医, 44(10): 43-46.

张力, 张振华, 高岩, 等. 2014. 不同水生植物对富营养化水体释放气体的影响. 生态与农村环境学报, 30(6): 736-43.

张力, 朱普平, 高岩, 等. 2013. 水葫芦控制性种养安全围栏设计及抗风浪能力. 江苏农业学报, 29(6): 1367-1371.

张迎颖, 吴富勤, 张志勇, 等. 2012a. 凤眼莲有性繁殖与种子结构及其活力研究. 南京农业大学学报, 35(1): 135-138.

张迎颖, 刘海琴, 王亚雷, 等. 2012b. 滇池水葫芦控制性种养适宜区域选择研究. 江西农业学报, 24(2): 140-144.

张迎颖, 张志勇, 王亚雷, 等. 2011. 滇池不同水域凤眼莲生长特性及氮磷富集能力. 生态与农村环境学报, 27(6): 73-77.

张迎颖, 闻学政, 刘海琴, 等. 2015b. 水葫芦根系脱落物的氮磷含量分析. 农业资源与环境学报, 32(5): 485-489.

张迎颖, 张志勇, 严少华, 等. 2013. 不同 pH 下水葫芦与紫根水葫芦生长特性与净化效能对比研究. 环境工程学报, 7(11): 146-153 (4317-4325).

张迎颖, 张志勇, 刘海琴, 等. 2015a. 滇池凤眼莲种养水域水体理化指标 24 小时变化规律. 环境工程学报, 9(1): 137-144.

张迎颖, 张志勇, 陈志超, 等. 2016. 凤眼莲修复系统中磷去除途径及其对底泥磷释放的影响. 南京农业大学学报, 39(1): 106-113.

张振华, 高岩, 郭俊尧, 等. 2014. 富营养化水体治理的实践与思考——以滇池水生植物生态修复实践为例. 生态与农村环境学报, 30(1): 129-135.

张志勇, 常志州, 刘海琴, 等. 2010a. 不同水力负荷下凤眼莲去除氮、磷效果比较. 生态与农村环境学报, 26(2): 148-154.

张志勇, 刘海琴, 严少华, 等. 2009. 水葫芦去除不同富营养化水体氮、磷能力的比较. 江苏农业学报, 25(5): 1039-1046.

张志勇, 郑建初, 刘海琴, 等. 2010b. 凤眼莲对不同程度富营养化水体氮磷的去除贡献研究. 中国生态农业学报, 18(1): 152-157.

张志勇, 郑建初, 刘海琴, 等. 2011. 不同水力负荷下凤眼莲对富营养化水体氮磷去除的表观贡献. 江苏农业学报, 27(2): 288-294.

张志勇, 张迎颖, 刘海琴, 等. 2014a. 滇池水域凤眼莲规模化种养种群扩繁特征与水质改善效果. 江苏农业学报, 30(2): 310-318.

张志勇, 秦红杰, 刘海琴, 等. 2014b. 规模化控养水葫芦改善滇池草海相对封闭水域水质的研究. 生态与农村环境学报, 30(3): 306-310.

张志勇, 徐寸发, 刘海琴, 等. 2015a. 滇池外海北岸封闭水域控养水葫芦对水质的影响. 应用与环境生物学报, 21(2): 195-200.

张志勇, 徐寸发, 闻学政, 等. 2015b. 规模化控养水葫芦改善滇池外海水质效果研究. 生态环境学报, 24(4): 665-672.

郑建初, 陈留根, 甄若宏, 等. 2010. 江苏省现代循环农业发展研究. 江苏农业学报, 26(1): 5-8.

郑建初, 盛婧, 张志勇, 等. 2011. 凤眼莲的生态功能及其利用. 江苏农业学报, 27(2): 426-429.

周庆, 韩士群, 严少华, 等. 2012. 富营养化湖泊规模化种养的水葫芦与浮游藻类的相互影响. 水生生物学报, 36(4): 783-791.

周新伟, 沈明星, 吴进兴, 等. 2012. 水葫芦水浸提液及压榨液对几种蔬菜幼苗的化感作用. 江苏农业科学, 40(2): 123-124.

朱华兵, 严少华, 封克, 等. 2012. 水葫芦和香蒲对富营养化水体及其底泥养分的吸收. 江苏农业学报, 28(2): 326-331.

朱萍, 叶小梅, 常志州, 等. 2012. 水体氮磷浓度对水葫芦厌氧发酵特性的影响. 江苏农业科学, 40(2): 256-258.

朱普平, 王子臣, 盛婧, 等. 2011. 不同覆盖度水葫芦对水体环境的影响. 江苏农业科学, 39(2): 471-472.

朱普平, 王子臣, 郑建初. 2012. 几种除草剂水体残留对水葫芦生长的影响. 江苏农业学报, 28(3): 530-533.

邹乐, 王岩, 严少华, 等. 2012. 水葫芦净化富营养化水体效果及对底泥养分释放的影响. 江苏农业学报, 28(6): 1318-1324.

Chen H G, Peng F, Zhang Z Y, et al. 2012. Effects of engineered use of water hyacinths (*Eicchornia crassipes*) on the zooplankton community in Lake Taihu, China. Ecological Engineering, 38(1): 125-129.

Fan R Q, Luo J, Yan S H, et al. 2015. Use of Water Hyacinth (*Eichhornia crassipes*) compost as a peat substitute in soilless growth media. Compost Science & Utilization, 23(4): 237-247.

Gao Y, Yi N, Zhang Z Y, et al. 2012. Fate of $^{15}NO_3^-$ and $^{15}NH_4^+$ in thetreatment of eutrophic water using the floating macrophyte, *Eichhonia crassipes*. Journal of Environmental Quality, 41:1653-1660.

Gao Y, Liu X H, Yi N, et al. 2013. Estimation of N_2 and N_2O ebullition from eutrophic water using an improved bubble trap device. Ecological Engineering,57(8): 403-412.

Gao Y, Yi N, Wang Y, et al. 2014. Effect of Eichhornia crassipes on production of N_2 by denitrification ineutrophic water. Ecological Engineering, 68: 14-24.

Gao Y, Zhang Z H, Liu X H, et al. 2016. Seasonal and diurnal dynamics of physicochemical parameters and gas production in vertical water column of a eutrophic pond. Ecological Engineering, 87: 313-323.

Liu X H, Gao Y, Wang H L, et al. 2015. Applying a new method for direct collection, volume quantification and determination of N_2 emission from water. Science Dircet, 27(1): 217-224.

Liu X H, Gao Y, Zhao Y Q, et al. 2016. Supplemental tests of gas trapping device for N_2 flux measurement. Ecological Engineering, 93: 9-12.

Qin H J, Zhang Z Y, Liu M H, et al. 2016a. Site test of phytoremediation of an open pond contaminated with domestic sewage using water hyacinth and water lettuce. Ecological Engineering, 95:753-762.

Qin H J, Zhang Z Y, Liu H Q, et al. 2016b. Fenced cultivation of water hyacinth for cyanobacterial bloom control. Environmental Science and Pollution Research, 23(17): 17742-17752.

Wang Z,Zhang Z Y, Zhang J Q, et al. 2012. Large-scale utilization of water hyacinth for nutrient removal in Lake Dianchi in China: The effects on the water quality, macrozoobenthos and zooplankton. Chemosphere, 89(10): 1255-1261.

Wang Z, Zhang Z Y, Zhang Y Y, et al. 2013. Nitrogen removal from Lake Caohai, a typical ultra-eutrophic lake in China with large scale confined growth of *Eichhornia crassipes*. Chemospher,92(2):177-183.

Xue Y F, Shi Z Q, Chen J. 2011. Promotion of the growth and quality of Chinese cabbage by application of biogas slurry of water hyacinth. IEEE: 435-439.

Yan S H, Song W, Guo J Y. 2016. Advances in management and utilization of invasive water hyacinth (*Eichhornia crassipes*) in aquatic ecosystems-a review. Critical Reviews in Biotechnology,9(8): 1-11.

Yi N, Gao Y, Long X H, et al. 2014. *Eichhornia crassipes* cleans wetlands by enhancing the nitrogen removal and modulating denitrifying bacteria community. Clean-soil, Air, Water,42(5):664-673.

Yi N, Gao Y, Zhang Z H, et al. 2015a. Water Properties Influencing the Abundance and Diversity of Denitrifiers on Eichhornia crassipes Roots: A Comparative Study from Different Effluents around Dianchi Lake, China. International Journal of Genomics, Ariticle ID142197.

Yi N, Gao Y, Zhang Z H, et al. 2015b. Response of spatial patterns of denitrifying bacteria communities to water properties in the stream inlets at Dianchi Lake, China. International Joumal of Genomics, Ariticle ID572121.

Zhang W G, Zhang Z H, Yan S H. 2015. Effects of various amino acids as organic nitrogen sources on the growth and biochemical composition of Chlorella pyrenoidosa. Bioresource Technology,197: 458-464.

Zhang Z Y, Wang Z, Zhang Z H, et al. 2016. Effects of engineered application of Eichhornia crassipes on the benthic macroinvertebrate diversity in lake Dianchi, an ultra-eutrophic lake in China. Environmental Science and Pollution Research, 23(9): 8388-8397.

第三部分　水葫芦治污生态工程的技术经济评价和对应用的展望及进一步研究工作的建议

第十二章 水葫芦修复富营养化水体技术经济分析

第一节 概 述

用水葫芦治理湖泊水体污染，要依靠科技，但更要依靠政策。通过科技创新提供解决富营养化水体生物修复的技术手段，解决水葫芦控制、机械化收获、加工处置、资源化利用等工程技术、生产技术与生态安全控制技术。但只解决技术，没有推进环境治理的政策性资金投入和运作，水葫芦治污生态工程就无法正常市场化运行，也难以实现水葫芦治污技术的推广与应用，真正把科学技术应用到生产实践中。因此，本章通过对水葫芦治污关键技术的成本收益分析，分析在项目实施过程中四个主要环节富营养化水体脱氮除磷的运行成本和各个环节关键技术所产生的产品收益，探讨富营养化水体治理生态补偿的资金需求数量、来源及相关政策和制度设计，为水葫芦治污工程建设和运营提出相关政策建议。

本章以国家科技支撑计划项目（项目编号：2009BAC63B00）"水葫芦安全种养与资源化利用成套技术研究及工程示范"江苏太湖武进示范基地建设运行为实例，水葫芦治污技术工程化和应用的基础建设、设备购置安装投入和运行成本的数据资料均为项目结题验收时经过科学技术部指定审计机构审定的真实财务数据，期望在分析评估水葫芦修复富营养化水体生态工程生态、社会、经济效益的同时，为读者提供更详实可靠的水葫芦治污工程投入项目内容、投入资金量和生产运行费用情况数据。

国家科技支撑计划项目要求的太湖水葫芦修复富营养化水体示范工程，选址在太湖竺山湖。工程主要由五部分组成：①湖面控养水葫芦围栏 1000 亩；②日处理水葫芦（粉碎、脱水）300t 生产线；③1800m³ 沼气工程；④年产 1 万 t 水葫芦有机肥厂；⑤沼液肥应用示范田 2500 亩。

第二节 关键技术环节的成本收益分析

我们对水葫芦修复富营养化水体过程中"种养、收获、处置、利用"四个环节独立的成本和收益结构（图 12-1）进行分析，设定成本-收益结构模型，测算水体氮磷生物富集和资源化技术集成的成本和收益。其中，①水葫芦控制性种养环节成本结构包括固定资产：围栏工程投入、运行费用（种苗费、围栏工程折旧维护费、能源费、管护人工费及其他费用）；②水葫芦采收与处理环节设定成本结构包括固定资产（收获运输船）、运行费用（采收船折旧维护费、燃料动力费、人工费及其他费用）；③水葫芦加工处置（装卸、粉碎、脱水）固定投入：基建、设备投入，折旧维护费，人工、燃料动力费，其他费用；④水葫芦汁沼气发酵环节设定成本结构包括沼气工程投入、生产运行费用（发酵

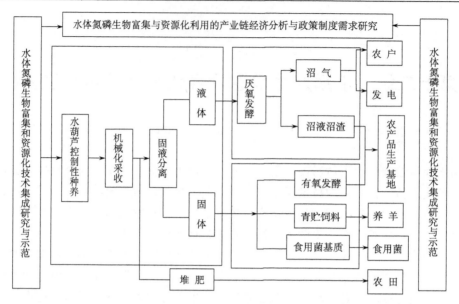

图 12-1　水葫芦治污工程"种养、收获、处置、利用"四大环节技术路线图

装置折旧费，能源费、人工费及其他费用）；⑤有机肥生产：厂房及设备投入、生成运行费用（折旧维护费、原料及辅料、人工费、燃料动力费、包装物、其他费用）；⑥沼液沼渣肥料化利用环节设定成本结构包括沼液沼渣原料费、沼液管道折旧费、沼渣运输费、能源费、其他设备材料（折旧）费、人工费、测试费及其他费用，收益结构包括沼液沼渣增值收入。根据工程测算结果如下。

一、关键技术环节的成本分析

本节重点分析"种养、收获、处置、利用"四个环节工程固定投资和运行费用。工程投资总费用为 1288.49 万元，其中，固定成本 1059.98 万元，年运行费用 228.51 万元，折合示范工程固定资产投资为 335.4 万元/a。

（一）示范工程水葫芦生产能力

根据相关试验，水葫芦控制性种养年单产 50t/亩（鲜重），示范工程水葫芦拟种养面积 1000 亩，年产水葫芦 5 万 t（鲜重）。

（二）示范工程固定资产投资概算

示范工程固定成本 1059.98 万元，其中，水葫芦控制性种养环节围栏工程固定成本 90.9 万元（表 12-1），围栏工程固定资产按 3 年平均折旧；水葫芦采收转运环节固定成本 92.6 万元（表 12-2），采收船和航吊设备按 5 年平均折旧；水葫芦加工处置环节固定成本 276.87 万元（表 12-3），其中土建工程按 15 年平均折旧，主要设备按 5 年平均折旧；水葫芦加工利用环节沼气生产工程固定成本 251.81 万元（表 12-4），其中土建工程按 15 年平均折旧，主要设备按 5 年平均折旧；水葫芦加工利用环节有机肥生产工程固定成本

310.68 万元（表 12-5），其中土建工程按 15 年平均折旧，主要设备按 5 年平均折旧；水葫芦加工利用环节沼液沼渣利用工程固定成本 37.12 万元（表 12-6），其中土建工程按 15 年平均折旧，主要设备按 5 年平均折旧。

表 12-1　水葫芦控制性种养环节围栏工程固定成本核算表

序号	材料名称	单价	数量	总价/万元
1	镀锌钢管	30 元/根	8000 根	24.0
2	尼龙网	4 元/m	24000m²	9.6
3	铁丝	5 元/kg	5000kg	2.5
4	泡沫浮筒	40 元/个	8000 个	32.0
5	铁锚	140 元/个	400 个	5.6
6	钢管暗桩	30 元/根	1300 根	3.9
7	尼龙绳	5 元/kg	5000kg	2.5
8	人工费	80 元/（人·d）	1350 人·d	10.8
	合　计			90.9

注：工程采用锚基管架浮球围网构建 1000 亩控养围栏。

表 12-2　水葫芦采收转运环节固定成本核算表

序号	设备名称	单价/（万元/台套）	数量/台套	总价/万元
1	采收船（采收量 350t/d）	78	1	78
2	上岸转驳设备（航吊）	14.6	1	14.6
	合　计			92.6

表 12-3　水葫芦加工处置环节固定成本核算表

序号	项目名称	单价	数量	总价/万元
1	水葫芦存贮池	261 元/m³	2205 m³	57.55
2	水葫芦破碎及固液分离操作平台	864 元/m²	657 m²	56.76
3	汁液酸化存贮池	541 元/m³	1512 m³	81.8
4	橡胶输送机（1200cm×80cm，带减速机）	28000 元/个	2 个	5.6
5	粉碎机	35000 元/个	2 个	7
6	螺旋挤压固液分离机	130000 元/个	4 个	52
7	搅拌系统	137000 元/个	1 个	13.7
8	抽吸泵系统	24600 元/个	1 个	2.46
	合　计			276.87

表 12-4　水葫芦加工利用环节沼气生产工程固定成本核算表

序号	项目名称	单价	数量	总价/万元
1	沼液沼渣存贮池	432 元/m³	672 m³	29.03
2	USR 罐基础			4.65
3	二次厌氧发酵罐基础			4.68

续表

序号	项目名称	单价	数量	总价/万元
4	发电控制室	522.5 元/m^2	120 m^2	6.27
5	厂区平整、道路等			30.05
6	工程建设其他费用			8.03
7	ϕ11.46m×10.4m CSTR 罐	589600 元/台套	1 台套	58.96
8	ϕ11.46m×5.5m 二次发酵罐	294800 元/台套	1 台套	29.48
9	发电机	264000 元/台套	1 台套	26.40
10	立式搅拌机	87000 元/台套	1 台套	8.70
11	二次发酵罐潜水搅拌机	13000 元/台套	2 台套	2.60
12	调节池潜水搅拌机	18000 元/台套	2 台套	3.60
13	沼液提升泵	3000 元/台套	4 台套	1.20
14	进料泵	7300 元/台套	2 台套	1.46
15	电控柜	36000 元/台套	1 台套	3.60
16	柔性气柜	167000 元/台套	1 台套	16.70
17	脱硫罐	11500 元/台套	2 台套	2.30
18	水封罐、气水分离器、防爆器、沼气流量计等	20000 元/台套	1 台套	2.00
19	沼气增压风机	25000 元/台套	1 台套	2.50
20	工艺管道及阀门	96000 元/台套	1 台套	9.60
	合　计			251.81

表 12-5　水葫芦加工利用环节有机肥生产工程固定成本核算表

序号	项目名称	单价	数量	总价/万元
1	水葫芦渣堆肥发酵场	200 元/m^3	4000 m^3	80.00
2	肥料烘干车间	1000 元/m^2	500 m^2	50.00
3	肥料加工车间	1000 元/m^2	600 m^2	60.00
4	生产线搅拌机、混合机等	308800 元/台套	1 台套	30.88
5	翻抛机	248000 元/台套	1 台套	24.80
6	烘干、冷却、筛分机	300000 元/台套	1 台套	30.00
7	粉碎造粒机	250000 元/台套	1 台套	25.00
8	成品包装料仓及电脑定量包装系统	100000 元/台套	1 台套	10.00
	合　计			310.68

表 12-6　水葫芦加工利用环节沼液沼渣利用工程固定成本核算表

序号	设备名称	单价	数量	总价/万元
1	田间沼液存贮池（7~8 m^3）	1000 元/池	150 池	15.00
2	沼液运输车	183700 元/台套	1 台套	18.37
3	污水泵	250 元/台套	150 台套	3.75
	合　计			37.12

（三）示范工程年度运行费用估算

示范项目运行费用主要包括购买原辅材料、外购燃料动力、劳务费、工资及福利费、修理费和其他管理费用等，按照承包合同估算，年度总运行费用为228.51万元。其中，水葫芦控制性种养环节运行费用为42.99万元/a（表12-7），采收转运环节运行费用39.25万元/a（表12-8），加工处置环节运行费用为32.09万元/a（表12-9），加工利用环节沼气生产工程运行费用为40.3万元/a（表12-10），加工利用环节有机肥生产工程运行成本为51.9万元/a（表12-11），加工利用环节沼液沼渣利用工程运行成本为21.98万元/a（表12-12）。

表 12-7　水葫芦控制性种养环节围栏工程年度运行成本核算表

序号	内容	费用/万元	备注
1	水葫芦种苗	5.0	包括运输费、人工费
2	控养围栏折旧费	18.18	5年折旧、无残值
3	控养围栏维护费	18.0	包括人工、船只及船只燃油费
4	其他费用	1.81	指生产运行过程中发生的直接计入成本的费用，以材料、工资、折旧维修费等总计的5%估算
	合　计	42.99	

表 12-8　水葫芦采收转运环节年度运行成本核算表

序号	内容	费用/万元	备注
1	打捞船、航吊折旧费	8.80	10年折旧、残值5%
2	设备维修费	9.26	购置费的10%
3	水面运输船（租用）	13.5	500元/（艘·d）×90d/a×3艘
4	柔性集装袋	1.5	150元/个×100个/a
5	人工费	4.32	80元/（人·d）×6人×90d
6	其他费用	1.87	—
	合　计	39.25	

表 12-9　水葫芦加工处置环节年度运行成本核算表

序号	内容	费用/万元	备注
1	基建折旧费	9.41	20年折旧、残值4%
2	设备折旧费	7.67	10年折旧、残值5%
3	设备维修费	8.08	—
4	燃料动力费（电费）	2.52	50kW×8h/d×90d×0.7元/（kW·h）
5	人工费	2.88	80元/人/d×4人×90d
6	其他费用	1.53	—
	合　计	32.09	

表 12-10　水葫芦加工利用环节沼气生产工程年度运行成本核算表

序号	内容	费用/万元	备注
1	基建折旧费	3.97	20 年折旧、残值 4%
2	设备折旧费	16.06	10 年折旧、残值 5%
3	设备维修费	16.91	—
4	燃料动力费（电费）	0	沼气发电回用
5	人工费	1.44	80 元/（人·d）×2 人×90d
6	其他费用	1.92	—
	合　计	40.3	

表 12-11　水葫芦加工利用环节有机肥生产工程年度运行成本核算表

序号	内容	费用/万元	备注
1	基建折旧费	9.12	20 年折旧、残值 4%
2	设备折旧费	11.46	10 年折旧、残值 5%
3	设备维修费	12.07	—
4	燃料动力费（电费）	2.02	40kW×8h/d×90d×0.7 元/（kW·h）
5	燃料动力费（油费）	7.56	15L/h×8h×90d×7 元/L
5	人工费	7.2	80 元/（人·d）×10 人×90d
6	其他费用	2.47	—
	合　计	51.9	

表 12-12　水葫芦加工利用环节沼液沼渣利用工程年度运行成本核算表

序号	内容	费用/万元	备注
1	沼液池折旧费	0.75	20 年折旧
2	沼液车折旧费	4.59	4 年折旧
3	污水泵更换	3.75	—
4	燃料动力费（电费）	2.84	1.5kW×150 台×2h/d×90d×0.7 元/（kW·h）
5	燃料动力费（油费）	7.56	15L/h×8h×90d×7 元/L
6	人工费	1.44	80 元/（人·d）×2 人×90d
7	其他费用	1.05	—
	合　计	21.98	

（四）示范工程处理氮磷成本折算

按照示范工程投资测算，年处理 5 万 t（鲜重）水葫芦总成本 388.11 万元（表 12-13）。按照"种养、收获、处置、利用"四个环节测算成本结构，种养环节占 18.9%，采收环节占 14.9%，处置环节占 15.8%，利用环节占 50.5%。按照固定+可变成本核算成本结构，其中，年度固定成本占 41.1%，年度可变成本占 58.9%。按年 1000 亩示范工程年处理 5 万 t 水葫芦的生产能力测算，每处理 1t 水葫芦（鲜重）总成本为 77.62 元。

表 12-13　1000 亩水葫芦资源化利用示范工程生产成本及成本结构　　（单位：万元）

生产环节		控制性种养	采收转运	加工处置	沼气生产	有机肥生产	沼液沼渣利用	合计	成本结构
固定成本	总投资	90.9	92.6	276.87	251.81	310.68	37.12	1059.98	
	折旧后年投资	30.3	18.52	29.23	39.33	36.8	5.42	159.6	41.1%
运行费用		42.99	39.25	32.09	40.3	51.9	21.98	228.51	58.9%
合计		73.29	57.77	61.32	79.63	88.7	27.4	388.11	100%
成本结构		18.9%	14.9%	15.8%		50.5%		100%	

二、关键技术环节经济效益分析

示范工程产品总收益主要包括有机肥、沼气和沼液肥收益三个部分（表 12-14）。

表 12-14　1000 亩水葫芦资源化利用示范工程投入产出测算

示范工程四个环节		水葫芦控制性种养	水葫芦机械化采收转运	水葫芦加工处置	水葫芦资源化利用
总投入/万元	年度固定成本	30.3	18.52	29.23	81.55
	运行成本（设备维护、能源、劳动力投入）	42.99	39.25	32.09	114.18
	合计	73.29	57.77	61.32	195.73
总产出	物质产出	15 万 t 新鲜水葫芦	15 万 t 新鲜水葫芦破碎物	水葫芦固液分离后产物	0.5 万 t 有机肥、9 万 t 沼液
	能量产出				1000 m³ 沼气
总收益/万元	有机肥			150	
	沼气			18	
	沼液肥			200	
	合计			368	

（一）有机肥收益

示范工程可年产 5000t 有机肥，其有机质含量为 61%，总养分含量（即 N+P+K 含量）为 2.5%，均符合国家有机肥标准（有机质≥35%，总养分≤4%）。目前市场上无补贴的有机肥价格在 520 元/t 上下，有补贴的在 370 元/t 上下，按每吨 300 元计算，示范工程产生的有机肥收益为 150 万元/a。

（二）沼气能源收益

示范工程产生的沼气能源，按示范工程满负荷运行 180d 计算，每天可产生 1000m³ 的沼气，每立方米沼气可产生 2 度电，共计产生 36 万度电，按每度电 0.5 元计算，示范工程产生的沼气收益为 18 万元。

（三）沼液肥收益

示范工程所产生的沼液直接灌溉农田，根据相关试验数据，用于莴苣种植，可节省肥料成本 240 元/亩，纯利润增加 480 元/亩（汪吉东，2011）；用于桃树种植，每亩可增加收益 4000 元；用于马铃薯种植，比纯化肥处理提高约 400 元/亩（汪吉东等，2011b）。按照示范工程亩产 50t 新鲜水葫芦计算，每吨新鲜水葫芦通过固液分离后可产生 750kg 挤压汁，每吨水葫芦挤压汁可产沼液 800kg，共约产生 9 万 t 沼液，以种植马铃薯为例，约可灌溉 5000 亩马铃薯地，按每亩效益 400 元计算，共增加收益 200 万元。

按此测算，示范工程运行后，生产的有机肥、沼液及沼气等产品收益可达 368 万元/a。

第三节　水葫芦生态修复技术综合评价

我们对水葫芦修复富营养化水体关键技术示范工程的经济、生态和社会效益从几个方面进行了评价。

一、经济效益

（一）主要产品收益

示范工程运行后，生产的产品主要包括有机肥、沼液和沼气，按 1000 亩水葫芦的种养量来计算，三类产品年收益可达 368 万元。水葫芦堆置发酵生产有机肥是大规模利用水葫芦的一个切实可行的办法。水葫芦混合物与畜禽粪便混合进行堆肥或蚯蚓堆肥可以生产优质有机肥，减少堆肥过程中 CO_2 的排放量，增加氮、磷、钾养分的固定量。每 100t 脱水水葫芦渣（干物质 5t）混合 9.9t 秸秆（干物质 8.41t）可生产 18.1t 有机肥。水葫芦堆料能明显增加蔬菜生长速度，提高蔬菜质量和肥料使用效果，水葫芦沼渣也是优质的有机肥料。利用水葫芦沼液浸种可以显著提高青菜根系活力，青菜品质得到显著改善，粗蛋白含量增加，亚硝酸盐含量减少。水葫芦沼液也具有很好的抑菌作用，将水葫芦沼液进行开发作为新型生物农药具有良好的发展前景。水葫芦发酵产生的沼气可净化为民用或车用燃气，作为新型清洁能源使用，可产生较大经济效益（叶小梅等，2012）。

（二）潜在产品价值

通过技术创新和产品深度开发，提高产出品价值和效益也是示范工程的主要经济效益之一。示范工程产出物水葫芦渣可以作为青贮饲料。水葫芦繁殖速度快、蛋白质和灰分含量高，作为饲料资源利用和开发，不但可以解决环境工程产出的大量水葫芦出路问题，还能解决家畜，尤其草食家畜粗饲料资源不足的难题，同时变害为宝成为反刍家畜重要粗饲料来源（白云峰等，2011a）。示范工程初步研究结果表明，水葫芦经过青贮加工，可以成为现代规模鹅场纤维饲料的来源。鹅对水葫芦青贮饲料表现为喜食、采食量大。利用青贮玉米秸秆养鹅的研究表明，通过青贮、微贮方法可以将秸秆作为鹅日粮纤维来源。近年来随着玉米等大宗饲料原料价格的日益增长，每吨鹅全价饲料达到人民币

2300～2500 元；而水葫芦青贮饲料调配成全价日粮后，每吨仅人民币 740 元左右，利用水葫芦青贮养鹅能够大幅降低养鹅生产中的饲料成本（白云峰等，2011b）。

此外，水葫芦蛋白质含量高，可提取叶蛋白，用作饲料添加剂，是水葫芦资源高效利用的有效途径。研究表明，碱溶酸沉优化法、壳聚糖絮凝法、壳聚糖絮凝优化法均是水葫芦叶蛋白提取的较好方法，特别是壳聚糖絮凝优化法操作简单、成本低廉、提取得率最高，适宜叶蛋白的产业化提取。通过该法，平均 1t 新鲜的水葫芦叶片可获得约 30kg 的粗蛋白（蛋白纯度为 41.03%），示范工程年产水葫芦 5 万 t（鲜重），共可提取粗蛋白 1500t，可作为高蛋白饲料的直接来源，市场前景巨大。因此，示范工程说明了依靠科技进步可以解决产业效率与效益问题。

（三）产业带动效益

本项目也有利于循环经济和环保理念在社会上的推广和深化。通过水葫芦资源化利用，打造氮磷循环利用产业链，生产有机产品，构建以生态补偿、产品销售、技术培训等为主要收入方式的企业化运行管理模式，在政府环保政策支持下，建立以生物富集为主要技术手段、氮磷循环利用为核心的新型环保产业，形成氮磷从富营养化水体脱除的产业模式和市场机制，为水体氮磷治理提供持续动力，在社会上形成新的环境保护热潮，促进资源节约型和环境友好型社会的建设。

二、生态效益

（一）水体净化效应

通过项目实施去除太湖水体中的氮和磷，将促进太湖水质的改善，对整个流域生态环境都将产生积极影响。本项目的实施可从水体中带走氮 230t、磷 34.5t，较好地解决了水体富营养化问题。

（二）生物多样性

通过对工程实施水域内水葫芦区、近水葫芦区及远水葫芦区三区浮游动物群落、种群遗传多样性及底栖动物的调查研究得出，水葫芦工程化应用对浮游动物群落及其遗传多样性并未产生不利影响，大水面控制性种养水葫芦在生态上是安全的，水葫芦种养可较有效地改善水体及底栖生态环境，同时可以为鱼类、虾子、螺蛳、河蚌等经济水产动物提供一定的栖息场所，有助于提高水生生物的多样性。

（三）环保产业科技创新与技术支撑

我国湖泊富营养化程度严重，云南滇池、安徽巢湖、江苏太湖等都面临富营养化程度快速增加的情况，急需加强治理来确保水质达标和流域生态安全。示范工程通过研发与整合水葫芦越冬保种、控制性种养、适时采收的高产、高效、高水体氮磷去除能力及低成本减容转运技术、水葫芦高效固液分离技术及专用设备研发、水葫芦商品有机肥生产技术、厌氧发酵技术、沼液农田利用技术、水葫芦渣高温堆肥及青贮利用技术，形成了高效综合利用技术体系，构建了完整的富营养化水体的成套治理技术体系，研制出的水葫芦高效采收减容一体化装备，极大地提升了采收、减容、转运衔接技术的效能，同时进行了水葫芦资源化利用工程示范及工程监测监管与产业发展支撑体系研究，实现了氮磷养分从水体到农田的资源化利用，为环保产业奠定了技术支撑基础。

示范工程利用水葫芦富集富营养化湖泊中的氮磷，再通过水葫芦的加工处置与资源化利用，实现了污染水体氮磷养分去除与资源化利用的有机结合，形成了富营养化水体生物修复的环保产业技术体系。通过水葫芦机械化采收、加工处置关键技术的科技创新与突破，打通了水葫芦安全种养、机械化采收、工厂化加工处置、资源化循环利用的各个环节，为湖泊污染生物治理产业化提供了整套技术和成套设备，已具备了环保产业化的基础，具有广泛的推广应用前景。

三、社会效益

（一）治理需求

通过生物修复受污染的水体，去除富营养化水体中的氮磷，降低了富营养化程度，有效推进水质的改善，可以避免蓝藻暴发等生态危机事件，将对整个区域的生态环境产生积极影响，保障社会公众的用水安全。

（二）农民增收

本项目的实施将有力带动项目区农民增收，增收途径包括土地租赁、沼液灌溉收益以及带动就业。

（三）就业促进

水葫芦的采收、运输、堆肥、加工和水葫芦相关产品的生产、销售以及设备维护等都需要大量的劳动力，本项目整体可提供数百个就业岗位。

（四）农村发展

通过本项目的实施，可以大大提高项目区农民科技种田的意识和技术水平，提高节能环保意识，带动和扶持一批涉农企业、农场发展，推进社会主义新农村建设。

（五）科技创新

通过本项目的实施，将培养和锻炼一大批农业科技人才，特别是青年农业科技杰出人才，有利于提高我国在该领域的科研水平。

第四节　富营养化水体治理生态补偿政策探讨

一、富营养化水体治理生态补偿属于修复性补偿范畴

对国内外生态补偿研究和实践的归纳总结得出，生态补偿主要包括处罚性补偿、保

护性补偿和修复性补偿三种形式。按照"谁污染谁补偿，谁治理谁受益"的原则，处罚性补偿是指污染者对治理者的补偿，如通过对污染水资源的企业和地区征收一定的费用用于水环境的治理；保护性补偿主要指对环境资源进行保护的个人和集体的补偿，如森林生态效益的补偿；修复性补偿主要指运用生物或工程技术对已破坏的生态环境进行修复，并得到应有的补偿，如对退耕还林工程的补偿等。富营养化水体治理的生态补偿属于修复性补偿形式（刘华周等，2011）。

二、生态补偿的主客体

补偿者：公共水体所在省、市、县及相关水体资源利用者。

被补偿者：按照自愿原则承担富营养化水体治理的单位或组织。

三、生态补偿标准的确定

按照水污染防治的要求和治理成本，补偿资金以考核因子去除量作为补偿标准基数乘以等级系数计算（具体公式为：补偿资金=补偿标准基数×等级系数）。

补偿标准基数和等级系数由太湖水体污染物去除补偿工作领导小组根据项目类型、去除区域、国民经济发展状况及社会承受能力等因素确定。考核因子可根据水质变化及实际需要适当调整。

补偿标准基数：

补偿标准基数（A）以考核因子去除量为基准设定，考核因子可以为总氮（TN）、总磷（TP）单因子或双因子。

补偿标准基数（A）的确定以江苏省农业科学院"水葫芦资源化利用工程示范"的氮磷处理成本为准，工程总成本为 1288.49 万元，可处理 5 万 t 新鲜水葫芦，相当于处理 230t 氮、34.5t 磷。

（1）以总氮（TN）单因子为考核因子：

$$TN\ 去除成本 = 工程总成本 / TN\ 去除总量$$
$$= 1288.49\ 万元 / 230t$$
$$= 5.6\ 万元/t$$

（2）以总磷（TP）单因子为考核因子：

$$TP\ 去除成本 = 工程总成本 / TP\ 去除总量$$
$$= 1288.49\ 万元 / 34.5t$$
$$= 37.3\ 万元/t$$

（3）以总氮（TN）、总磷（TP）双因子为考核因子：

$$Mw（总费用） = MTN（TN\ 处理成本）×TN\ 去除总量 + MTP（TP\ 处理成本）$$
$$×TP\ 去除总量 \qquad (12\text{-}1)$$
$$MTP（TP\ 处理成本） = （37.3/5.6）MTN（TN\ 处理成本）$$
$$= 6.661\ MTN \qquad (12\text{-}2)$$

将式（12-2）代入式（12-1），则 1288.49 万元=MTN×230t+6.661 MTN×34.5t。

求解：MTN=2.8 万元/t

　　　　MTP=18.55 万元/t

　　（4）以总氮（TN）、总磷（TP）双因子为考核因子（以 TN 为主，结合 TP 的双因子考核方法）：

$$T（N+P）去除成本=工程总成本/（TN+TP）去除总量$$
$$=1288.49 万元/（230+34.5）t$$
$$=4.87 万元/t$$

　　等级系数：等级系数可根据项目类型、去除区域、国民经济发展状况及社会承受能力等因素确定。依据公共水体不同区域、河道的水质情况、水体对景观、居民生活的重要性以及所属区域的社会经济发展情况和社会承受能力确定不同的等级系数。

四、生态补偿资金的来源

　　补偿资金可来源于财政补贴、水污染治理专项资金、生态补偿专项资金，补偿资金可通过财政转移支付或其他有效的支付方式支付。

　　基于示范工程试验数据、成本收益分析及生态补偿标准的测算，2010 年 5 月，云南省昆明市出台了《昆明市滇池水体污染物去除补偿办法（试行）》，明确了由市政府统一组织，以减少滇池水体中的污染物存量为目的，采取市场化运作方式去除滇池水体污染物，并提出了试行期的补偿标准（总氮 5 万元/t，总磷 20 万元/t）。按照《昆明市滇池水体污染物去除补偿办法（试行）》执行，如果生态补偿政策和补偿标准到位，加上蓝藻、水葫芦资源化利用创造的经济效益，企业完全可以实现良性运营，此间已有众多企业表示愿意投资滇池水环境治理，不难预料，如果实施生态补偿，将可以吸引更多的社会资本投入湖泊治理，为我国环保产业的发展提供了一种有效模式，有利于促进环保产业的形成与发展。因此，水葫芦修复富营养化湖泊在技术和工程应用上是可行的，在技术进步和补偿到位情况下，水葫芦治污项目可按市场化运行。

参 考 文 献

白云峰，周卫星，严少华，等. 2011a. 水葫芦青贮条件及水葫芦复合青贮对山羊生产性能的影响. 动物营养学报，23(2): 330-335.

白云峰，朱江宁，严少华，等. 2011b. 水葫芦青贮对肉鹅规模养殖效益的影响. 中国家禽，33(7): 49-50+52.

刘华周，亢志华，陈海霞. 2011. 富营养化水体治理生态补偿机制的建立. 江苏农业学报，27(4): 899-902.

汪吉东，马洪波，高秀美，等. 2011a. 水葫芦发酵沼液对紫叶莴苣生长和品质的影响. 土壤 43(5): 787-792.

汪吉东，张永春，戚冰洁，等. 2011b. 水葫芦沼液配合化肥施用对马铃薯生长及土壤硝态氮残留的影响. 江苏农业学报，27(6): 1267-1272.

叶小梅，常志州，钱玉婷，等. 2012. 鲜水葫芦与其汁液厌氧发酵产沼气效率比较. 农业工程学报，28(4): 208-213.

第十三章　水葫芦治污技术工程化的挑战与研究展望

第一节　概　　述

水葫芦具有无性繁殖速度快、生物质累积量高,对水环境适应能力强等生物学特性,曾被认为是十大入侵植物之一。人们对水葫芦的研究已有近百年的历史,特别是 20 世纪60、70 年代起,随着社会经济发展和人类的生产活动对环境破坏的加重,水体富营养化加剧,在热带和亚热带国家引起水葫芦暴发,对水生生态系统产生了巨大的破坏性影响。对水葫芦的控制、管理引起了全球关注。在有些国家,甚至上升到事关社会经济发展和生态环境保护的高度。同样是由于它的这些生物学特性,水葫芦对水体养分吸收同化能力强、对重金属具有很强的吸收富集能力,对有机污染物有较强吸附降解功能等特点,决定了其对污水有很强的净化能力。因此,水葫芦用于治理水环境污染和修复富营养化水体也引起了世界各地许多科学家的兴趣。

虽然水葫芦在污水治理和富营养化水体修复方面的能力和效果在学术界是不争的事实,但为什么至今仍只见试验研究报道而不见水葫芦治污生态工程实例?近年来,笔者研阅了国内外大量的水葫芦净化水质的研究资料,参加过数十次与水葫芦治污有关的论证会、研讨会、专项调研、座谈会。综合相关专家、部门领导、工程技术人员对水葫芦用于污水治理工程的看法,水葫芦未能在治污工程实践中应用的主要原因在于:担心水葫芦是外来入侵生物,用来治污存在生态风险。同时,对治污工程产出的大量水葫芦能否及时收获、科学处置和合理利用存在疑虑。

我们不能因为水环境污染治理的迫切性就盲目引进外来入侵生物,但也不能在水环境生态治理工程决策时对水葫芦超强的净化污水能力视而不见。科学的态度应该是实事求是地研究用水葫芦治污可能存在的生态风险,找出解决问题的办法,正确利用水葫芦净化水体的功能。针对水葫芦净化水质可能存在的生态风险和打捞、处置、利用的技术难题,我们要进行客观分析,通过科学研究和技术创新来解决问题。

水体氮磷浓度是富营养化的重要指标,水葫芦对水体氮磷等营养元素具有很强的吸收、消减能力;水葫芦对水体重金属和有机化合物污染的富集、吸附和降解也有很好的效果。有关水葫芦净化水质的机制与效果分别在本书第一章“水葫芦快速繁殖、吸收养分的生物学基础”、第二章“水葫芦净化水体氮的规律及机制”、第三章“水葫芦净化水体磷的规律及机制”、第四章“水葫芦对水体微量污染物的去除效果和作用机制”中有了详尽论述,本章重点介绍研究团队在实施国家科技支撑计划项目“水葫芦安全种养和机械化采收技术集成研究与示范”、云南省滇池专项 “滇池水葫芦治理污染试验性工程”、江苏省太湖专项“基于水体修复的水葫芦控制性种养与资源化技术研究与示范”等重大项目所取得的成果和遇到的问题,提出水葫芦治污成果的工程化应用尚需深入开展的研究工作和相关建议。经历十多年的水葫芦治污科研攻关和应用示范项目建设运行,我们认识到：水葫芦修复富营养化水体和净化低浓度污水的效果是显著的。在江苏太湖和云南滇池大面积工程示范表明，水葫芦被有效控制在种养区域，打捞处置难题也得到较好解决，人们担心的生态安全问题没有发生。尽管如此，要让水葫芦净化水质技术在生态工程中得以应用，发挥其在环境治理中作用，仍需在已有探索研究的基础上，围绕工程化技术，开展系统深入研究。本章主要围绕水葫芦治污技术工程化面临挑战和需要进一步开展研究课题开展讨论，主要有以下四个方面：①用水葫芦治污可能存在的生态风险及水葫芦安全管理控制问题；②深入研究水葫芦对水体养分消减和重金属与有机污染物的去除作用机制及净化水质效果工程技术参数；③水葫芦处置利用关键技术开发；④生态治污工程政策支撑体系建立问题。

第二节　　水葫芦控制种养生态安全风险防范和净化工程技术参数

一、深入研究水葫芦治污工程的生态安全问题

其实质是种植水面水葫芦的有效控制问题，能否确保将水葫芦有效控制在污水治理或修复富营养化水体区域的指定位置，不让水葫芦逃逸进入附近水域造成泛滥。这是一个控制性工程问题。要进一步进行工程的可靠性、安全性研究，要对围栏材料、施工技术、围栏工程的维护管理技术研究进行论证，制定并实施对规划种植水域水葫芦生长、繁殖进行有效控制和安全管理的操作技术规程。只要有科学严谨、认真负责的态度，是能够做到水葫芦安全控制的。水产养殖行业的围网、网箱养鱼养蟹要比水葫芦管理难度更大，相关技术已经为我们提供了可借鉴的成熟经验。

二、解决大水面种植水葫芦对覆盖水域内生物多样性影响问题

这也是水葫芦治污项目论证中专家关注较为集中的问题。水葫芦为大型漂浮植物，在与藻类、沉水植物竞争中占有绝对优势，一旦覆盖全部水体，会影响阳光入射和气体交换，直接影响植物光合作用和水体溶氧、水温下降，影响藻类、浮游动物、底栖动物、鱼、虾、贝类等水生生物的生存和导致种群结构、数量发生变化。如果是在较小水面控制种植水葫芦（100km^2 以下），可忽略这种影响。但更大水面的种植必须采取措施，保护生物多样性。要根据水质改善目标研究规划水葫芦种植水域和覆盖度，分析在确定种植覆盖度下可能对生态多样性等的影响。通过网格、围栏等工程控制措施，在种植水葫芦水域内保留一定比例的不覆盖的水面，以满足其他水体生物生存对光照和溶解氧的基本要求。

三、最佳收获期和收获量研究

水葫芦生长繁殖快，生物量高，如不适时收获，植株死亡，在水中腐烂，会导致短期水质激剧恶化，水葫芦净化水质区域可能成为污染源。因此，实施水葫芦治污工程，必须研究制定科学合理的采收方案和建设足够的收获处置保障能力，避免出现次生污染。对产出的水葫芦及时打捞上岸，有效处置和资源化利用。

四、深入研究水葫芦净化水质的效率与效果的工程技术参数

水葫芦治污、修复富营养化水体的立项、工程设计、建设都需要以水葫芦净化修复水体效率与效果技术参数为依据。虽然水葫芦吸收氮磷等营养元素的能力、吸收固定重金属的能力、吸附分解有机污染物的能力有大量研究报道，但大都在实验条件下完成，绝大多数研究均为实验阶段结果，不能直接应用于工程项目的论证和设计。而水葫芦在实际生态工程中净化水质的能力受多种因素影响：①气候条件，不同季节、不同温度、光照、风浪；②水环境条件，水体营养物质浓度（污染物负荷）、pH、盐分、水体的流动性；③不同的生长发育阶段，苗期、无性繁殖阶段（横行扩展）、向上生长阶段、花期。

这些因素均对水葫芦的生长速度、吸收营养盐能力、净化水质的效果等产生不同的影响。要获得较准确的水葫芦治污工程的技术参数，应当在生态工程拟定位置，在自然条件下开展生产性模拟试验，以获取周年不同季节、不断变化的水环境和全生育期水葫芦生长情况、吸收富集营养物质数量、水质动态变化值等工程设计、规划所需的关键技术参数。在冬季水葫芦不能生长和安全越冬地区，还要考虑越冬保种和冬季的水质净化替代植物。

第三节　水葫芦的收获、处置和利用技术研发

水葫芦净化水质的机制研究表明，污染物去除途径主要有①通过水葫芦和微生物共同作用转化降解污染物产生气体直接释放进入大气，如水葫芦促进反硝化脱氮，根际微生物协同降解有机污染物等；②水葫芦吸收同化（如氮、磷和部分重金属）在植株内富集，或根部吸附拦截（如部分重金属和有机污染物）通过收获带出水体。水葫芦净化水体技术工程化面临的另一重大挑战就是水葫芦的收获、处置和利用。如不收获带出水体，植株富集的养分加上光合作用产物分解后（COD），仍在原生态系统参与循环。因为水葫芦是漂浮植物，打捞处置尚没有定型机械设备，加之水葫芦植株海绵组织比较丰富，脱水难度大，为了满足水葫芦净化水质工程对打捞处置和后续利用的脱水要求，必须研发专用脱水装备。

一、水葫芦的收获

水葫芦治污工程要解决好两方面的问题。一是确定最佳收获周期和最佳收获量。单位面积水葫芦生长到一定生物量，其生长速度、净化水质效果就会下降，及时收获一部分，可以降低水葫芦的密度，留下空间使未收获水葫芦仍然保持较高的生长速度，提高净化水质的效率。如能获得最佳收获周期和最佳收获量的参数，对科学规划水葫芦种植面积，提高收获处置机械的利用效率，降低工程投资具有重要意义。二是研发高效率的机械收获设备。在水葫芦治污工程实施中，收获和脱水是整个计划中两个关键和最费力的步骤。由于水葫芦生物量很大，每公顷可达900t，收获水葫芦又是水上作业项目，目前尚无高效率通用机械，必须研发专用高效装备，才能降低水葫芦治污工程建成后的打捞成本。虽然以前的成本效益分析显示，可以获得每吨40～56美元的水葫芦渣（含水量

为 36%），但是收获和脱水的设备仍然昂贵，需要进一步改进以提高效率和降低成本并降低初始投资成本和增加经营利润（Gettys et al.，2009），特别是在把水葫芦的根和叶分离收获和脱水以提高生物质利用率方面更需要深入研究。虽然已有专利申请全自动水葫芦根和叶片分离收割机（张家港海峰水环境保护机械有限公司，2012），根和叶全自动分离水葫芦收获机（郭卫等，2012）和剪刀类型的根叶分离水葫芦收割装置（董晓宁等，2013），但并未见到真实机器和投资成本分析，并且机械性能还有待评估。

在国家科技支撑计划项目"水葫芦安全种养和机械化采收技术集成研究与示范"（2009BAC63B00）支持下，笔者所在研究团队开展了有关水葫芦打捞装备的研发，取得初步成果。在 2011～2013 年，昆明市开展的"滇池水葫芦治理污染试验性工程"项目中，应用自主研发装备，成功将三年产出的 100 多万 t 水葫芦打捞上岸。但所研制的装备还有需要完善的地方，还有进一步提高效率的空间。相关成果已在本书第七章"水葫芦治污工程示范实例"中作了介绍。

二、水葫芦的处置

水葫芦除了生物量高外，另一特点是含水量高达 93%～95%。水葫芦治理污水工程结束后将水葫芦打捞上岸，如不能及时处理，不仅需要占用大面积堆场，而且水葫芦迅速腐烂，会成为新的污染源。水葫芦的资源化利用也是水葫芦治理污水的重要环节。资源化利用也需要进行水葫芦脱水，因此，水葫芦打捞上岸后，第一道处理工序是立即进行脱水或固液分离处理。从大量的水葫芦处置利用研究文献资料来看，要实现水葫芦快速、低成本脱水是重大难题。水葫芦脱水有许多方法，但要满足水葫芦净化和修复大型水体工程需求，必须研发专用水葫芦固液分离装备。这套装备需具备以下性能：①效率高，能处理掉治污工程日打捞的水葫芦；②运行成本低；③脱水效果好，满足后续资源化利用对物料含水量的要求。

国家科技支撑计划项目"水葫芦安全种养和机械化采收技术集成研究与示范"课题（太湖基地）设计的水葫芦脱水后续利用为生产沼气和有机肥。按照有机肥发酵对水葫芦渣干物质含量高于 30%的要求，在太湖武进基地应用研发的单机每小时处理新鲜水葫芦6t 的螺旋式挤压机；在昆明滇池研发的三辊式挤压脱水机每小时处理水葫芦 18t，基本解决了两个基地产出的水葫芦固液分离处理问题，但产出的水葫芦渣干物质 25%～30%。从生产实践来看，要使水葫芦固液分离机械成为定型产品用于水葫芦治污和修复水库湖泊生态工程，还需要加大研发投入，进一步提高机械性能，提高水葫芦处置效率，降低出料的含水量。

三、水葫芦的利用

（一）能源化利用

水葫芦治污生物工程的一个重要特点是在污水治理或富营养化水体修复的同时，有大量的生物质产出。水葫芦有较高的光合生产率和高的干物质积累。水葫芦生长过程是生物质能源生产的过程。郑建初等（2008）在太湖的试验结果表明，每公顷水葫芦生产的能量相当于 19755kg 标准煤释放的能量，分别是水稻产能的 2.18 倍、玉米的 1.69 倍、油菜的 2.50 倍、甘薯的 2.11 倍。可见，水葫芦生物质能源化有很大潜力。

许多学者报道了以水葫芦为原料，用不同技术生产乙醇的试验结果：Kahlon 和 Kumar（1987）用水葫芦进行水解产乙醇。Nigam（2002）通过木糖发酵型酵母来利用水葫芦中的半纤维素乙酸水解产物生产乙醇。Mishima 等（2008）采用水解糖化一体化工艺。Kumar 等（2009）应用稀酸对水葫芦进行预处理，然后将获得的半纤维素进行水解产乙醇。Aswathy 等（2010）以水葫芦为原料，经酸与碱高温 95℃预处理后，在添加表面活性剂条件下，采用纤维素酶、β-葡萄糖酶进行糖化，糖化产品接种酵母菌生产。以上研究表明，水葫芦水解产乙醇技术尚处于试验阶段，试验过程需要进行复杂的高温、强酸或强碱的预处理，这需要较大能量和成本，难以获得能源平衡（Thomas and Eden，1990）。可见用水葫芦生产乙醇，要实现商业化开发，仍有相当长的路要走。

水葫芦能源化利用的另一条技术路线是生产沼气。用水葫芦生产沼气的技术比较成熟，本书第七章已介绍了太湖富营养化修复示范工程中，通过沼气发酵处理利用水葫芦的实例。但要将水葫芦生产沼气的技术作为水葫芦治污工程的组成部分仍需要在以下环节取得突破：①进一步提高生产效率。完善水葫芦固液分离，干、湿发酵分开的发酵工艺，实现水葫芦处理量和沼气发酵装置产气量的双提高。②解决原料周年供应难题。在非热带地区，研究解决固液分离后水葫芦渣青贮技术保障沼气发酵原料的周年供应技术难题，通过青贮技术解决水葫芦不生长季节优质沼气生产原料供应和提高装备利用效率问题。③高值化利用问题。目前主要的沼气利用方式是发电，按照每立方米沼气发电 2 度，以现行的进网电价，每立方米沼气产出 1 元左右计算，若经过净化达到民用燃气标准，价格会成倍增长。因此，研制适用于水葫芦治污工程与沼气生产能力配套的沼气净化设备，研究制定纯化沼气进入民用燃气管网的相关政策，可使水葫芦高值化利用向前迈出一大步。

（二）饲料化利用

从饲料利用角度来看，水葫芦是高产水生牧草，每公顷鲜草产量可达 900t，折合干物质 45～60t。水葫芦粗蛋白含量 13%～21%，和优质牧草相近。但由于新鲜水葫芦含水量大（93%～95%），植株钾、氯、丹宁含量高（Edwards and Musil，1975），动物适口性差，加之收获处置难度大，没有成为规模养殖场的饲料资源植物。国家科技支撑计划项目"水葫芦安全种养和机械化采收技术集成研究与示范"将饲料化利用列为研究课题之一。课题组利用固液分离后的水葫芦渣为主要原料，经青贮发酵，品质得到改善。生产出畜禽日粮，进行了牛、羊、鹅等食草动物的饲喂试验，取得了良好效果（见本书第十章）。水葫芦青贮饲料符合饲料安全和营养标准，不仅解决了新鲜水葫芦动物入口性差的问题，还大大地提高了饲料品质。用水葫芦制作青贮饲料，不但可以解决环境工程产出的大量水葫芦的出路问题，还能解决家畜尤其是草食家畜粗饲料资源不足的难题。从经济效益角度，饲料化利用，每公顷水面产出 45～60t 优质干草，也高于高产农田种植牧草的产出。对土地资源紧缺的国情来说，不占耕地生产牧草，更有特殊意义。

富营养化湖泊生态修复生态工程生产的水葫芦饲料化利用，作为工程的组成部分，尚需深入开展以下研究工作：

（1）研发水葫芦根茎分离收获机械。水葫芦有发达的根系，其根须拦截水体中悬浮物能力很强，同时，吸收的重金属等有害物质大部分积累在根部。为了提高饲料质量和保证动物饲喂安全，需要使用水葫芦根茎分离机械收获，根茎分开处置。

（2）提高水葫芦固液分离装备脱水效率，完善青贮技术。用目前研发的螺旋挤压机和三辊式挤压机脱水，水葫芦挤压渣干物质不能保证达到30%以上。要生产优质水葫芦青贮饲料必须提高挤压机脱水性能，挤压渣干物质要保证达到35%以上。常规青贮方式有青贮窖、青贮塔、青贮壕及袋装青贮等。研究适宜水葫芦青贮的、便于运输的青贮方式及相关配套设备也将是未来水葫芦青贮利用实践中需要面对的重要问题。

（3）开发水葫芦叶蛋白新产品。一个潜在的机会是从脱水的副产物（水葫芦汁）中提取叶蛋白。水葫芦汁的蛋白质含量高达每升5.2～7.4 g。这表明由于水溶性蛋白质从植物组织有效流动到水葫芦汁中，是潜在的可以利用的生物资源。新鲜叶片经过压榨后从汁液中提取的绿色蛋白浓缩物即为水葫芦的叶蛋白，提取过程主要包括打浆、压榨、过滤、沉淀、干燥等。水葫芦粗蛋白中的蛋白纯度可高达56%，可为饲料加工、养殖业等提供植物蛋白添加剂。用水葫芦治污的环境生态治理工程产出的水葫芦提取叶蛋白，其种植、收获、打浆、压榨等叶蛋白提取的前道生产工序已在水葫芦打捞处置过程中完成，只需要改进收获过程的根茎分离装置，增加沉淀干燥装备，与专门生产叶蛋白相比成本较低。产出的高附加值叶蛋白副产品不仅可增加环境工程经济效益，还能解决水葫芦挤压汁处理的难题。水葫芦提取叶蛋白的技术研发，已取得进展（见本书第十章），需进一步开展生产性试验和可行性论证，为水葫芦提取叶蛋白规模化生产在富营养化水体修复中应用的工程设计提供技术参数。

第四节　关于水葫芦净化水质技术工程化可行性论证和政策支持体系研究

一、加强用水葫芦治污生态工程可行性论证

水葫芦和挺水植物、沉水植物等湿地植物比较，具有种植、收获更容易，适应不同深度水域的特点。与生物浮床比，投资更省，管理更简单。在净化水质效果方面，众多研究结果表明，由于水葫芦的漂浮特性和吸收水体营养能力强，净化效果更为明显。在充分考虑保障生态安全的种养控制工程投入条件下，生态工程规划设计是选择水葫芦还是选择其他植物品种，要开展不同植物（组合）水质净化效果的技术经济分析研究，取得可量化比较的最佳工程总投资和水体氮磷及其他污染物去除量比值参数。譬如百万元工程投入年消减水体氮磷吨数、每公顷湿地年（日）消减氮磷公斤数等，为决策提供科学依据。

二、研究制定湿地建设运行的生态补偿机制

让水葫芦治污生态工程发挥作用，靠科技，更靠政策。实践证明，通过科技创新可

以解决水葫芦控制、机械化收获、加工处置、资源化利用等工程技术、生产运行技术与生态安全控制技术。但目前的水葫芦治污工程，仅靠水葫芦利用开发产品或其他湿地植物产品收入还不能实现工程正常运行的收支平衡，也就很难实现水葫芦治污项目市场化运作。目前，建设生态湿地是修复富营养化湖泊、处理低浓度污水的重要选项。水葫芦控制种植也是生态湿地的一种形式，所有的湿地管理都面临资金来源问题。因此，有必要研究生态湿地工程净化水质改善效果的可量化考核指标，比如每消减水体 1t 氮磷补贴金额，对工程运行实行生态补偿，保障生态工程市场化、可持续运行，更好地发挥生态功能。用生态补偿政策资金保障湿地工程良性运转，生态补偿标准的制定和科学简便的水质净化效果量化考核办法的建立都十分重要，需要深入研究，科学论证，经过试行以法规形式予以确定。

江苏太湖和云南滇池水葫芦治污生态工程的经验告诉我们，水葫芦治污工程是有产出的工程，但建成后仅靠水葫芦产品产生的收益无法维持项目管理运行。要建立生态补偿机制，给予政策支持，保障良性运行，才能发挥其生态功能。

生态补偿政策制定需要解决以下难题：①补偿资金来源；②补偿标准的科学制定；③补偿数额的核定。

现在，科学家和管理者对全球水葫芦的认识是，没有完全有效的方法来根除水葫芦，也没有对杂草进行综合管理和控制的最佳选择。在我国南方水域，水葫芦存在和生长已有近百年历史，也曾泛滥成灾。然而，水葫芦的存在也可以被认为是一个机会，通过结合专业知识和资源以及各种策略包括利用水葫芦的巨大生物质和衍生产品来达到环境工程最小成本、最大环境效益和最佳水葫芦生物质利用（Téllez et al，2008）。事物总是一分为二的，只要我们以科学的态度和敢于创新的精神，解决好水葫芦控制和利用的技术难题，水葫芦是可以由环境"杀手"转变为环境"卫士"的！

参 考 文 献

董晓宁, 陈鑫珠, 高承芳, 等. 2013. 排剪式水葫芦刈割采收装置. 中华人民共和国国家知识产权局, 授权公告号: CN203608568U.

郭卫, 倪杰, 吴培松, 等. 2012. 全自动水葫芦分段采收船. 中华人民共和国国家知识产权局, 授权公告号: CN202320731U.

张家港海峰水环境保护机械有限公司. 2012. 全自动水葫芦根叶分离减容打捞船. 中华人民共和国国家知识产权局, 申请公布号: CN102303688 A.

郑建初, 常志州, 陈留根, 等. 2008. 水葫芦治理太湖流域水体氮磷污染的可行性研究. 江苏农业科学, (3): 247-250.

Aswathy U S, Sukumaran R K, Devi G L, et al. 2010. Bio-ethanol from water hyacinth biomass: an evaluation of enzymatic saccharification strategy. Bioresource Technology, 101 (3): 925-930.

Edwards D, Musil C. J. 1975. *Eichhornia crassipes* in South Africa-a general review. Journal of the Limnological Society of Southern Africa, 1 (1): 23-27.

Gettys L A, Haller W T, Bellaud M. 2009. Biology and control of aquatic plants: a best management practices handbook. 2nd ed. Marietta GA, USA: Aquatic Ecosystem Restoration Foundation.

Kahlon S S, Kumar P. 1987. Simulation of fermentation conditions for ethanol production from water hyacinth. Indian Journal of Ecology, 14 (2): 213-217.

Kumar A, Singh L K, Ghosh S. 2009. Bioconversion of lignocellulosic fraction of water-hyacinth (*Eichhornia crassipes*) hemicellulose acid hydrolysate to ethanol by Pichia stipitis. Bioresource technology, 100 (13): 3293-3297.

Mishima D, Kuniki M, Sei K, et al. 2008. Ethanol production from candidate energy crops: water hyacinth (*Eichhornia crassipes*) and water lettuce (*Pistia stratiotes* L.). Bioresource Technology, 99 (7): 2495-2500.

Nigam J N. 2002. Bioconversion of water-hyacinth (*Echhornia crassipes*) hemicellulose acid hydrolysate to motor fuel ethanol by xylose-fermenting yeast. Journal of Biotechnology, 97 (2): 107-116.

Téllez T R, López E, Granado G, et al. 2008. The water hyacinth, *Eichhornia crassipes*: an invasive plant in the Guadiana River Basin (Spain). Aquatic Invasions, 3 (1): 42-53.

Thomas T H, Eden R D. 1990. Water hyacinth-a major neglected resource. Energy and Environment: Into the 1990's - Proceedings of the 1st World Renewable Energy Congress, 1990: 2092-2096.

作 者 简 介

张振华，研究员，江苏省农业科学院农业资源与环境研究所，主要从事水体与土壤修复研究工作。Email：zhenhuaz70@hotmail.com。

郭俊尧，研究员，江苏省农业科学院农业资源与环境研究所，主要从事水体生态修复研究工作。Email：guoj1210@hotmail.com。

严少华，研究员，江苏省农业科学院农业资源与环境研究所，第十届全国人大代表、全国优秀农业科技工作者、江苏省"333 高层次人才培养工程"首批中青年科技领军人才，主要从事富营养化水体生物治理与资源化利用等方面的研究。Email：shyan@jaas.ac.cn。

张迎颖，副研究员，江苏省农业科学院农业资源与环境研究所，主要从事污染水体生态修复除磷效果与机理研究。Email：fly8006@163.com。

卢信，副研究员，江苏省农业科学院农业资源与环境研究所，主要从事污染物环境行为与修复研究工作。Email：lxdeng@126.com。

高岩，副研究员，江苏省农业科学院农业资源与环境研究所，主要从事农业生态系统生源要素的生物地球化学循环与污染环境修复方面的研究。Email：jaas.gaoyan@hotmail.com。

秦红杰，副研究员，江苏省农业科学院农业资源与环境研究所，主要从事污染水体生态修复和藻类环境生物学研究。Email：hongjieqin111@126.com。

张维国，副研究员，江苏省农业科学院农业资源与环境研究所，主要从事环境微生物学研究。Email：weiguozhang@jaas.ac.cn。

易能，副研究员，江苏省农业科学院休闲农业研究所，主要从事农业环境生态修复、休闲农业资源开发利用研究。Email：yn2010203011@foxmail.com。

王智，副研究员，中国科学院测量与地球物理研究所环境与灾害监测评估湖北省重点实验室，主要从事水体污染的生态效应与修复等研究工作。Email：wazh519@hotmail.com；zwang@whigg.ac.cn。

张志勇，研究员，江苏省农业科学院农业资源与环境研究所，主要从事污染水体生态修复研究工作。Email：jaaszyzhang@126.com。

叶小梅，研究员，江苏省农业科学院循环农业研究中心，主要从事农业固体废弃物资源化利用研究。Email：yexiaomei610@126.com。

白云峰，博士，研究员，江苏省农业科学院循环农业研究中心，主要从事家畜营养生态学研究。E-mail：blinkeye@126.com。

亢志华，副研究员，江苏省农业科学院农业经济与发展研究所，主要从事农业经济、区域发展与规划研究工作。Email：kzh_mm@126.com。

刘海琴，副研究员，江苏省农业科学院农业资源与环境研究所，主要从事污染水体生物修复研究。Email：zh84391231@163.com。